工业产品设计草图

李　雄◎著

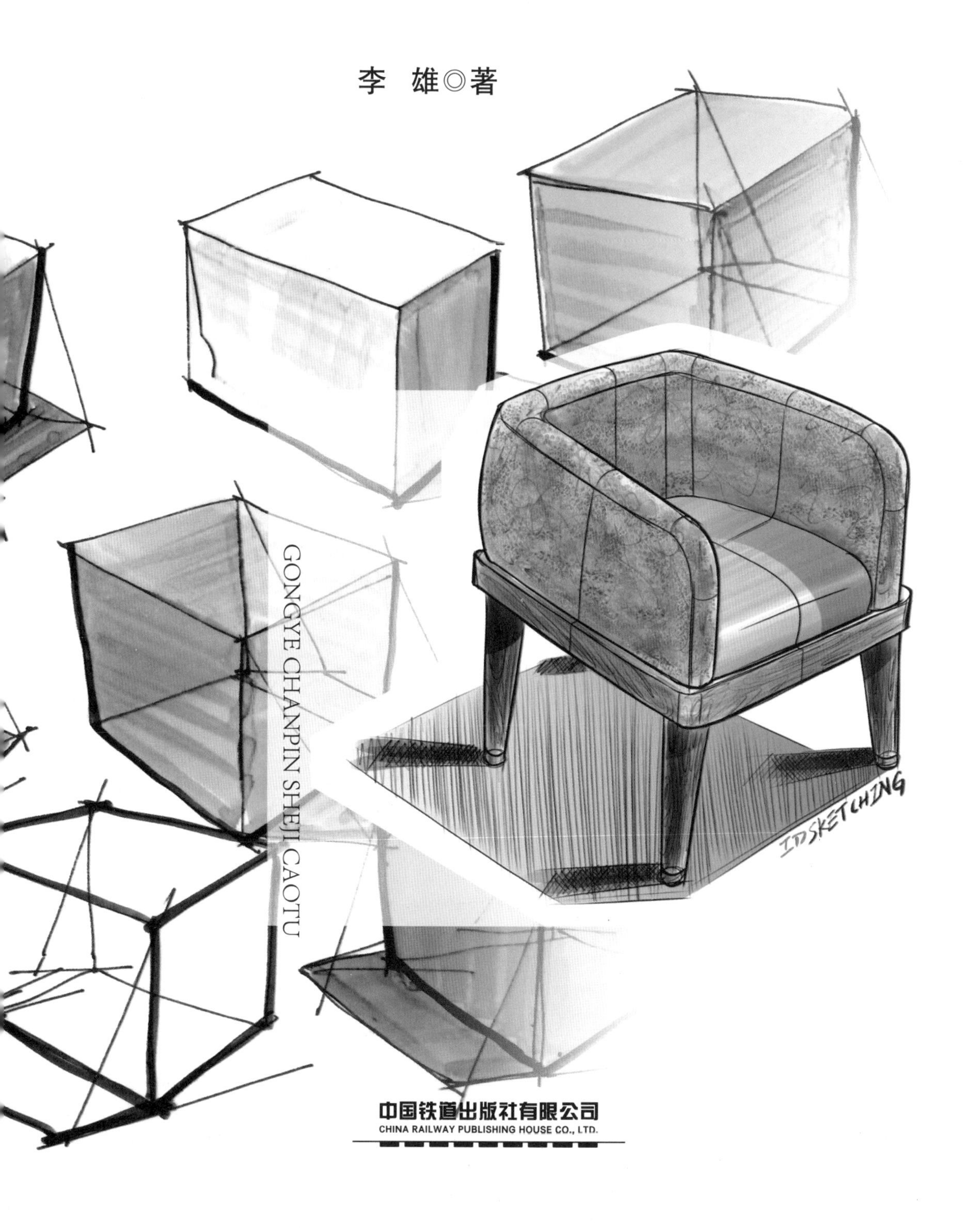

中国铁道出版社有限公司
CHINA RAILWAY PUBLISHING HOUSE CO., LTD.

内容简介

本书讲述工业设计手绘，针对无任何绘画基础的理工科工业设计本科生，注重草图逻辑训练，轻画面效果训练。首先，帮助初学者建立设计手绘视觉基础（物与像、光与影）；接着，渐进到设计绘图的基本方法和产品形态构建技巧，以及数字草图的绘制技法（SketchBook、Krita），提倡在一定的基础上应加速向数字草图推进，初步探讨了人工智能辅助产品概念设计的思想、方法和技术；然后，通过基本色彩和材质的表现训练，延伸到效果图的绘制，包括传统效果图和数字效果图；最后，产品说明图则包括产品爆炸图、立体剖视图、流程板、场景图等绘制方法。另外，本书还特别探讨人体结构与产品设计，涵盖了基本的人体解剖学结构、绘制人体结构草图和基于人体结构的运动鞋草图设计。每个部分均给出具体的绘图方法和绘图步骤。

本书适合高等院校工业设计专业学生和工业产品设计师阅读参考，以及设计手绘爱好者交流与借鉴。另外，本书部分内容具有研究性质，可以作为工业设计研究生的参考资料。

图书在版编目（CIP）数据

工业产品设计草图 / 李雄著 . —北京：中国铁道出版社有限公司，2020. 12

ISBN 978-7-113-27473-3

Ⅰ. ①工… Ⅱ. ①李… Ⅲ. ①工业产品 - 产品设计 - 绘画技法 Ⅳ. ① TB472

中国版本图书馆 CIP 数据核字（2020）第 245103 号

书　　名：工业产品设计草图
作　　者：李　雄

策划编辑：潘晨曦　　　　编辑部电话：（010）63549458
责任编辑：祁　云　李学敏
封面设计：郑春鹏
责任校对：孙　玫
责任印制：樊启鹏

出版发行：中国铁道出版社有限公司（100054，北京市西城区右安门西街 8 号）
网　　址：http://www.tdpress.com/51eds/
印　　刷：三河市兴达印务有限公司
版　　次：2020 年 12 月第 1 版　2020 年 12 月第 1 次印刷
开　　本：787 mm×1 092 mm　1/16　印张：23　字数：540 千
书　　号：ISBN 978-7-113-27473-3
定　　价：82.00 元

关于本书

内容提要

本书讲述工业设计手绘，针对无任何绘画基础的理工科工业设计专业本科生，注重草图逻辑训练。首先，帮助初学者建立设计手绘视觉基础（物与像、光与影）；接着，渐进到设计绘图的基本方法和产品形态构建技巧，以及数字草图的绘制技法（SketchBook，Krita），提倡在一定的基础上应加速向数字草图推进，初步探讨了人工智能辅助产品概念设计的思想、方法和技术；然后，通过基本色彩和材质的表现训练，延伸到效果图的绘制，包括传统效果图和数字效果图；最后，产品说明图则包括产品爆炸图、立体剖视图、流程板、场景图等绘制方法。另外，本书还特别探讨了人体结构与产品设计，涵盖了基本的人体解剖学结构、绘制人体结构草图和基于人体结构的运动鞋草图设计。每个部分均给出具体的绘图方法和绘图步骤。

项目支持

本书受兰州城市学院青年教师项目（校级）基金的支持：项目编号LZCU-QN2017-28。

读者对象

本书适合作为高等院校工业设计专业学生和工业产品设计师的参考书，以及设计手绘爱好者交流与借鉴用书。另外，本书部分内容具有研究性质，可以作为工业设计研究生的参考资料。

本书结构

本书分为两大部分，即草图基础与绘图方法（第 1 章 ~ 第 6 章），效果图与说明图（第 7 章 ~ 第 10 章），具体安排如下：

第一部分　草图基础与绘图方法

第 1 章　设计草图——手 & 脑 & 心

第 2 章　视图——物与像

第 3 章　光与影

第 4 章　绘图方法

第 5 章　线与形态

第 6 章　产品数字手绘

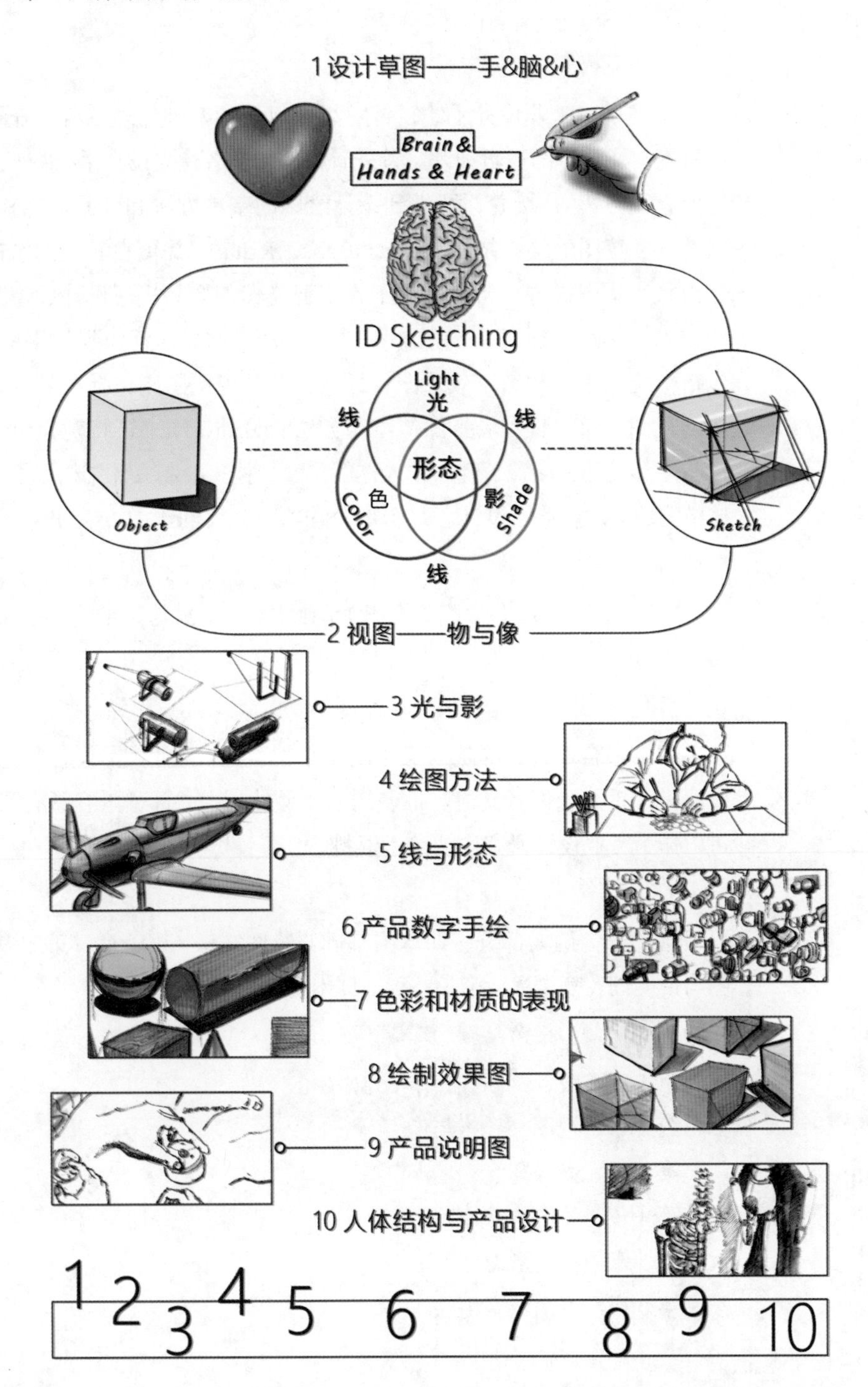
1 设计草图——手&脑&心
Brain&
Hands & Heart
ID Sketching
Light
光
线
线
形态
色
Color
影
Shade
线
Object
Sketch
2 视图——物与像
3 光与影
4 绘图方法
5 线与形态
6 产品数字手绘
7 色彩和材质的表现
8 绘制效果图
9 产品说明图
10 人体结构与产品设计
1 2 3 4 5 6 7 8 9 10

前 言

这本书并不是一本产品设计草图作品集。

我希望带给读者新的视角，特别是理工类工业设计专业本科生。设计草图并非绘画，也并非工程技术制图，它是设计师应该掌握的视觉语言。设计草图重在记录、构思、创造，它可以呈现对问题的观察、分析、归纳、联想、创造、评价六个维度连续性思考的成果。但请注意，设计草图不是第一步也不是最后一步。

书中不仅包含了近期绘制的设计方案草图，还包括专门为本书绘制的大量示范性的草图，也收录了以前参与过的一些项目中的设计草图，并邀请朋友或其他设计师提供一些实践案例草图。

在书中的设计草图最终定稿之前，我已经淘汰了许多设计草图。我始终希望把最能说明问题的草图呈现给读者，但做到这一点并非易事，只能尽力为之。

书中的每一张图都给出了简要解释和说明，这些图都凝聚着我对工业产品设计草图及草图思维的理解，但这仅仅是我个人的观点，难免出现偏差、疏漏及不足，敬请广大读者批评指正，不吝赐教。

接下来，就请大家翻开这本书，跟随我的视角来阅读它。当然你不一定要按顺序来阅读，但无论怎样，阅读是一方面，动手练习则必不可少，空闲时间的思考也是重要的。真心希望这本书能够帮助大家了解产品设计草图究竟是什么，并对产品设计草图产生兴趣，重要的是应用它帮助你思考问题、解决问题。

作　者

2020 年 6 月

目 录

第 3 章　光与影

第 4 章　绘图方法

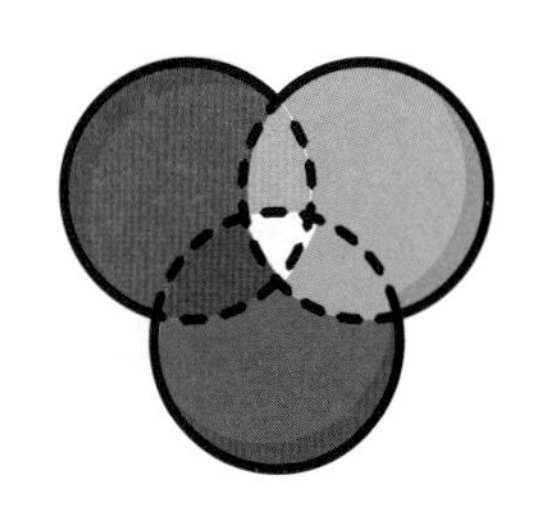

第1章 设计草图——手&脑&心

古代埃及人相信制图和绘画提供了与另一个世界的灵魂的接触点。

——摘自（英）罗伯特·克雷（Robert Clay）的《设计之美》

你还记得自己小时候乱涂乱画的情景吗？或许你早就忘了自己当时画了什么，但是那种曾经自由、无拘无束的感觉或许你还留有印象。然而，设计草图却与你最初的印象不尽相同。

设计草图（Design Sketch）是有别于绘画与工程制图的第三种视觉语言，是一种探讨和交流想法（Ideas）的视觉思维模式，是快速可视化我们所见所思所想的最便捷的方式之一。但这需要在左脑逻辑思维与右脑形象思维的互动下，做到心手合一，并强调由前者引导后者，如图1-0所示。由此，设计草图作为一种视觉推理方式，已不再是简单的名词，更是以一种动词的形式存在。

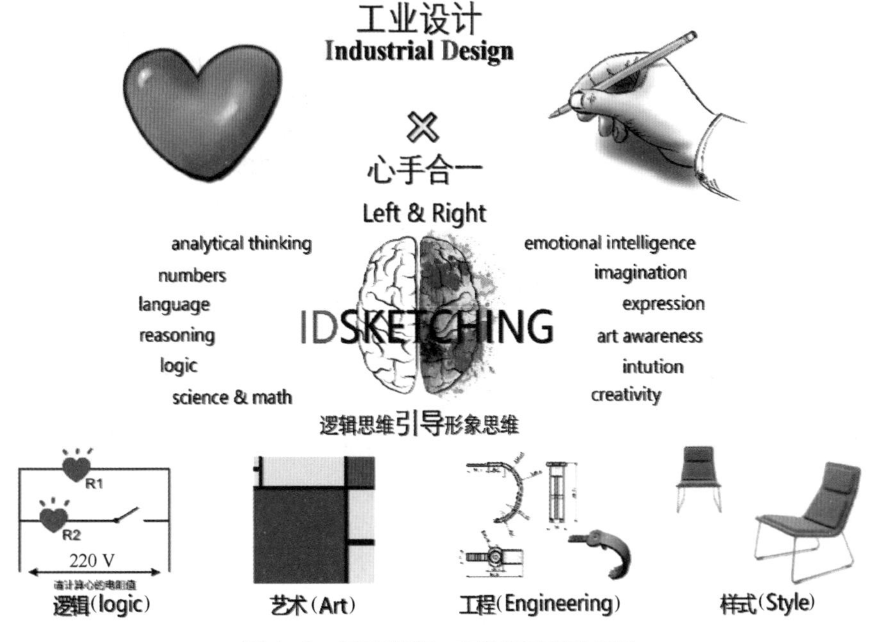

图1-0 设计草图—左脑与右脑的互动

本章将从制图与绘画中引出设计草图的概念、功能和作用，涉及构思与创意的表达，设计流程与草图的类型，以及如何寻找适合自己的绘图工具，最后探讨如何训练设计手绘（草图）。

1.1 制图与绘画

从我们所接受到教育和普遍认识出发，对于制图和绘画存在普遍的分离性认识。制图往往是与几何、工程密切联系的，人们很容易想到机械制图、工程制图等，它具有高度的逻辑性和严谨性，最重要的是具有严格的尺寸标注和工艺流程；然而绘画自然被认为是艺术，东方有水墨画，西方则是油画，通常被认为不具有逻辑性和严谨性，更不可能标上尺寸关系和加工工艺等。制图与绘画似乎是各自领域（工程、艺术）的两个极端，然而设计却将制图与绘画联系在一起，实质上是将工程与艺术联系在一起，但并不是二者的简单相加，这种关系很难三言两语解释清楚，或许用“渗透”一词可以较为形象地描述设计绘图的过程。产品设计概念萌生期的工作表现手段更偏向绘画，但是到设计的后期工程渗透得更多。无论是建筑设计、工业设计还是其他工程设计都需要设计绘图。然而，设计师既不是画家也非工程师。

为此，列举三位“极端者”的作品，足以使你感受到绘画的逻辑与制图的感性，或许能帮助你初识设计绘图的特征，又或许能点燃你对设计绘图的兴趣。

列昂纳多·达·芬奇（Leonardo da Vinci）的“才华来自上苍而非人间之力”。每当我们看到达·芬奇手稿时，总会唤起我们对绘画的潜在本能兴趣。达·芬奇的手稿记录了他在众多领域的研究成果。例如，他对人体结构的热爱，以及机械装置的研究，如图 1–1 所示。达·芬奇无所不研究，凡是大自然中生命体和非生命体皆能激发他的研究兴趣，研究成果大多体现在他的手稿中。他用大量手绘图记录了自己的发现、构思与创造。

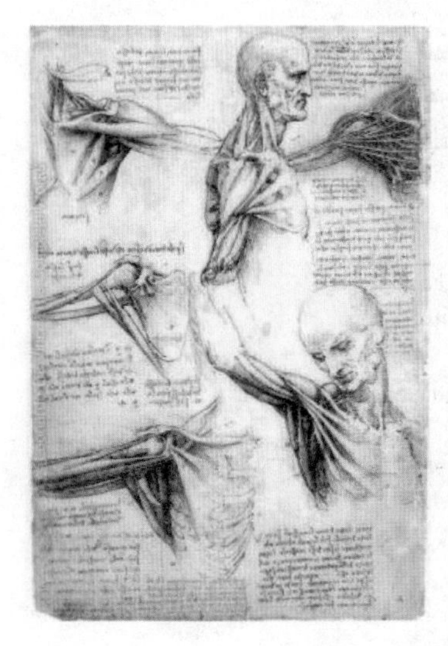
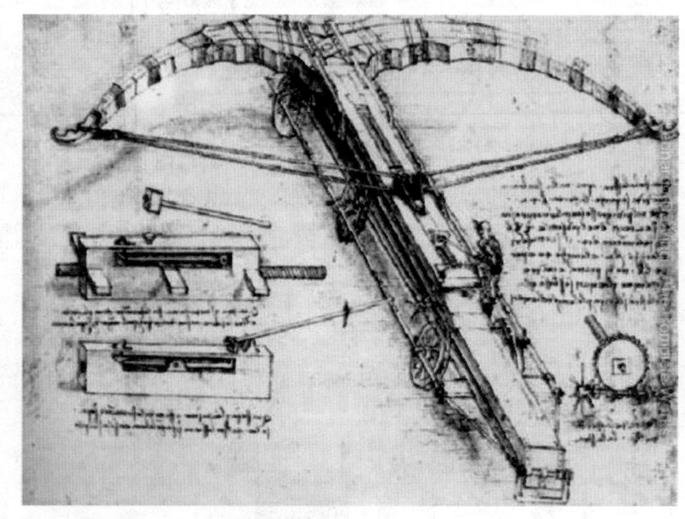

图 1–1　达·芬奇手绘稿：人体结构图和巨弩设计图[①]

① 图片来源：http：//www.leonardoda-vinci.org/Giant-Crossbow.html

Rafael Araujo，一位来自委内瑞拉的建筑师和插画师，自学成才，他的手绘稿让人们很难定义他是位艺术家还是数学家，又或者是一位几何学家。他的作品多以自然为主题，各种贝壳、蝴蝶、螺旋线等。他应用几何知识绘制的蝴蝶和十二面体，高度融合了制图与绘画、数学与艺术的零点，如图 1–2 所示。他的图给人们展现的是一种精确的数学模型，同时具有强烈的艺术感染力。他掌握着高超的绘画和制图技巧，并将几何学与数学极限思想融入其中，令人折服。

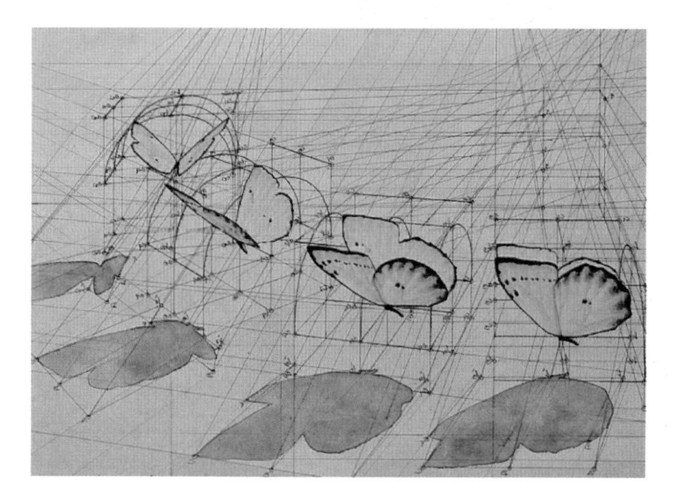

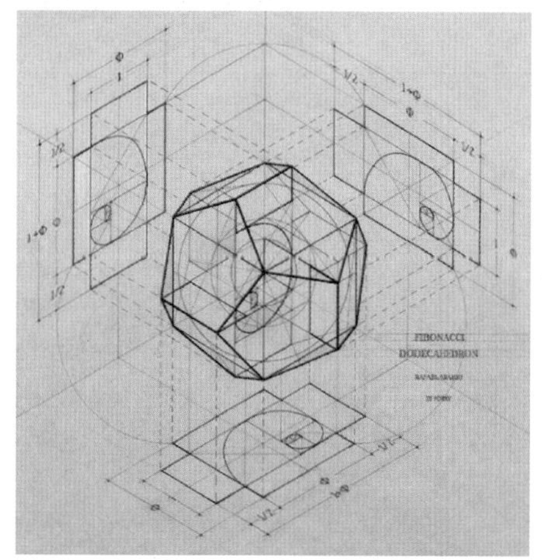

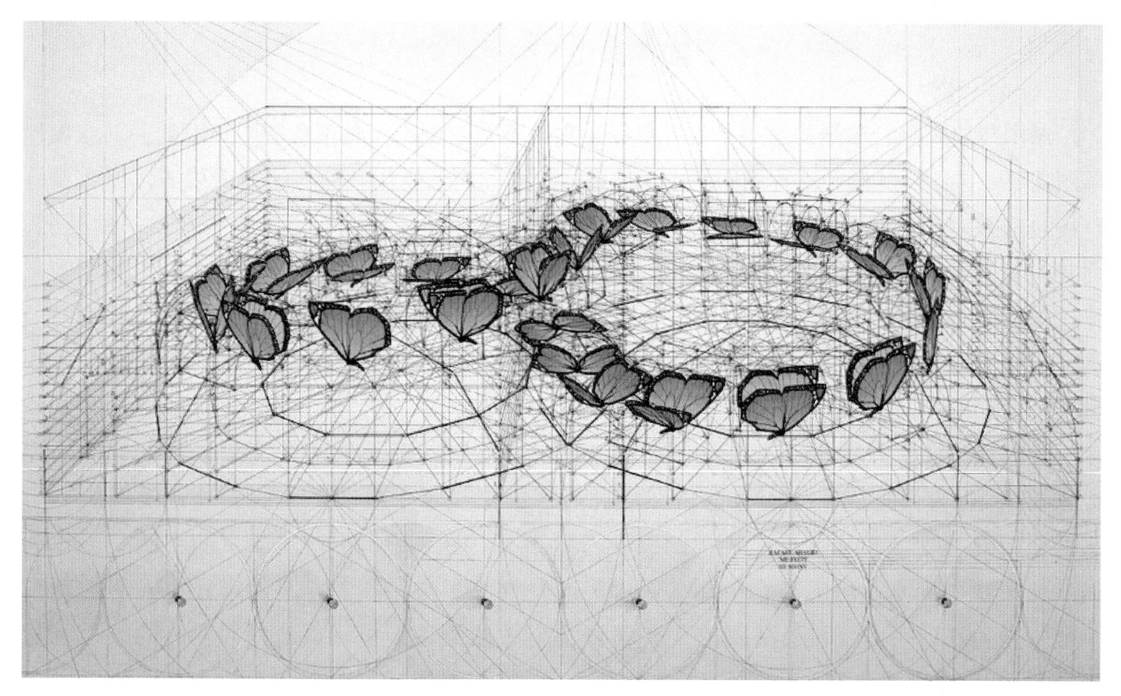

图 1–2　Rafael Araujo 的手绘稿（左上、下：蝴蝶螺旋图，右上：十二面体图）[①]

① 图片来源：Rafael Araujo 的个人网站：http：//www.rafael-araujo.com/

清华大学石振宇教授的设计图独树一帜，兼容机械制图的严谨与艺术表现的感染力，堪称工业设计绘图的标准与典范，非常值得我们借鉴和学习，如图 1–3 所示。他能在艺术家与工程师之间游走，成为国际知名的设计家。

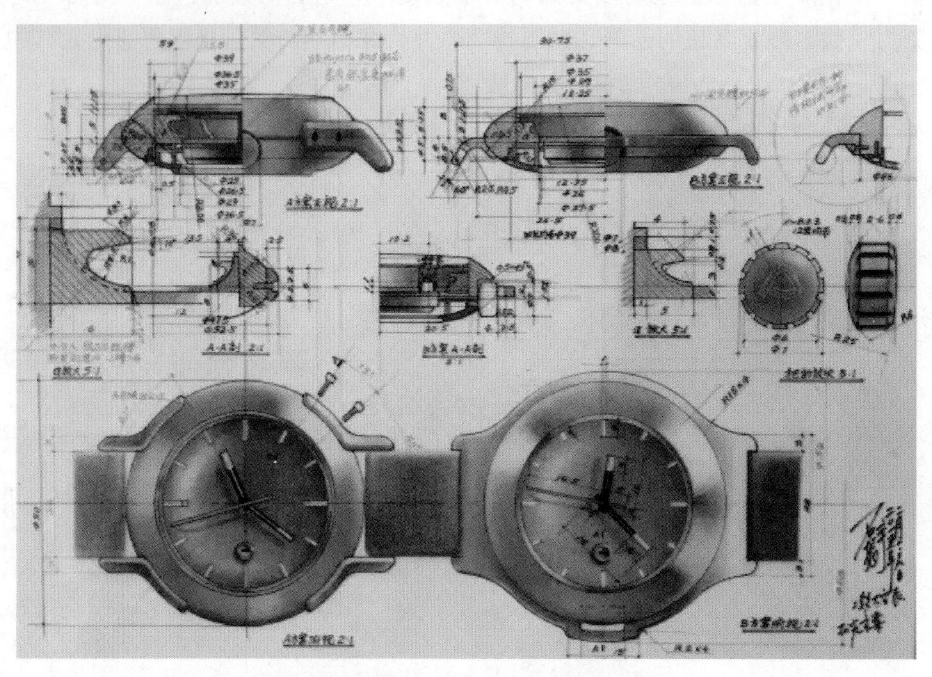

图 1–3　手表设计图（石振宇教授设计）[①]

制图与绘画融合渗透的结果是设计草图，它既不是绘画也不是工程制图。因此，工业设计草图需要一些绘画基础和工程制图基础。如果将绘画和制图视作一种文化知识载体，那么设计草图也应该是设计传递与交流的一种载体。至少对设计师来讲，不应该单单看成一种技能，而是一种打开设计之门的思维通路，是一种设计师与同行或其他领域的人交流思想的基础载体，如同普通人使用语言文字交流思想和情感，数学工作者使用数学语言（各种数学符号）沟通，程序员使用计算机语言（C、Python、Java 等）与机器对话。我们可称之为设计师的视觉语言。

绘画或许是人的本能，儿童在不会写字之前就会画一些成人无法完成的画，这些图在成人看来是“古怪”的、“不合逻辑”的表达，但却显示了画图是人的天性，就像出生不久的小婴儿会游泳一样，皆是人类的天性。图 1–4、图 1–5 是由两位 4 岁的小朋友创作的鸵鸟，儿童的天真、可爱与自由在其画中表现得淋漓尽致。随着年龄的增长，人们把这种本能慢慢遗忘，可作为设计人员必须经过科学有效的绘图训练，重新找回自己的天性，从而获得熟练的绘图技能，并将设计思维融入其中，辅助自己进行设计记录、设计思考和创造。

① 图片来源：http：//www.tsinghua.edu.cn/publish/ad/2836/2014/20140110134525160113972/20140110134525160113972.html

图 1-4　儿童绘画 1—鸵鸟（作者：女，4 岁）①

图 1-5　儿童绘画 2—鸵鸟（作者：女，4 岁）②

我在他们这个年纪就能画得像拉斐尔一样好，但我却花了一辈子去学习如何画的像这些孩子一样。

——毕加索参观完一个儿童画展后说

设计草图能弥补人们语言的不足。用语言说不清楚的问题，用图却能很快让人理解，并且容易理解、记忆和想象。鲁道夫・阿恩海姆曾说过：“人类是与生俱来的运用眼睛去理解实物的能力沉睡者，一定要设法唤醒这双眼睛。唤醒这一能力的最好办法就是立即动手，拿起铅笔、画笔、凿刀或者摄影机。”

有人曾问查尔斯・伊姆斯（Charles Eames）关于设计和艺术的问题，他是这样回答的：“我更愿意说设计是一种目的表达。它可能（如果它足够好的话）在之后会被当作艺术”。设计可以成为艺术，但设计首先解决某个问题。设计草图能帮助设计师可视化设计问题，如图 1-6 中旋钮位置的安排，设计师用草图可视化人与产品的交互方式的多种可能性。

所以，绘制草图（Sketching）是工业设计师的一项重要的思维方式（问题可视化）和技能，也是想法生成之后，重要的、快捷的设计传达方式。对工业设计手绘的训练主要围绕四项技能：一是准确描绘的能力，能够单纯用线快速、准确地描绘出空间中的物体；二是结构分析的能力，在二维纸面上分析产品的外观造型结构以及零部件结构关系；三是光影明暗表现的能力，对于具有较为复杂的曲面形态的产品，能够应用光影明暗关系表达产品的曲面造型；四是逻辑推演构想的能力，即创造性地解决问题。

① 图片来源：宁波凡尚艺术馆。
② 图片来源：宁波凡尚艺术馆。

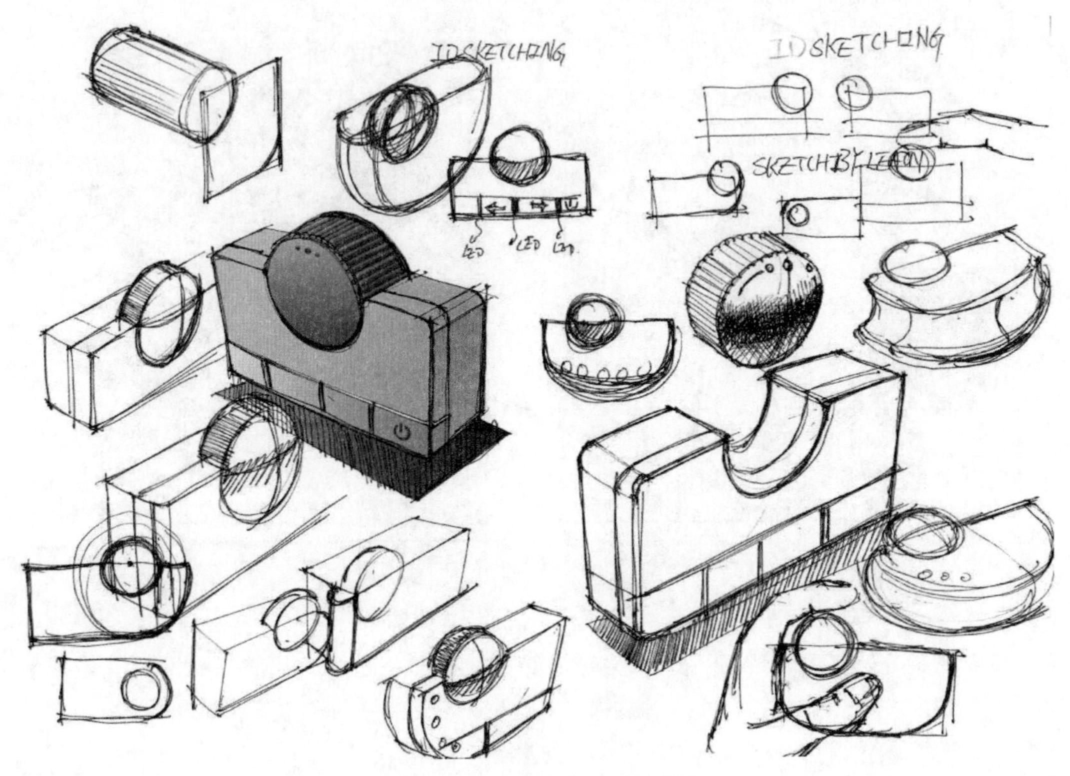

图 1–6　便携式收音机设计草图

世界著名科学家钱学森将人类的思维分为三类：逻辑思维、形象思维和灵感。手绘设计的过程便是逻辑思维与形象思维交互的过程。草图属于一种启发式策略，熟练绘制草图是设计从业者的标配。工业设计草图需要强调逻辑性，更应该强调逻辑思维引导形象思维。设计灵感或许就是在前两者无数次的交互过程中产生。在两种思维方式的碰撞中提高设计方案的多样性，并探索新的设计方向。

1.2 构思与创意

设计被看作是与环境的反思对话，因为独特情境中的独特问题是由设计师或设计团队给出解决方案，这些反思通常可以视觉的方式呈现。因此，构思和记录是工业设计手绘的核心作用之一，是对问题的启蒙和思考的有效手段，是一种将创意视觉化、问题可视化的思考过程，即思考过程视觉化的快捷方式，如图 1–7 所示。

图 1–8 为 U 盘的构思与创意设计思考过程，设计者从一开始就思考 U 盘造型设计的趣味性，以及 U 盘在使用中存在的便捷性问题等，主要构思人与产品行为交互特点。设计师以快速可视化的方式展示了人们在使用 U 盘时的行为动作，并由此构思出新的设计概念。

图 1–7　思考草图（作者：刘怡麟）

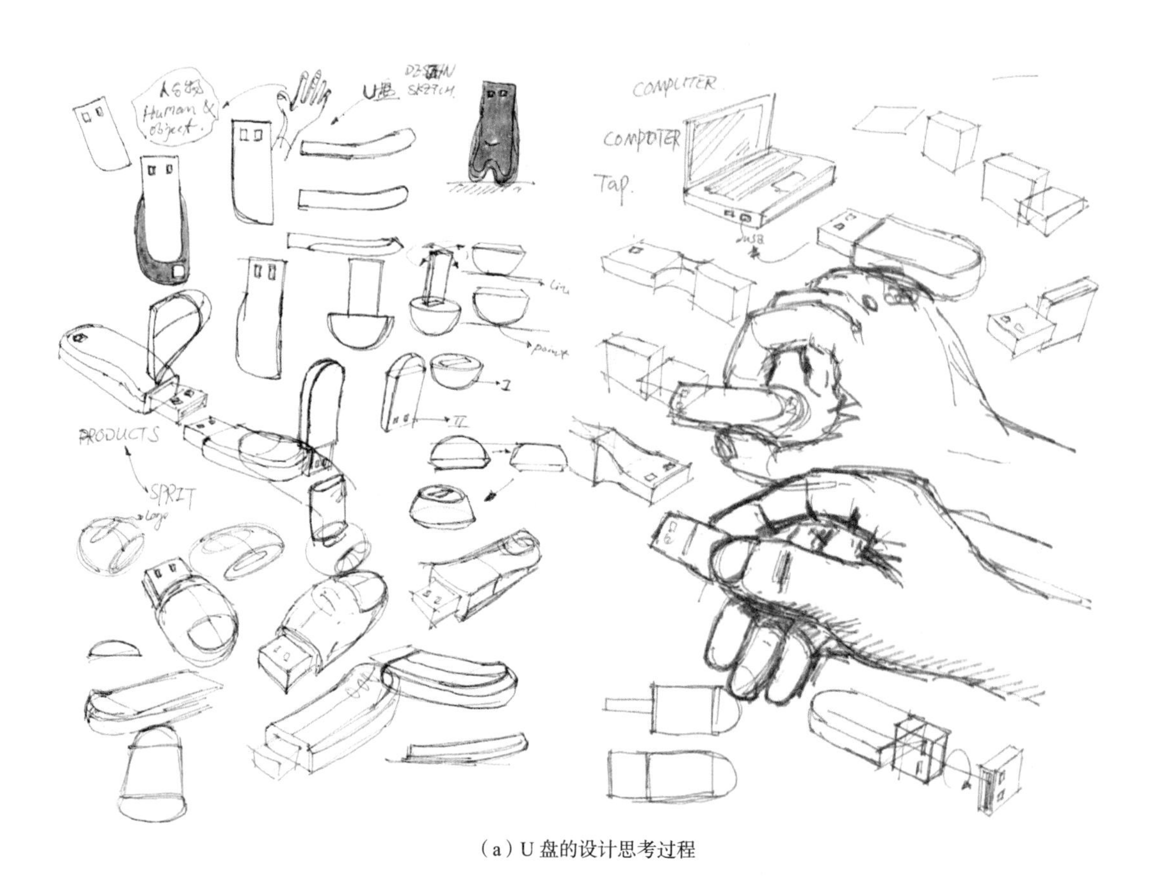

（a）U 盘的设计思考过程

图 1–8　U 盘的设计思考过程及构思创意设计方案

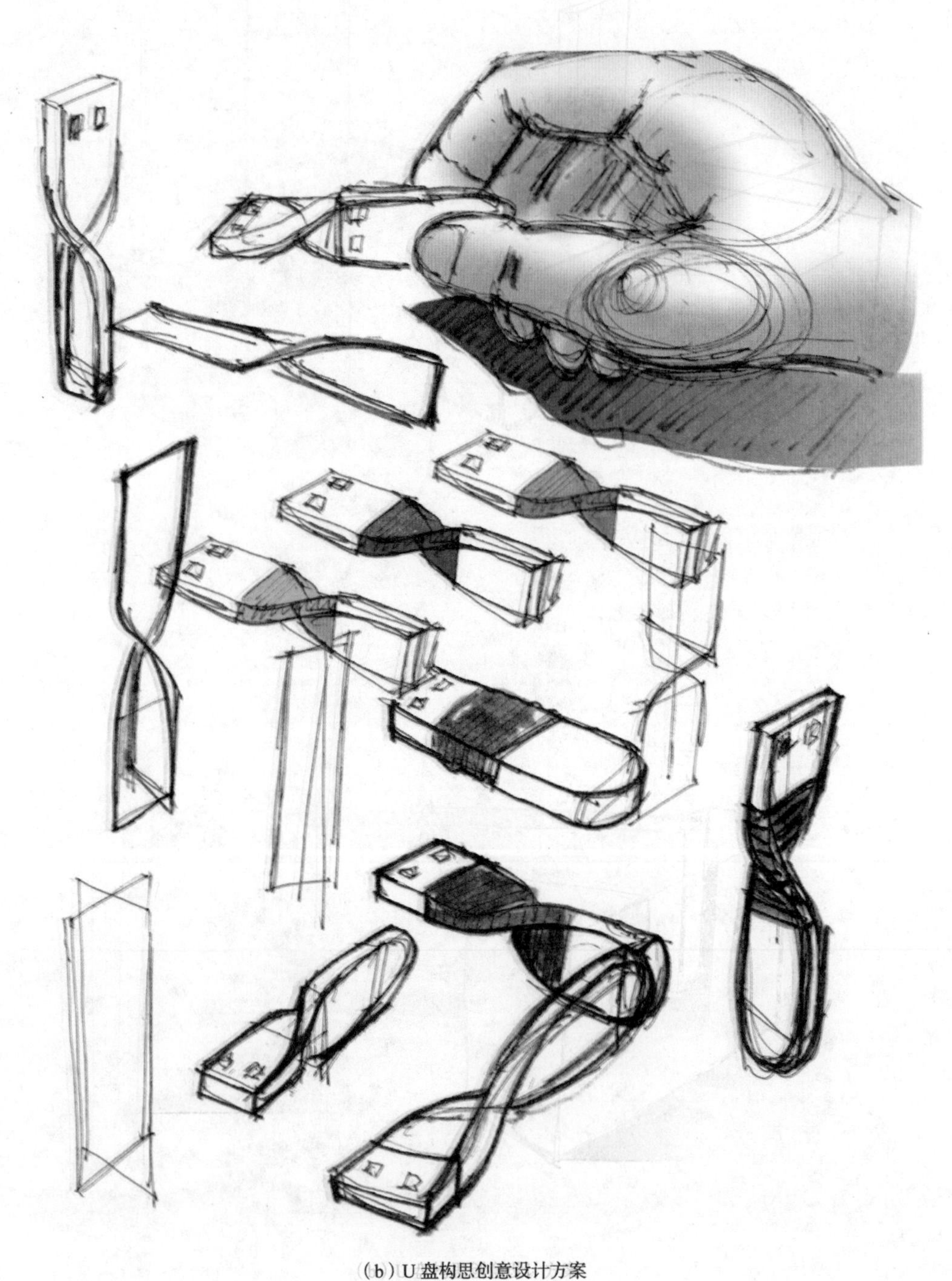

（b）U盘构思创意设计方案

图 1-8　U 盘的设计思考过程及构思创意设计方案（续）

1.3 草图类型与设计阶段

草图是设计师在不同阶段与自己、其他设计师、工程师、客户沟通交流的视觉手段。从工业设计的一般流程和阶段，设计手绘始终伴随着设计的每个阶段。具体设计过程并非线性过程，而是反复推敲、不断沟通修改的过程，因此无法界限分明地将草图类型与设计阶段完全一一对应。但总体来讲，可分为三个重要阶段：创意构思阶段、创意梳理阶段、创意汇报演示阶段；也可细分为五部分：创意构思阶段的构思草图、交流沟通阶段的修改草图、造型确认阶段的细节草图、结构探究阶段的技术草图、汇报演示阶段的提案草图。下面就五个细分类型展开介绍。

1.3.1　创意构思阶段的构思草图

创意阶段的草图可能存在很多问题，如没有周全地考虑材料、形态细节和技术实现等，但这属于正常的事。此阶段，这些并非最重要，重要的是保持思维的灵活性、开放性，探索设计的种种可能，绘制尽可能多的草案。构思阶段的草图多从侧视图开始，通过具有探索性的草图呈现思考过程。例如，图 1–9 所示的可折叠婴儿车构思草图。

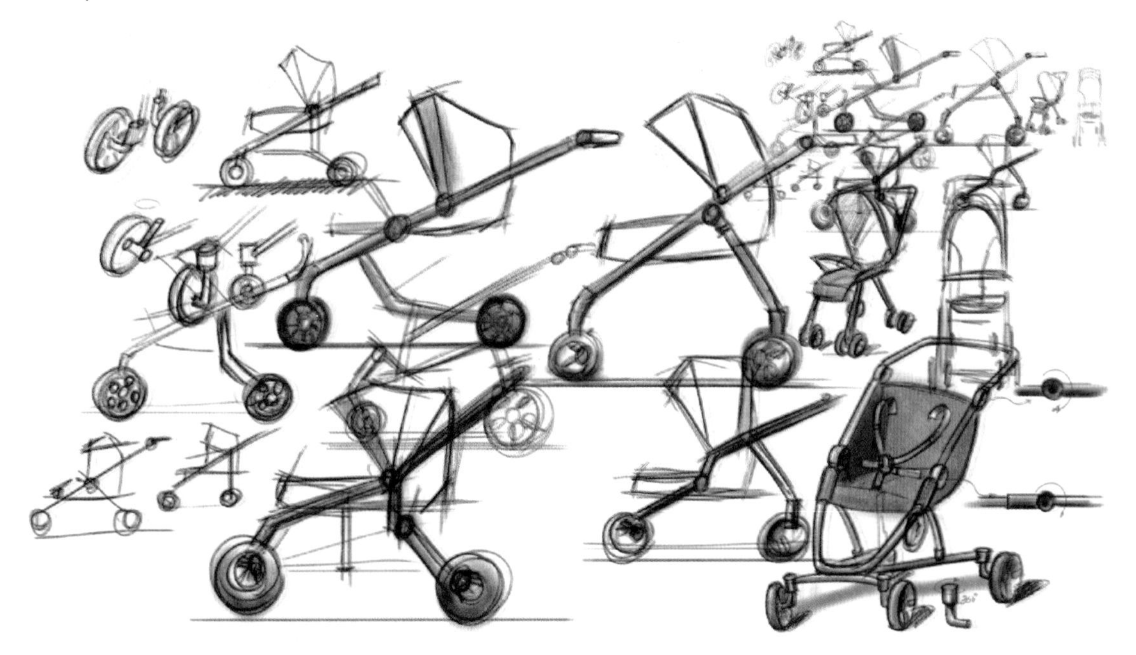

图 1–9　可折叠婴儿车构思草图

图 1–10 展示了设计人员探索家用小型电动缝纫机的整体形态与比例，以及对功能布局的思考，也传递出设计师的初步构思理念：简约几何美学。图 1–11 和图 1–12 分别展示了设计者对耳机线控形态的探索和家用小型水桶的构思与推敲过程。

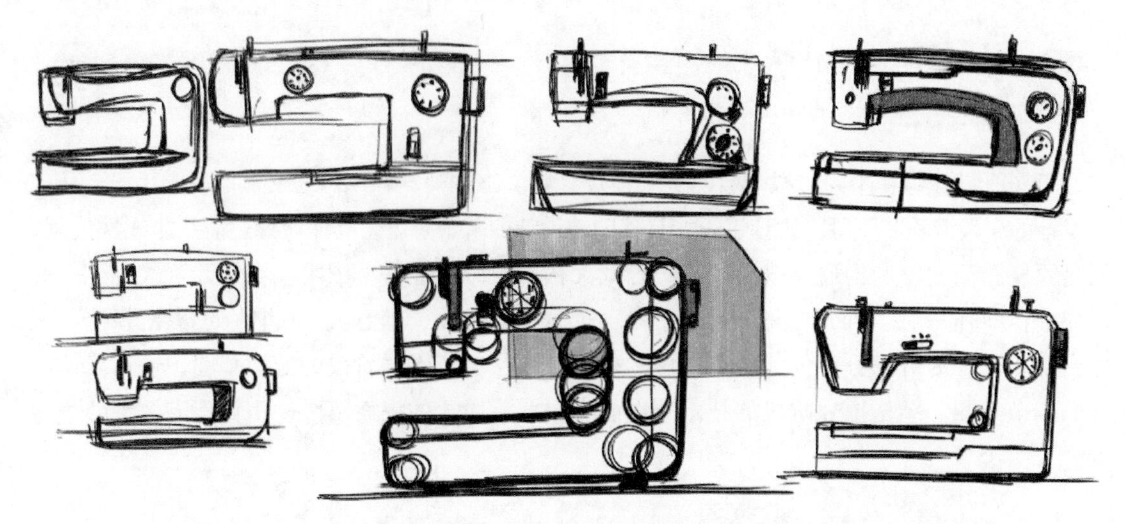

图 1–10　家用小型电动缝纫机创意构思草图

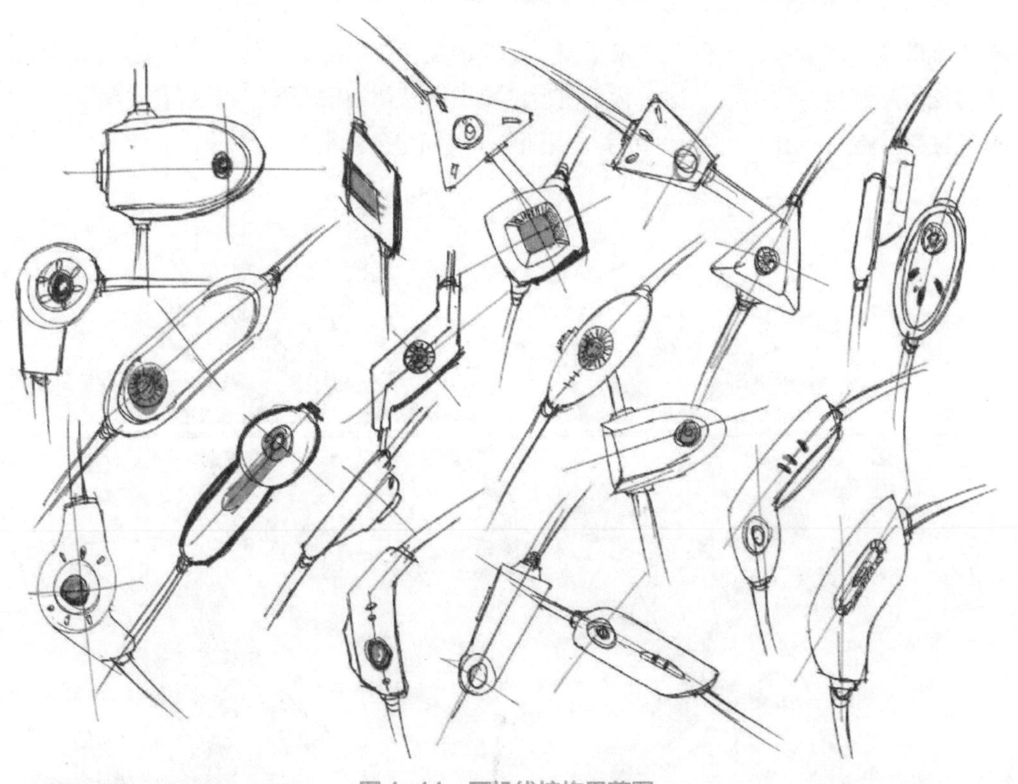

图 1–11　耳机线控构思草图

1.3.2　交流沟通阶段的修改草图

这一阶段的草图重点是内部设计师之间的交流以及与客户的初期沟通交流。设计师之间交流沟通，草图往往显得凌乱，但这并不影响他们之间的沟通，如图 1–13 所示。然而与客户的沟通则需要将草图绘制得干净整洁，以便说明问题，更好地揣测客户的需求和期望。

图 1–12　家用小型水桶构思草图

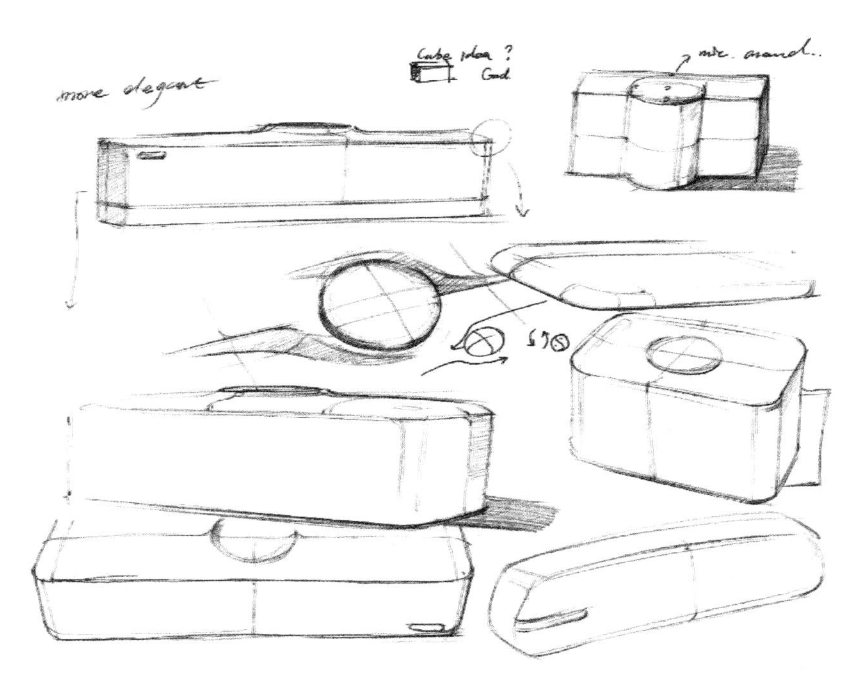

图 1–13　交流阶段的修改草图（作者：李智鹏，刘怡麟）

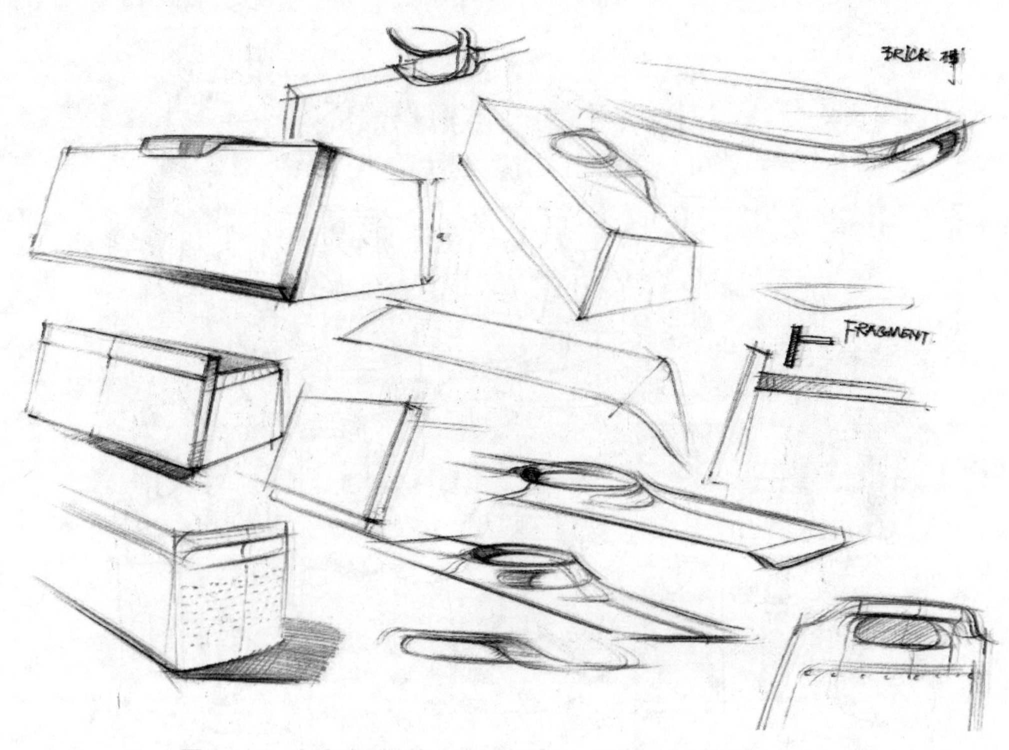

图 1–13　交流阶段的修改草图（作者：李智鹏，刘怡麟）（续）

1.3.3　造型确认阶段的细节草图

造型定案前往往要对产品细节进行深入探讨和沟通，并与客户进一步沟通确认这些细节。此步骤在产品设计过程中尤为重要，设计人员常常需要反复推敲、反复沟通确认，如图 1–14 所示。

造型确认阶段的草图往往需要在设计师、设计管理者和工程师之间进行密切沟通。为准确呈现设计意图，避免模棱两可的表达，需要绘制清晰、准确的细节草图，如图 1–15 所示的局部细节放大图。

1.3.4　结构探究阶段的技术草图

该阶段的草图主要涉及产品的结构可行性，探索结构与形态间的平衡点。多以侧视图和爆炸图呈现产品的结构细节和装配关系，如图 1–16 所示。

1.3.5　汇报演示阶段的提案草图

设计方案在内部讨论完成后，需要提交给客户进行方案展示，此阶段多采用相对正视方式展示。注重整体效果的同时，还可以补充一些局部细节草图。依据产品形态特点，选择合适的绘图视角，以及多种色彩方案，如图 1–17~ 图 1–19 所示。

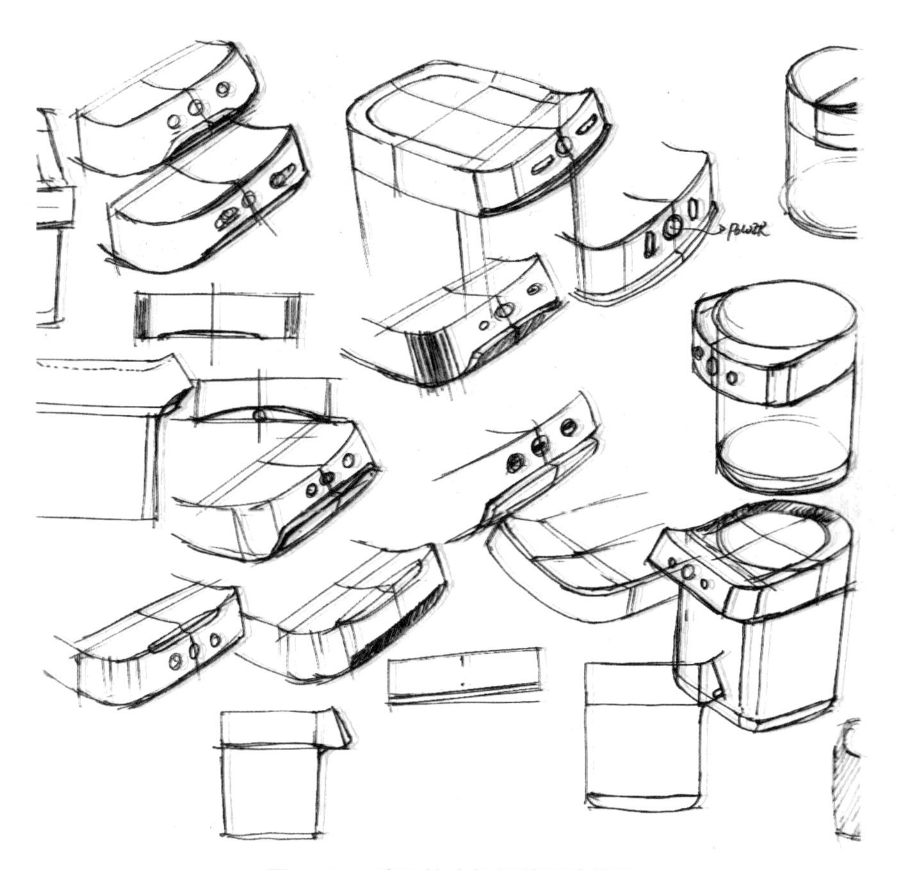

图 1-14　家用饮水机细节设计草图

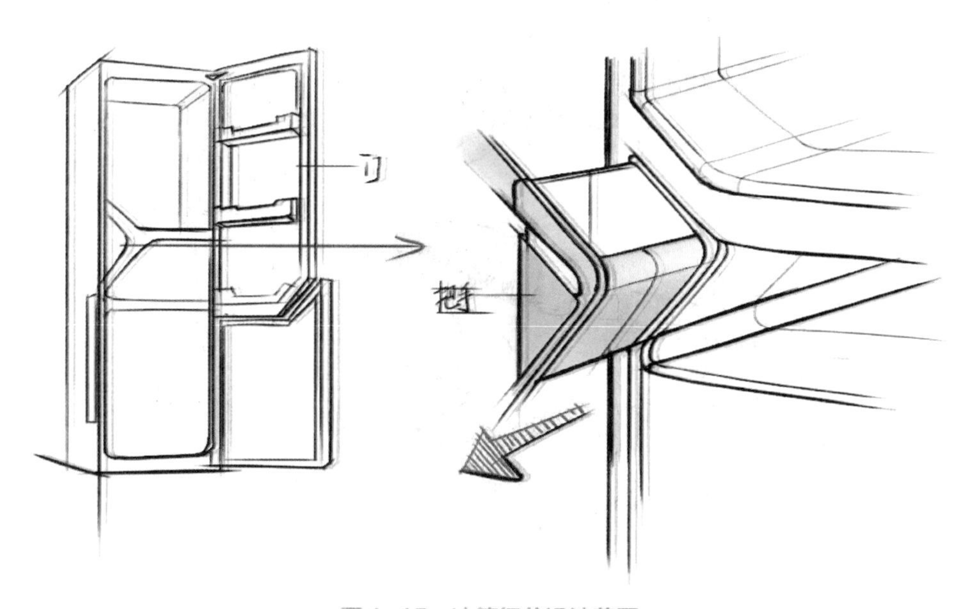

图 1-15　冰箱细节设计草图

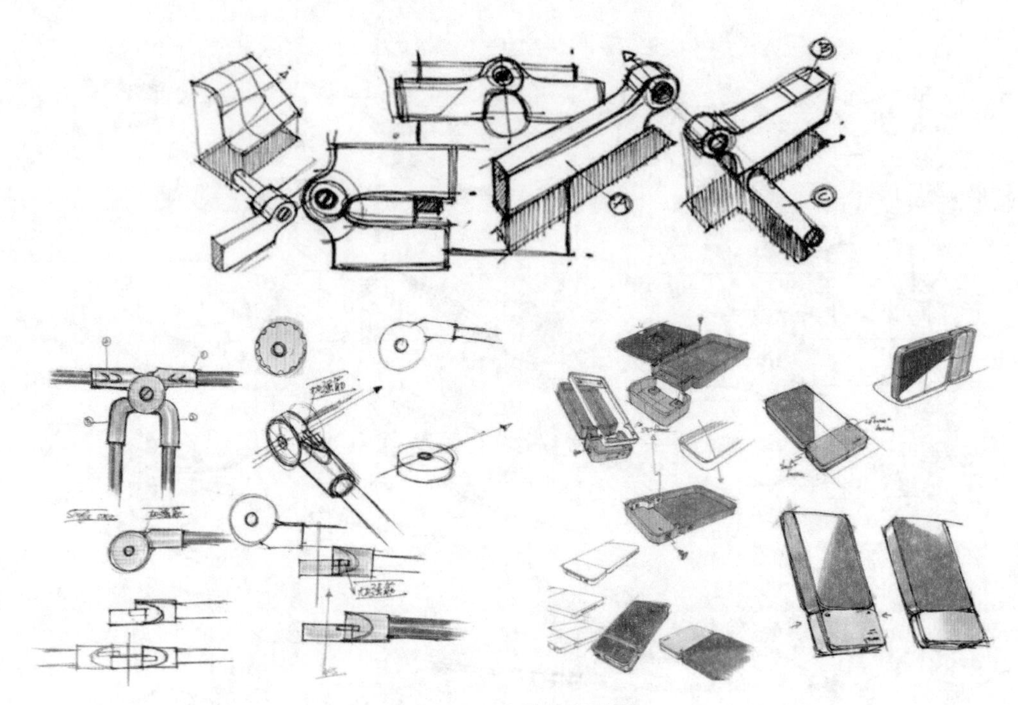

图 1-16　产品技术草图

图 1-17　运动休闲鞋设计提案草图

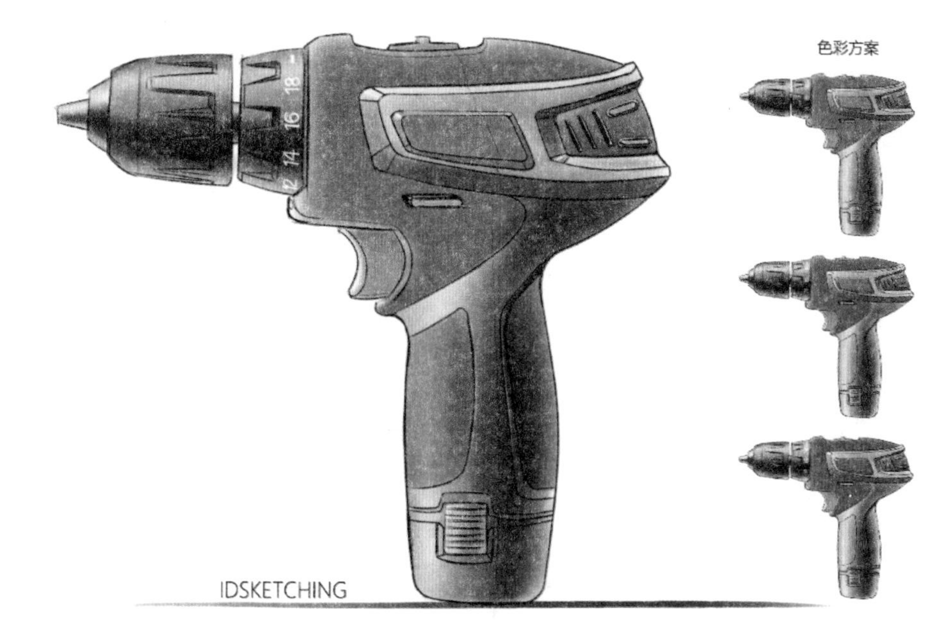

图 1–18　手电钻设计提案草图

图 1–19　婴儿车设计提案草图

在应用手绘进行设计的过程中，务必要灵活应用不同类型的设计草图。这里只是根据一般的工业设计流程来进行分类。总的来说，在整个产品设计开发过程中，有两个重要作用：其一，手绘是设计人员自我挖掘潜能、提高空间构思能力的重要手段之一；其二，则是与同事或客户交换设计意图的高效工具之一。

当然，设计解决方案的表现可以采用多种多样的形式，从口头交流到书面文档、草图和插图，或者这些方法同时呈现或同步组合，所有一切都是为应对实际工作需要而进行选择和组合。然而绘制草图是最具标志性的，这种形象的表达方式往往被视为设计活动的同义词。

1.4 绘图工具

用什么工具绘图？对于这个问题真的很难回答，只有通过长时间的尝试、体验、练习、思考、总结，方能找到适合自己的工具。目前在设计领域大致可分为传统绘图工具（包括笔、纸及其他辅助工具）和数字绘图工具两大类，如图 1-20 所示。

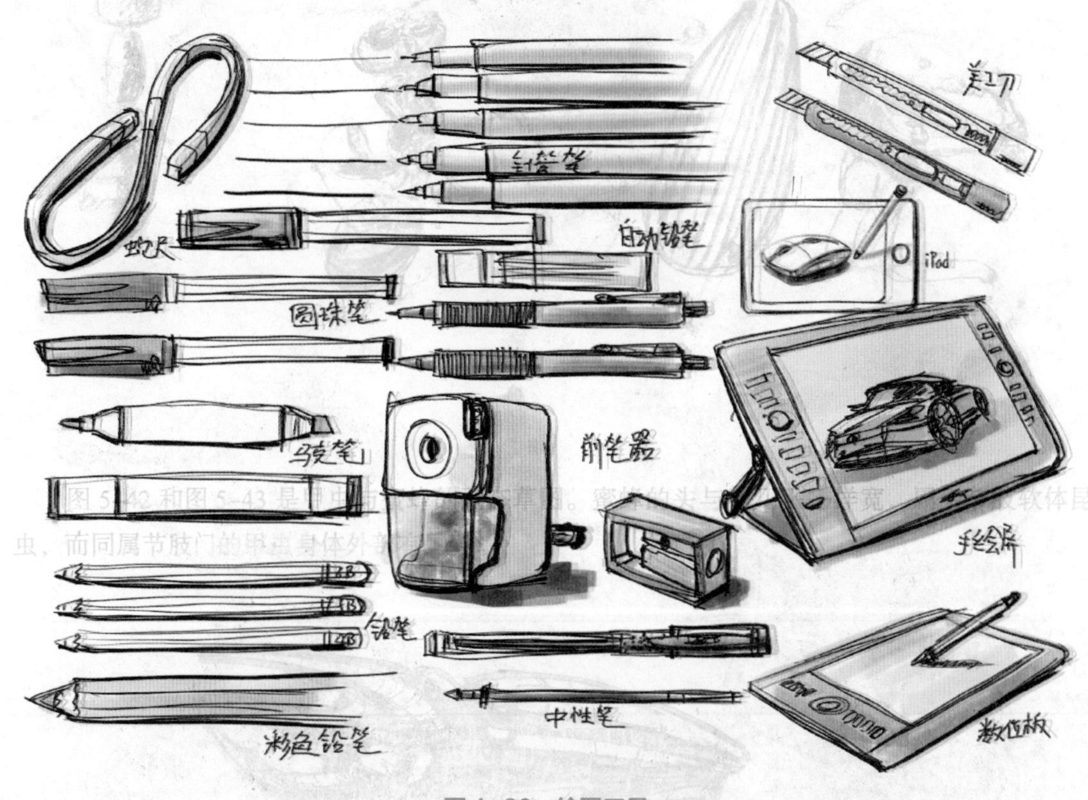

图 1-20　绘图工具

1.4.1　传统绘图工具

传统的绘图工具包括笔、纸和其他辅助工具。笔通常都能在美术用品店或网上买到，有铅笔、签字笔、针管笔、圆珠笔、马克笔、彩色铅笔、色粉等。本书中的手绘多用水性签字笔和马克笔完成。对于快速设计手绘来讲，色粉已不常用了。每种笔由于笔芯材质不同，笔触也不尽相同，因此各有所长，需要不断练习、体验才能掌握其使用要领和应用场合。

1. 铅笔（石墨，Pencil）

铅笔有碳铅笔、自动铅笔，黑色水溶铅笔。碳铅笔根据需要选择软硬适中的铅芯，起稿时可选用硬度较大的。自动铅笔可选粗细不同的笔芯（规格：0.3~2.0 mm）。普通铅笔笔芯的主要成分为石墨和黏土，在石墨中掺入的黏土比例不同，生产出的铅笔芯的硬度也就不同，且颜色深浅也不同。这就是铅笔上标有的 H（硬性铅笔）、B（软性铅笔）、HB（软硬适中的铅笔）的由来，如图 1–21 所示。H 数字越高，硬度越高，石墨含量越少。图 1–22 为自动铅笔绘制的草图。

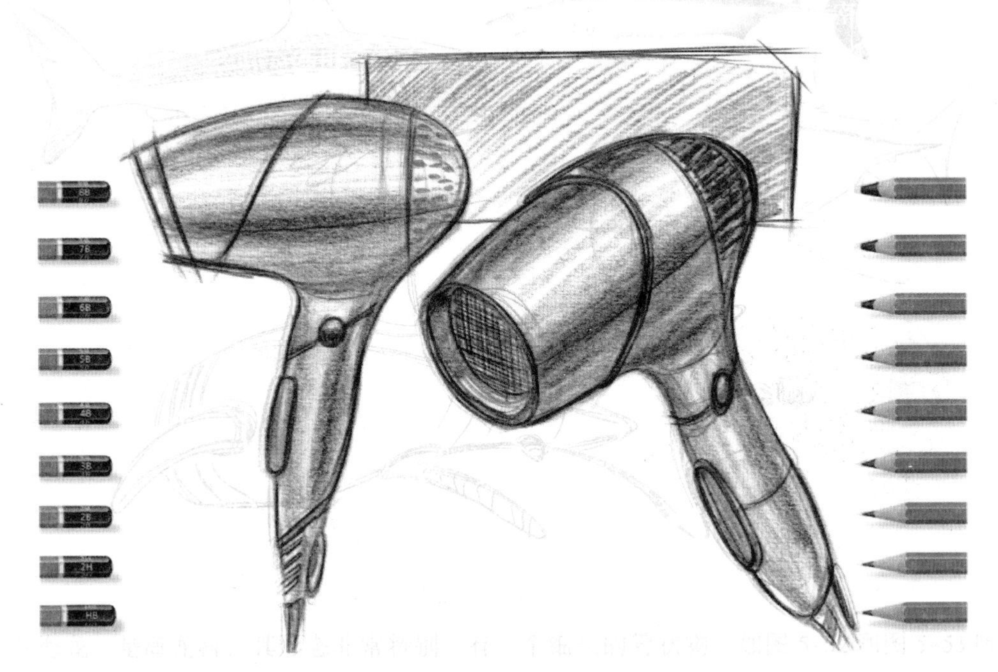

图 1–21　普通碳芯铅笔

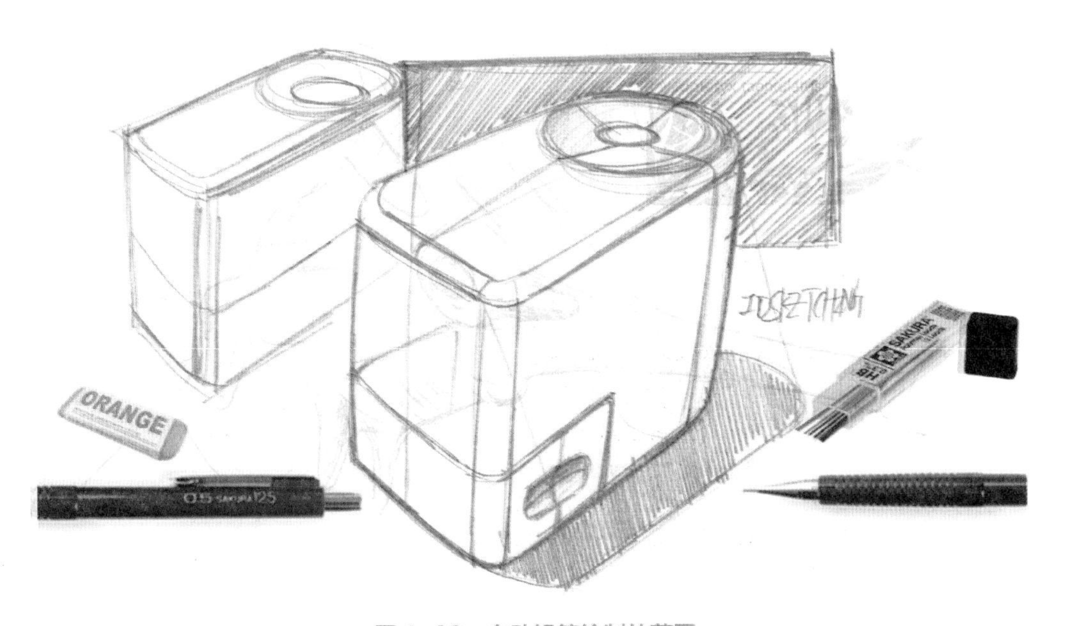

图 1–22　自动铅笔绘制的草图

铅笔最大的好处是方便修改，相比钢笔、中性笔、圆珠笔，将铅笔放平利用笔芯的宽度通过笔触轻重的变化更容易塑造一个曲面，同时运用不同的笔芯能够很快控制形态的明暗关系，使亮面和暗面形成鲜明对比。基础形体可以用普通 HB 碳芯铅笔起稿，确定后便可用黑色水溶性彩色铅绘制细节、光影、分割、轮廓等。黑色水溶性彩色铅笔的笔芯主要成分是石墨和水粉。

与石墨铅笔相比，黑色彩铅笔更专业，通常分为油性和水溶性两种，绘图过程不会把画面弄脏，如图 1–23 所示。德国产的辉柏嘉彩色铅笔，价格相对便宜，油性黑色 399，水溶性黑色 499，水溶白色 401，油性白色 301。更专业的，同时价格更贵的有美国三福霹雳马（Prismacolor）彩铅，黑色 PC935，白色 PC938，不会被马克笔溶解。另外，日本“三菱”黑色彩铅同样好用。

图 1–23　黑色水溶性彩色铅笔

2. 签字笔

签字笔（Sign Pen）分水性和中性两种，均有黑色、红色和蓝色三种。水性签字笔适合在打印纸和硫酸纸上绘图，不能更换笔芯，用废即弃。中性签字笔更适合在打印纸上绘图，在打印纸上的附着力更强，可不断更换粗细不同的笔芯，如图 1–24 所示。原因在于中性签字笔在纸上划过产生墨迹更容易被打印纸吸收，但在绘图时也需要注意避免蹭到未干的部分，特别是笔触的末端，影响画面整洁。

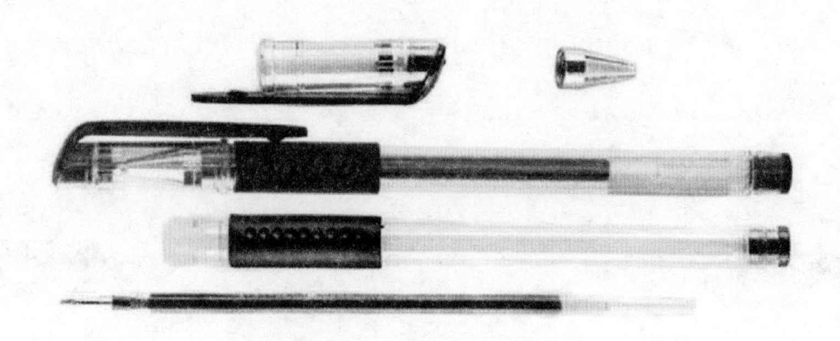

图 1–24　黑色中性签字笔

3. 针管笔

针管笔（Fine Point Pen）是一种相对专业的绘图工具，画出的线条墨水速干且不易摸蹭，如

图 1-25 所示。目前常见的针管笔分硬头和软头两种。硬头针管笔粗细丰富，从 0.20 mm~1 mm 的规格都有。绘制线条时，针管笔应与纸面垂直，以保证画出粗细均匀一致的线条。软头针管笔类似于软头马克笔，有多种颜色可选。

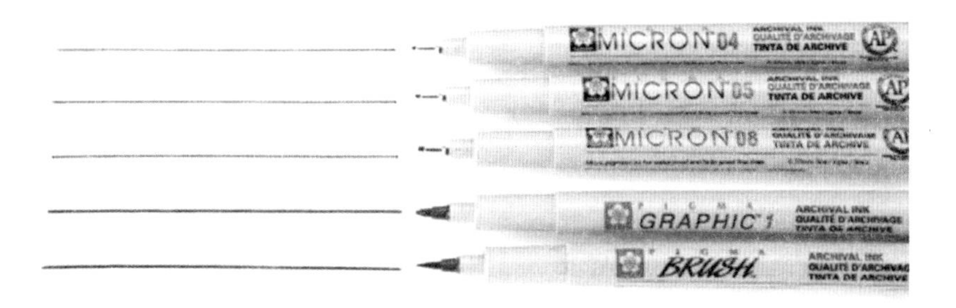

图 1-25　黑色针管笔

4. 圆珠笔

圆珠笔（Ball-point Pen）的笔墨为半流体，常见色有蓝色、黑色、红色等，如图 1-26 所示。笔珠长时间一个朝向拖动，会积累叠加油墨，最后挂不住会在纸上留下一个很大的油点，常影响画面整洁，因此绘图过程中需要用面巾纸擦拭。圆珠笔更适合在打印纸上绘图，不易在硫酸纸上绘图，可以像铅笔一样使用，好处是易于产品细节表达，线条清晰、光滑、纤细，很适合绘制纯线稿的设计草图。品牌上，德国施耐德（Schneider）圆珠笔 505F 是不错的选择，分红、蓝、黑三色，书写粗细为 0.5 mm。

图 1-26　彩色圆珠笔

5. 马克笔

马克笔（Marker Pen 或 Marker），又名记号笔，如图 1-27 所示。因其上色速干、使用便捷、清洁等特点成为目前设计手绘快速表现的重要工具之一，也用于效果图的表现，应用于工业产品、建筑、景观、室内等众多设计表现领域。马克笔通常集斜切头和细头于一身，斜切头为硬头，细头有软硬之分，软头与针管笔类似，可绘制粗细不同的线，工业产品设计手绘选择硬头即可。图 1–27 为直接用马克笔绘制的草图。

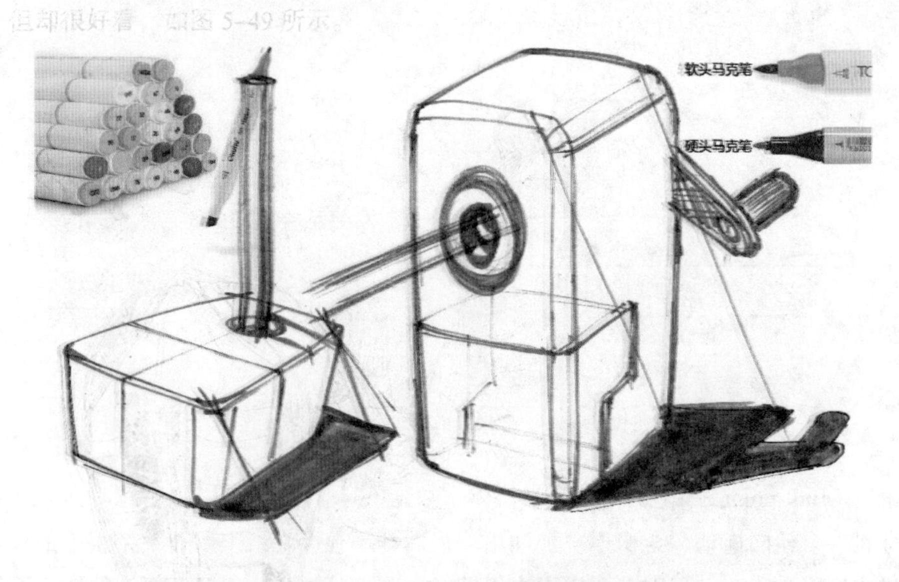

图 1–27　马克笔绘制的草图

马克笔大致分为三种类型：水性马克笔、酒精马克笔、油性马克笔。马克笔可按色系购买，建议初学者先从灰色系开始，可选择冷灰系列或者暖灰系列，等熟悉后再用彩色系。浅灰色系的马克笔也常常用于绘制起稿线，然后用针管笔或钢笔确认，如图 1–28 所示。

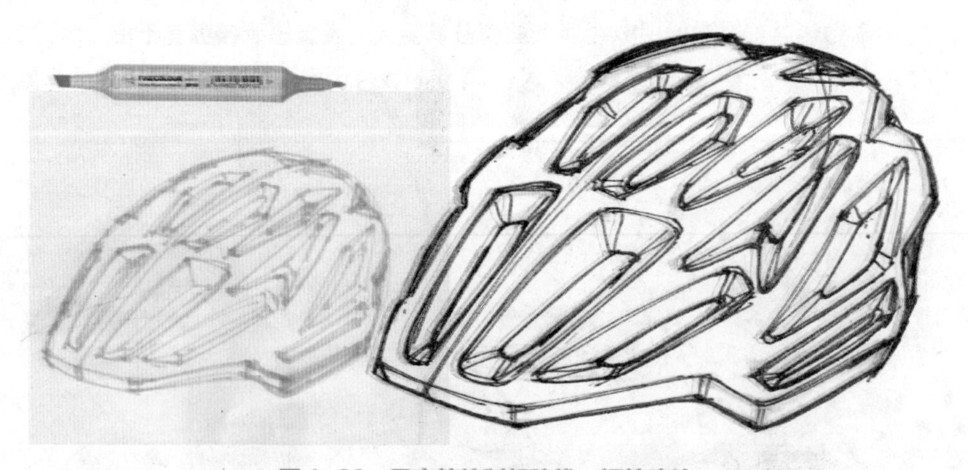

图 1–28　马克笔绘制起稿线，钢笔确认

6. 彩色铅笔

彩色铅笔（Color Pencil）是一种比较容易掌握的涂色工具，画出来的效果以及长相都类似于铅笔，如图 1–29 所示。颜色多种多样，画出来效果较淡，清新简单，大多便于被橡皮擦去。按照硬度来划分，彩色铅笔有很多种类，从传统到油性。传统彩色铅笔的石膏成分更多，笔尖也就更硬。油性彩色铅笔主要由石膏粉和蜡混合的颜料组成，因此绘制的彩色效果更好，但不容易被橡皮擦去。

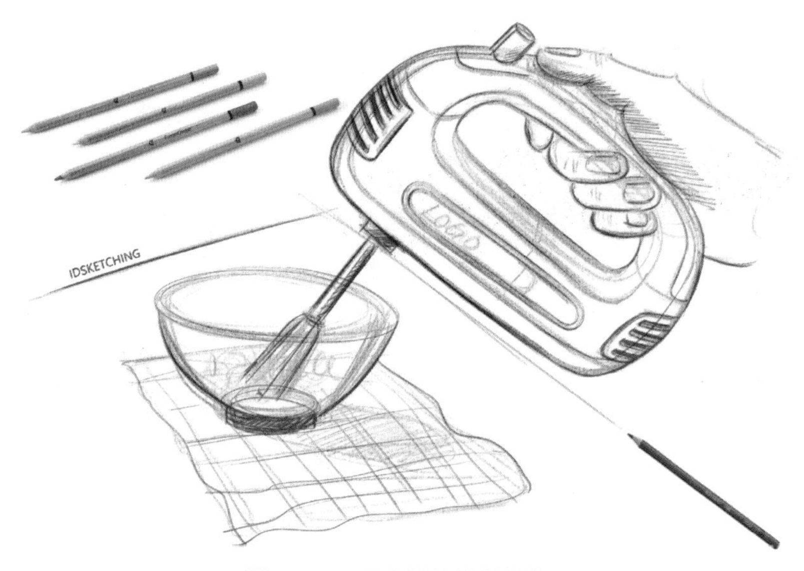

图 1–29　彩色铅笔绘制的草图

另外，目前水溶性彩色铅笔也是普遍使用的，如图 1–30 所示。水溶性彩色铅笔除了直接绘图外，还可用沾水的笔刷进行晕染式绘图着色，产生出类似水彩画的效果，原因是材料中包含高度亲水性的黏合物。

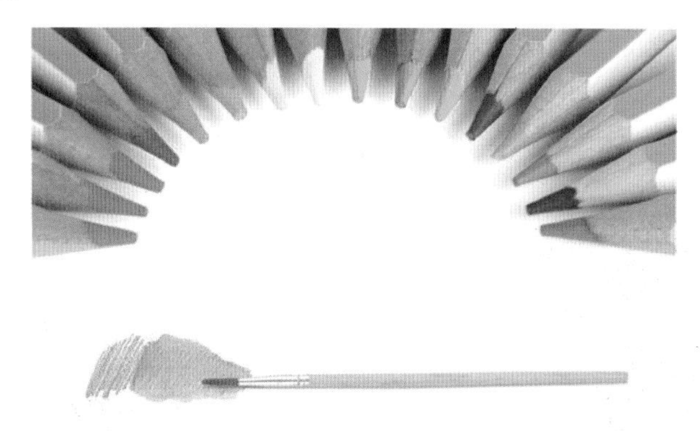

图 1–30　水溶性彩色铅笔

7. 色粉

色粉（Toner）是专门用于绘制效果的，对于快速设计手绘并不实用，如图 1–31 所示。使用色粉时需要用美工刀将色粉刮下，然后用废弃的银行卡等卡片切碎研磨，再用较为柔软的面巾纸蘸取色粉，最后擦涂到纸上。目前，色粉绘图技法在工业设计中已经很少使用。

图 1–31　色粉

绘图纸最常用的是打印纸，A4、A3 规格都常见，适合水性马克笔的平涂。另外，还有硫酸纸、马克笔专用纸、彩色卡纸，硫酸纸更适合于油性马克笔，如图 1–32 所示。此外，常备一个无格笔记本也是不错的选择，用于随时记录自己的想法。

图 1–32　硫酸纸和色纸

辅助工具主要有曲线板、高光笔、橡皮、曲线尺（蛇尺）、削笔器、美工刀、画板、文件夹、圆规等，如图 1–33 所示。

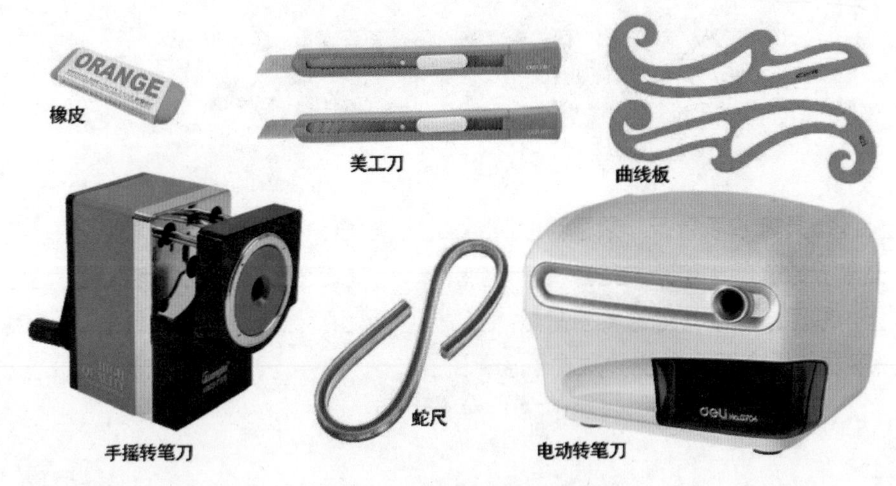

图 1–33　辅助绘图工具

1.4.2　数字绘图工具

用计算机进行设计手绘必须有硬件和软件的支持。硬件一定要有计算机和数位板（或数位屏），另外，数位一体机也已上市；软件方面常用的有 SketchBook[①]、Krita[②]、Photoshop[③]、Painter[④] 等，其中工业产品设计手绘使用 Sketch Book 最为方便，目前对个人已完全免费。数位板

① https：//www.sketchbook.com
② https：//krita.org/zh
③ https：//www.adobe.com/cn/products/photoshop
④ https：//www.painterartist.com/en/product/painter

（或数位屏）的品牌，如日本的和冠（Wacom），具有领导和垄断地位，数位屏的价格较高，但做工和质量还是值得肯定的，如图 1–34 所示。

图 1–34　数位板和数位屏[①]

国产数位板的品牌目前也不少，相比 Wacom 差距还是存在的，但相应价格更亲民。数位屏国产友基（UGEE）值得一试，本书中的所有数字草图就是使用和冠数位板或友基数位屏绘制。图 1–35 就是利用数位板和 SketchBook 绘制的汽车内饰设计草图。此外，iPad+ 绘图笔更是方便携带的数字绘图工具。更多关于数字手绘设备和数字手绘的内容见本书第 6 章。

特别说明：关于手绘工具中的品牌，无论硬件还是软件纯属编者个人体验后的观点。

图 1–35　数位屏绘制的汽车内饰草图

1.5 手 & 脑 & 心——训练方法

工业设计的核心思维是逻辑思维引导形象（形态）思维，工业产品设计手绘同样也该是逻辑思维引导形象（形态）思维，如图 1–36 所示。从发现需求到变为市场上的流通物，从概念模型

① https://www.wacom.com/zh–cn

到可批量制造的产品，从概念草图到最终消费品，显然产品不是“画”出来的。设计草图也不是产品设计与开发的全部，但却是工业设计师创新行为的重要表现方式。

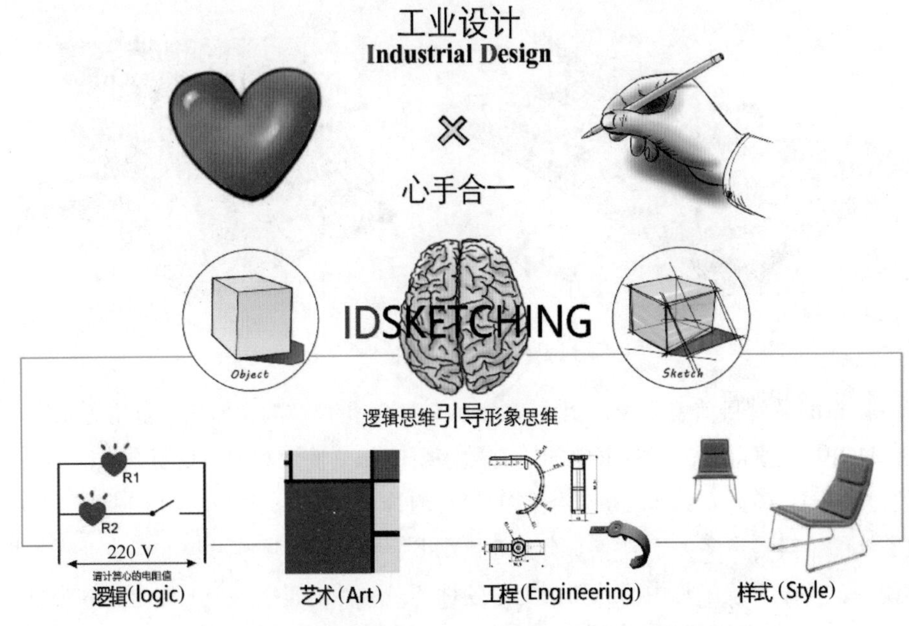

图 1-36　工业设计手绘——逻辑思维引导形象思维

手绘是众多设计表达中最直接、效率最高的方式，在设计手绘的训练过程中应增加手工模型的制作，无疑是对手、脑、心的综合训练，如图 1-37 所示。起初手与大脑总是不能一心一意的合作，心自然就很乱，这是初学者很容易出现的问题，纯属正常现象，不必担忧。对此，可通过以下三种方式多多练习和思考，必有收获，为挖掘自我的创造潜力而练习。

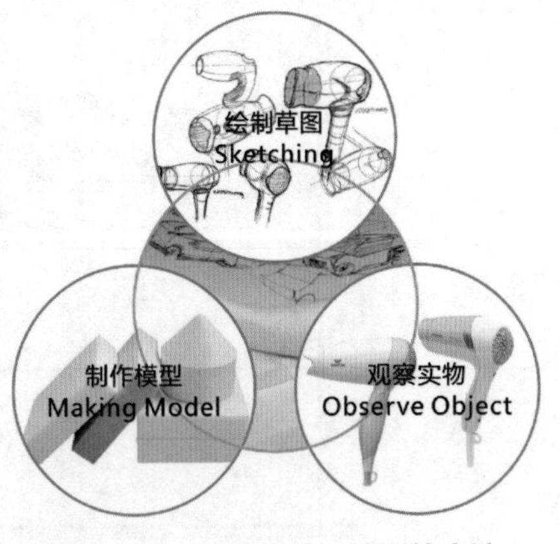

图 1-37　工业设计手绘训练方法

方法 1：图片 & 草图训练法——临摹。即看图画图，先临摹优秀的设计草图，后临摹产品照片。

方法 2：实物 & 草图训练法——思考。看实物产品绘制草图，更换角度再绘制一次，你就会发现自己思考的更多了。

方法 3：橡皮泥 & 草图训练法——创造。制作模型并画图，反向进行更有收获。最简单的做法是利用橡皮泥或泡沫，制作模型，找回童年的记忆，并绘制草图，反向训练更具创造力。

本章案例

设计师的草图日记——构思草图

设计师：李亚雄。

这里展示设计师的草图日记本，如图 1-38~ 图 1-41 所示，它们是设计人员生活的一部分。这些草图日记都是设计师对日常生活问题的思考，记录了各种问题以及构思的解决方案。尽管这些方案并非最终的解决方案，但这种对问题持续思考和探索的精神是设计人员的基本素养。

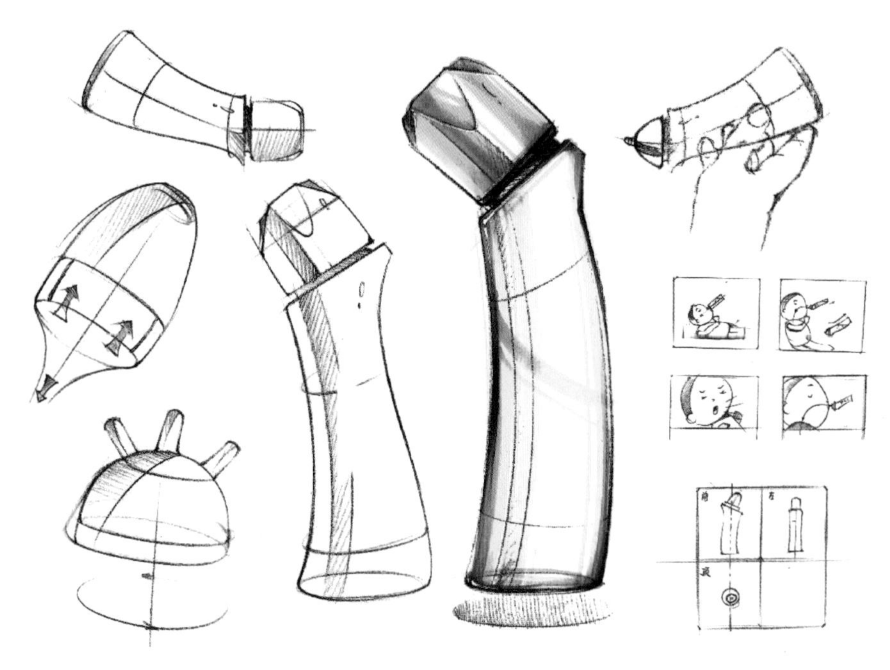

图 1-38　婴儿奶瓶构思草图

图 1-39　座椅构思草图

图 1-40　灯具构思草图

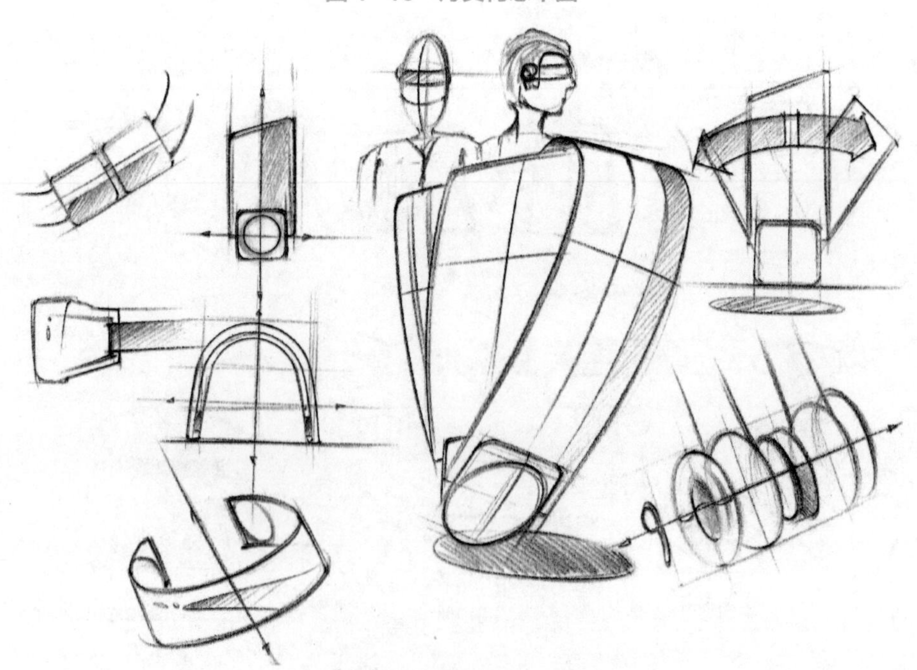

图 1-41　视频麦克构思草图

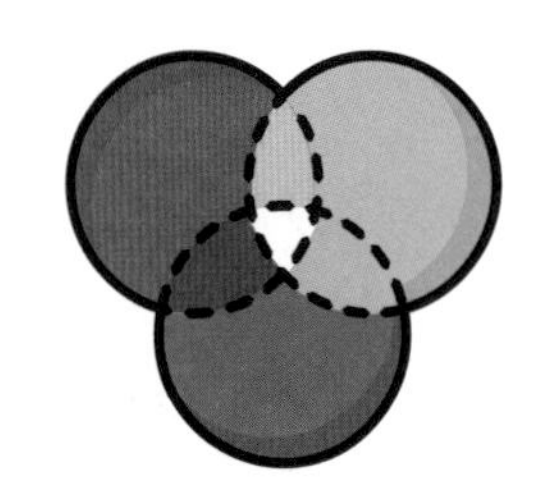

第 2 章 视图——物与像

视觉向大脑提供的信息比所有感觉器官提供的总和还要多。一条视神经含有 100 万根神经纤维，据悉半数以上的意识性信息是通过眼睛传入。

——摘自（美）Steve Parker 的《人体》

在二维纸面上进行手绘设计表达，二维纸面既是平面又是空间。纸面上留下你想象中物体的像，我们常称作视图，所有这一切从你在纸上留下的第一笔便开始了。制图与绘画都应用视图来表达物体的像，设计手绘运用各种不同角度的视图进行设计构思和推敲，创造新对象。我们需要训练自己的视觉感知力，如图 2-0 所示。

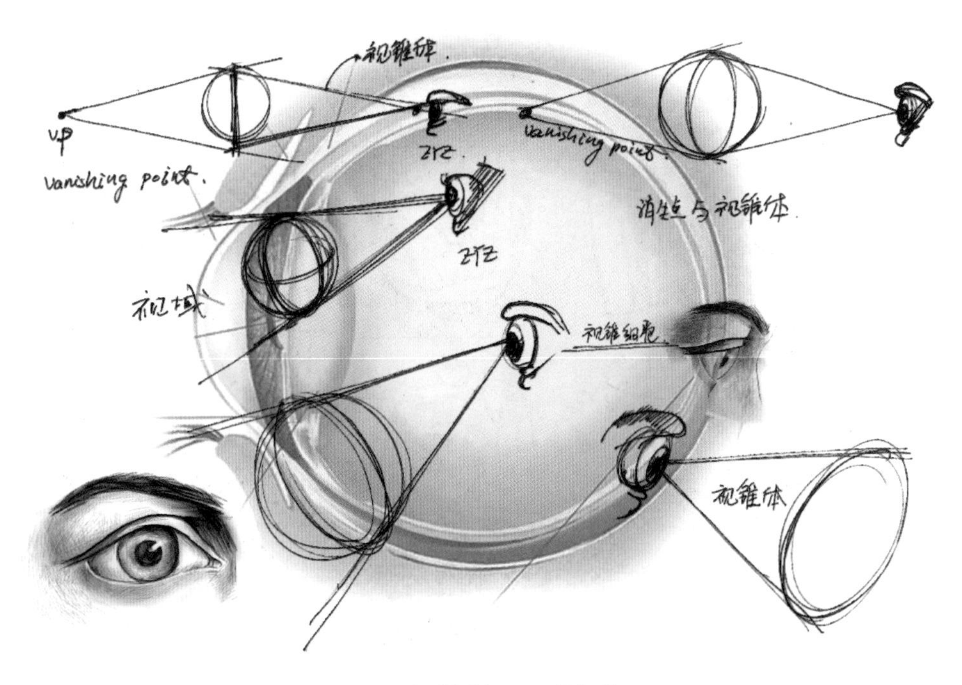

图 2-0　视觉感知——物与像

本章我们将关注自己的眼睛是如何感知周围的世界——物与像，主要涉及视图的形成，包括工程视图和设计视图。重点讨论设计草图中的常用中视图，包括侧视图、一点透视、两点透视和三点透视等内容。

2.1 视图的形成

人类的视觉系统是这个世界上的众多奇迹之一。如图 2-1 和图 2-2 所示，我们很容易识别出它们一张是真实的背包产品图，另一张是背包设计草图，但请不要被这种容易所欺骗。

图 2-1　背包实物图

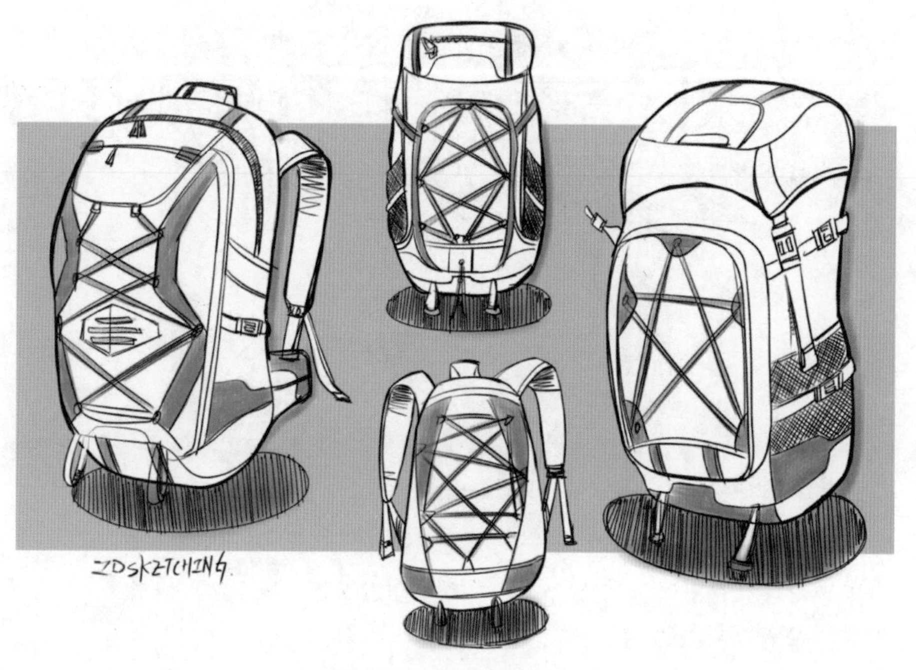

图 2-2　背包设计草图

毫无疑问，我们很容易识别出两张图中的产品形态和色彩，这么容易反而让我们觉得着迷。在人类的大脑半球中，有着一个初级视觉皮层，常称为 V1，包含 1 亿 4 千万个神经元及数百亿条神经元之间的连接。更为复杂的是，人类的视觉系统不是只有 V1，还有整个视觉皮层 V2、V3、V4 和 V5，能够帮助我们处理更加复杂的图像，这是人类无意识的本能，如图 2-3 所示。然而，对于设计师，我们要利用这种本能在媒介上重新可视化新的产品形态和色彩方案。

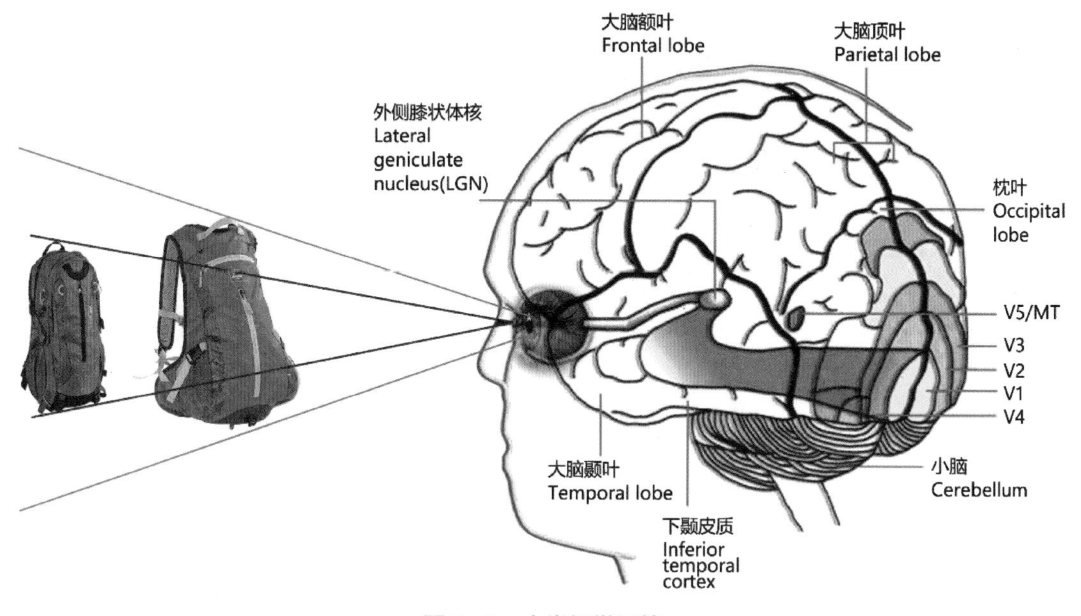

图 2-3　人类视觉系统

视觉向大脑提供的信息比所有感官器官提供的总和还要多，一条视神经含有 100 万根神经纤维，研究表明，半数以上的意识性信息是通过眼睛传入的[①]。因此，有必要弄清楚我们的视觉系统是如何工作的，有助于我们将眼睛看到的形态转变成二维纸面上的图像，并激发大脑的想象力，提高视觉创新能力。感性思维与理性思维的互动，不仅是本能的识别，还需训练自己的空间视觉思维能力。

2.1.1　视觉通路

因为有光，我们的眼睛才能看到周围的物体。然而眼睛并非视觉系统的全部。人类视觉的形成需要完整的视觉分析系统，包括眼球、大脑皮层和两者之间的连接体——视路神经系统。所以，人的视觉系统包括眼睛、视路传导系统（即视觉神经系统）和大脑皮层。

眼睛负责成像，视神经负责传导眼睛所成的像，大脑皮层负责形成视觉感知（认知物体的形状、颜色、运动与否等特征），所以可先粗略地将视觉通路分成三大阶段，即成像阶段—神经传导阶段—视觉形成阶段。这三个阶段形成一条完整的视觉路径，我们可以把这一路径称为视觉通路。

① 帕克 . 人体［M］. 左焕琛 译 . 上海：上海科学技术出版社，2014.108-111.

要想知道人眼是如何成像的，最好先了解眼球的解剖构造，如图 2-4 所示。人的眼睛可近似看作一个层层包裹的球体。正常成年人的眼睛前后直径平均为 24 mm，垂直直径平均为 23 mm，水平直径平均为 23.5 mm。眼球前端凸出外框 12~14 mm。眼球壁的最外层是角膜和巩膜，中间层是虹膜、睫状体和脉络膜，内层为视网膜；眼球的内腔为房水、晶状体、玻璃体；眼睛的附属器有眼睑、结膜、泪器、眼外肌和眼眶。

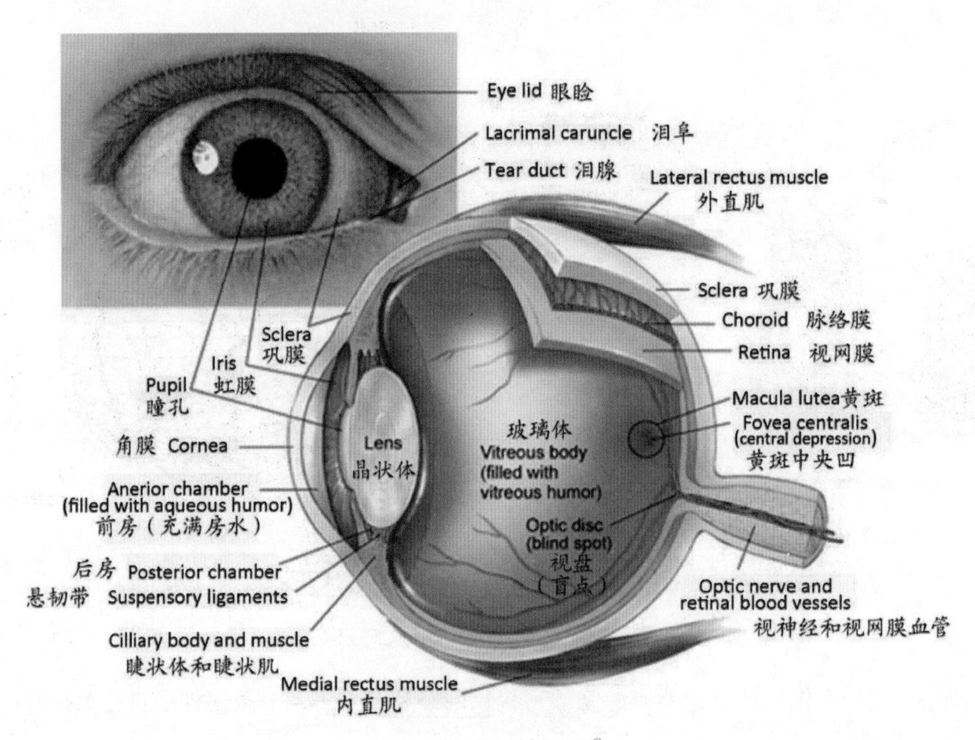

图 2-4 右眼结构图[①]

当人看到物体时，物体自发光或者是反射环境光时产生的光线会经过角膜—房水—瞳孔—晶状体—玻璃体，落在视网膜上形成倒立的影像，如图 2-5 所示。如果把这个过程简化为物体—瞳孔—视网膜成像，那么这个过程就很像小时候手工课上用半透明的纸制作的小孔成像的过程(烛光—小孔—半透明的纸上成倒立的影像)。

人类的确很早就发现了眼睛看到的影像是倒立的这一事实。在法国哲学家、数学家、物理学家勒内·笛卡儿（Rene Descartes，1596.3.31—1650.2.11）的世界观里，世间万物一切都是机械，包括人类和动物。那么要了解机械的最好的方法就是把它切开，即解剖。对于眼睛，笛卡儿也是这么做的，于是在 1637 年，他解剖了牛的眼睛[②]。他从牛眼球的后面开始，小心翼翼地切开虹膜附近的组织，并附上一张极薄的纸，然后将这只牛眼的眼睛对着一支点燃的蜡烛，在那张薄纸上，笛卡儿则清楚地看见倒立的蜡烛影像。

---

① 图片来源：http：//www.youreyescenter.com/images/eye_anatomy.jpg

② BBC 出版的影片 *Light Fantastic*，译成《光的故事》或《光的旅程》，是一部由剑桥大学科学史家谢弗（Simon Schaffer）制作的关于光学历史的纪录片，共四集。该片在第一集就专门讲述笛卡儿解剖牛眼的过程。

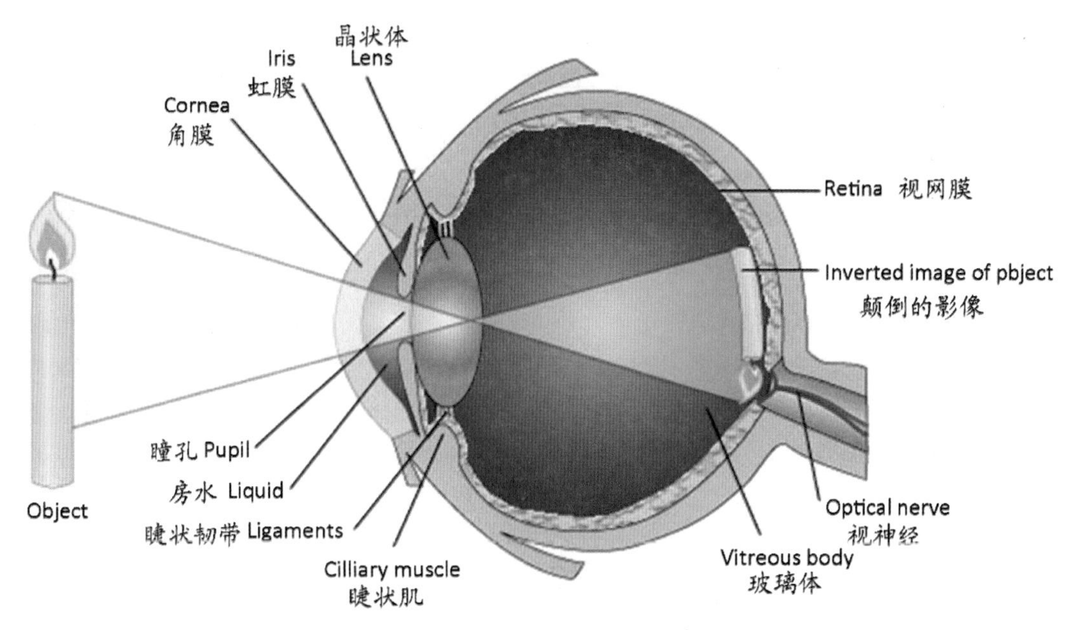

图 2–5　眼睛解剖学结构图[①]

从某种程度上来说，人类眼睛成像的过程与照相机拍摄的过程更为相似，如表 2–1 所列。从这个角度看，相机的确实现了笛卡儿的一切皆为机械的论点，当然现在我们都知道这种观点并不成立。当外界的光线经过角膜、房水、晶状体和玻璃体后，外部世界在每侧视网膜上形成清晰的倒立、左右交叉的影像。请注意，这里只是说二者的成像过程相似，但人的视觉过程并未到此结束。

表 2–1　人类眼睛与照相机部件对应关系

<table>
<tr><td rowspan="15">眼睛</td><td>人类眼睛结构</td><td>照相机部件</td><td rowspan="15">照相机</td></tr>
<tr><td>角膜</td><td>“附加镜头”</td></tr>
<tr><td>巩膜</td><td>“机壳”</td></tr>
<tr><td>虹膜</td><td>“光圈”</td></tr>
<tr><td>睫状体和睫状肌</td><td>“变焦镜头”变焦驱动</td></tr>
<tr><td>脉络膜</td><td>“暗箱”</td></tr>
<tr><td>视网膜</td><td>“感光器件”</td></tr>
<tr><td>房水</td><td>“镜头”组成部分</td></tr>
<tr><td>晶状体</td><td>“变焦镜头”</td></tr>
<tr><td>玻璃体</td><td>“镜头组”成部分</td></tr>
<tr><td>眼睑</td><td>“镜头盖”</td></tr>
<tr><td>结膜</td><td>“机”壳组成部分</td></tr>
<tr><td>泪器</td><td>“附加镜头”清洁器</td></tr>
<tr><td>眼外肌肉</td><td>“相机”定向取景驱动器</td></tr>
<tr><td>眼眶</td><td>相机包</td></tr>
</table>

① 图片来源：http：//www.passmyexams.co.uk/GCSE/physics/images/eye_xsection_01.jpg

视网膜上约有 120 万个视椎细胞和约 400 万个视感细胞。这些细胞把光能转入细胞内成为神经信号。黄斑区只有视锥细胞，绝大部分视锥细胞存在于黄斑区域，视锥细胞对微光不明感，所以在暗环境下，人们的色觉辨识能力下降，人完全丧失视觉感官，什么也看不见。视网膜内的神经细胞主要分三层。最外层为视感细胞和视锥细胞，是感受器，视感细胞位于视网膜周边，与周边视野有关，视锥细胞集中于黄斑区，与中央视野有关；第二层为双极神经细胞；第三层为神经节细胞。

视网膜的视锥细胞和视感细胞在光刺激下，产生神经冲动。冲动经过双极细胞传给节细胞，节细胞的轴突穿出眼球壁聚集成视神经，两侧视神经在蝶鞍前上方，形成视交叉，视交叉向后延为视束。视束的大部分纤维向后绕大脑脚，终于外侧膝状体。外侧膝状体发出的纤维，组成视辐射，经内囊后肢的后部，投射到枕叶距状沟两侧的皮质，产生视觉，图 2–6 所示为从眼睛到大脑产生视觉的神经通路。

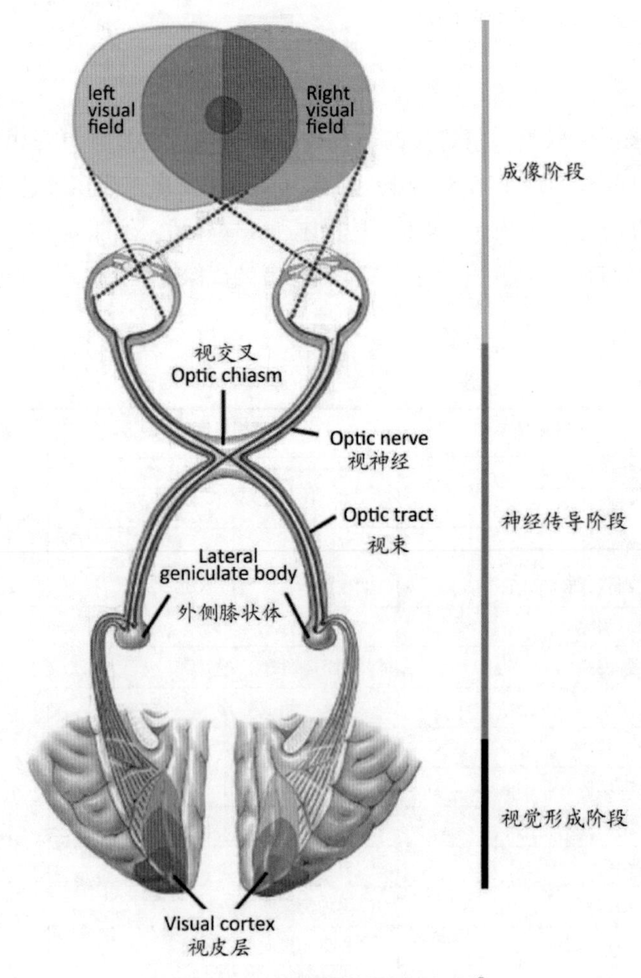

图 2–6 从眼到脑的神经通路[①]

① 图片来源：https：//en.wikipedia.org/wiki/Visual_syste

由上图我们可知整个视觉神经路径为：光线→角膜→瞳孔→晶状体（折射光线）→玻璃体（固定眼球）→视网膜（形成物像）→视神经（传导视觉信息）→大脑视觉中枢（形成视觉）。

达・芬奇被认为是第一个认识到眼睛的特殊的光学特性。他认为眼睛里存在一条中央线，所有通过中央线进入眼睛的物体都能够被清晰地看见，如图 2-7 所示。

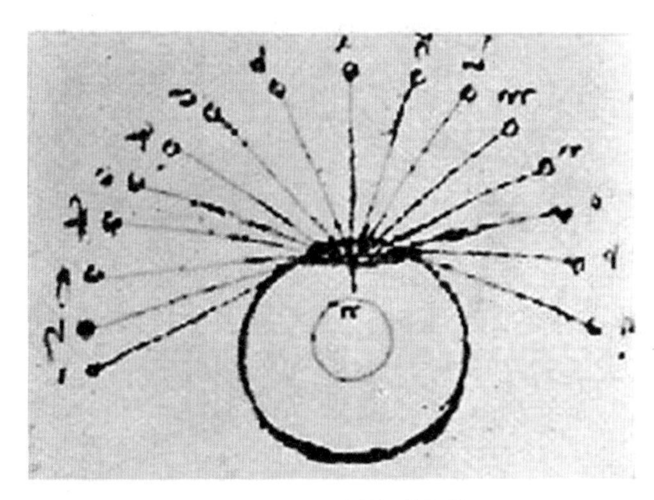

图 2-7　眼睛的视线图①

2.1.2　工程视图的形成

工程制图或者机械制图的理论基础是画法几何学，画法几何学最早由法国数学家加斯帕・蒙日（Gaspard Monge）创立，在蒙日创立画法几何学的初期，该学科被法国列为国家机密，直到 1789 年才取消保密限制，使得《画法几何学》得以首次在巴黎公开出版发行。

画法几何学的核心思想，就是用二维的平面图形来表示通常三维空间中的立体和其他图形，采用正交投影法（Orthographic Projection），也称垂直投影法，这也是现在的机械制图（或工程制图）所使用的核心思想。

采用正交投影法时，人们总是假想光源与眼睛处在同一位置，其实是两条不同的投射路径，第一条路径是光源—物体—投影面（像），第二条路径是眼睛—物体—投影面面（像），两条路径是重合的，如图 2-8 所示。请注意，光不是从眼睛中发出的，这是不可能的，这里只是光源与眼睛处于同一位置，当然也可以假想光是从眼睛里发出的，只要不影响我们思考问题就可以。

更真实的情况是这样的，眼睛总是置于光源—物体—投影面（像）这个投射系统之外进行观察的，并经过视觉通路到达大脑进行思考，物体在大脑中是一个运动翻转的状态，这才是真实的情况，两条投射路径重合是人们假想的情况。能达到物体在大脑中能够自由翻转，并将其绘制在纸面上，这些都需要经过专门的绘图训练。

另外值得注意的是，在工程制图中，两条路径中的物体与投影面（画面）的位置是可以互换的，这就是我们常说的第一视角和第三视角的问题。

① 图片来源：https：//en.wikipedia.org/wiki/Visual_perception

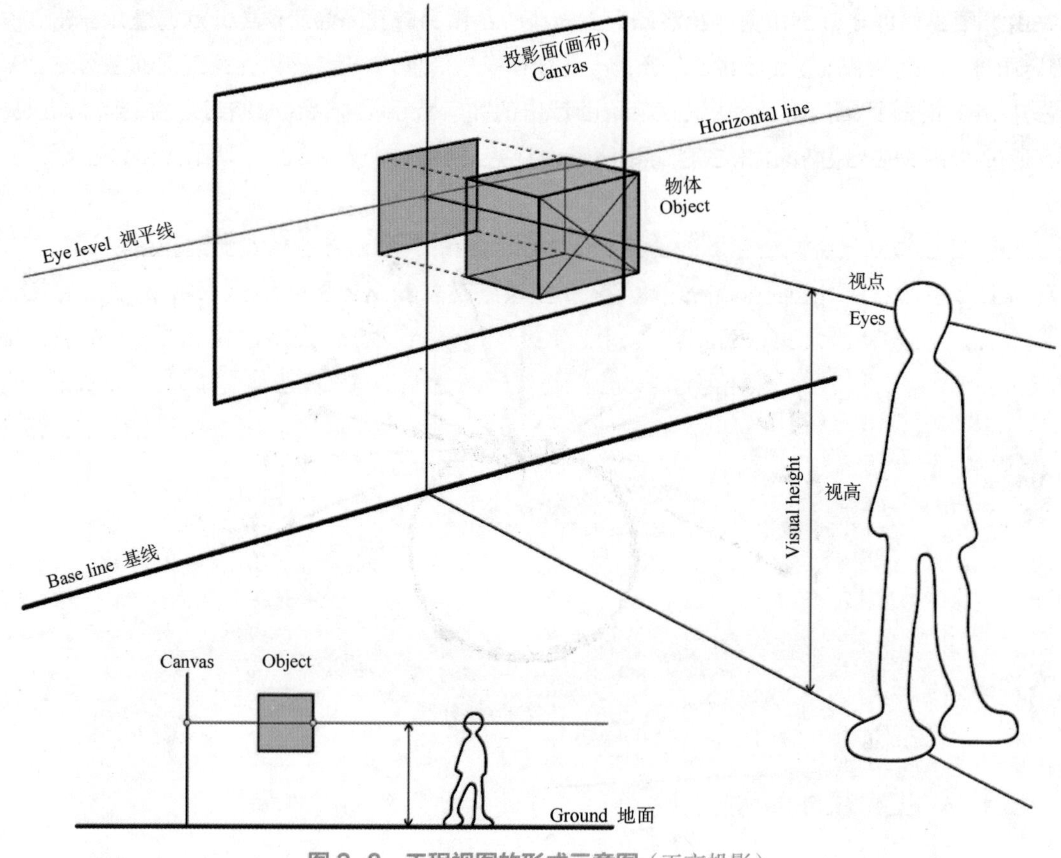

图 2-8　工程视图的形成示意图（正交投影）

2.1.3　设计视图的形成

与工程制图的正交投影不同的是，设计视图最重要的是将物体以及物体的光影关系一起以透视的方式呈现在纸面上。依据本章前述的完整的视觉通路的概念，我们知道两个眼睛所看的视觉空间就是透视，但问题是纸面上的透视图是如何形成的。这就需要透视学原理，即近大远小的焦点透视，常见的现象如近处的楼房居然比远处的山还大。

1. 视锥与消失点

视锥，即人的视觉范围（视域），如图 2-9 所示。从人的眼睛（视点）出发形成一个放射状的圆锥体，在这个锥体内的物体是人的眼睛能够正常看到的物体，超出这个范围所看到的物体都是不正常的、变形的。画面在视锥体内所截取的图像就是视图。在视平线的无限远处会出现视觉消失点，如我们看火车轨道的画面。

2. 焦点透视

如上所述，透视就如透过一片十分光滑透明的玻璃观察某一物体，在玻璃上可以描绘它后面一切景象和物体[①]。这些景象和物体形成一个锥形（视锥）映入眼帘，锥形被玻璃平面所切割形成焦点透视图，如图 2-10 所示，图中的透明玻璃正如我们的画纸。

①达·芬奇.达·芬奇笔记［M］.杜莉，译.北京：金城出版社，2011.48 页.

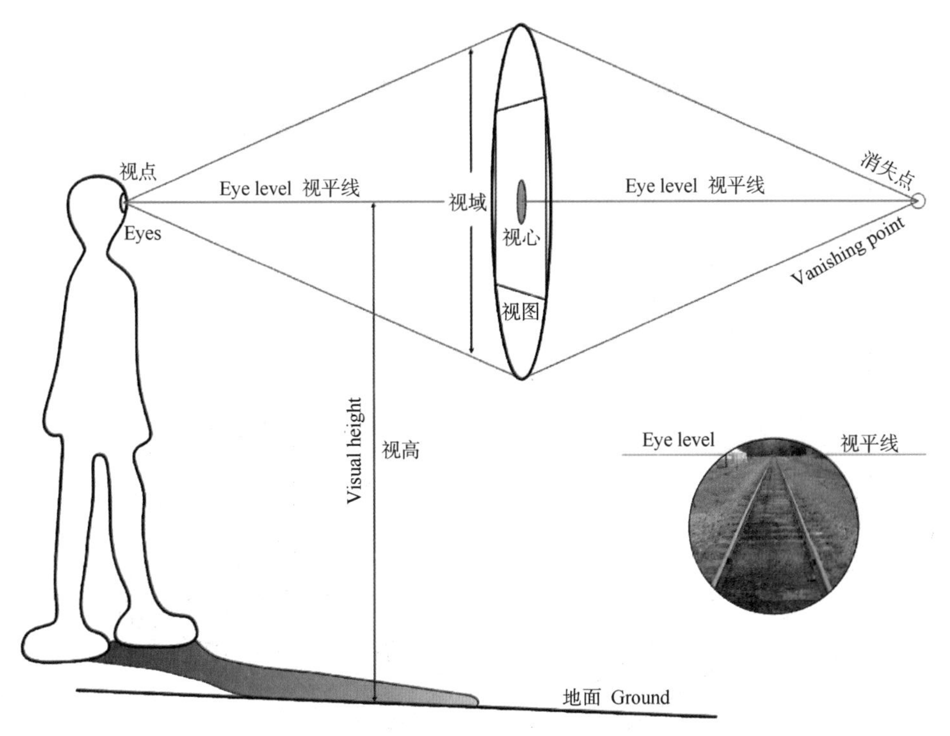

图 2–9　视锥与消失点示意图

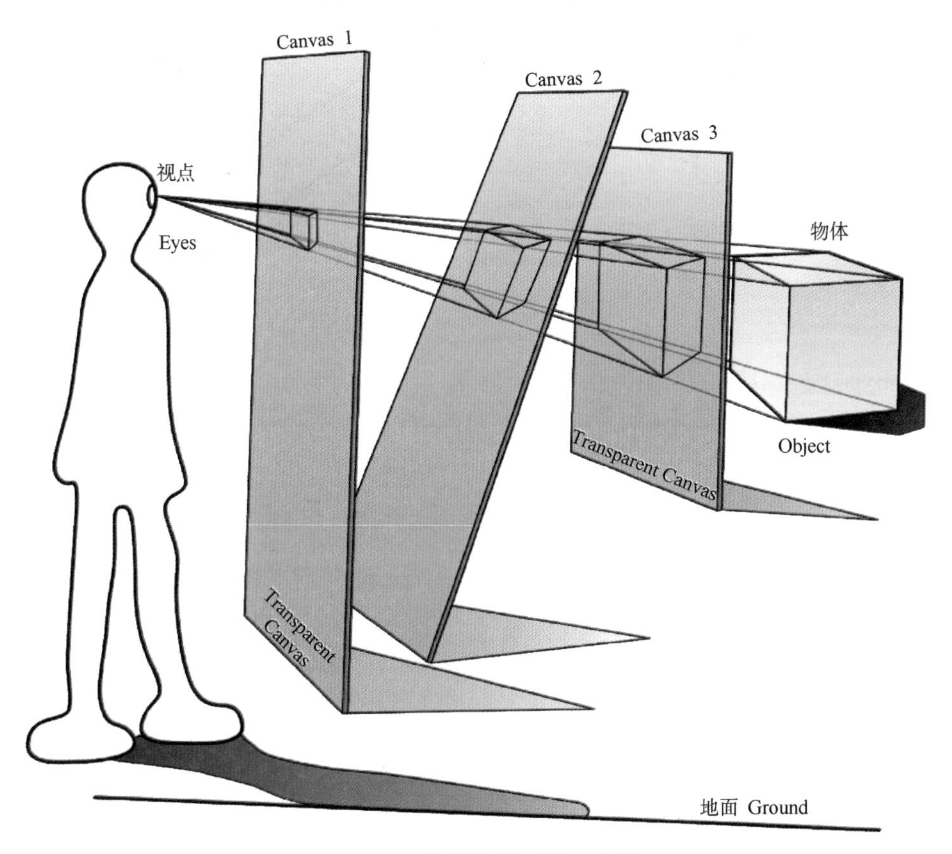

图 2–10　透视图的形成示意图

3. 透视专业术语

透视早已成为一门专业的学问，因此有专业术语，如图 2-11 所示。

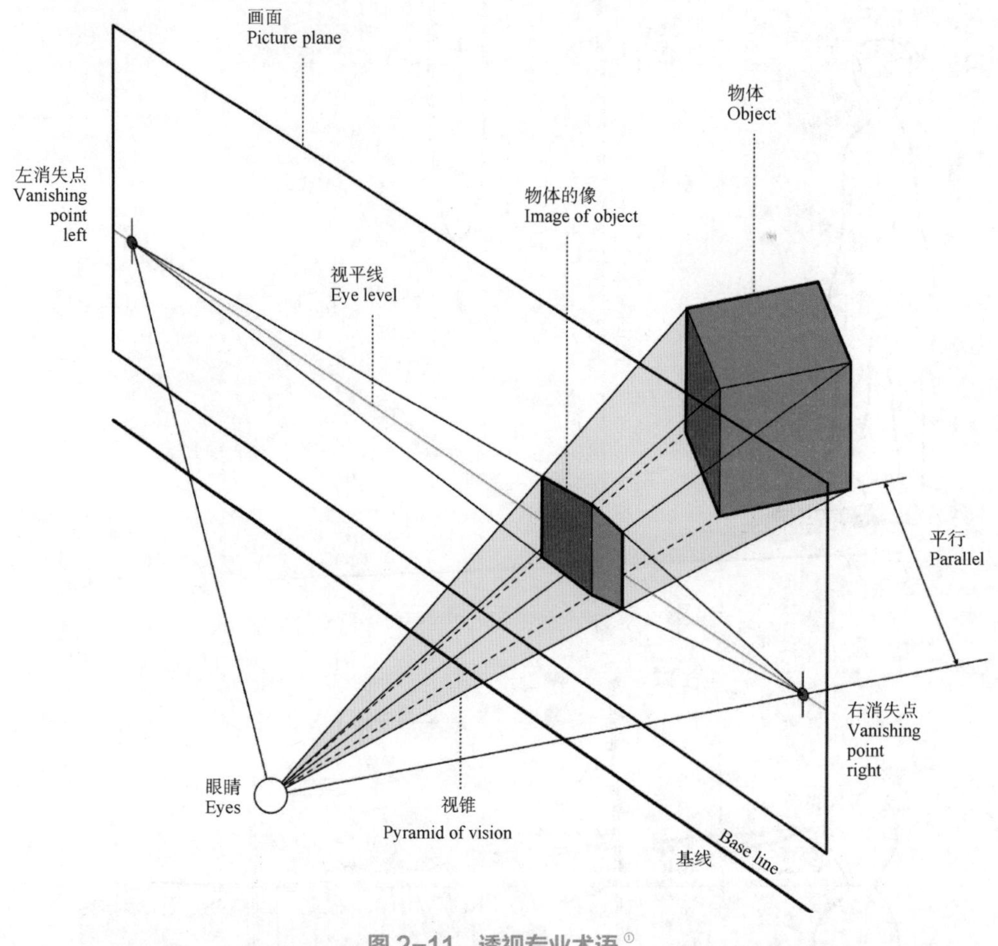

图 2-11 透视专业术语[①]

视点（Eyes）——观察者眼睛所处的固定位置。

画面（Picture Plane）——画图用的纸面，也称画布。常常被假设为透明的平面，置于观察者和物体之间。

物体（Object）——存在与空间中的观察对象或想象中的物体。在图 2-11 中以一个立方体示例。

视平线（Eye Level/Horizontal Line）——也称为水平线，是视点高度的水平面与画面的交线，也是无线远处天与地的相接线。

视高（Visual Height）——眼睛（视点）相对地面的高度。

消失点（Vanishing Point）——也称灭点，与画面成角度的平行线所消失的点。

基线（Base Line）——画面和地面的交线。

① 图片来源：https：//upload.wikimedia.org/wikipedia/commons/0/00/Pyramid_of_vision.svg

其中，视点、画面和物体是构成透视图的三要素。视点与物体对象间的连线在画面中留下相应的点，通常只保留一些关键点，再将这些点连接起来，即在画面中完成了物体的透视图。另外请注意，设计草图中的对象往往是无中生有的，这与描绘人物、景观等内容的绘画艺术是不同的，但首先应掌握透视这个工具。

4. 透视研究发展简史

意大利文艺复兴时期（Italian Renaissance）的建筑师和画家们都对透视做了大量研究，并将其建立在数学的基础上，同时指导绘画和建筑。其中包括伯鲁乃列斯基，马萨乔，莱昂・巴蒂斯塔・阿尔伯蒂，保罗・乌切洛，皮耶罗・德拉・弗朗西斯卡，卢卡・帕乔利，达・芬奇等。

伯鲁乃列斯基（Filippo Brunelleschi，1377—1446 年），意大利文艺复兴时期重要的建筑师和工程师，他的重要作品有佛罗伦萨主教堂的穹顶、佛罗伦萨育婴院、佛罗伦萨巴齐礼拜堂。然而最重要的是他发现了直线透视（Linear Perspective），并将直线透视学应用在建筑设计和艺术创作中，他是第一个用直线透视法设计佛罗伦萨主教堂的穹顶，这一点在西方技术、科学和艺术史上都是起着决定性的想法之一。

第一个使用透视法的画家是马萨乔（Masaccio，1401—1428 年），在他的画里首次引入了灭点，即消失点（Vanishing Point）。他是意大利文艺复兴绘画的奠基人，被称为“现实主义开荒者”。

莱昂・巴蒂斯塔・阿尔伯蒂（Leon Battista Alberti，1404—1472 年）在他的《论绘画》[①] 三书的第一书中，阿尔伯蒂提出在二维平面再现三维物体的科学方法，也即所谓的单点线性透视。尽管伯鲁乃列斯基被公认为这一方法的原创者，马萨乔在其《三位一体》中也遵循了类似的程序，但阿尔伯蒂首次给出透视法最为充分而清晰的阐述，他所设定的目标类似于“透过窗户看物体”那样来构成图画。

保罗・乌切洛（Paolo Uccello，1397—1475 年），曾师从马萨乔，对透视学做出了重大贡献的人物之一，虽然他寿命很长，但留下的画并不多。他常用数学方式去精确计算人物之间的空间远近关系，可以说是一位用数学几何来绘画的艺术家，终生醉心于透视法的研究，以至于在他的画中人物丧失了真实感，没有生动性。他的《圣杯的透视研究》[②] 显示了在精确的透视绘图中所涉及的物体的表面、线条和曲线的复杂性，如图 2-12 所示。完全堪比现在的 CAD 软件 360° 旋转扫描产生的线框图（CAD Wireframe），其复杂程度可想而知，这是对数学、几何的高度掌握后的表现。

使透视学走向成熟的艺术家是皮耶罗・德拉・弗朗西斯卡（Piero Della Francesca，1415—1492 年），这位造诣极深的画家对几何学抱有极大的热情，并试图使自己的作品彻底数学化。弗朗西斯卡的《耶稣受鞭图》（见图 2-13）是透视学的一幅珍品，该画利用立柱和地上的方格子造成有节奏的严格的透视结构，大理石地板中黑色地砖的减少也经过精确计算 [③]。画中各种不同的线组成了一个和谐的透视网格。

① https://en.wikipedia.org/wiki/Leon_Battista_Alberti

② https://en.wikipedia.org/wiki/Paolo_Uccello

③ 张顺燕 . 数学的美与理［M］.2 版 . 北京：北京大学出版社，2012.

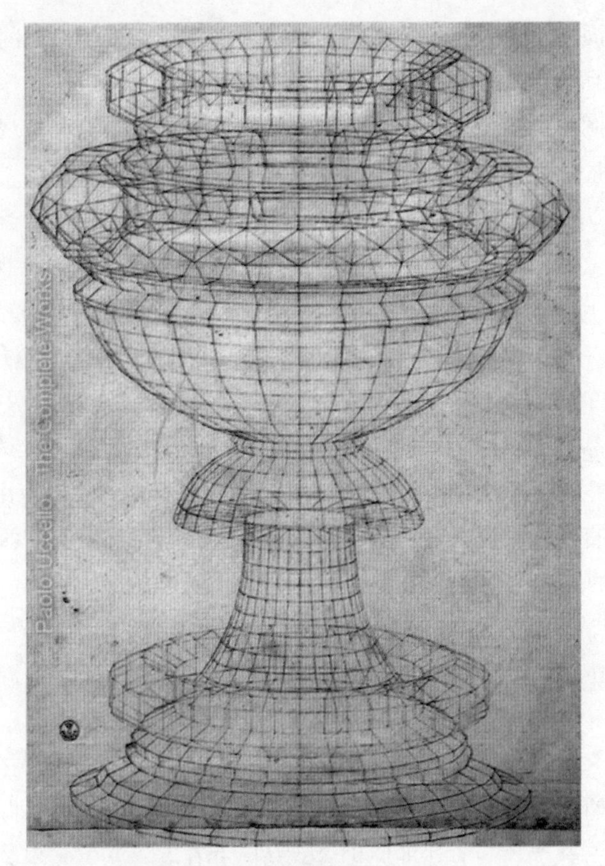

图 2-12　保罗 · 乌切洛绘制的圣杯（Vase-in-perspective）[①]

图 2-13　弗朗西斯卡的《耶稣受鞭图》[②]

① 图片来源：http：//www.paolouccello.org

② 图片来源：https：//en.wikipedia.org/wiki/Piero_della_Francesca

2.2 工程上常用的视图

从设计流程上来说，设计草图处于产品设计开发的前端，产品工程制图处于设计开发的后端。

2.2.1　六视图

产品开发到技术工程阶段时，需要以国家标准制图的要求进行视图的绘制。通常采用正六面体六个面作为基本投影面，从而得到产品的六视图。视图通常表达产品的外部形状，所以一般只画出产品的可见部分，不可见部分用虚线表达，如图 2–14 所示。

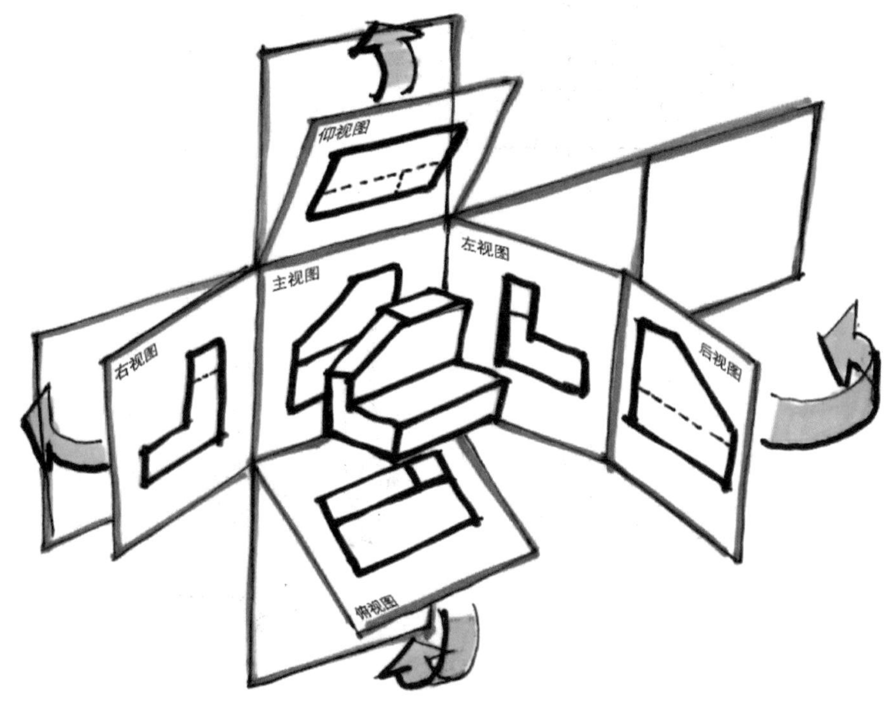

图 2–14　工程制图中的六视图

一般情况下，采用三个视图（主、左、俯视）便可精确表达产品或零件的外观形状，如图 2–15 所示。即使一些复杂的有机形态，也可以使用三视图来表达，如图 2–16 所示。

平时可以做一些基本形体的三视图手绘练习，有助于提高空间想象力，如图 2–17 所示。更多关于六视图、三视图的内容建议读者可阅读工程制图或机械制图相关书籍。

2.2.2　剖视图与断面图

当产品或零部件的内部复杂时，六视图则很难清晰地表达产品内部结构。因此，工程中常采用剖视图来表达产品的内部结构。

所谓剖视图，即用假想的剖切面，可以是平面或曲面，剖切整个产品或零部件，将处在观察者和剖切面之间的部分移去，而将余下的部分向平行于剖切面的投影面投影所得到的图形，如图 2–18 所示。

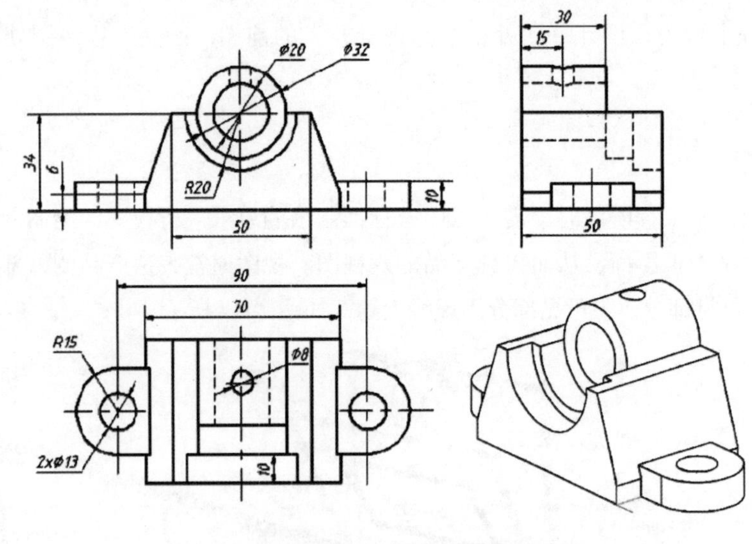

图 2–15　零件的三视图

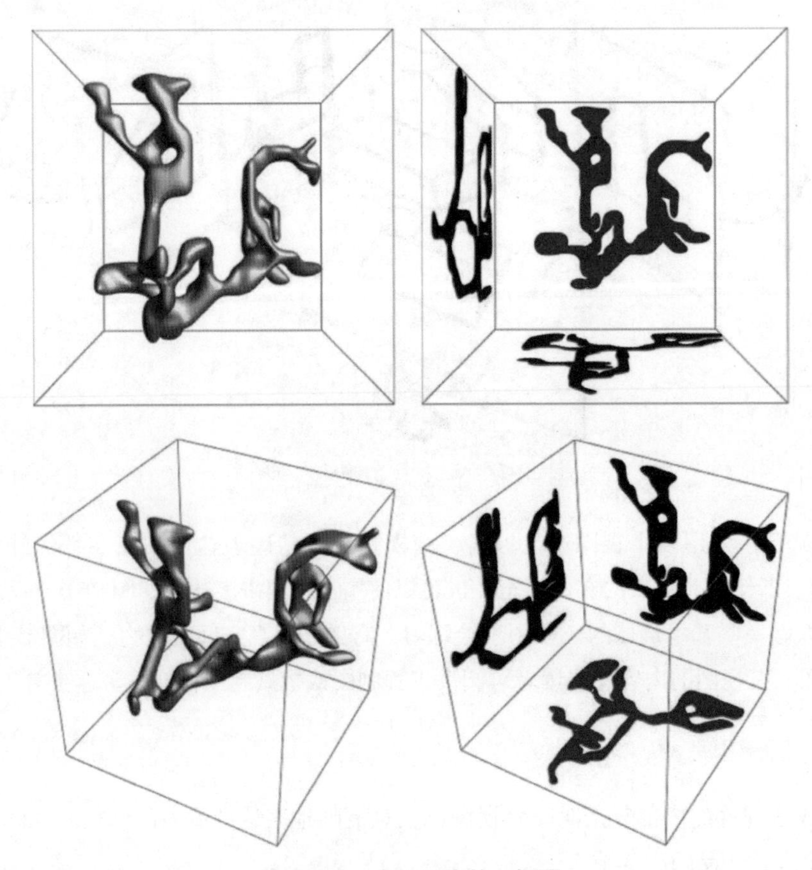

图 2–16　有机形态的三视图

图 2–17　三视图手绘练习

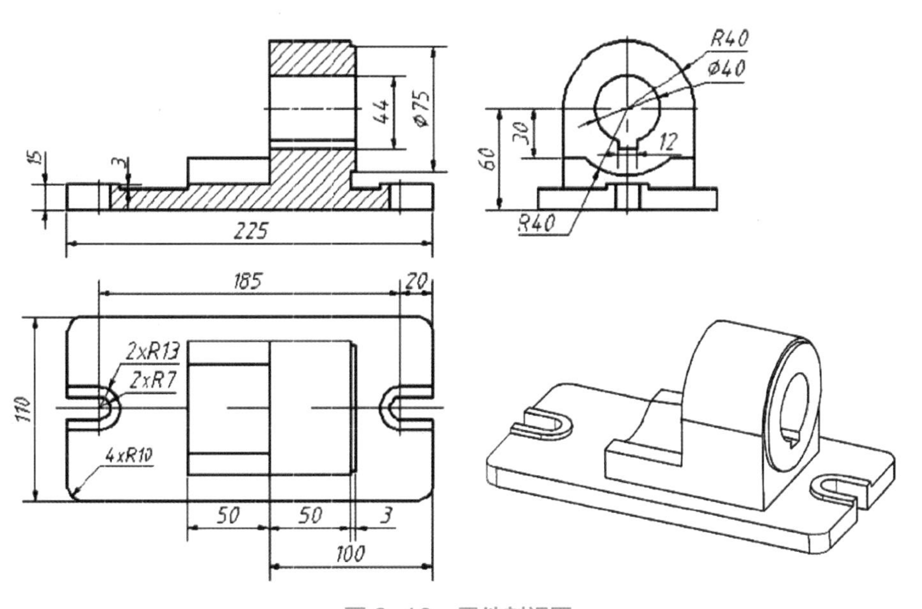

图 2–18　零件剖视图

另外工程上也常用断面图表达零部件的结构。当用剖切面（平面或曲面）剖切整个产品或零部件，将所得的断面向投影面投射得到的图形称为断面图，如图 2–19 所示。

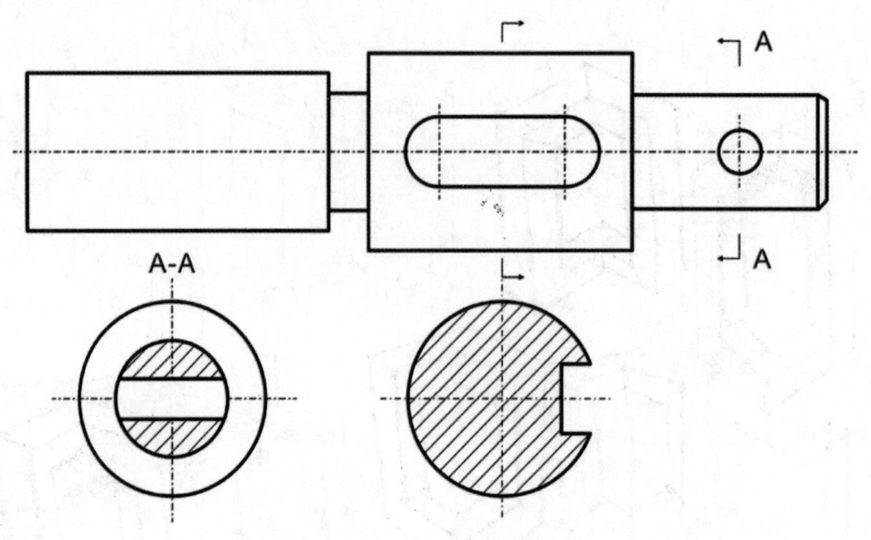

图 2-19　零件断面图

2.2.3　轴测图

轴测图类似于透视图，但有两点重要的不同。其一，物体在空间平行的线，在轴测图中仍然平行，因此没有消失点；其二，空间互相平行的线段之间的比例遵循它们的轴测投影的比例。轴测图根据投影法分为两类，即斜轴测图和正轴测图。一点透视相当于斜轴测图，如图 2-20 所示。两点透视相当于正轴测图，如图 2-21 所示。

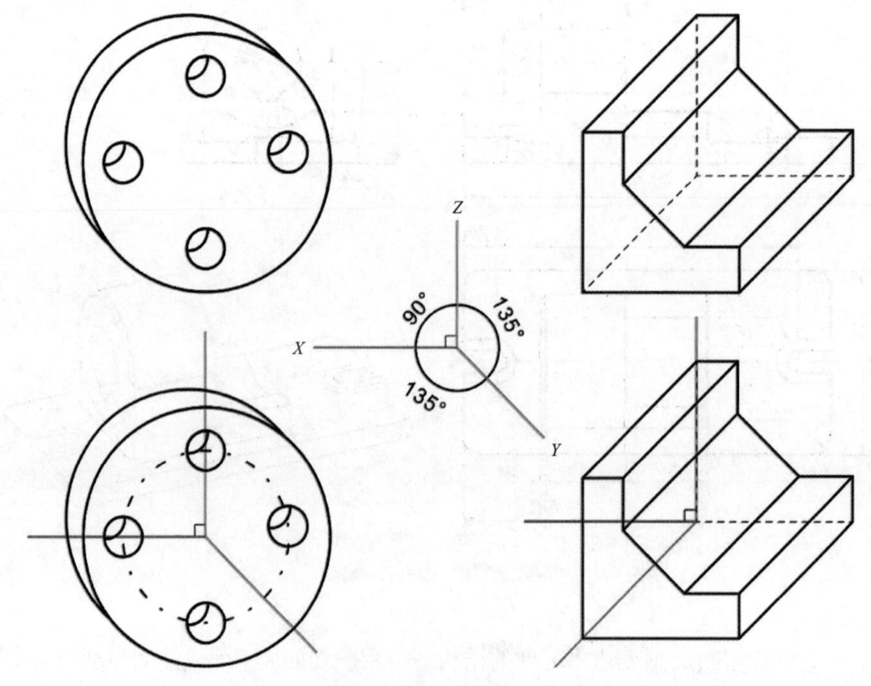

图 2-20　斜轴测图

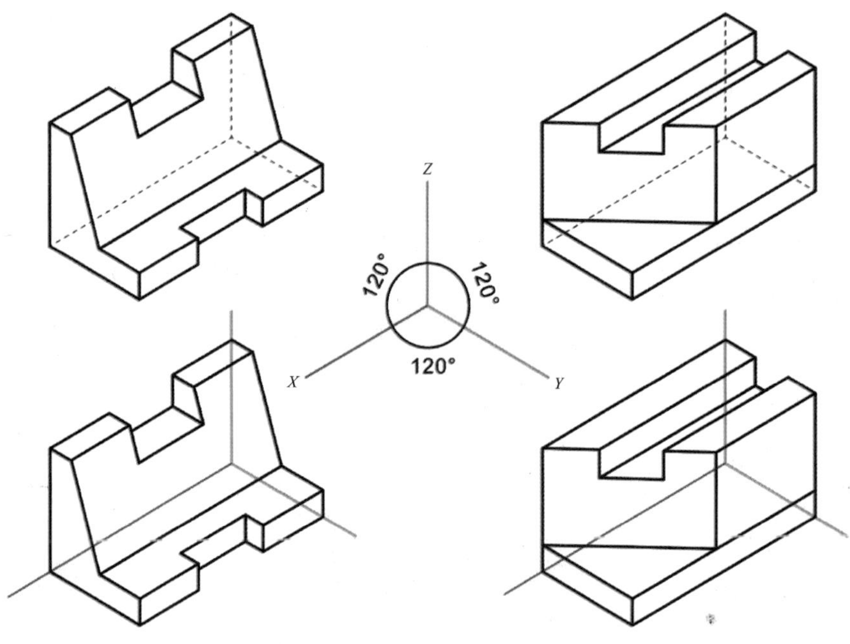

图 2-21　正轴测图

2.3 设计上常用的视图

2.3.1　侧视图

设计草图中的侧视图就是应用了工程制图中的三视图或六视图的概念，所绘制的物体完全不带任何透视关系。可以根据需要选择俯视图、仰视图、左视图、右视图、前视图、后视图六个工程视图中的任何一个投影方向作为侧视图来绘制产品设计草图，如图 2-22 所示。

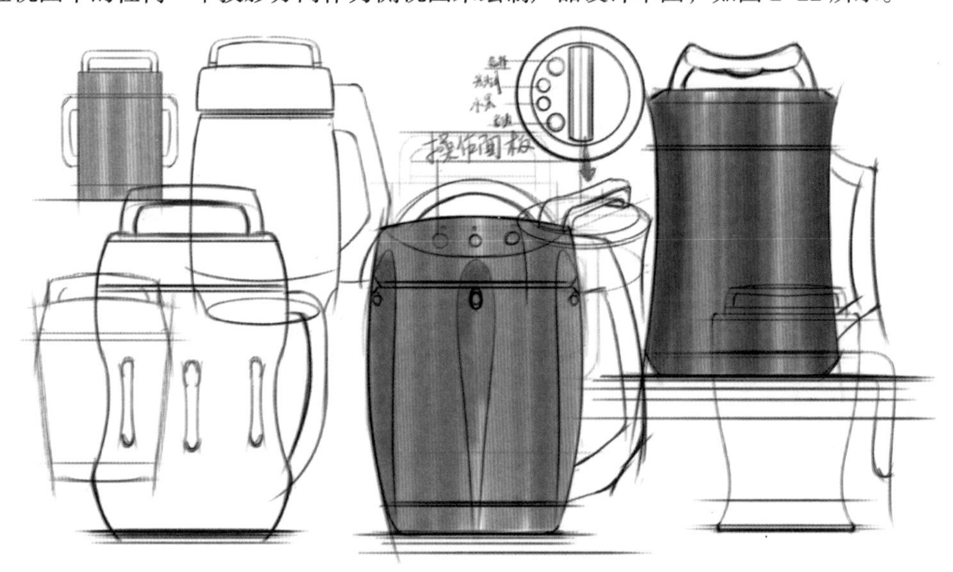

图 2-22　侧视图

侧视图一般用于表达2.5维的产品，所谓2.5维就是假三维，用侧视图能够基本完全表达产品的形态、结构，如鞋子、手表、电动工具、汽车等。因为侧视图能够简单明确地呈现设计师的设计意图，如图2–23中的手电钻设计草图。只要用某个侧面就能很快呈现设计想法，选择侧视图进行绘制是再好不过的了。

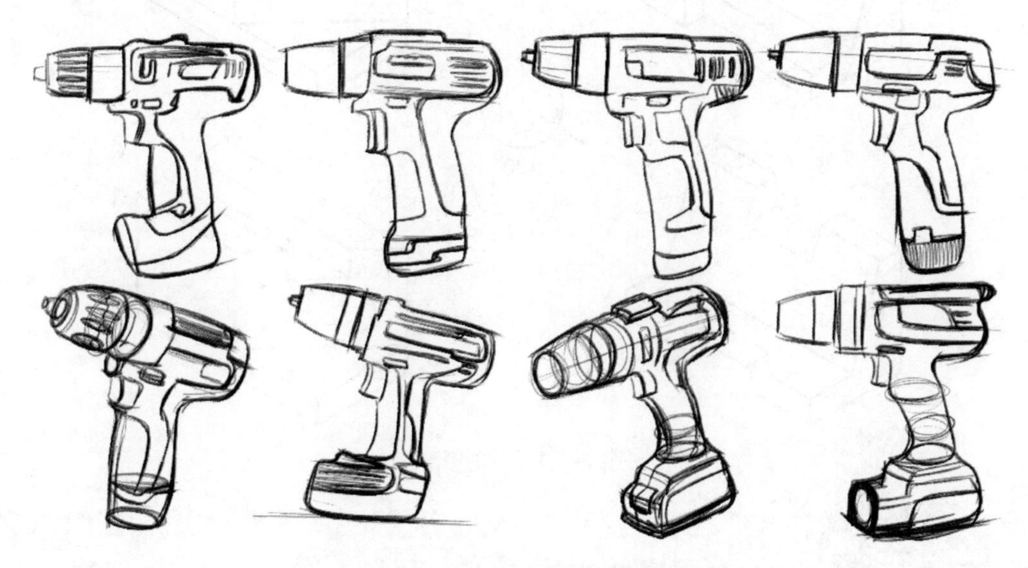

图2–23　手电钻侧视图设计草图

设计师经常运用这种类似工程制图的侧视图表达法来绘制产品草图，很多复杂的产品都是从侧视图开始绘制的，如鞋子、汽车等，然后再转到透视图的绘制，如图2–24所示。

图2–24　运动鞋草图：从侧视图到透视图

另外，侧视图还可同时展示产品的多个面，如图2–25和图2–26所示。这些草图都以视平线为参考，视平线处于草图的中间，这种表达方式简单有效，可以视为一种特殊的侧视图。

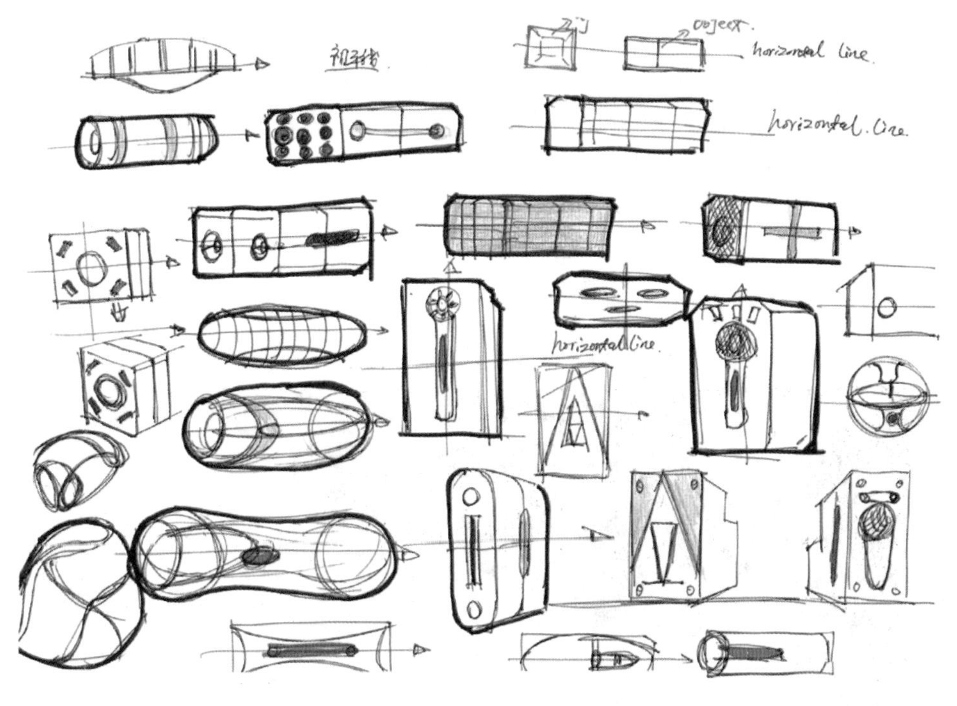

图 2-25　多个面的侧视图

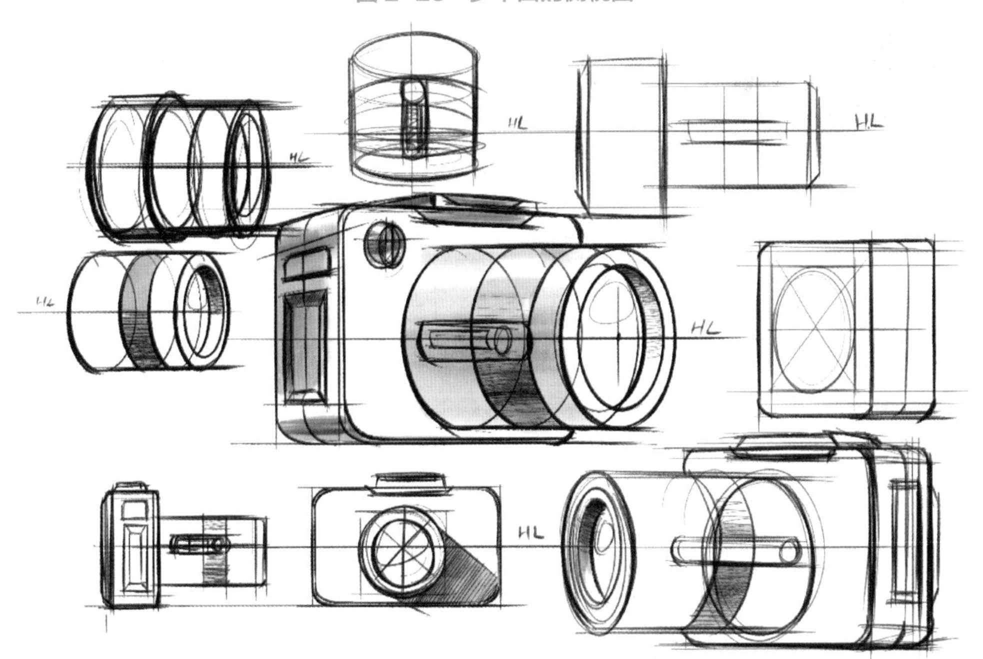

图 2-26　相机设计草图

2.3.2　透视图

透视（Perspective），源自拉丁语“perspicereto see through”[①]。当我们睁开眼睛所看到一切

① https：//en.wikipedia.org/wiki/Perspective_（graphical）

视觉画面都是具有透视效果的，即透视图。因为在真实的物理世界，光线以直线的形式进入我们的眼睛形成视锥，如果把眼睛所看到的瞬时画面搬到纸面上，就是所谓的透视图。透视有两个最重要的特征：其一，随着物体与眼睛之间距离的增加，物体会变得越来越小；其二，由于透视法的限制，沿着视线的物体尺寸短于跨过视线的物体尺寸。

1. 一点透视（One-point perspective）

关于一点透视，请先欣赏达·芬奇的名画《最后的晚餐》，如图 2-27 所示。它是西方绘画中运用科学严谨的透视法则的经典画作之一，作品中唯一的消失点位于耶稣头部，画面中的所有视线均指向耶稣的头部。图 2-28 和图 2-29 中的方盒子同样遵循这个规律。

图 2-27 最后的晚餐[①]

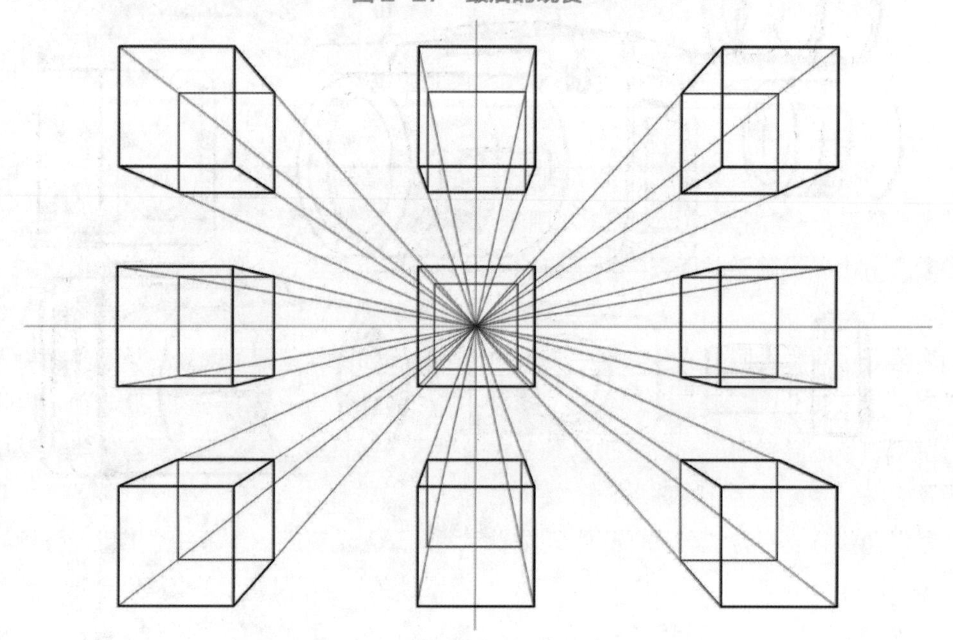

图 2-28 一点透视下的立方体线稿分析图

① 图片来源：http：//www.leonardoda-vinci.org/The-Last-Supper-1498.html.

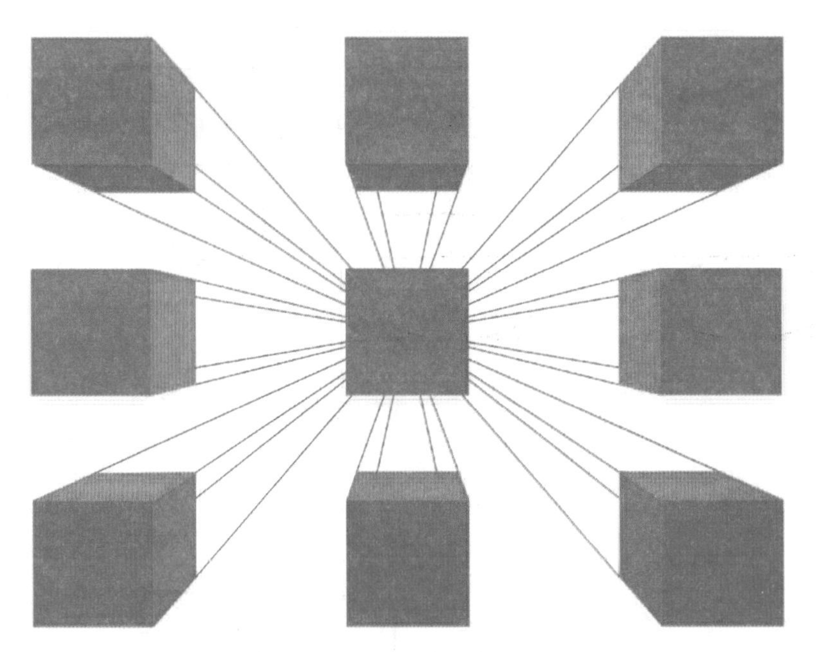

图 2-29　一点透视下的立方体

其实，侧视图也是处于视觉中心的一点透视图，如图 2-30 中的运动鞋设计草图。

图 2-30　一点透视下的运动鞋

在众多的基本几何图形中，圆是一个特殊的图形，一点透视下的圆，如图 2-31 所示。一点透视练习，如图 2-32 所示。

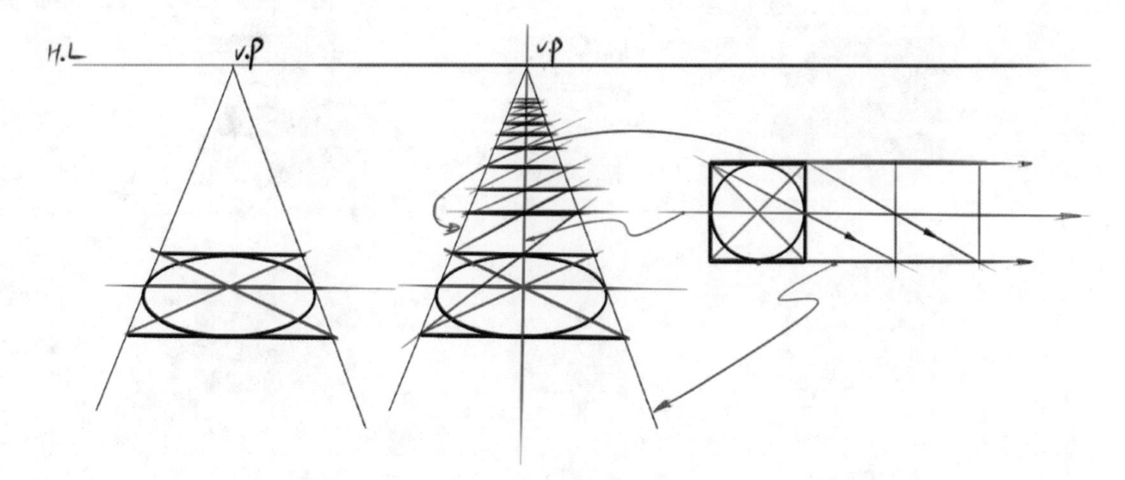

图 2-31　一点透视下的圆

图 2-32　一点透视练习

2. 两点透视（Two-point perspective）

图 2-33 和图 2-34 有两个关键点：无论建筑还是产品，所有与视平线成角度的线汇交出两个消失点；所有与视平线垂直的线在画面中依然垂直，并相互平行。此两点就是两点透视的规律，正如图 2-35 中对立方体盒子的分析示意图。

两点透视图中不同角度的立方体分析，如图 2-36 和图 2-37 所示。

图 2-33　两点透视下的建筑

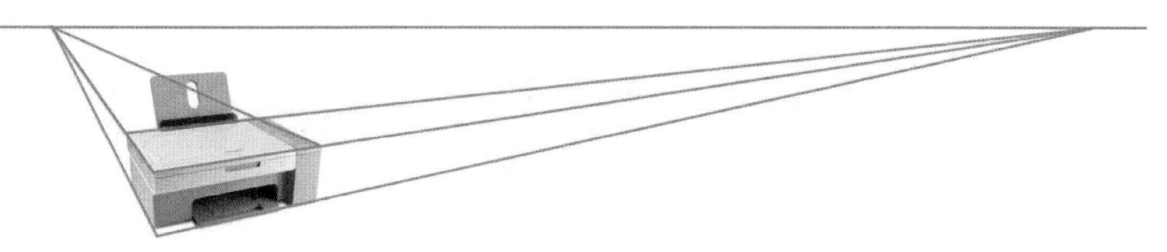

图 2-34　两点透视下打印机

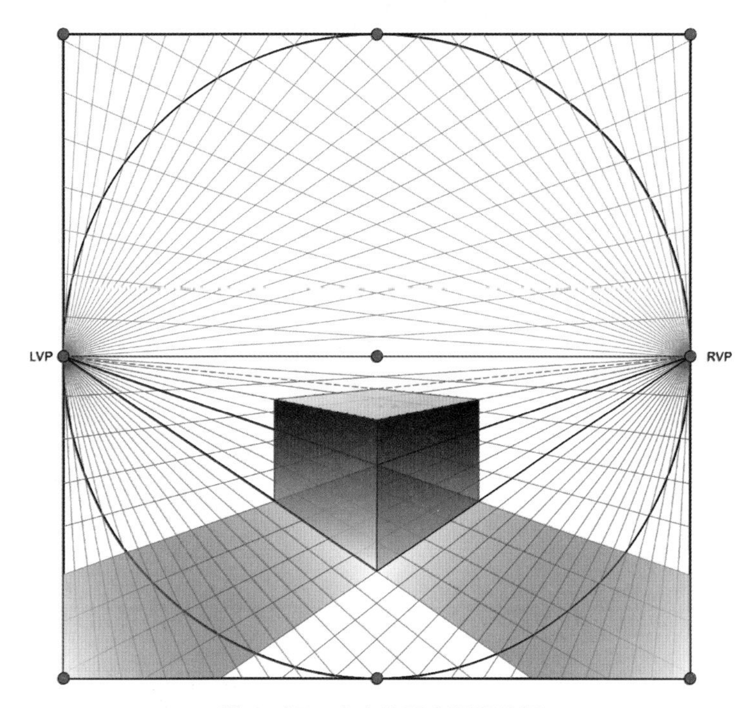

图 2-35　立方体两点透视分析

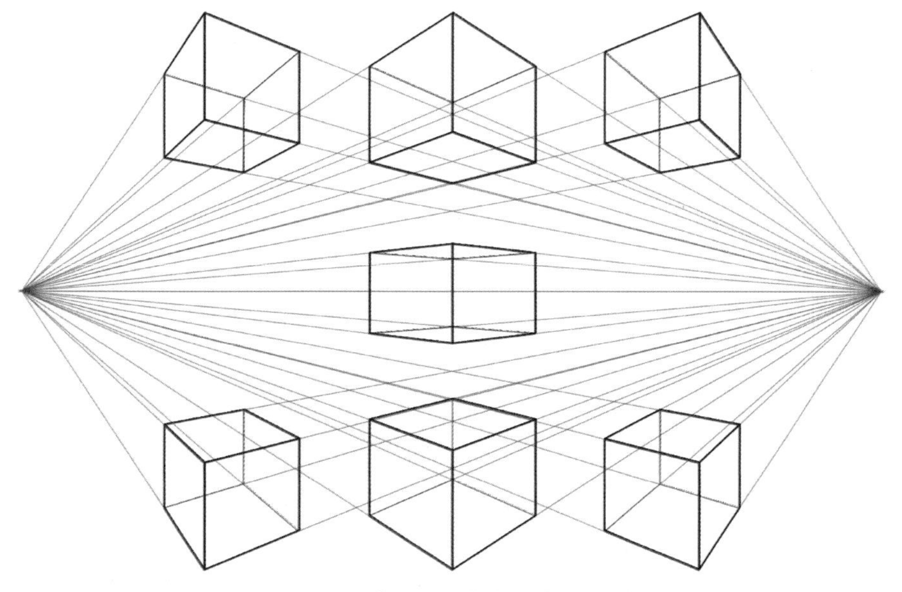

图 2-36　两点透视下的立方体线稿分析图

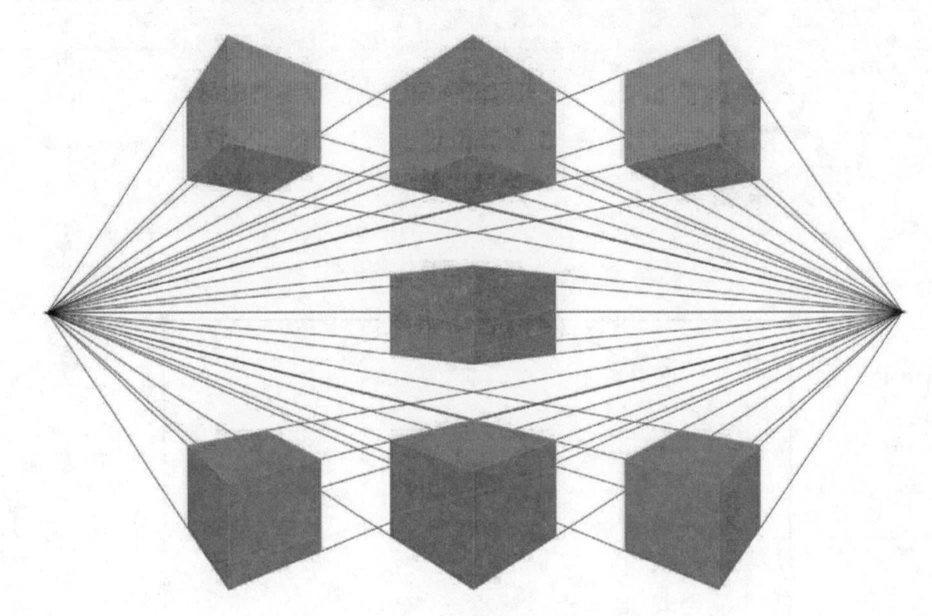

图 2-37　两点透视下的立方体

图 2-38 给出更具体的成角透视分析示意图。当立方体与视平线成角度时，可以看到三个面，即两点透视图；当立方体与视平线平行时，我们只能看到两个面，即一点透视图。由此可见，立方体与视平线的位置关系决定了透视的形式。

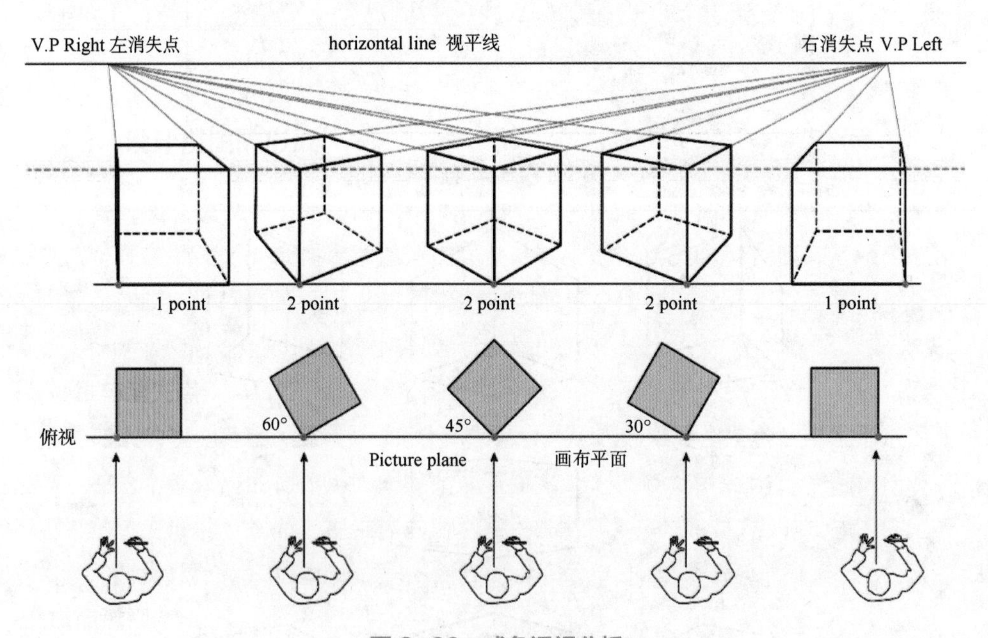

图 2-38　成角透视分析

关于上述规律，我们还是要通过不断的动手练习才能掌握，如图 2-39 所示。

3. 三点透视（Three-point perspective）

三点透视通常用于绘制比人体更高、高大的物体，如建筑物、飞机、轮船等，如图 2-40

所示。三点透视就是画面中出现三个消失点，例如，立方体相对画面的可见棱线都不平行，所有棱线汇交出三个消失点，如图 2-40 所示。

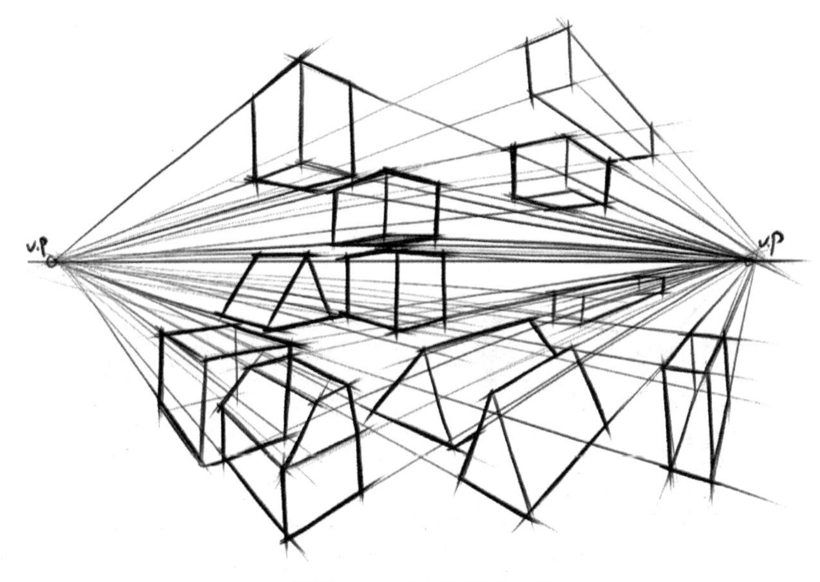

图 2-39　两点透视练习

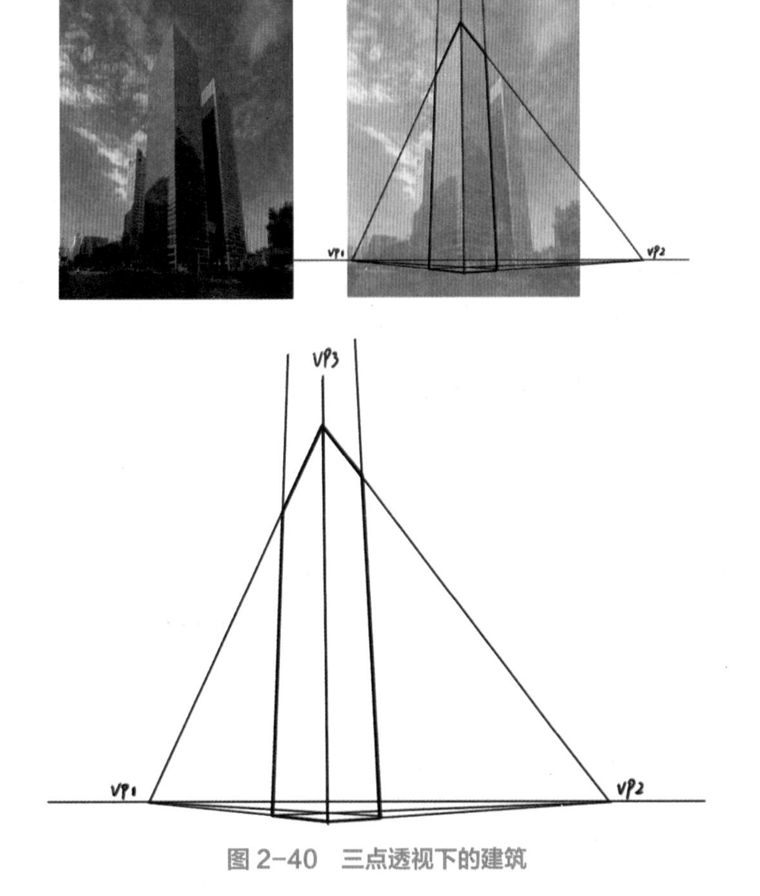

图 2-40　三点透视下的建筑

4. 散点透视（Cavalier perspective）

“散点透视”是相对西方绘画中的“焦点透视”而言的。中国画的透视法就采用散点透视，画家观察点无须固定在一个地方，也不受极限视域的限制，而是根据需要，移动着立足点进行观察，叫作“散点透视”，又称“移动视点”，如清明上河图（见图 2–41）和产品设计图（见图 2–42）。

透视法则、光与影本身并不具有创造性，这正如现代主义建筑大师勒·柯布西耶所说，黄金分割很好，但它本身并不会带来创新，它只能起到辅助和规范的作用。黄金分割、透视、光与影本身就存在于自然界中，我们的视觉感知早已习惯。我们要做的其实就是利用透视、光影关系辅助表达设计思维过程，让想象中的物在纸面上成像。

图 2–41　清明上河图（局部）[①]

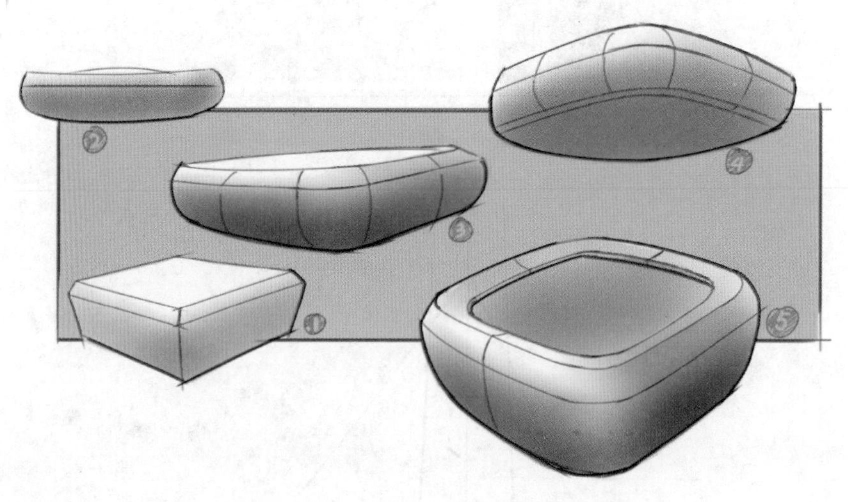

图 2–42　产品设计图（散点透视）

5. 视角的选择

我们常说看问题的视角不同，结果也是不一样的。在设计绘图中也是如此，选择不同的视角对于所要表达的内容是有较大影响的，如图 2–43 所示。通常需要注意两点：所选视角要尽可

① 图片来源：https：//p1.ssl.qhimg.com/t014dcfd0e5b730b393.jpg

能多地表现产品的特征；所选视角要考虑产品体量，要真实表现产品的大小，展现产品最美的一面，特别是绘制效果图时。

另外，单一的视角很难全面地展示产品形态及特征。因此在同一张图中，常常选择多个角度绘制同一产品，图 2-44 所示的隐形眼镜盒设计草图，其实这就是“散点透视”的应用。

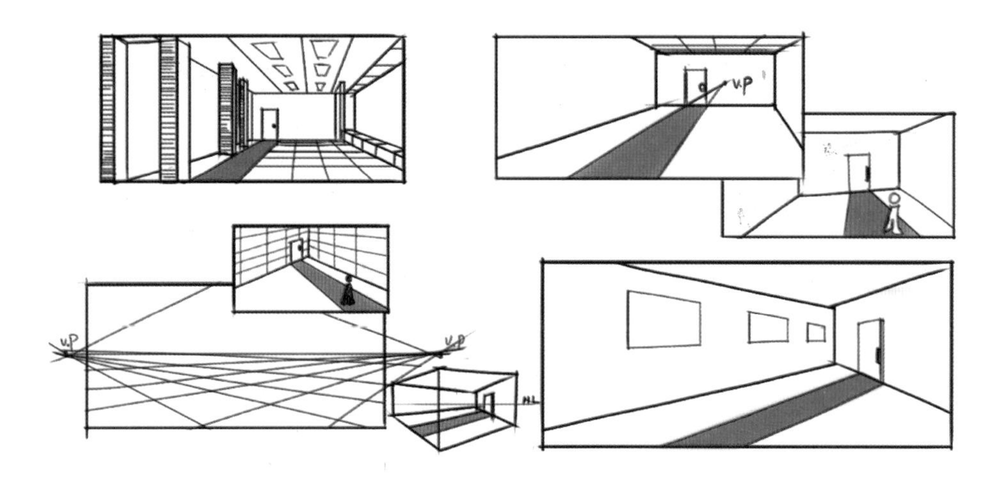

图 2-43　不同视角

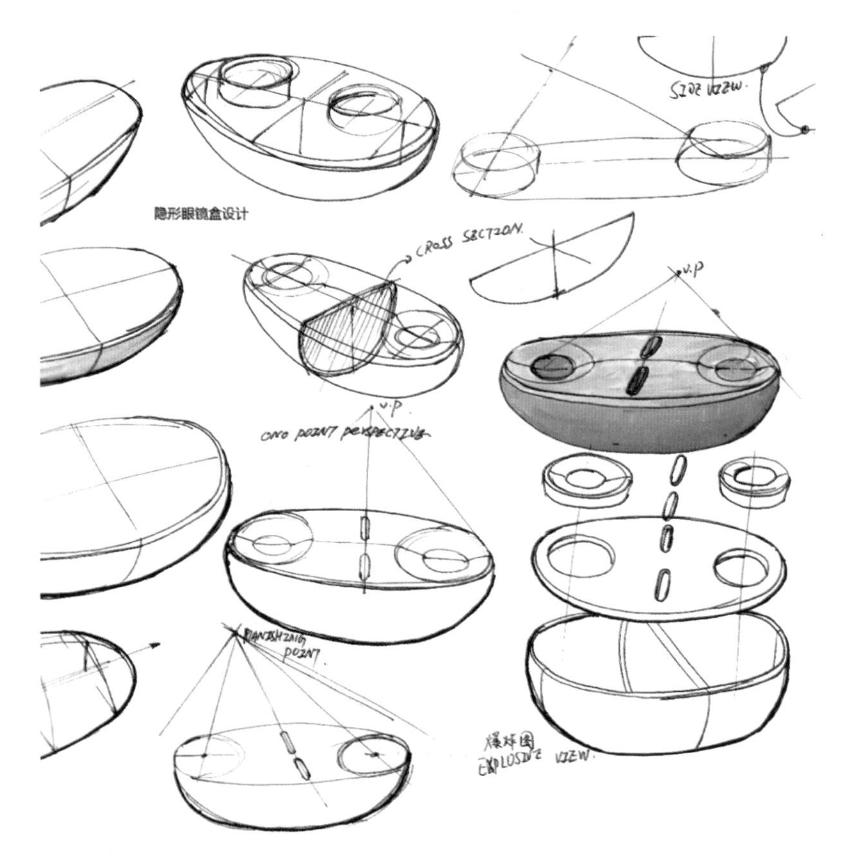

图 2-44　不同视角下的隐形眼睛盒设计草图

2.3.3 消失点的移动

由于物体在空间中的相对位置不同，因此在同一参考系中出现多个消失点；即使同一个物体或产品，由于每个零件的相对位置和形态不尽相同，也会产生多个消失点。空间中的多个消失点（消失点的移动），想象一下在转动魔方的时候，便可体验到消失点移动，如图 2–45 所示。

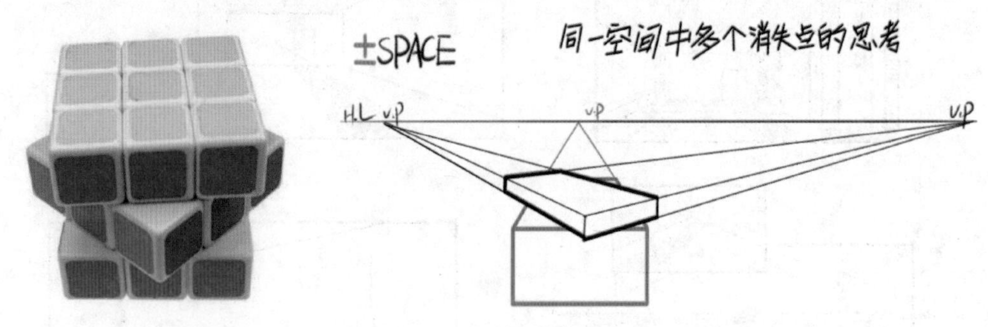

图 2–45 体验消失点的移动

要说明的是，当方向转过同样的角度时，消失点是如何移动的，以图 2–46 中的小桥流水为例来说明。当图中 A 方向往下旋转某个角度到达 B 方向时，消失点也往下移动一定的距离。当 B 继续往下转动相同的角度到达 C 方向时，消失点也同样会再往下移动相同的距离。也就是说，当方向旋转时，我们可以用消失点移动的距离来判断旋转过的角度的大小。

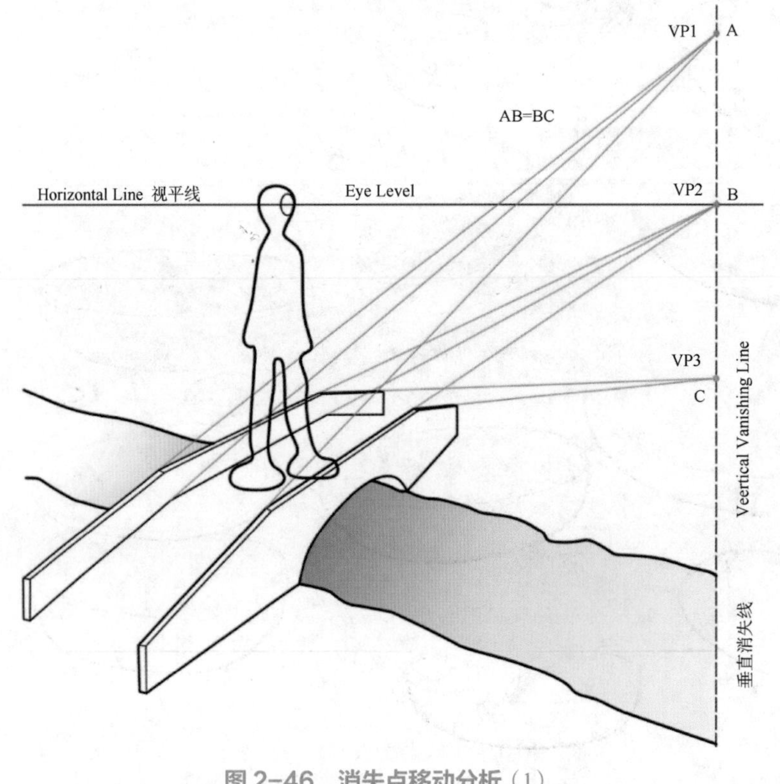

图 2–46 消失点移动分析（1）

从图 2–47（左）中，可以看到火车的每一节车厢的变化，由于每节车厢的长度都是等长的，所以就与每节车厢的消失点之间的距离比例是一样的。再比如，图 2–47（右）中的三栋房子，左右两栋房子的消失点与中间一栋的消失点的距离是一样的，原因就是三栋房子的间距是相同的。

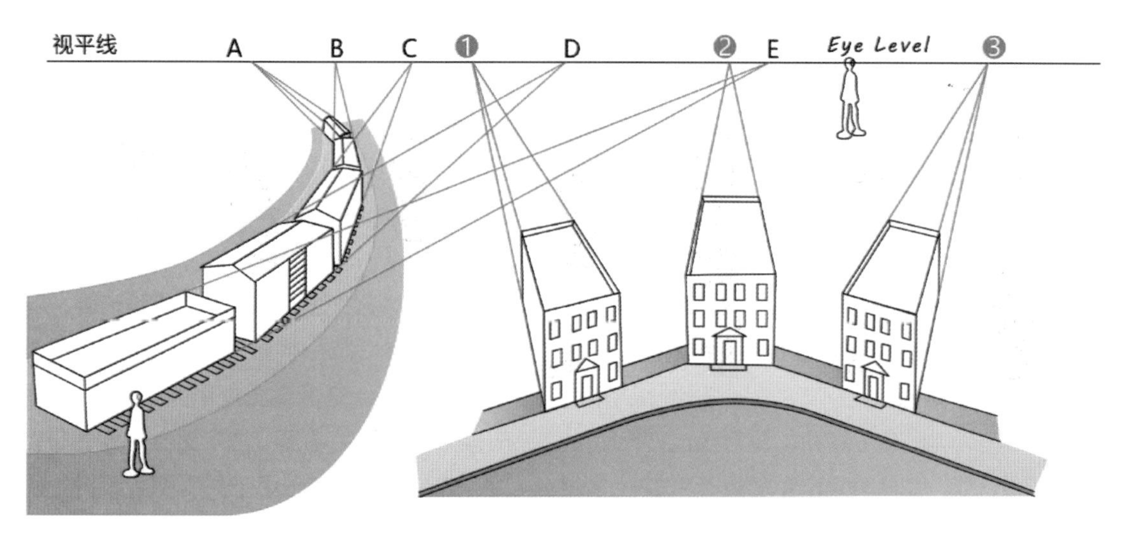

图 2–47　消失点移动分析（2）

本章案例

高级银行服务亭

本案例选自 Pensar 设计机构[①]。案例网址：https：//pensar.com/?projects=premium–banking–kiosk。

交互式信息亭的概念设计。Pensar 的设计师致力于打造一款具有高端的外观信息亭，从而在销售环境中吸引更多的注意力。信息亭的设计既让人感觉亲切，又充满活力，如图 2–48~ 图 2–49 所示。

在概念开发阶段设计师绘制了足量的草图，做出了大胆的尝试，如图 2–50 所示。值得注意的是设计师绘制草图时，特别注意应用多种视角探索信息亭的形态和设计方向。设计师在草图中考虑到了信息亭的结构和装配关系，以及人机关系，显然，设计师并不是闭门造车。这些草图也展示出设计师娴熟的空间思维，熟练切换视角，能在不同视角下思考和推演信息亭的结构和形态。

① Pensar 设计机构网址：https：//pensar.com

图 2-48 高级银行服务亭效果图

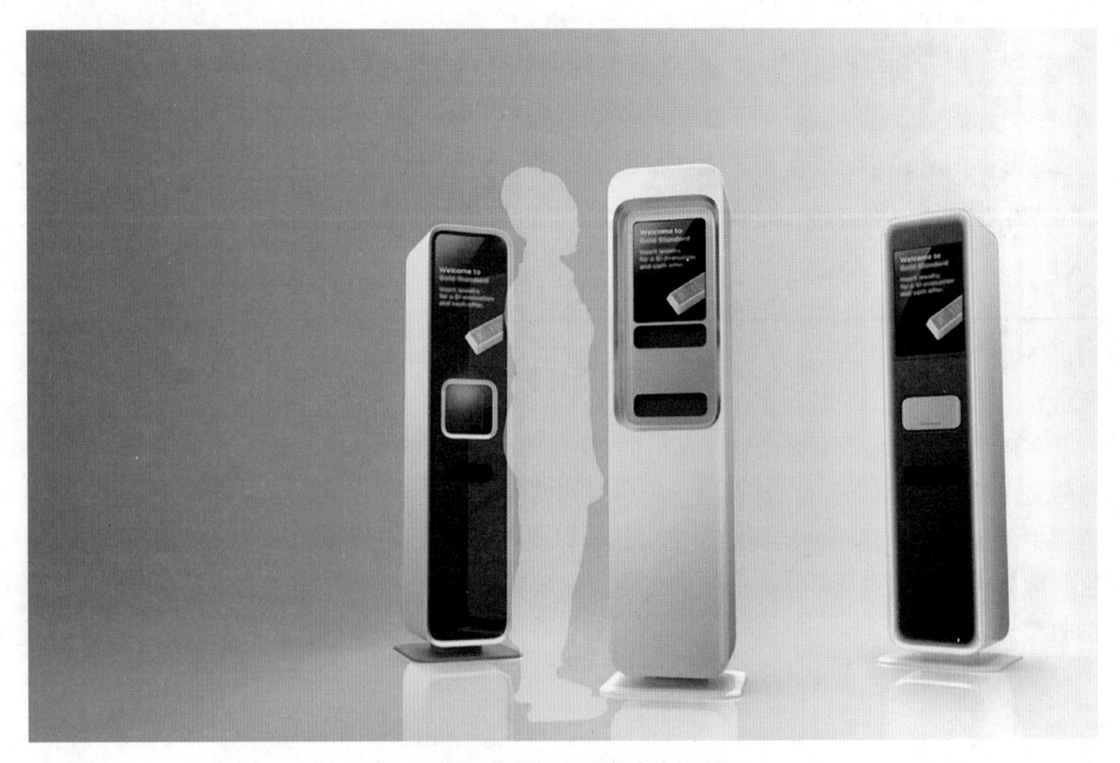

图 2-49 高级银行服务亭人机展示

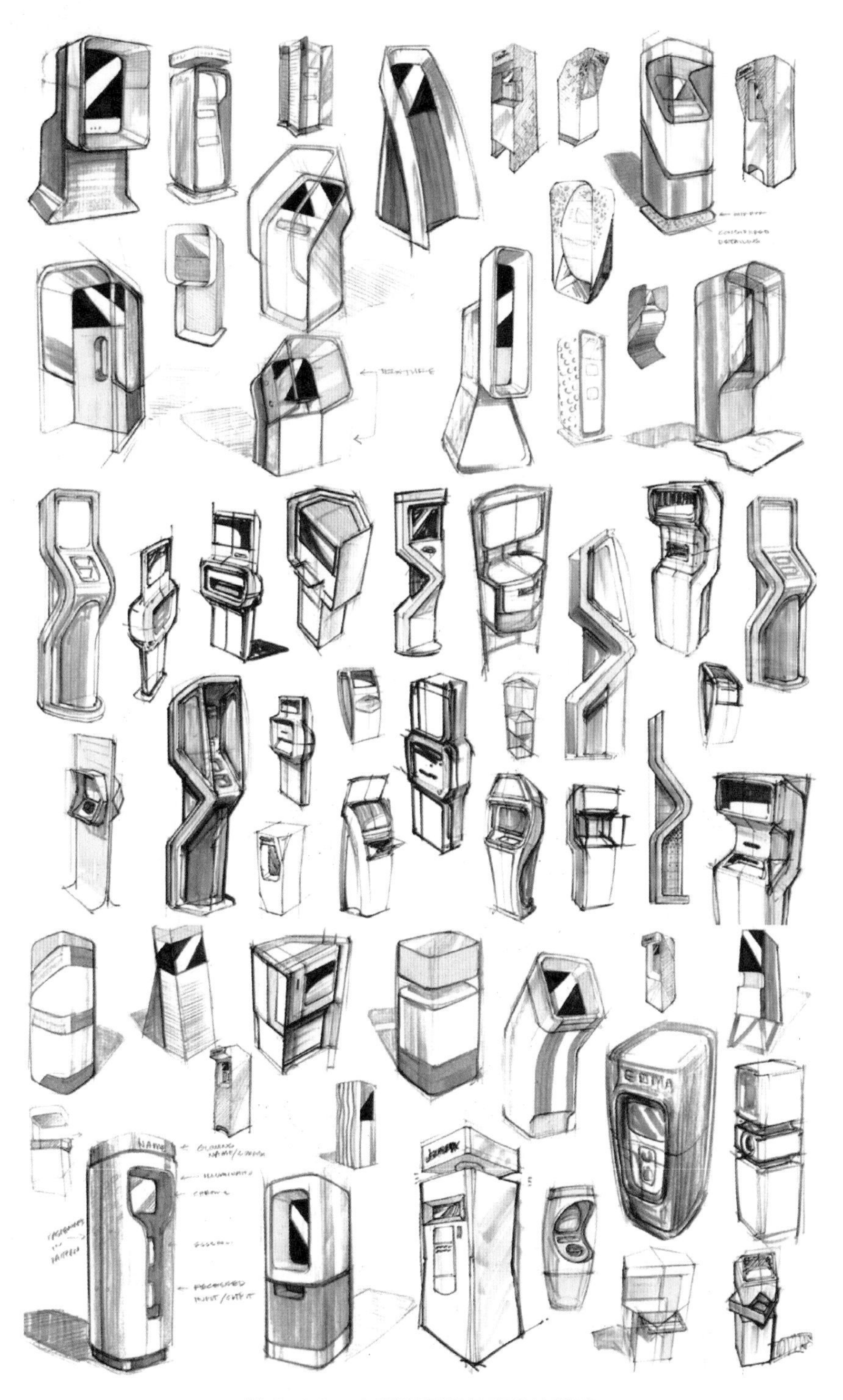

图 2-50　高级银行服务亭设计草图

第3章

光与影

阴影具备宇宙间一些事物的共性，光与阴影是宇宙间两个无法割裂的事物。

——摘自达·芬奇的《达·芬奇笔记》

光与阴影本身是无法割断的，自然地应用到设计手绘中会增加真实感，正如黄金分割一样，它本身不具有创造性，但却可以创造空间感和真实感，如图 3-0 所示。

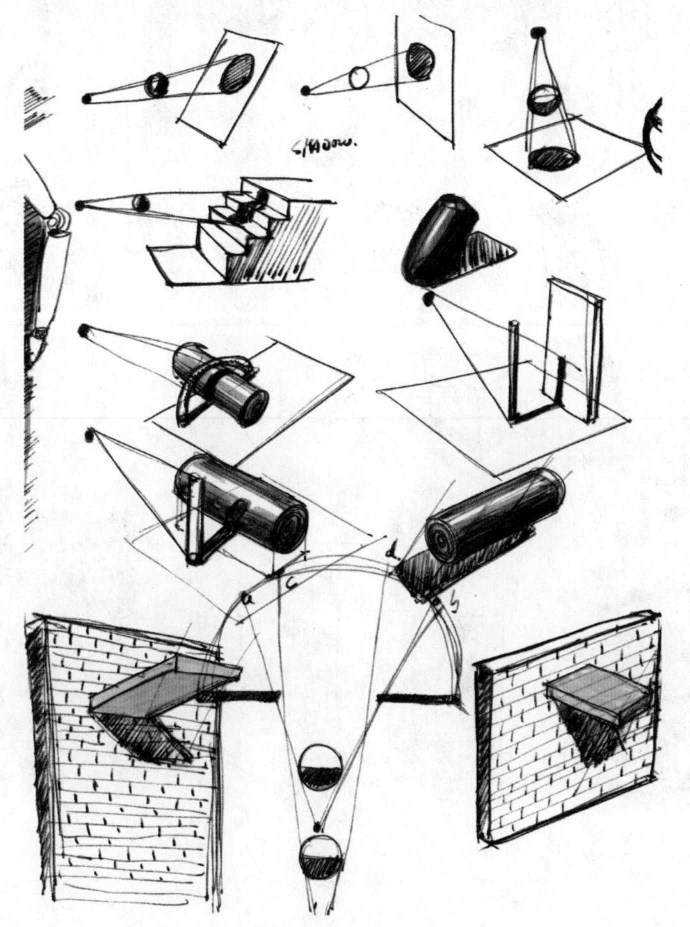

图 3-0　光与影

就像我们自然地忽略空气一样，阴影也是我们日常容易忽视的对象。从黑到白，空间中的物体在光的作用下对人的视觉产生了怎样的影响，设计绘图中又该怎样应用光影原理。光影结构的本质是个复杂的几何问题，幸运的是，对于设计草图只需要掌握基本关系即可。因此，本章主要讲解基本的光影关系，帮助读者理解阴影的构造，分析基本几何体的光影关系，以及组合体、折面体和曲面的光影关系，这些都是日后用草图进行设计工作的基础知识。

3.1 光影构成

构成即关系，如同三大构成（色彩构成、平面构成、立体构成）是研究色彩关系、平面关系、立体关系以及与人的心理之间的关系，并将其应用到具体的设计当中，本节借用构成一词来讲述光源、物体（产品）、投影（影子）三者之间的基本逻辑关系，以及设计绘图中的视觉心理感受。阴影随形态变化而变化，让视觉系统真实地感受到了形态的变化，如图 3–1 所示。

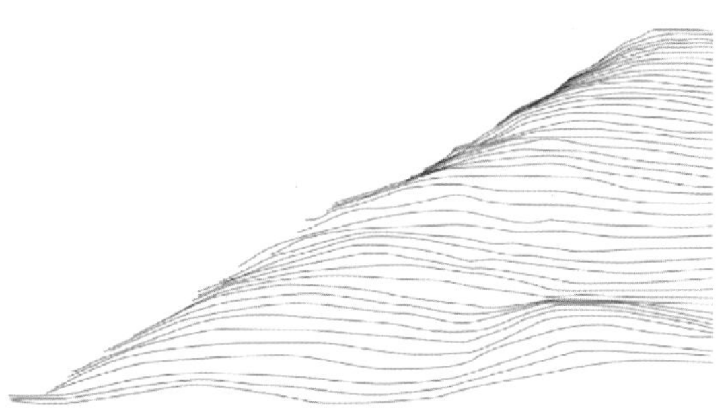

图 3–1　雪地中的光影变化

阴影最深处是黑暗，最浅的是光明。越是黑暗，视觉上显得离我们越远，越亮的地方显得离我们越近。光影对人们在物体空间位置的感知上起着重要的作用。事实上，我们早已习惯了光通常是从上方照射下来的，并且往往据此来判断物体的纵深和形态，即视知觉。图 3–2 证明了这一点，自然地分辨出凹面与凸面，然而当倒置图 3–2 再看一次，你会发现凹面与凸面发生了翻转。

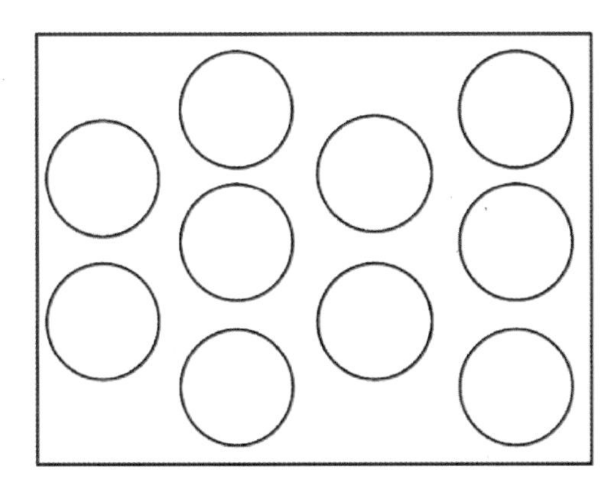
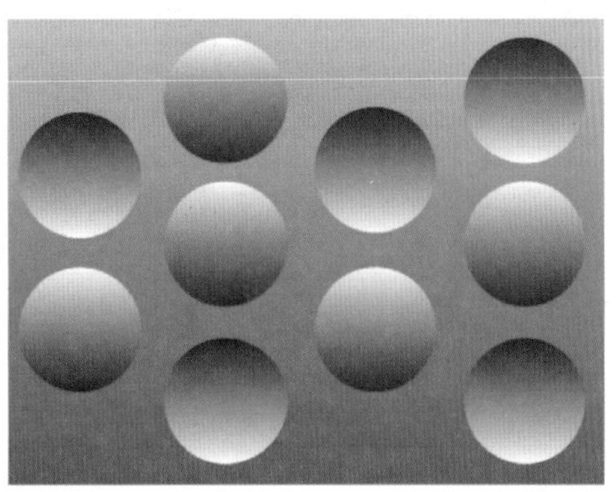

图 3–2　凹面与凸面

黑和白，以及二者之间的各种灰足以让我们的眼睛辨别物体的形态变化和位置关系。我们的视觉系统根据物体本身的光影判断物体是平面的还是立体的，同时根据物体的阴影和物体的位置关系判断物体的空间位置。

构成光影关系的要素包括光源、物体和观察者，三者缺一不可。

3.1.1 光源

人类和动物之所以能够看见物体，是因为有光，没有光我们周围的一切都是黑暗的。人类崇拜光，关于光的研究，最早可追溯到希腊哲学家杜克勒斯，他认为光是从眼睛里发射出的。这与我们现在对光的认识大相径庭，这中间有无数人的努力才得到我们今天对光的认识和应用。一个物体靠近光源的地方最明亮，其他地方的光线成比例逐渐递减。正如我们所熟悉的太阳与地球间的光能传递关系，如图 3–3 所示。

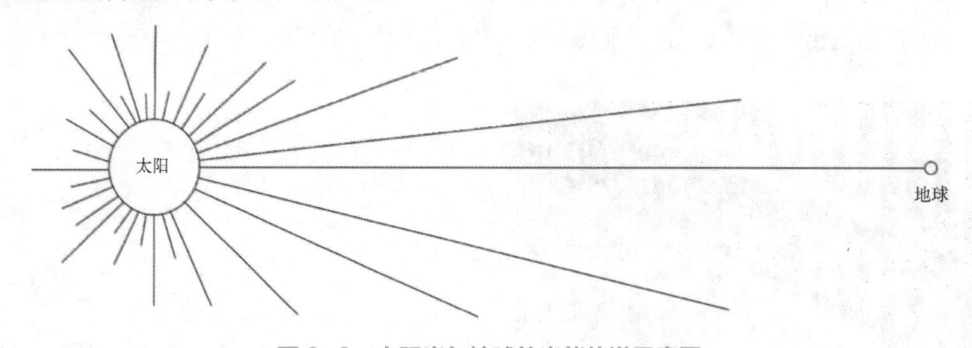

图 3–3　太阳光与地球的光能传递示意图

凡物体自身能发光者，称为光源，又称发光体，如太阳、恒星、灯以及燃烧着的物质等。物理学上是指能发出一定波长范围的电磁波（包括可见光与紫外线、红外线、X 光线等不可见光）的物体。一般将光源分成自然光源（Sun Light）和人造光源（Artificial Light），即平行光源和点光源。通常将自然光源看成源自于无限远处的光源，发射出平行光线，我们常常在一片丛林中能够感受到被称作丁达尔现象的太阳光线，但事实上，光线是不存在的，如图 3–4（a）所示；将人造光源视作距离物较近的光源，发射出始于一点的射线，即点光源，如图 3–4（b）所示。我们利用高度抽象出来的光线辅助设计手绘让纸面上的二维物体看起来更立体，如图 3–5 所示。

(a) 丛林中的丁达尔现象

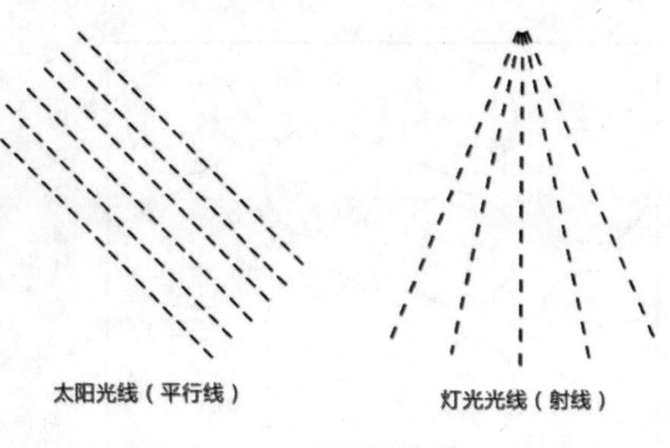

(b) 假想的光线

图 3–4　光源

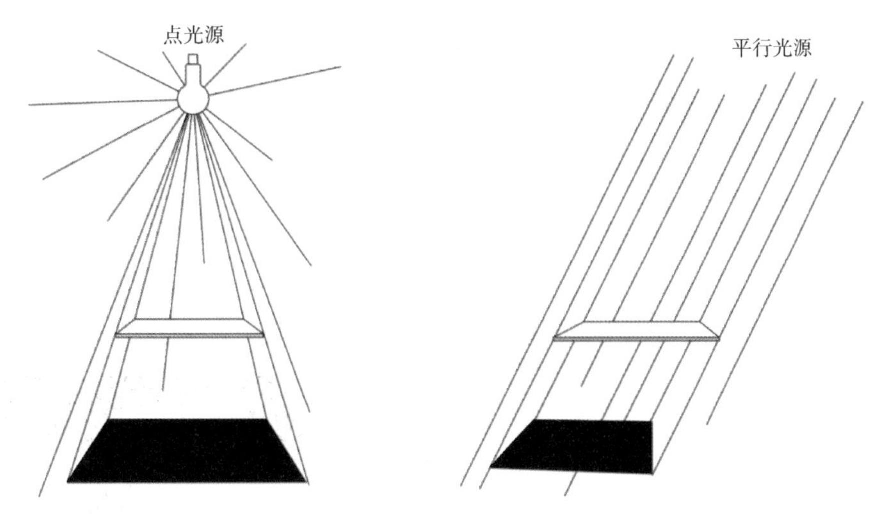

图 3–5　点光源与平行光源

日常生活中离不开可见光的光源，设计手绘中的光源一般根据绘图需要，经常根据设计表达的需要选择点光源或平行光源。画图时通常假设光从物体左上方大约 45°（或右上方 45°）的位置照射下来，并且光源的方向要微微偏向观察者，这个角度的光源照射到物体的表面不仅容易将产品的亮面和暗面区分开来，而且可以得到物体清晰的投影。如图 3–6 所示，这是利用视知觉绘图的最普遍方法。

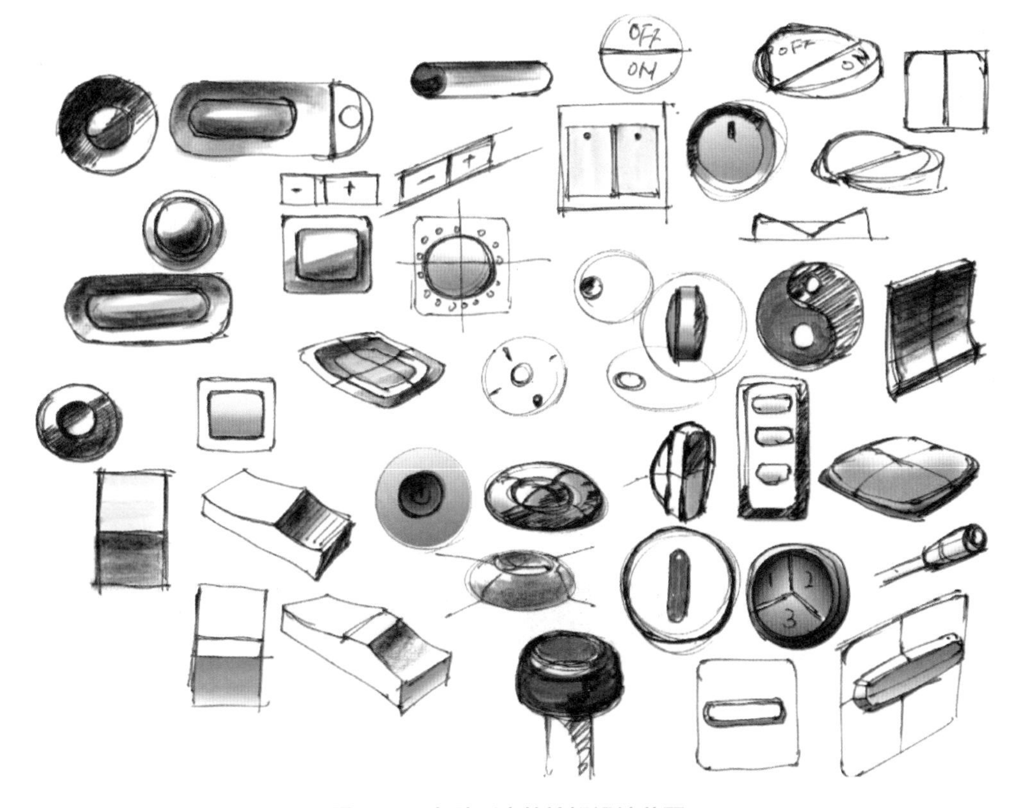

图 3–6　各种形态的按钮设计草图

3.1.2 光影结构

迈克尔·杰克逊（Michael Jackson）的舞蹈总是从黑暗光柱中开始：在黑暗的舞台环境中，一束灯光打在杰克逊身上，我们看见了从明亮到黑暗的连续不断的多重复杂的变化。为了更好地分析光影结构，可将人更换为基本的几何体，如立方体、球体、圆柱体等。物体被一束光线照亮后，必然产生各种不同的光影结构，它们之间存在几何上的逻辑规律。

立方体、圆柱体、球体等，它们在黑暗的环境里，一束光线从侧上方照射到白色石膏立方体上，形成受光面、背光面、明暗交界线和影子，这才让我们真实地感受到它们的存在，如图 3-7 所示。

图 3-7　球体与立方体的光影关系

受光面由一系列连续不断的亮度构成，可以简单地看成由亮面和次亮面构成。未被光线照射到的背光面背向光源，理应是黑暗的，但由于光线照射圆柱体的同时也照亮了周围环境，必然产生环境反射光，返回空间的光线又照亮了圆柱体的背光面。因此背光面不是无光的黑暗，而是具有一定的亮度，像受光面一样，由明到暗，连续不断地变化，只是与受光面相比亮度微弱。背光面同样可视为由暗面和次暗面共同构成。

3.1.3 光源、物体和观察者

光让我们看见了物体和阴影，光影的构成受光源、物体和观察角度三者位置关系的制约。通常三者有三种基本位置关系：光源与观察者位于所见物体的同一侧，称为顺光，如图 3-8（a）所示；光源在物体的背后，与观察者成 180° 角，称为逆光，如图 3-8（b）所示；光源在物体的侧方，与观察者成 90° 的角，称为侧光，如图 3-8（c）所示。

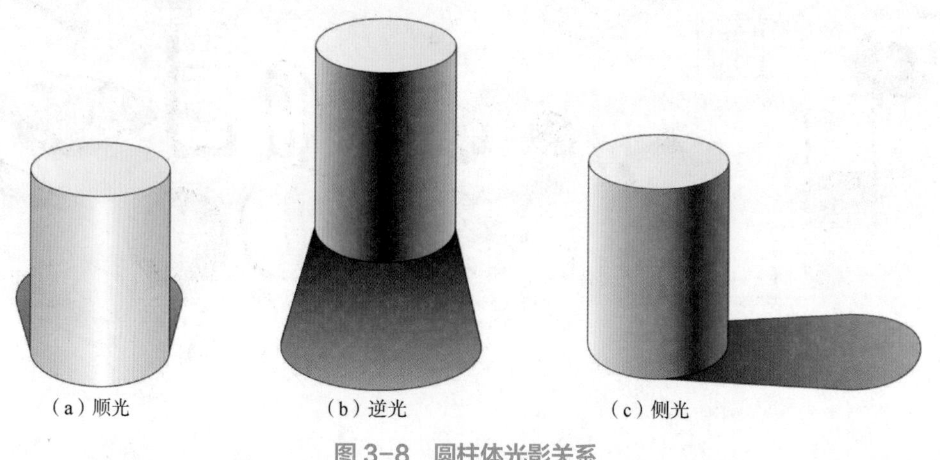

（a）顺光　（b）逆光　（c）侧光

图 3-8　圆柱体光影关系

关于光源、物体和观察角度的位置关系，达·芬奇有过经典的论述，与上述描述是一致的，如图 3-9 所示。眼睛是在三种情况下观察光和影的：

（1）眼睛和光源位于所见物体的同一侧。

（2）眼睛在物体之前，光源在物体之后。

（3）眼睛在物体之前，光源在物体之侧，并且从眼睛引到物体的直线和从物体引到光的直线成直角。

当视线置于发光体和被照亮的物体之间时，这些物体看起来就没有任何阴影。其实是被挡住了，眼睛看不到而已。

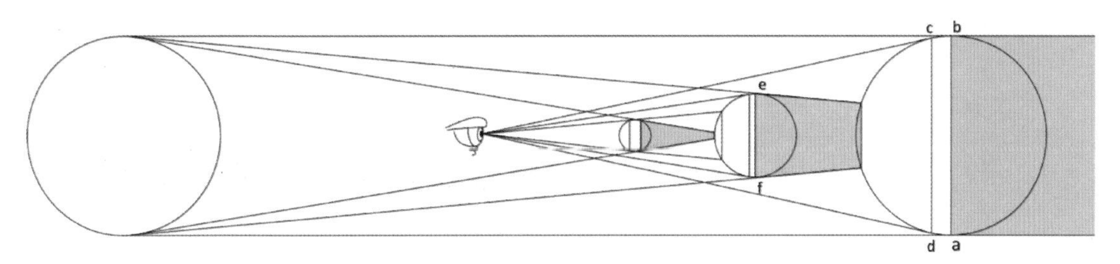

图 3-9　光影分析[①]

3.1.4　阴影

通常，阴影可分为两种。一种是附着在物体上的阴影，称为附着阴影（Attached Shadow，AS）；另一种是投射出来的阴影，称为投射阴影（Cast Shadow，CS），如图 3-10 所示。

（a）附着阴影[②]

（b）投射阴影

图 3-10　阴影

① 达·芬奇，达·芬奇笔记［M］. 杜莉，译. 北京：金城出版社，2011.

② http：//lava360.com/wp-content/uploads/2016/01/black-and-white-hard-shadow-photos19.jpg

附着阴影可以通过它的形状、空间方向以及光源的距离，直接附着投射在物体表面上。投射阴影是指一个物体投射在地面、桌面……，或者另一个物体上的影子，有时还包括同一个物体中某个部分投射在另一个部分上的影子。投射阴影是一个物体遮盖另一个而形成的。

没有任何光影，视觉上感受是平面的；只在物体本身上添加附着阴影，才能在视觉上给人以立体感；物体本身的光影（附着阴影）和投射阴影同时具备时，不仅有立体感，而且还有空间位置感。光影关系表现得越细腻，物体的立体感和空间感就越强，如图 3–11 所示。

图 3–11　附着阴影和投射阴影共同决定物体真实感

另外，根据物体的附着阴影和投射阴影可以很容易判断出光源的大致位置。尤其是投射阴影的位置，让我们很容易判断出光源的位置。光源的位置决定了物体附着阴影的关系以及物体投射阴影的位置，并且光与影二者无法割裂，如图 3–12 所示。

图 3–12　光源的位置与物体阴影的关系

在设计绘图中，产品的阴影既能体现产品的立体感又能体现画面的空间感，因为我们一睁眼就处于光影环境之中，我们的视觉早已习惯了光影，以至于我们自己很轻易地就忽视了。可是画面中如果没有光影，我们心里总觉得缺点什么，阴影为画面创造一种视觉深度，符合我们的视觉习惯，会觉得画面具有真实感。物体的阴影可以说明产品的体积、材质以及各种位置关系，如图 3–13 中的运动鞋草图设计。所以，光影就在我们的眼前，阳光下的垃圾桶、桌子上台灯下的鼠标、路灯下的自己等，只有仔细观察生活中的点滴，并认真思考，勤加练习，必定有助于手绘设计方案的准确表达。

投射阴影看似非常复杂，其实对于大多数产品的投影来说，在设计绘图中我们可以利用几个基本几何形态的叠加来处理，采用简化的方法来处理。

在点光源的高度不变的情况下，点光源与物体距离决定了影子的长度，离物体越远影子越长，离物体越近影子越短，这个问题的本质是个几何问题。因此，在设计手绘中，如果选择使用点光源，必须合理选择点光源与物体的距离，同时还应考虑点光源的位置。

图 3-13　应用光影关系处理运动鞋设计草图

图 3-14 中，A、B 两个光源的高度相同，但距离圆柱体 E 的距离不同，所以圆柱体的影子的长度自然也不同，即 EG>EF。这是生活中常常会出现的情境，例如，当你夜晚走在路灯下，距离路灯越远，身体的影子越长；距离路灯越近，影子越短。其实这是我们小时候感兴趣的问题，从这个角度想，绘图是一件与生活密切相关的事。

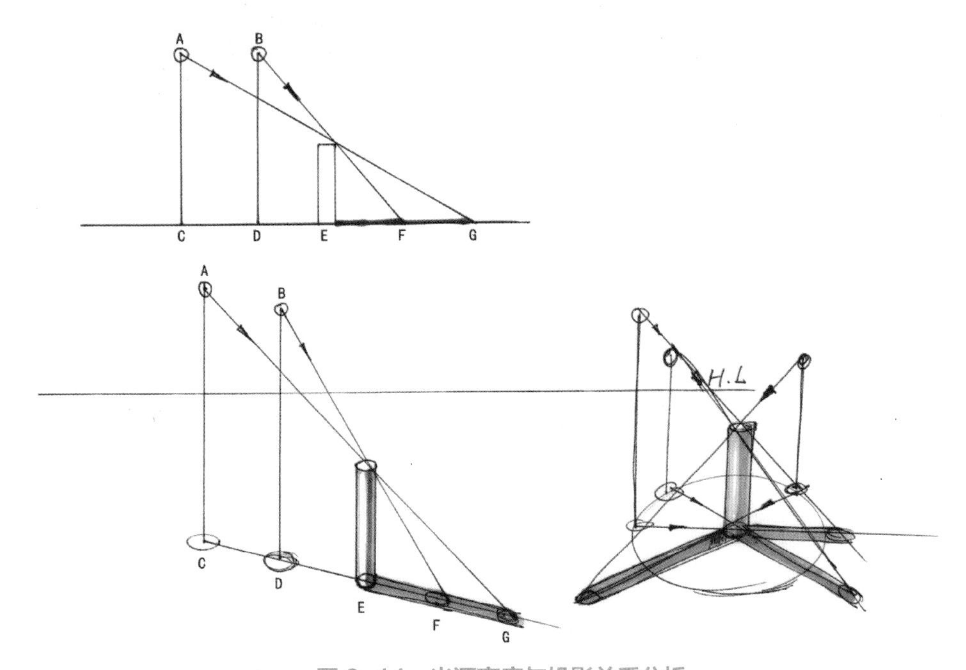

图 3-14　光源高度与投影关系分析

由于我们假定的平行光源来自无限远处，如太阳光，只存在高度的问题即投射角度，与光源与物体的距离没有任何关系，投射角度的大小决定了影子的长度，投射角度越大影子越长，投射角度越小影子越短，如图 3-15 所示。因此，在平行光条件下要合理选择投射角度，让所绘物体表现得更自然合理是我们的初衷，投影过长和过短都是不可取的。

另外，无论是点光源还是平行光源，投射阴影依然遵循基本透视原理：近大远小的原则，也称阴影透视（Perspective of Shadows），如点光源下的立方体投影（见图 3-16），平行光源下的立方体投影（见图 3-17）。然而在绘制产品手绘的时候，为了绘图的便捷性和画面效果图的自然性，很多时候我们首选平行光源。

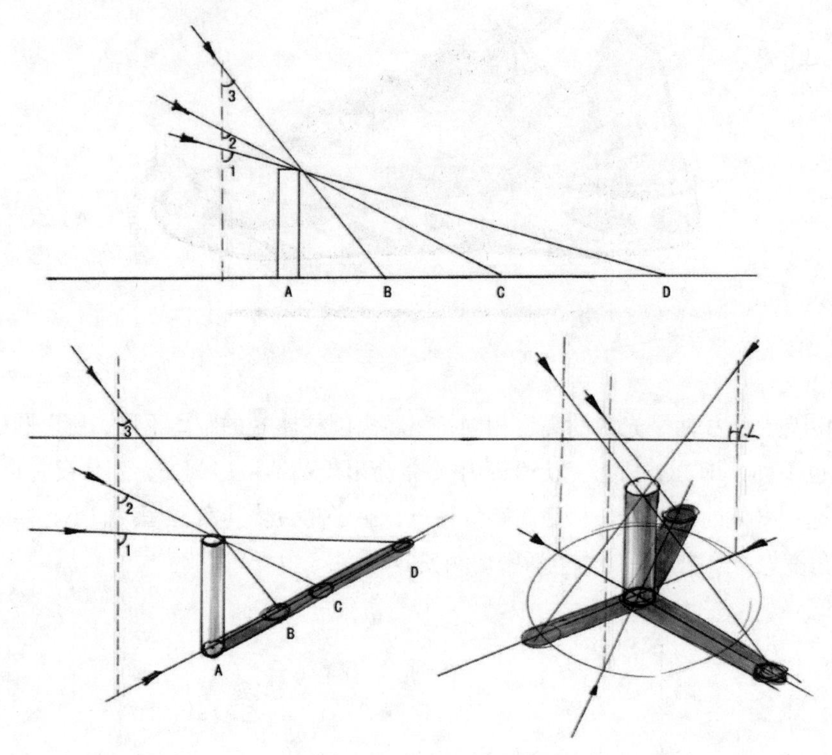

图 3-15　光源的投射角度分析

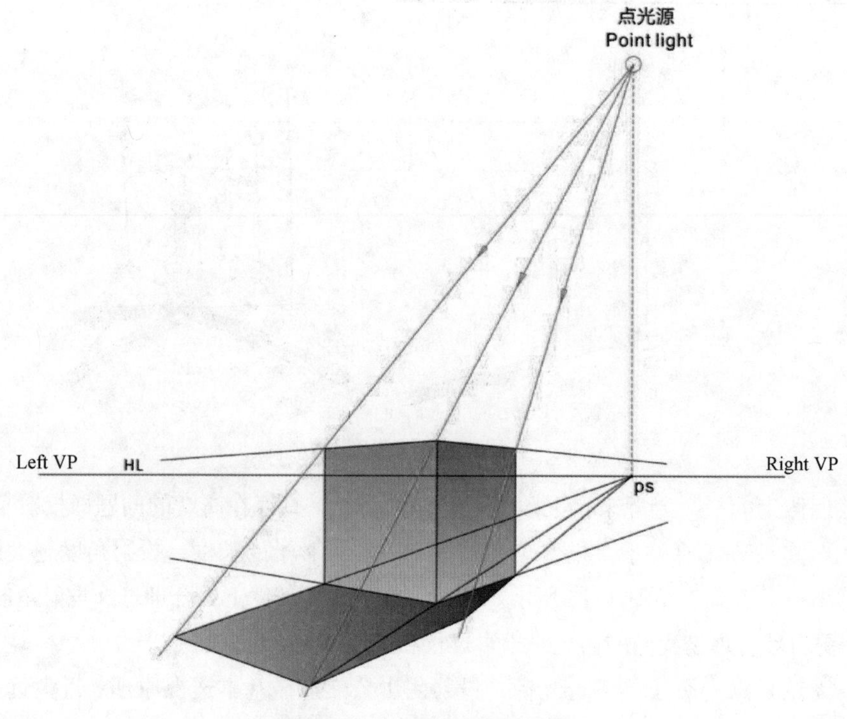

图 3-16　光源下的物体光影

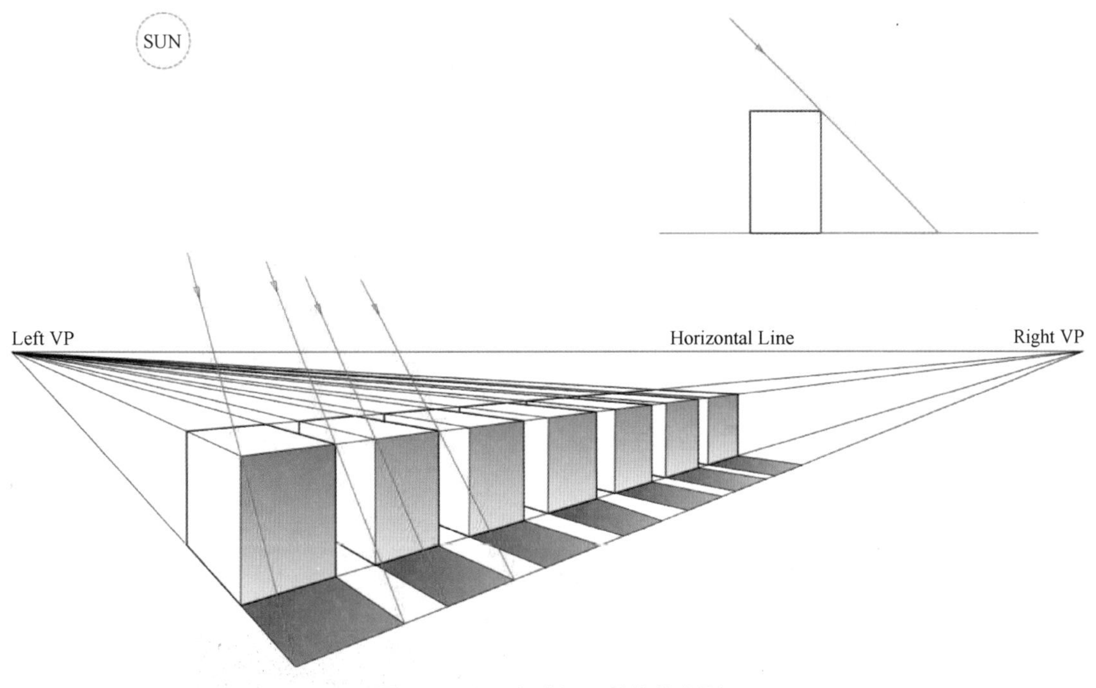

图 3-17　平行光源下的物体光影

3.1.5　明度值

如果没有光照在物体上，我们根本就看不见物体。当仔细观看图 3-18 中的水杯时，它的圆柱形表面上，就展现出一种极其丰富的亮度变化和色彩层次。从杯体的最左侧边缘的区域，是深蓝色，几乎接近黑色；随着视线从左侧朝向右侧移动，圆柱体表面的颜色也逐渐变得明亮起来，出现清晰的蓝色；随后，蓝色逐渐越来越浅，达到高峰时，蓝色就被白色取代了。越过白色后，圆柱体的表面又恢复到原来的深蓝色，依次逐渐变浅后，在最右侧边缘又以几乎黑色结束。

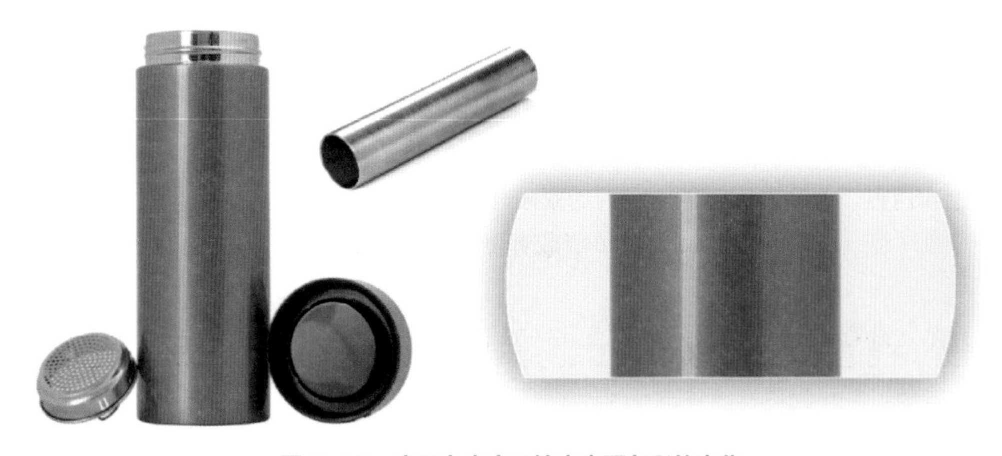

图 3-18　产品在真实环境中表面色彩的变化

根据鲁道夫·阿恩海姆的理论，我们知道，原来在杯体的表面上存在两种不同亮度值和色彩值的渐变过程，一个属于杯体本身的层次，另一个属于覆盖在杯体表面上的层次，这个层次有透明效果。对于下面一层，我们称它为杯体的客观亮度（Object Brightness）或客观色彩（Object Color）；上面的一层，我们称之为“照明度”（Illumination）。

所谓的照明度，指的就是人们通过视觉感知到的一个光的梯度（Light Gradient），即光覆盖在物体上的客观亮度和客观色彩。那么在设计手绘中，我们便可以利用这个视觉感知表达形态。典型的设计绘图法就是底色高光法，在有色的纸面上绘制设计方案，想要得到高光就用白色绘图笔；想要得到阴影就要使用黑色绘图笔；想要得到形态的过渡，就要选用合适的色笔，如此就能够创造出产品的形态，如图 3-19 所示。绘图过程中，改变形态的关键就是改变色彩的明度值，改变明度值就是在改变光照在物体形态上的照明度，以便我们的眼睛能够感知到形态的变化。

图 3-19　底色高光绘图法[①]

斯科特·罗伯逊（Scott Robertson）出版的视频教程中有一句非常关键的话“Change value equal change form”，即“改变明度值就等于改变形态”。我们的大脑会把物体的形态翻译成黑色和白色，而不是彩色的。我们的眼睛就是从黑到白的变化中识别物体的形态。把从白到黑分成 7 级，如果需要可以分成 10 级或者更多。图 3-20 和图 3-21 中展示了 7 等级明度变化。

马克笔、铅笔都可以轻松绘制明度变化。如果使用马克笔，注意考虑冷灰系（Cold Grey）、暖灰系（Warm Grey）、中性灰系（Neutral Grey），如图 3-22 所示。

① http：//www.delftdesigndrawing.com

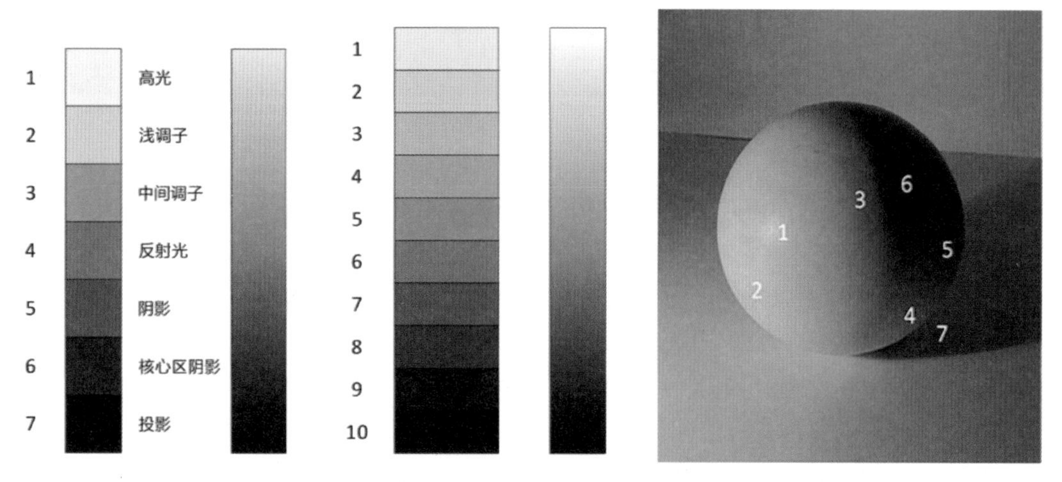

图 3-20　七等级明度变化表

图 3-21　照片取色后的明度

图 3-22　马克笔与铅笔绘制明度对比

3.2 基本体光影

几何体主要包括平面体和曲面体两大类。平面体即由若干平面围成的几何体，如棱柱、棱锥、八面体、十二面体等。曲面体即由曲面或曲面与平面围成的几何体，如圆柱、球体、圆锥。在众多几何体中最基本的几何体有六面体（立方体、长方体）、正三棱锥、圆柱、圆台、圆锥、球体、圆环，如图 3-23 所示。无论从几何角度还是设计制图的角度，基本的几何体都是我们最初研究的对象。

图 3-23 基本体光影简图

因为有光所以就有影子和色彩，为了更好地说明光与影的关系，先将彩色忽略掉，只考虑用黑—灰—白的过渡来研究光与影的关系，如图 3-24 所示。如前所述，光源的种类不同，投影也不同，点光源投射出的物体影子一般比较大，所以多数情况下我们常用平行光来表达产品的投影。

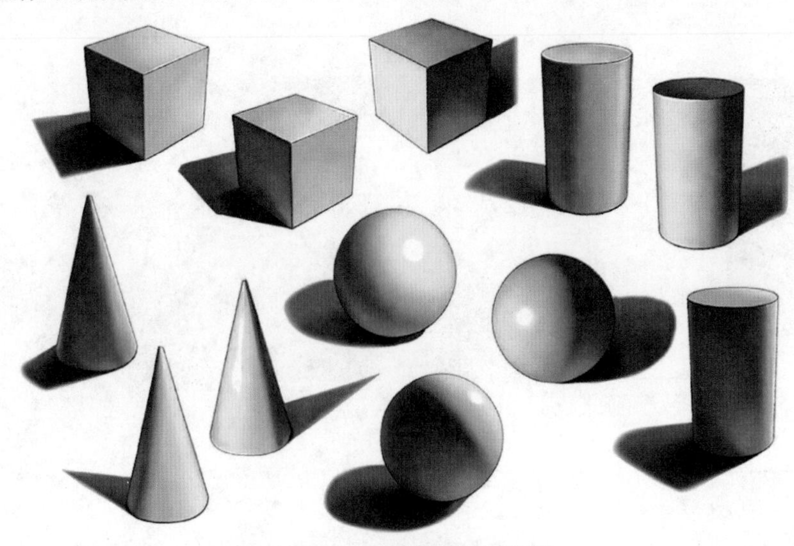

图 3-24 基本体光影明度图

3.2.1　平面体光影

平面体种类繁多，本节以最常用的立方体和长方体为例进行光影构成分析，依次类推掌握思考方法，以便应对复杂形态的光影分析与设计绘图。

1. 立方体光影

立方体虽简单，却有丰富的光影变化。在平行光的作用下，除底面不受光之外，其余 5 个面具有不同的光影变化。即使同一面由于环境和周围物体的影响也呈现丰富的变化。例如，光滑地面对物体有更强的反射效果，对比图 3-25 中的两个立方体。

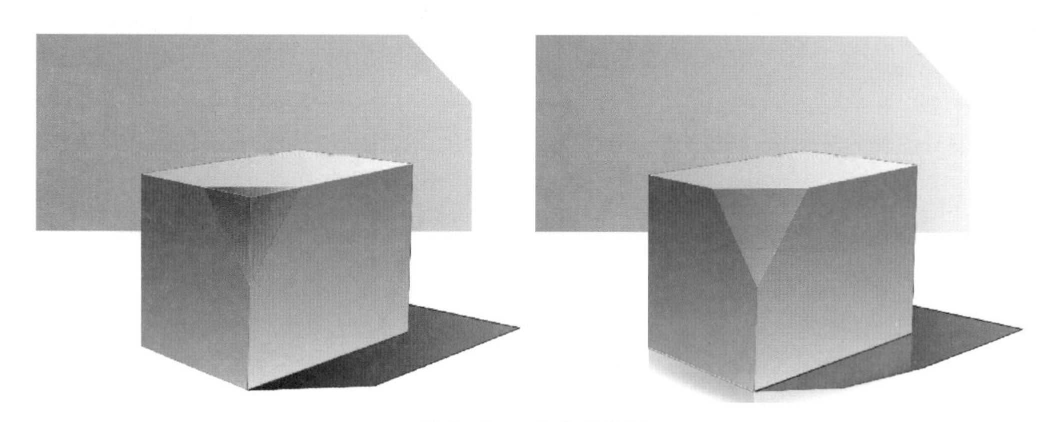

图 3-25　立方体光影

如果将立方体透明化成一个具有 12 条棱边的立方体框架，那么垂直于地面的四条棱的投影就清新可见了，如图 3-26 所示。这种简洁的分析手段在本节及本书后续内容常常被使用。

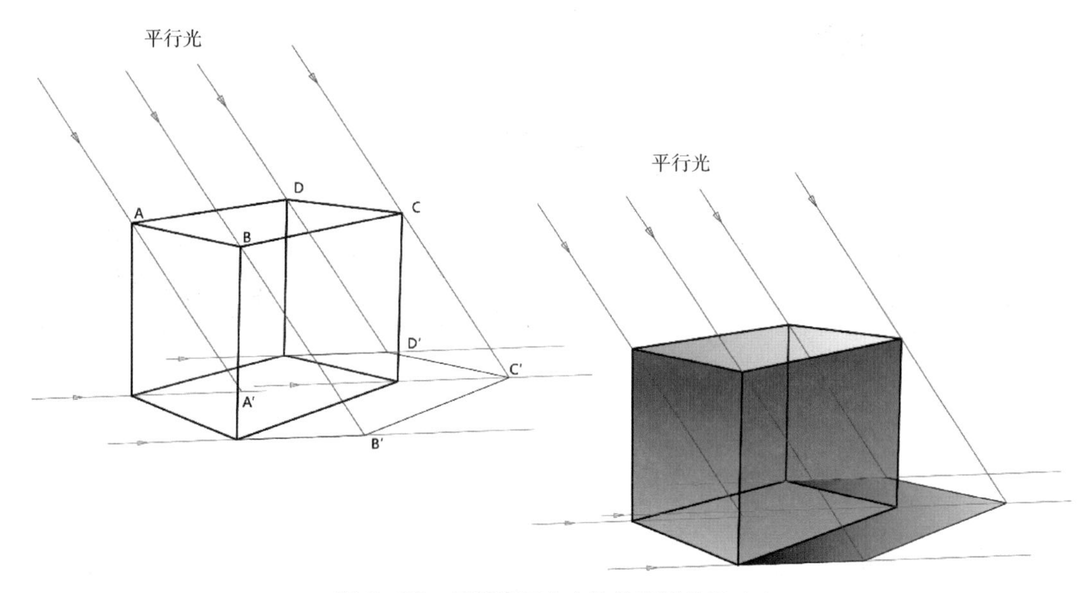

图 3-26　平行光下立方体的光影分析（1）

更真实的情况是地面会反射环境光，即使在有投影的一面也会有环境光的反射，如图 3-27 所示。另外，无论处于平行光源还是点光源环境下，在面与面的转折处总会出现视觉白光，即视觉高光现象。

立方体光影练习及衍生的产品练习，如图 3-28 和图 3-29 所示，建议读者多多练习。

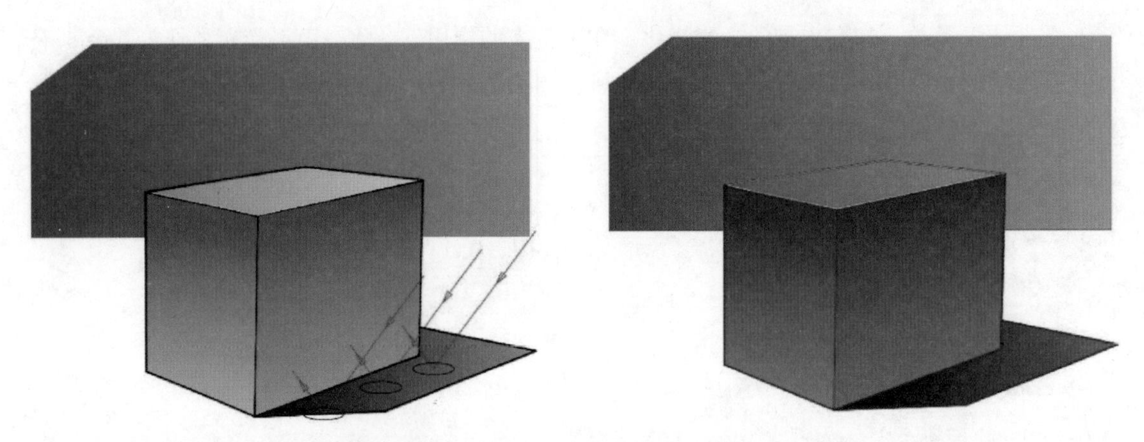

图 3-27　平行光下立方体的光影分析（2）

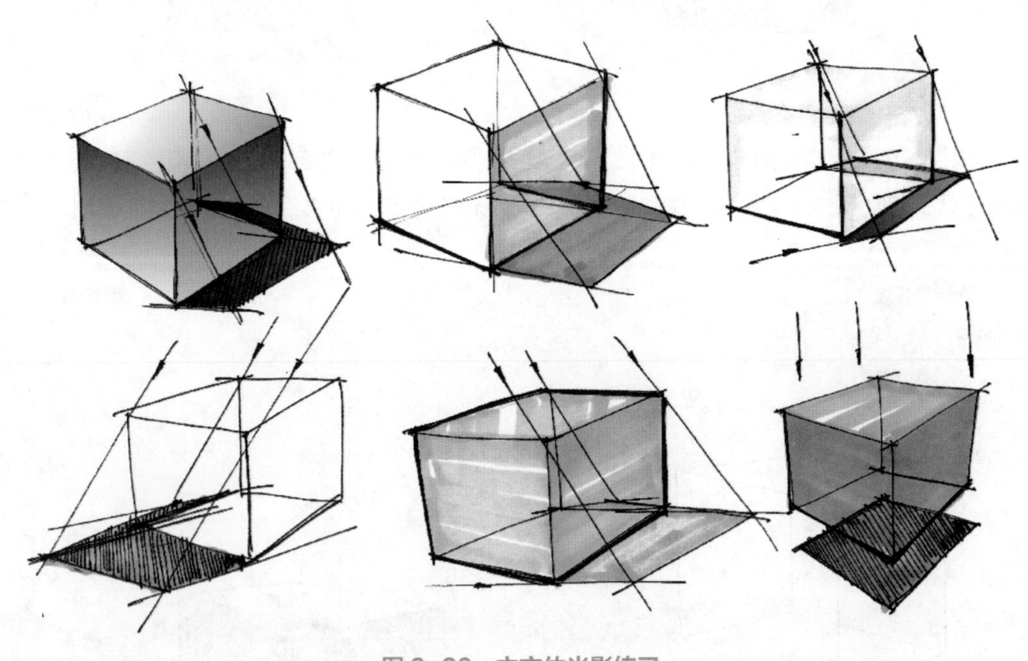

图 3-28　立方体光影练习

2. 长方体光影

点光源下的长方体光影关系分析如图 3-30 所示。无论是点光源还是平行光源，投影的大小取决于点光源的高度和角度，绘图练习时选择合适的高度和角度，如图 3-31 和图 3-32 所示。

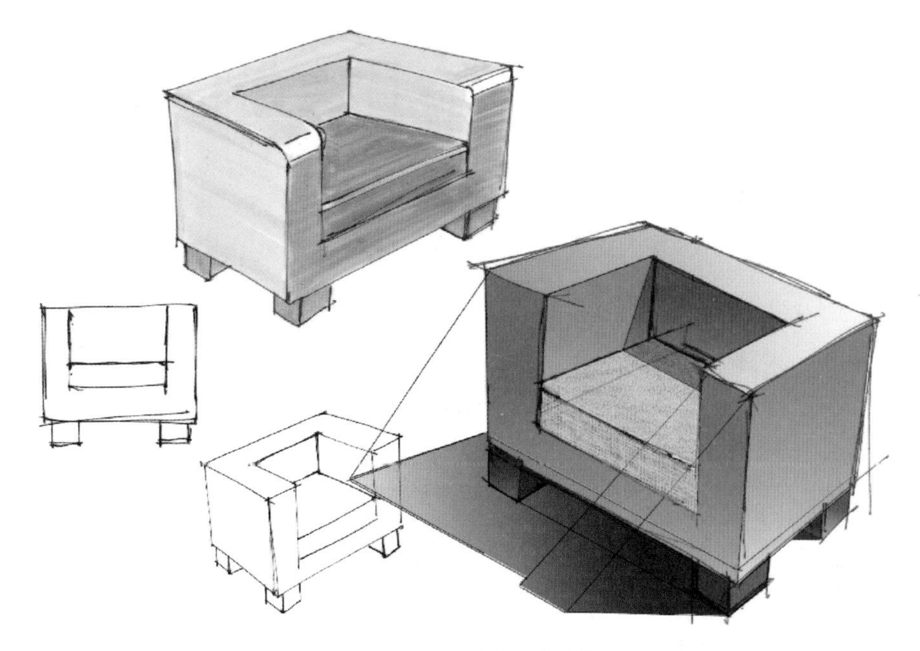

图 3-29　立方体产品光影练习

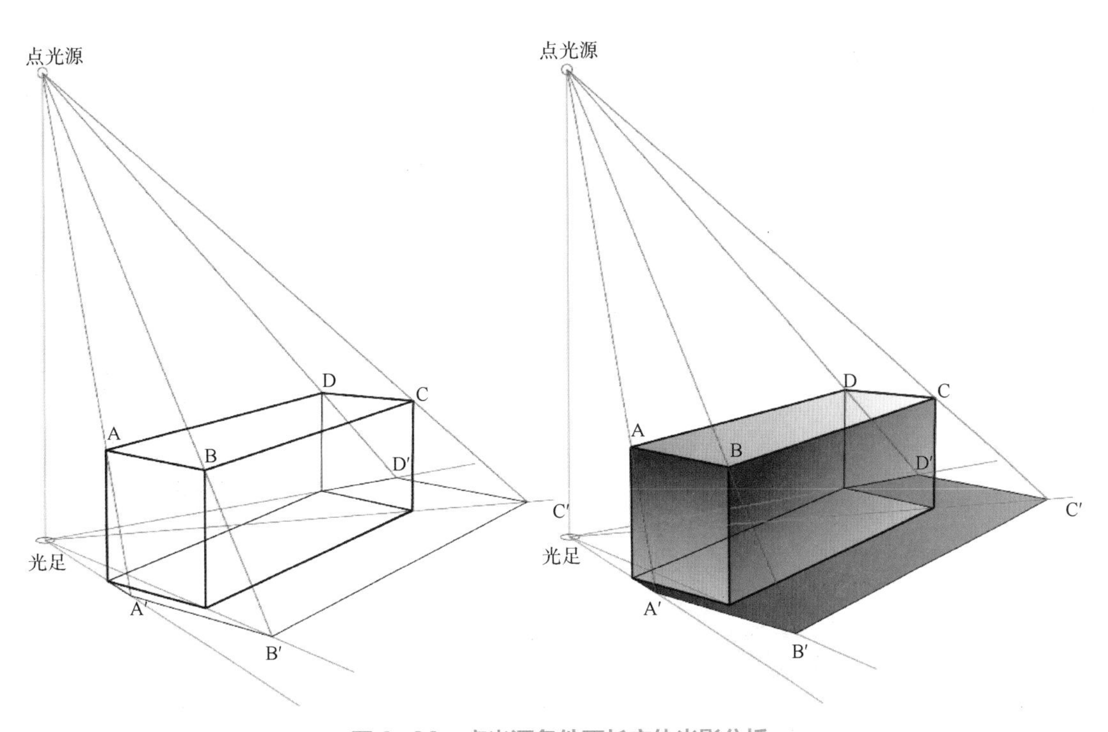

图 3-30　点光源条件下长方体光影分析

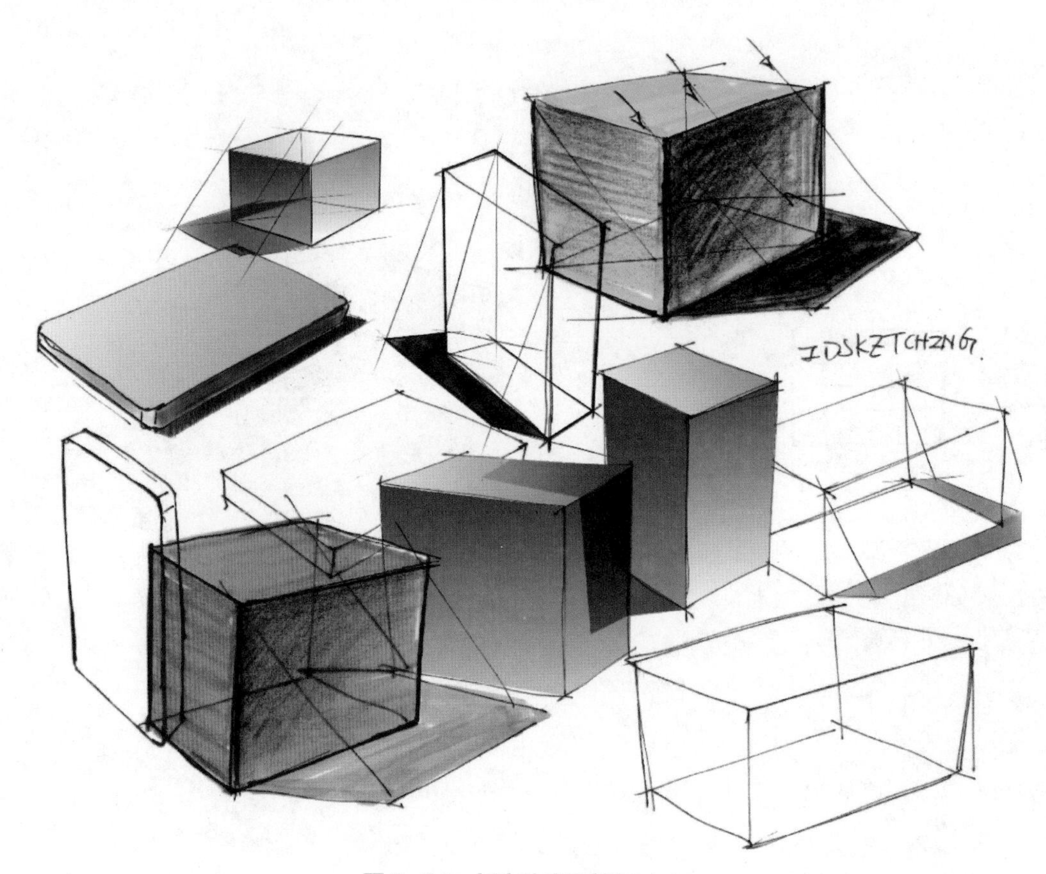

图 3-31　长方体光影练习（1）

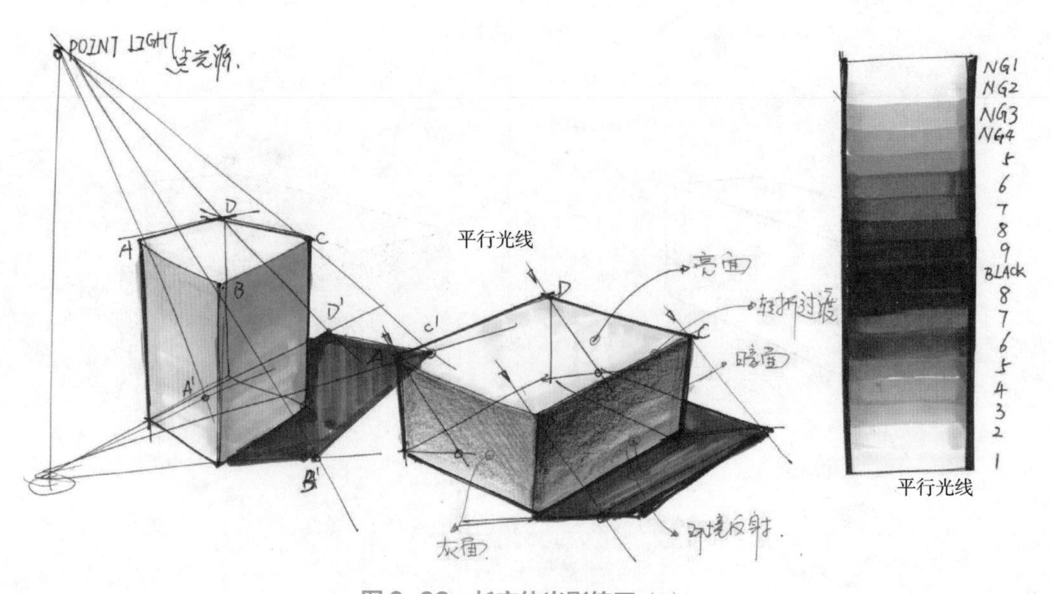

图 3-32　长方体光影练习（2）

3.2.3　曲面体光影

本节以最基本的曲面为对象，分析其光影结构关系，包括圆柱体、球体、圆锥体、圆台和圆环。

1. 圆柱体光影

单个圆柱体在平行光源下的光影关系，如图 3–33 所示。两个不同直径圆柱堆叠时的光影关系，如图 3–34 所示。

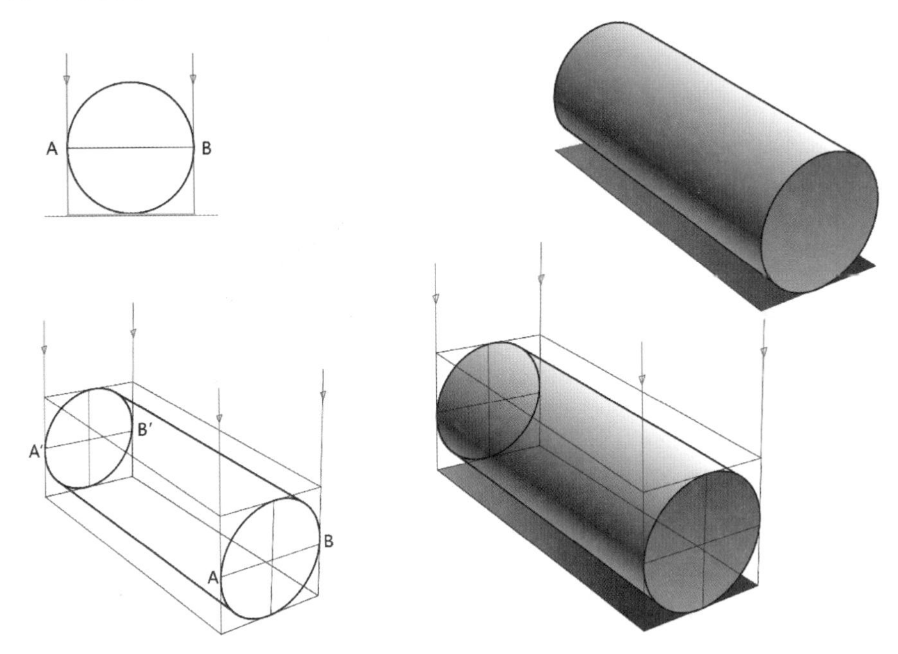

图 3–33　平行光下的圆柱体光影（1）

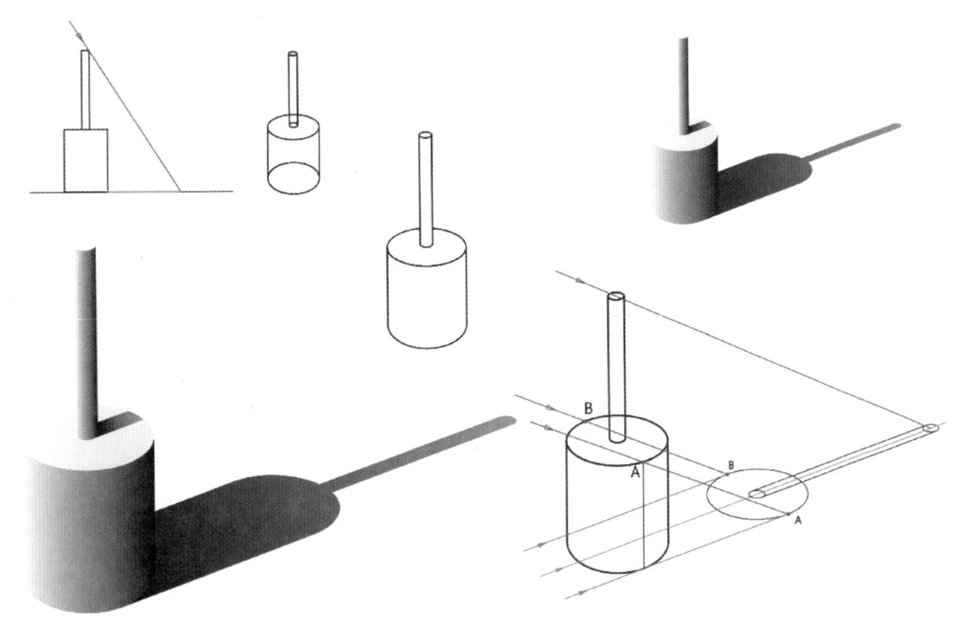

图 3–34　点光源下的圆柱体光影（2）

两个位置不同、直径不同的圆柱体的光影关系，如图 3-35 所示。由于两个圆柱体的位置关系，直径小的圆柱的投射阴影附着到了直径大的圆柱体上，并且该投射阴影随大直径圆柱体曲面弯曲。

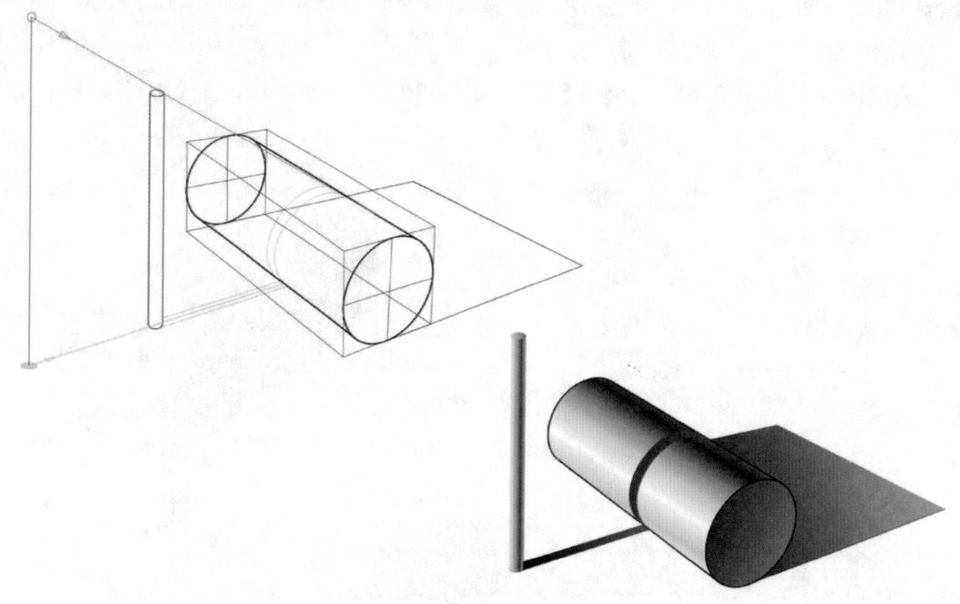

图 3-35　点光源下的圆柱体光影

圆柱体马克笔光影练习，如图 3-36 所示。注意练习时可不断变换光源位置和光源类型。

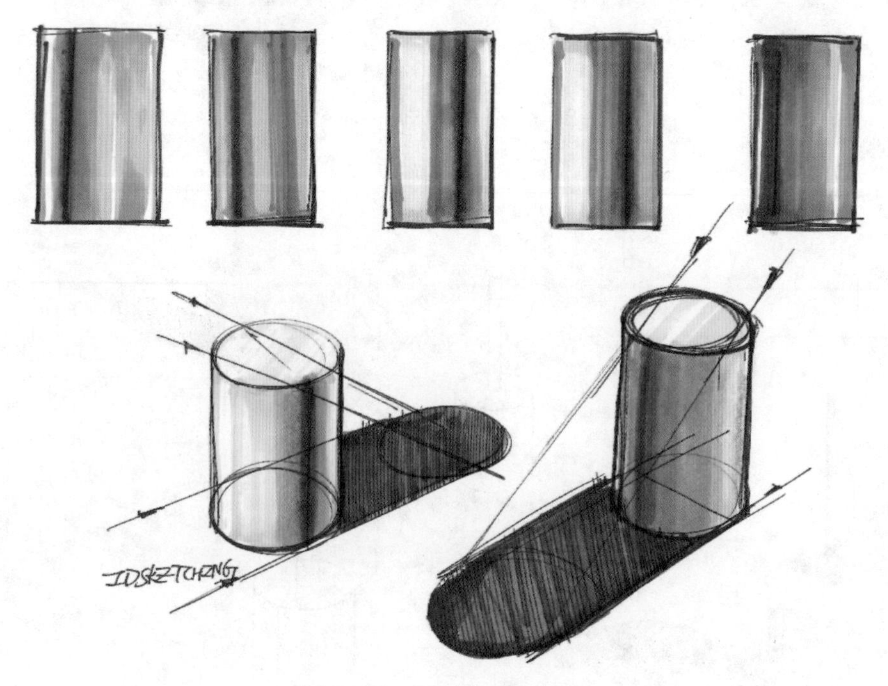

图 3-36　圆柱体光影练习

2. 球体光影

当点光源位于球体的正上方时，球体光影关系如图 3-37 所示。点光源条件下，球体的投影大于球体直径，然而投影的大小还取决于点光源的垂直高度。通常绘图时，点光源的垂直高度不宜过高，否则投影太大，不利于绘图。

图 3-37　球体光影

球体核心附着阴影的位置与光源的类型有关。显然，在平行光条件下附着核心阴影（Core Shadow）的位置在球体的 1/2 处，如图 3-38 所示。当光源为点光源时，附着核心阴影的位置总是在大于球体的 1/2 处，如图 3-38 和图 3-39 所示。关于这一点，在绘图练习时需要特别注意，如图 3-40~ 图 3-42 所示。

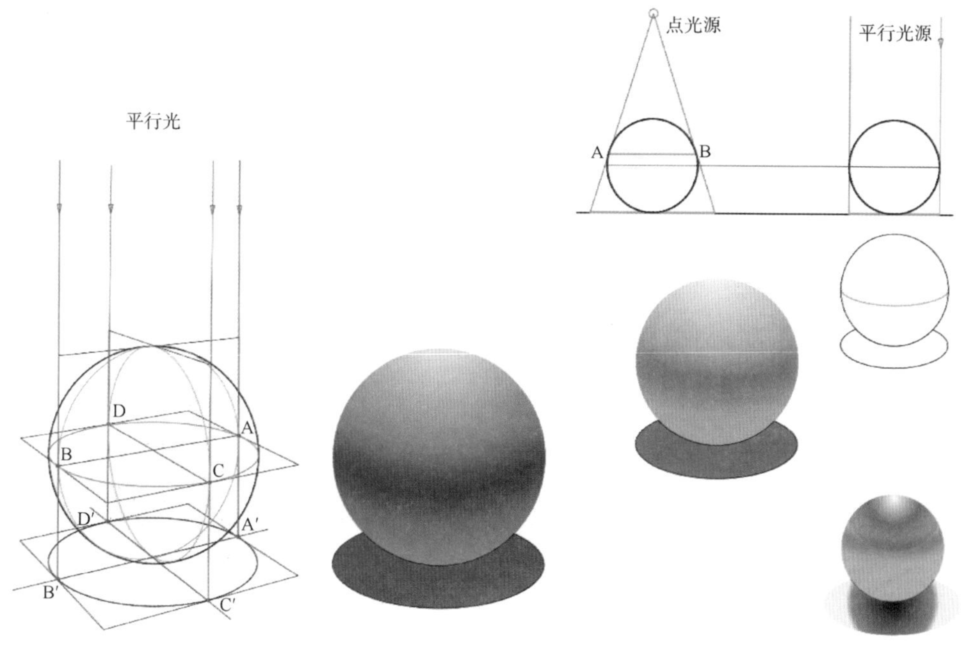

图 3-38　平行光下的球体光影分析

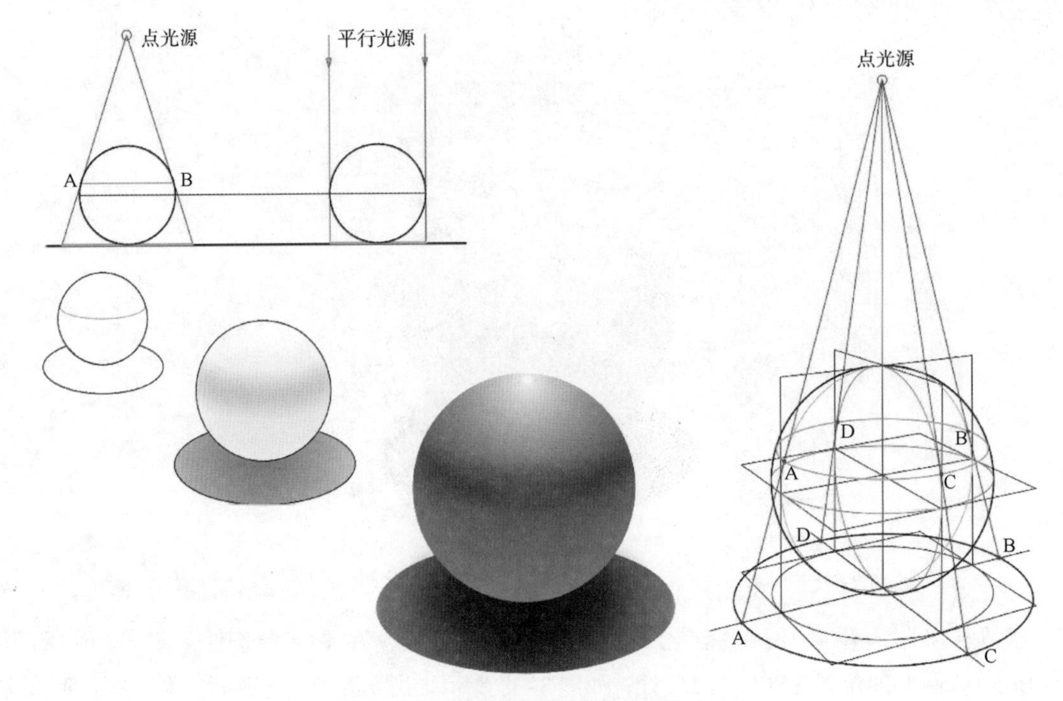

图 3-39　点光源下的球体光影分析（1）

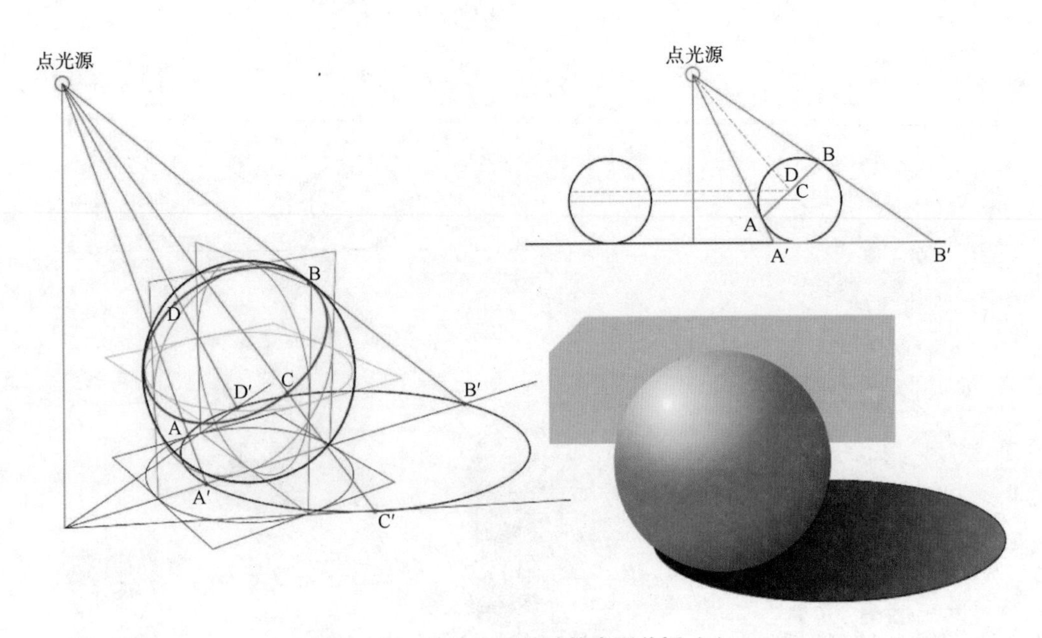

图 3-40　点光源下的球体光影分析（2）

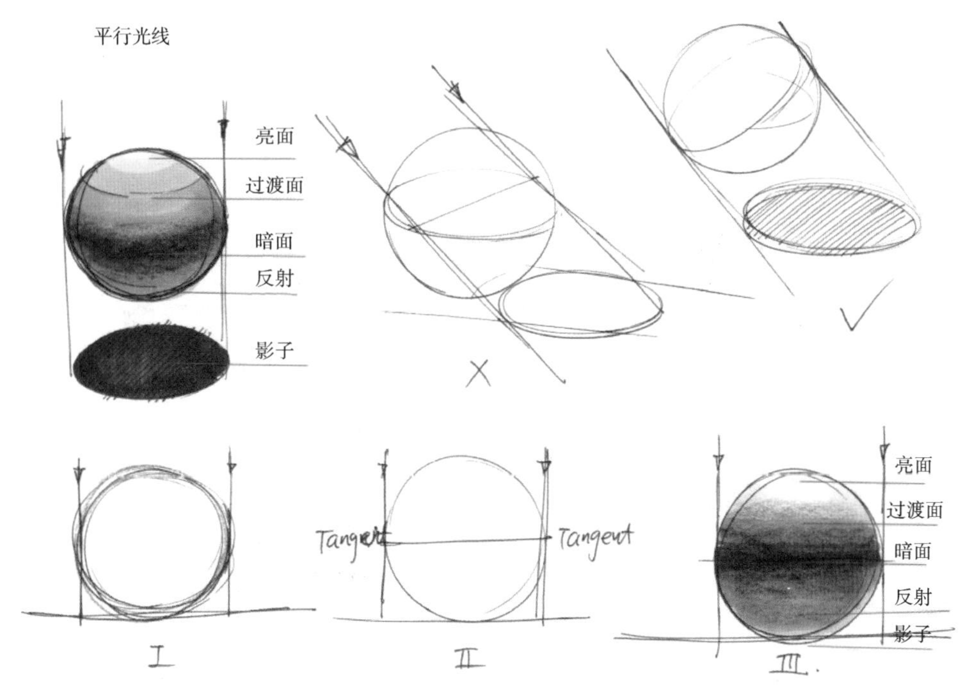

图 3–41　球体光影练习（1）

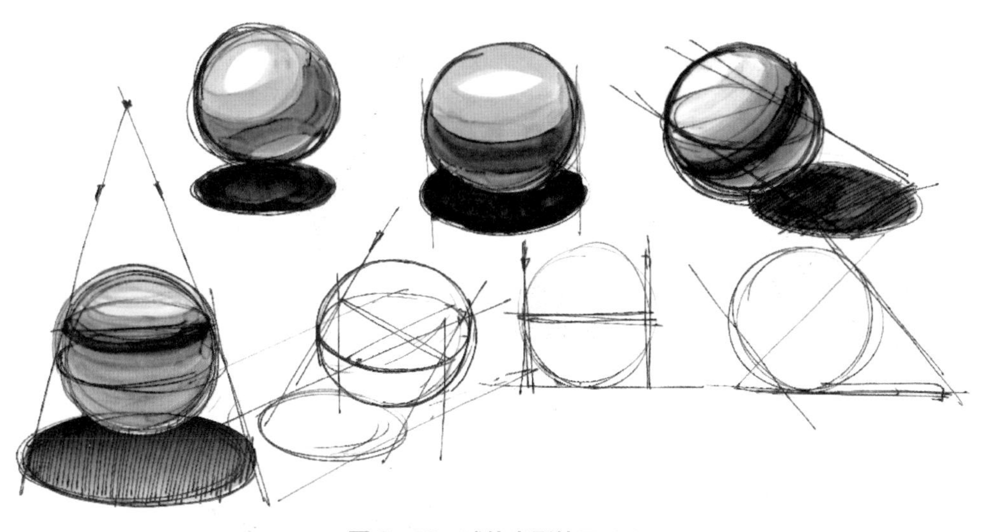

图 3–42　球体光影练习（2）

3. 圆锥体光影

圆锥体的光影分析如图 3–43 所示。除了顶视图和底视图，圆锥体的侧轮廓永远是个三角形，所以圆锥体在平行光条件下的投影也是一个三角形。这也是分析绘制圆锥体光影的技巧，如图 3–44 所示。

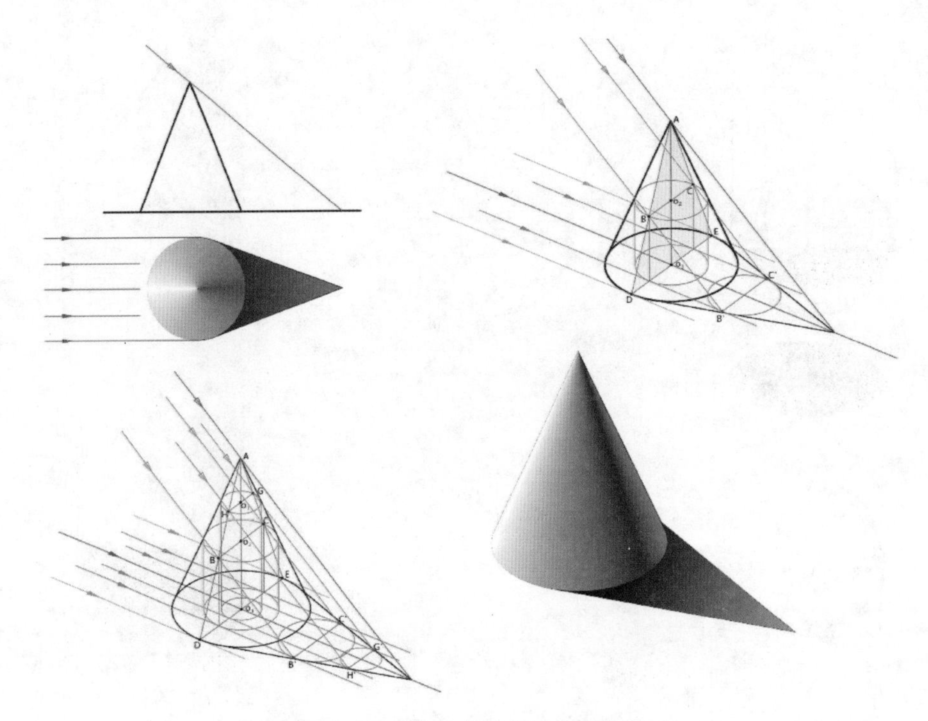

图 3-43　平行光下的圆锥体光影分析

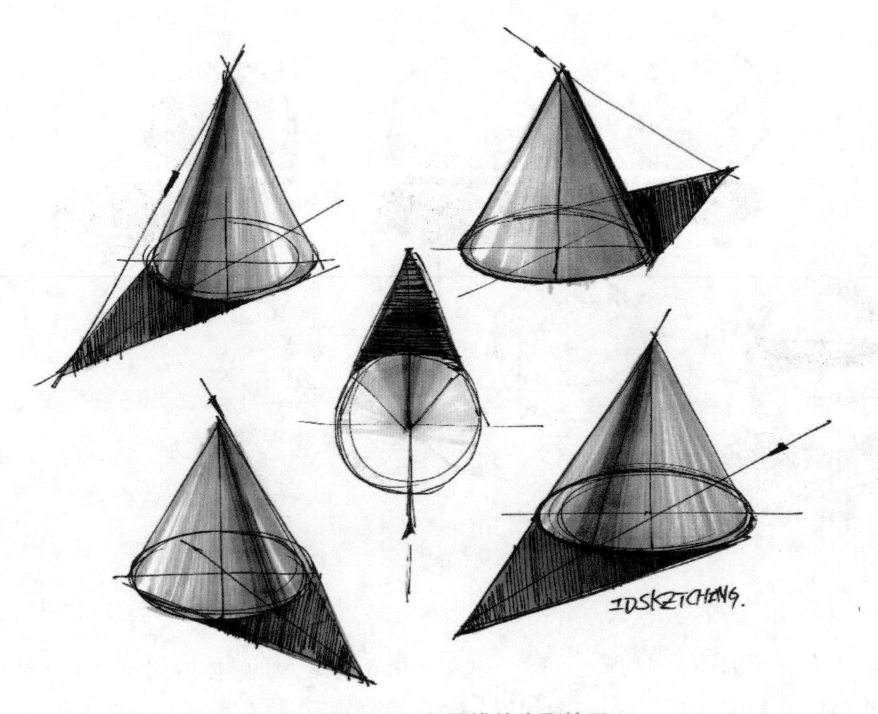

图 3-44　圆锥体光影练习

4. 圆台光影

圆台是介于圆椎体与圆柱体之间的曲面体，其光影关系如图 3–45 所示。平行线光源下的圆台光影分析，如图 3–46 所示。圆台的光影练习如图 3–47 所示。

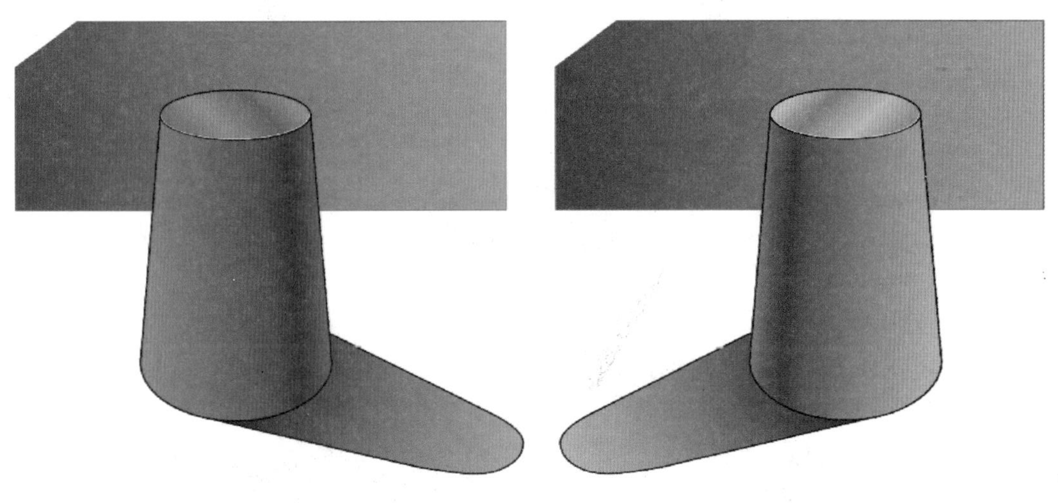

图 3–45　圆台光影

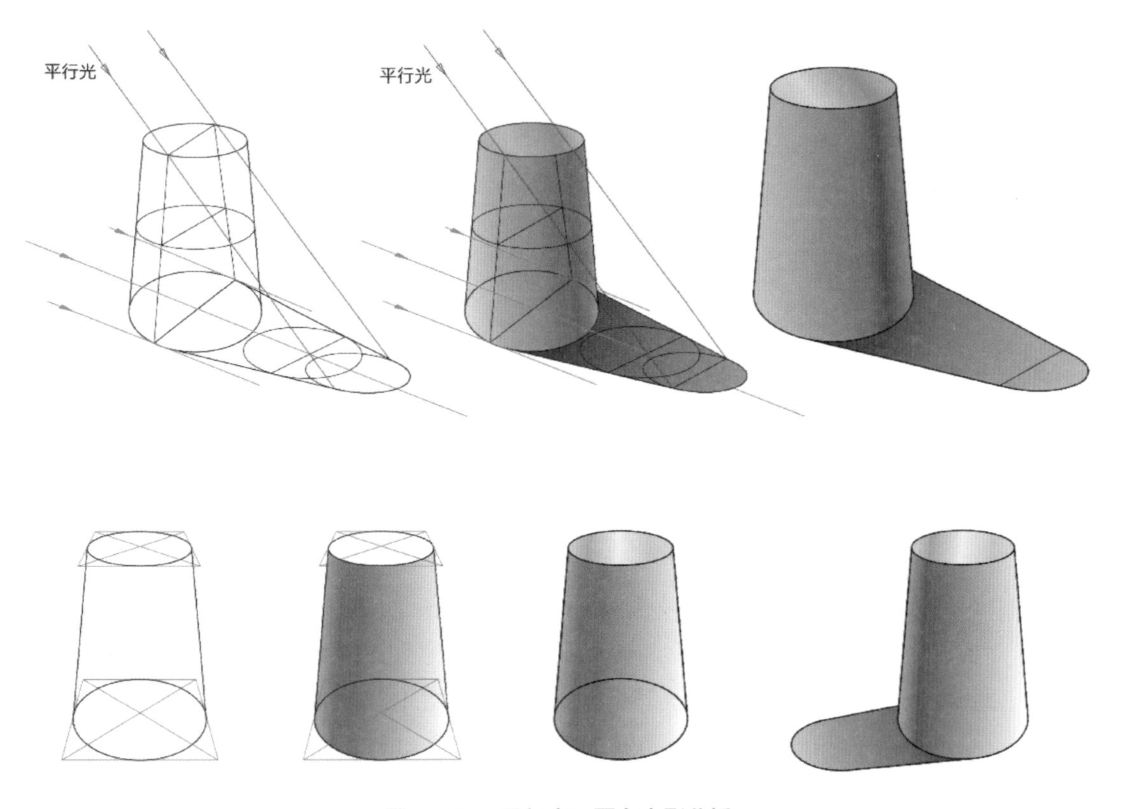

图 3–46　平行光下圆台光影分析

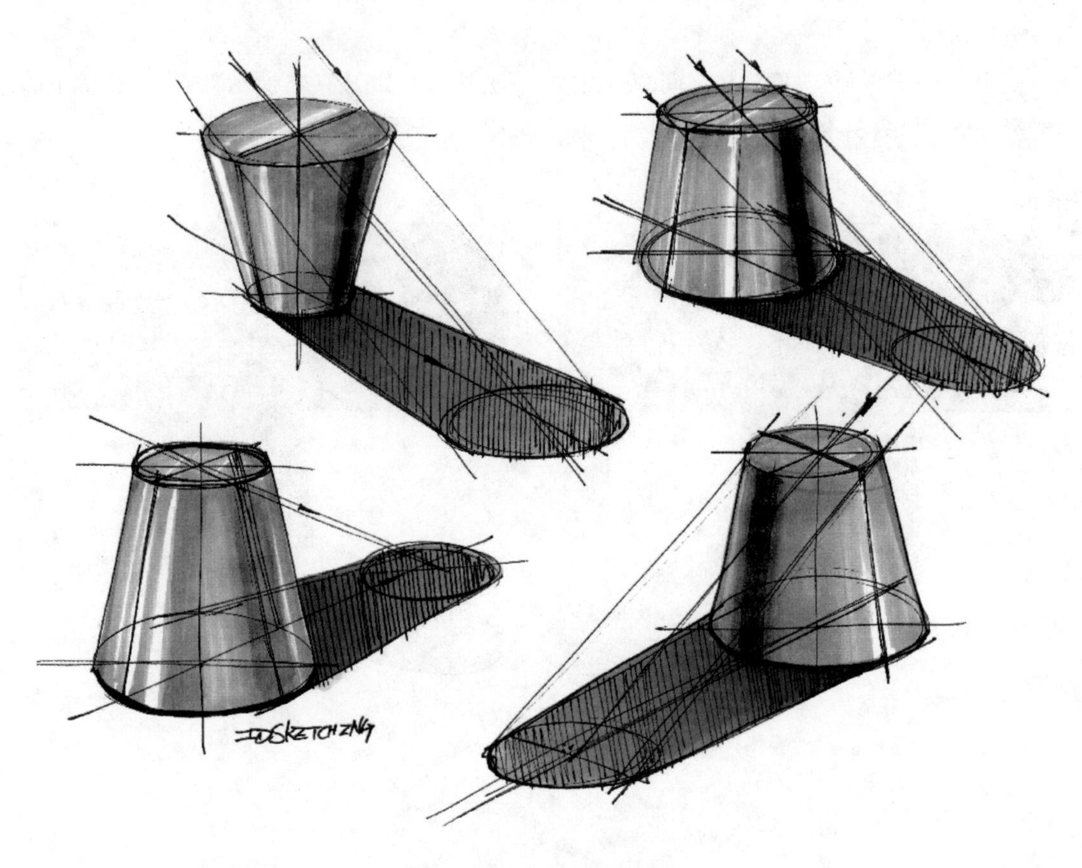

图 3-47　圆台光影练习

5. 圆环光影

圆环是曲面体中比较特别的一个形体。平行光下的圆环光影如图 3-48 和图 3-49 所示。

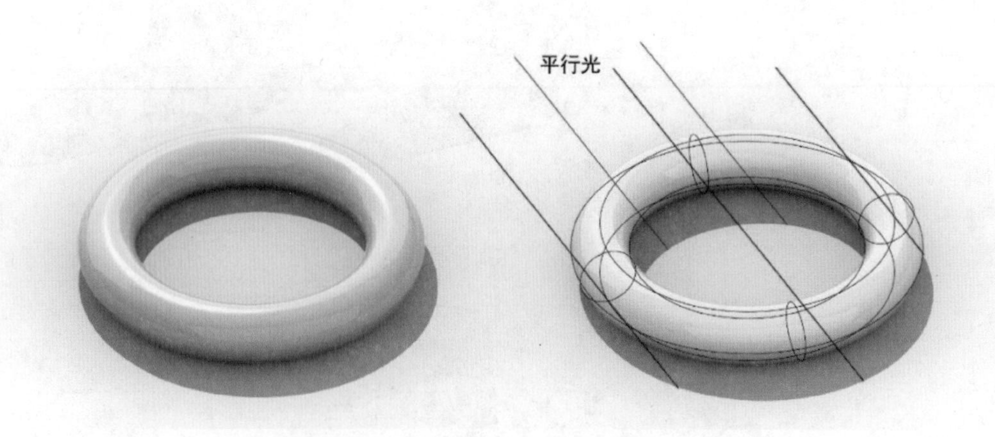

图 3-48　平行光下圆环光影分析（1）

圆环、圆柱与圆台组合后的光影关系，如图 3-50 所示。圆环的绘制方法及光影表达可按图 3-51 中的五个步骤进行实践。

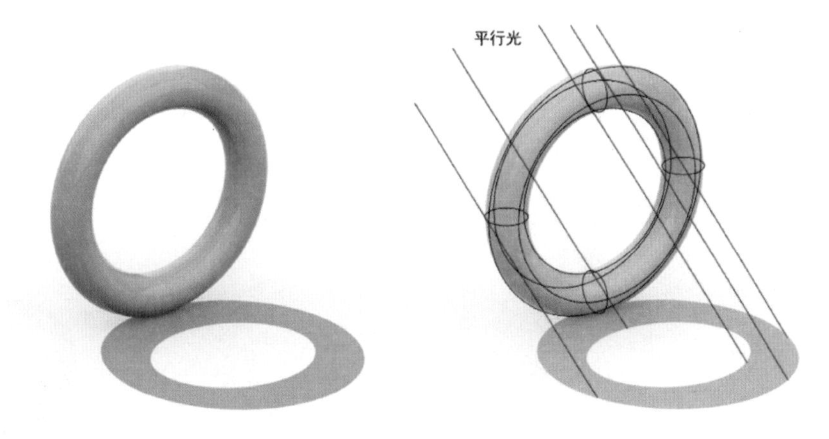

图 3-49　平行光下圆环光影分析（2）

图 3-50　圆环 - 圆台光影

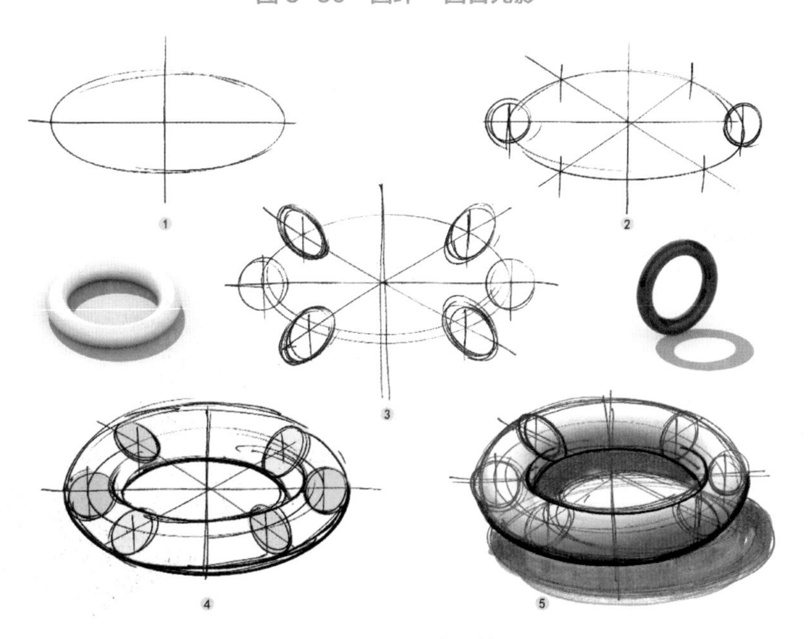

图 3-51　圆环光影练习

3.3 组合体光影

组合体是两个或两个以上的基本体的组合，如圆柱体与球体的组合（见图 3–52）。更复杂的组合体光影关系，如图 3–53 和图 3–54 所示。

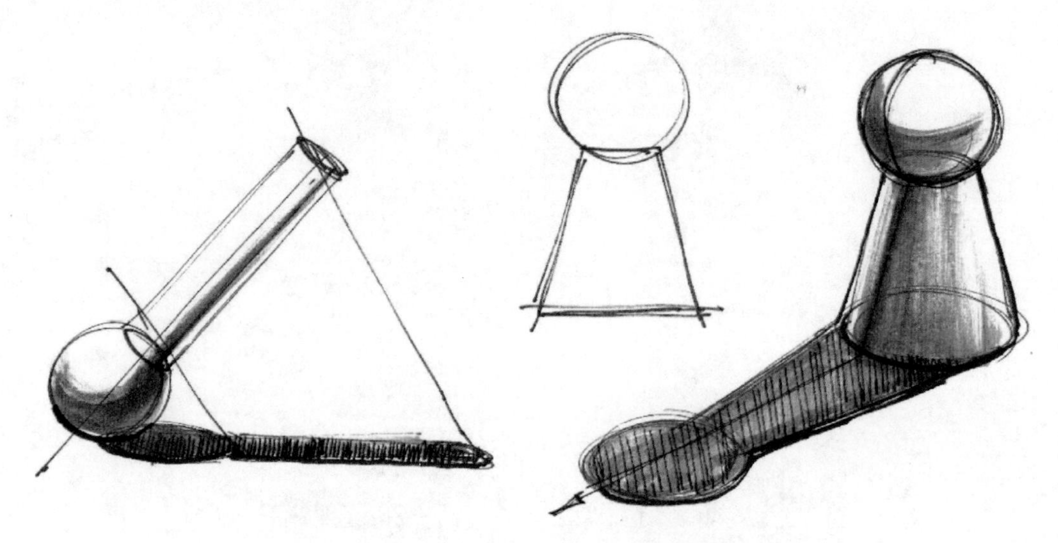

图 3–52　圆柱体与球体的组合

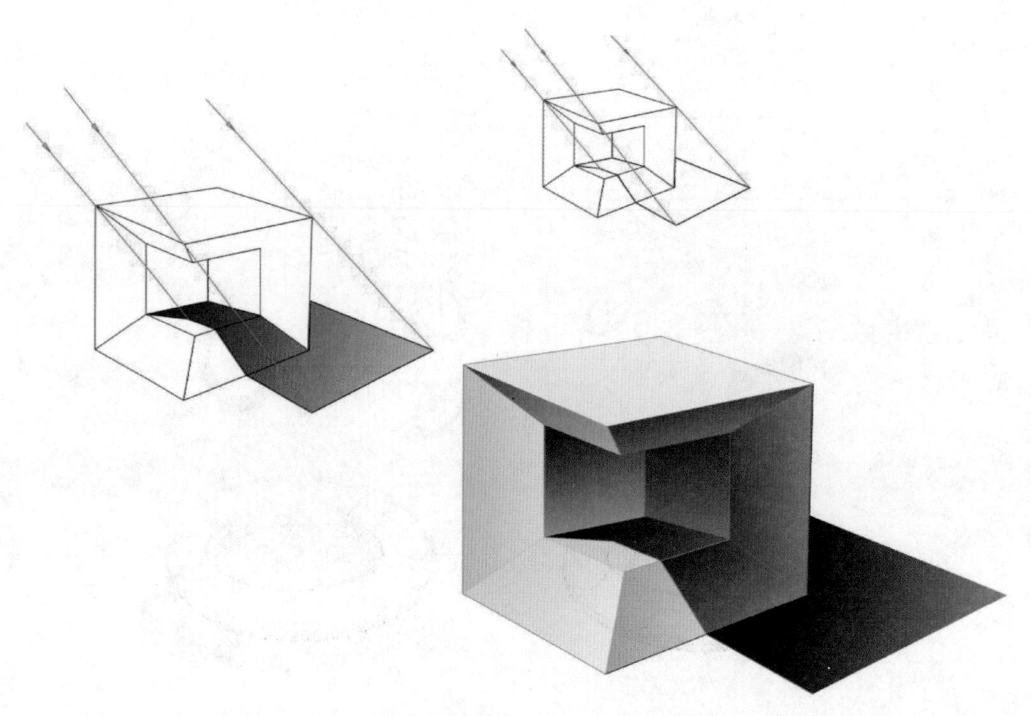

图 3–53　平行光下组合体光影分析（1）

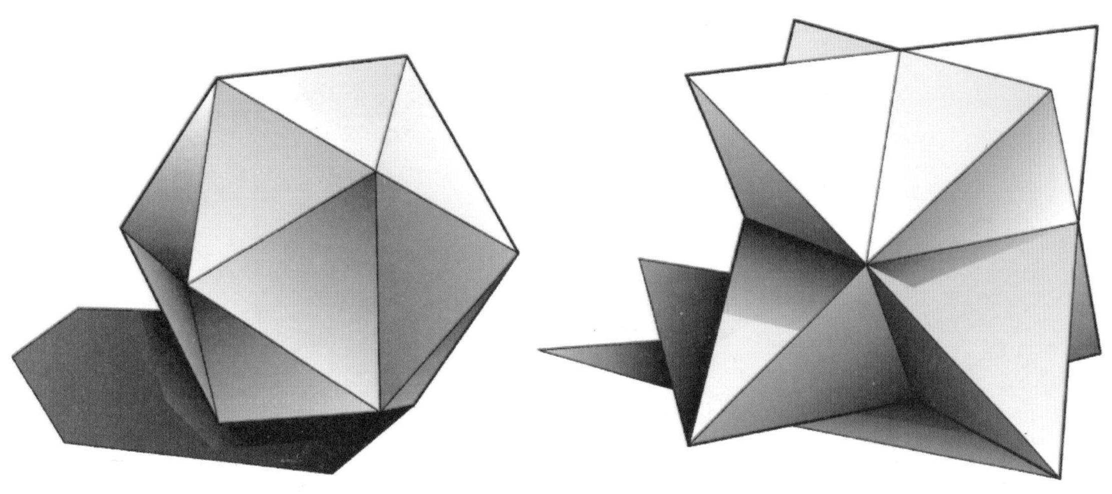

图 3-54　平行光下组合体光影分析（2）

平时多观察，注意积累视觉经验，并将这些观察的经验进行付诸实践也是一项有意义的练习。例如观察建筑的光影，如图 3-55 所示。

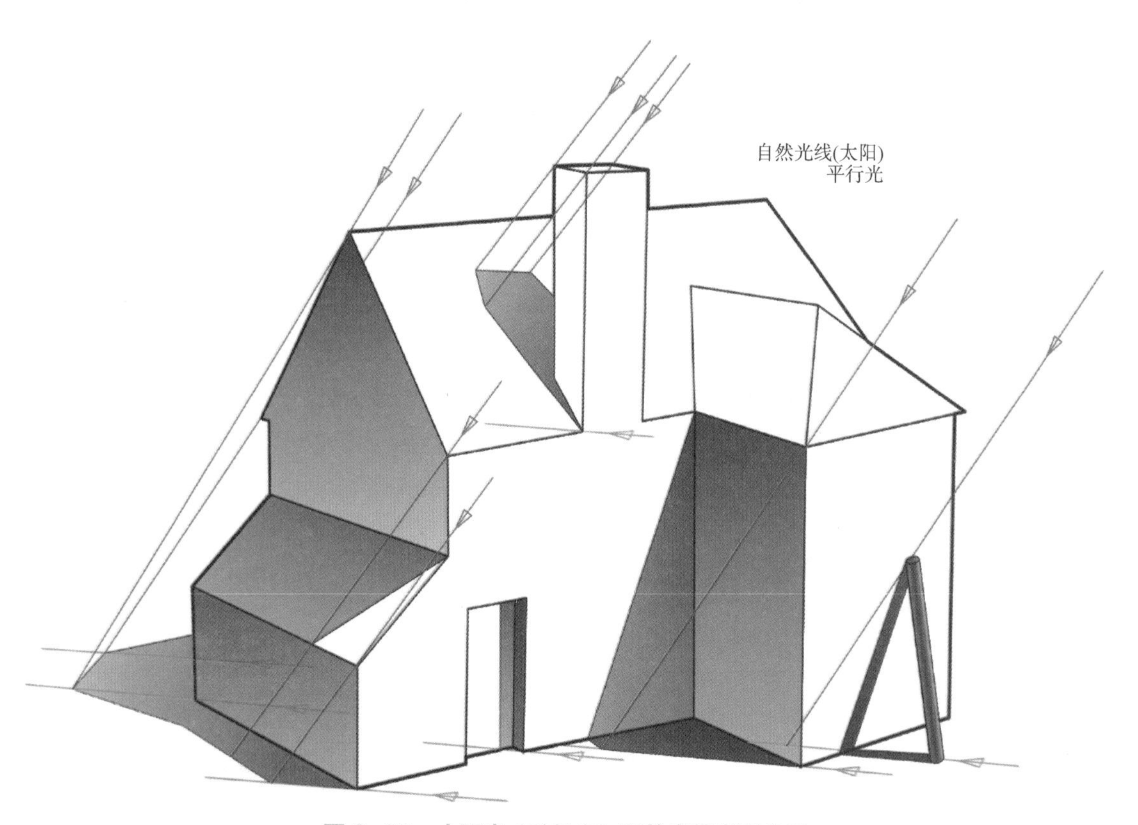

图 3-55　太阳光（平行光）下的房屋光影分析

组合体光影练习时，需要注意形态间的过渡部分的光影变化。先从两个简单基本的组合开始练习，如图 3-56 所示。

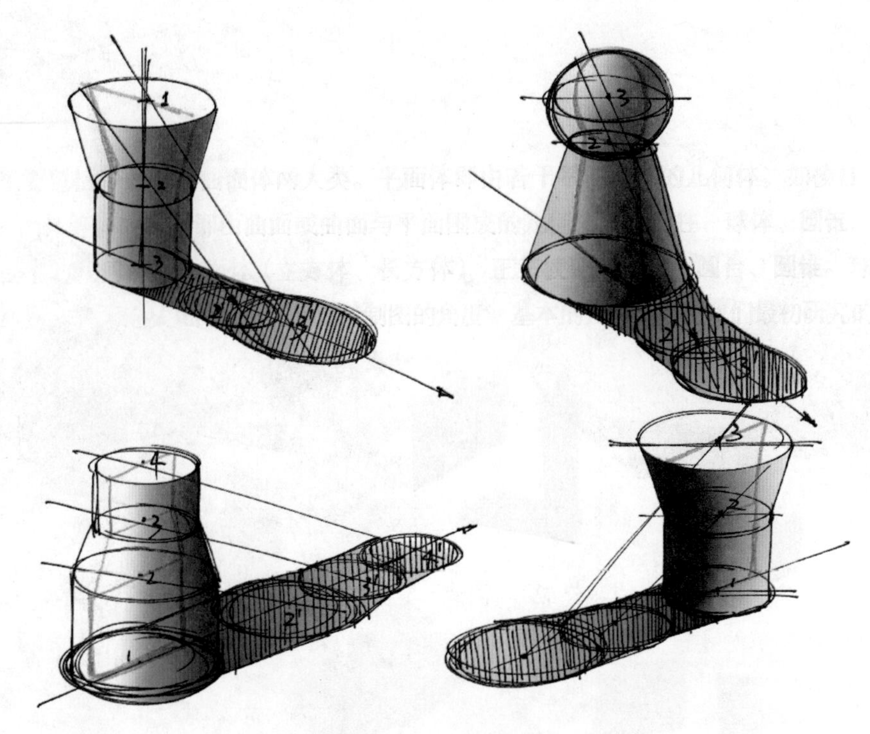

图 3-56　组合体光影练习

3.4 折面的光影

提到折面，我们很容易想到折纸艺术，如最常见的千纸鹤，如图 3-57 所示。

图 3-57　千纸鹤光影[①]

① https：//greenbuildingelements.com/wp-content/uploads/2014/08/origami-crane-shutterstock_152206466.jpg

折纸艺术（Origami）应用在工业产品设计中的案例很多。例如，图 3-58（a）中的花瓶由丹麦设计师 Anne Jorgensen 设计，采用几何构面，形成折面的效果，光影关系分明，由 Mutton 出品；图 3-58（b）是由日本著名设计师佐藤大受折纸艺术的启发而设计的鼠标。

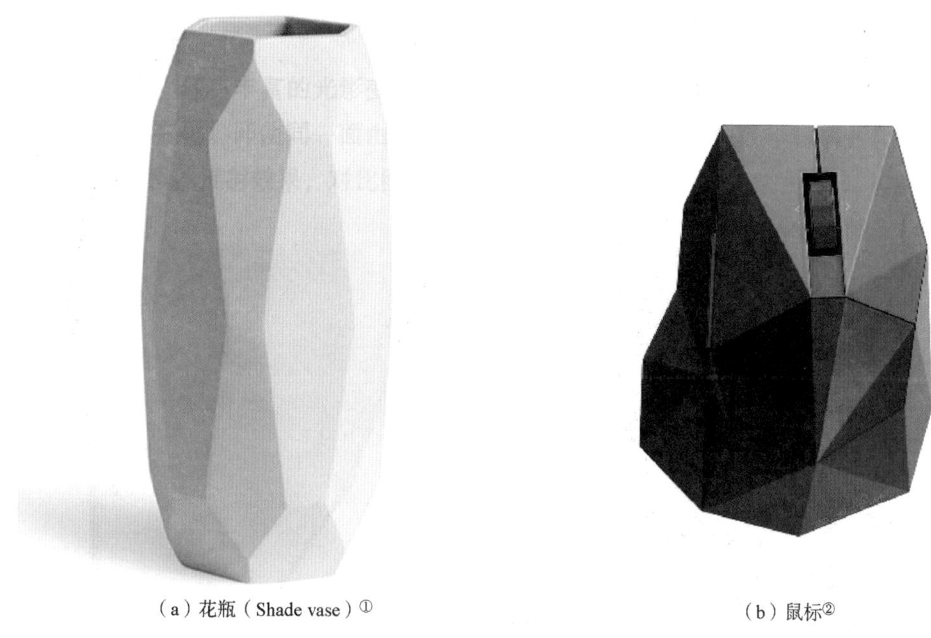

（a）花瓶（Shade vase）①　　（b）鼠标②

图 3-58　折纸艺术应用

折面具有特殊的光影构成关系，光影关系分明且富有变化，如图 3-59 和图 3-60 所示。

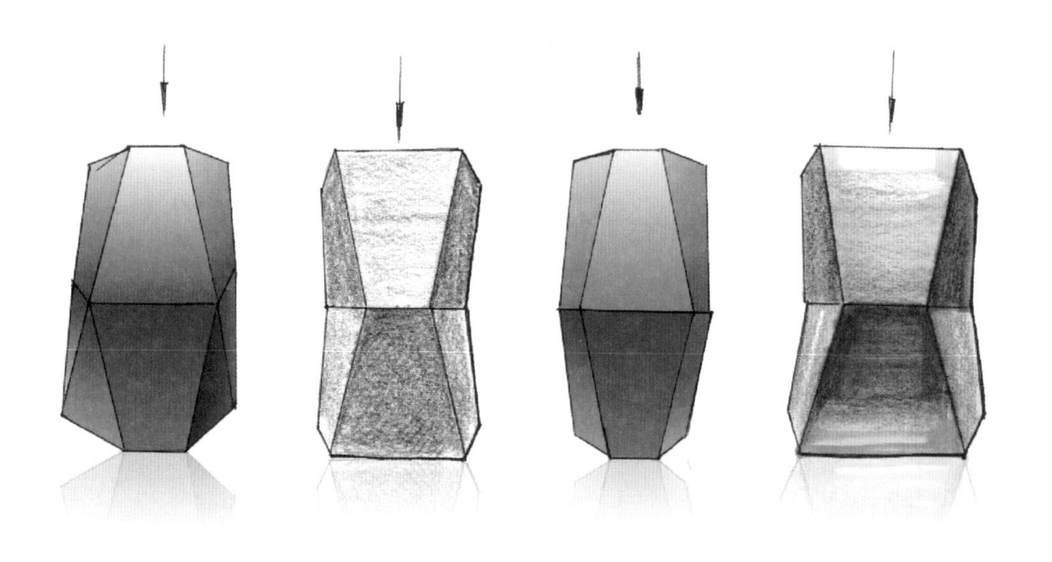

图 3-59　折面的光影练习（1）

① https：//www.stylepark.com/en/muuto/shade-vase

② http：//www.nendo.jp/en/works/orime-2/

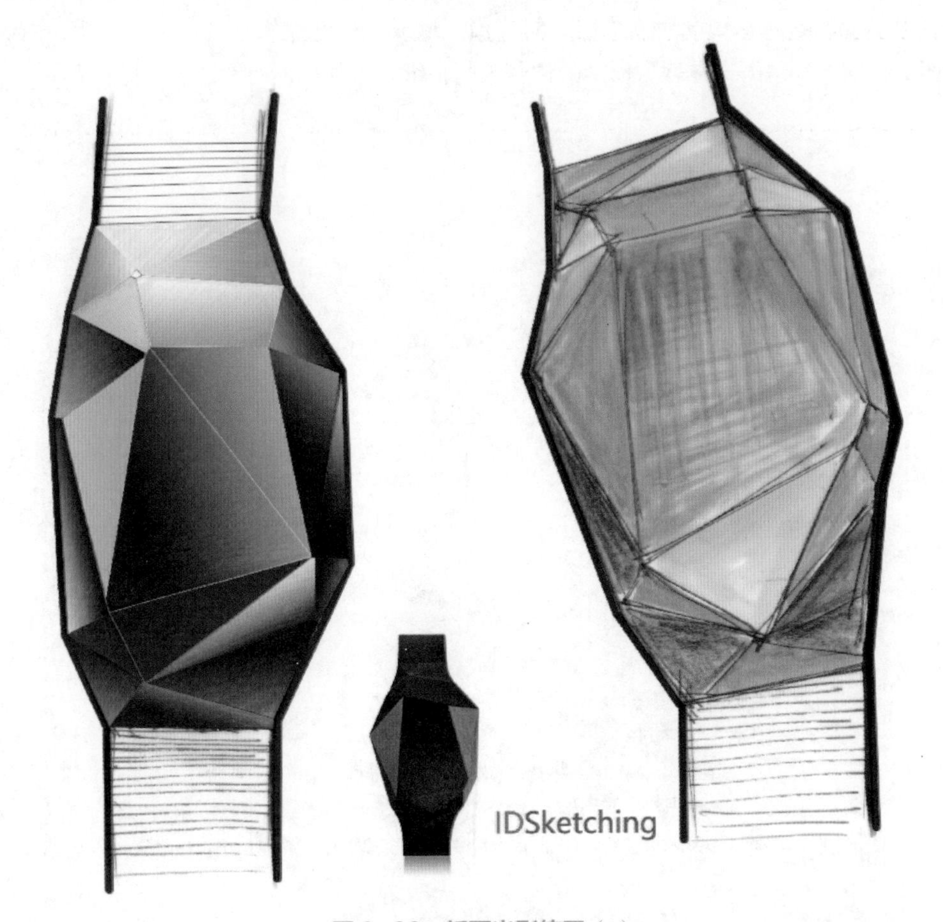

图 3-60　折面光影练习（2）

3.5 曲面光影

通常曲面的光影相对复杂，但我们可以采用简化分析的方法，即将所有曲面划分为凹面与凸面进行分析和画图。因此，曲面光影分析会变得简单实用。

以平行光为例，凹曲面上的附着光影常常是从上到下，呈现出由黑到白，中间为灰的颜色变化，如图 3-61 所示；凸曲面正好相反，从上到下表现为白—黑—灰，底部用灰色是由于地面的反射造成，如图 3-62 所示。至于曲面的投影，无论是凹面还是凸面则依据形态简化处理即可。

依据上述分析，展开曲面光影练习，如图 3-63~ 图 3-66 所示。画图时请注意光源的位置，牢记凹面与凸面的光影变化规律，当凹面与凸面组合在一起时，该规律依然可遵循，并灵活应用。

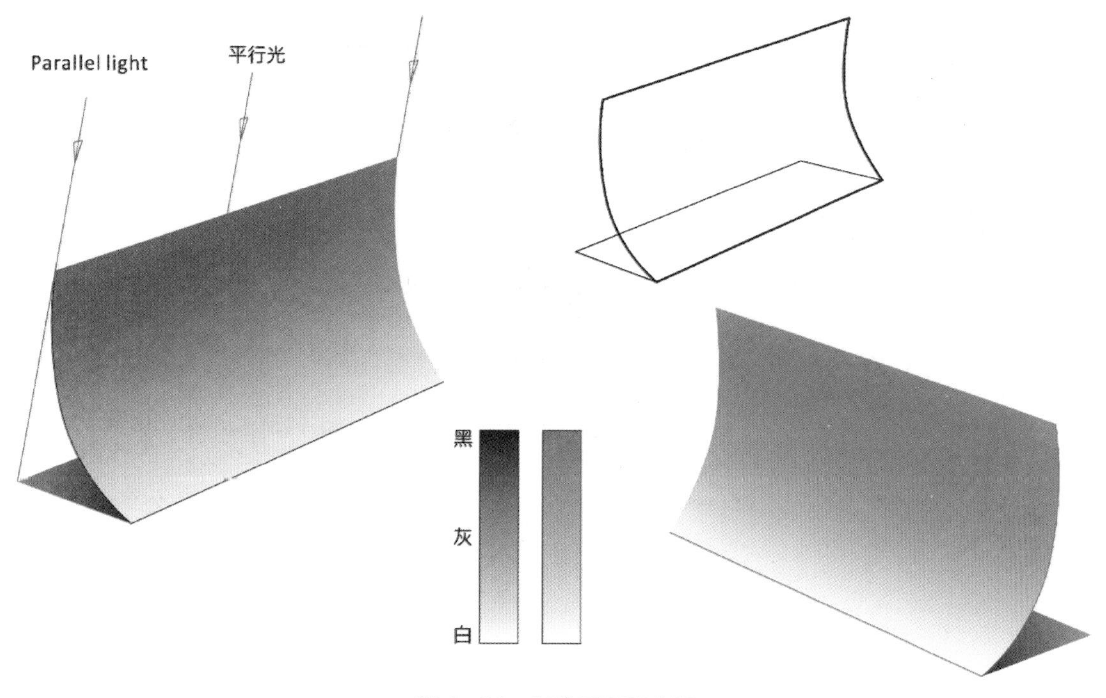

图 3-61　凹曲面光影分析

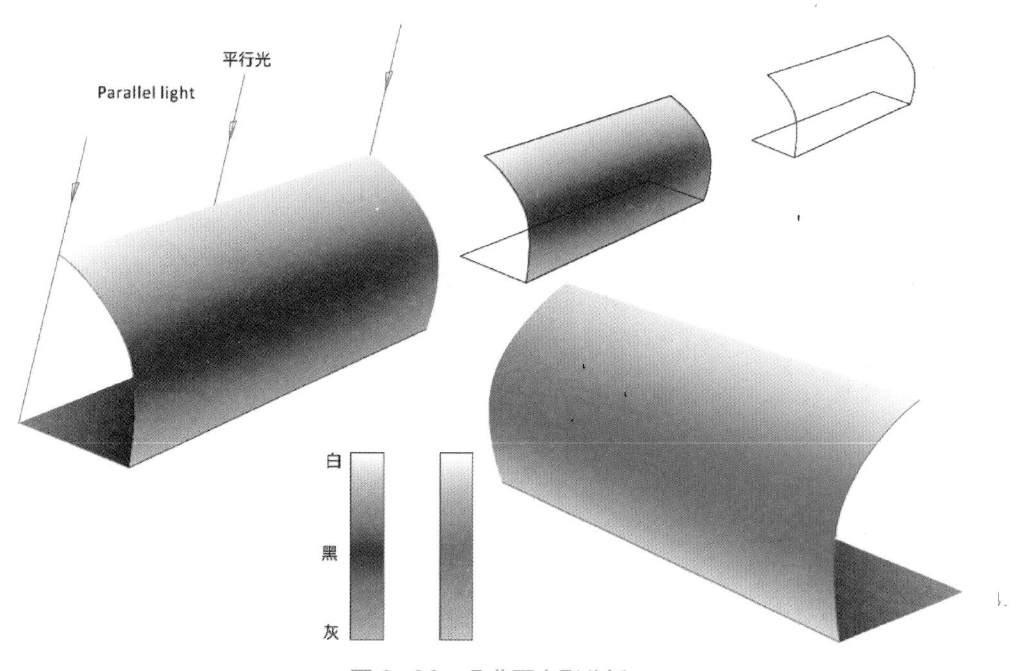

图 3-62　凸曲面光影分析

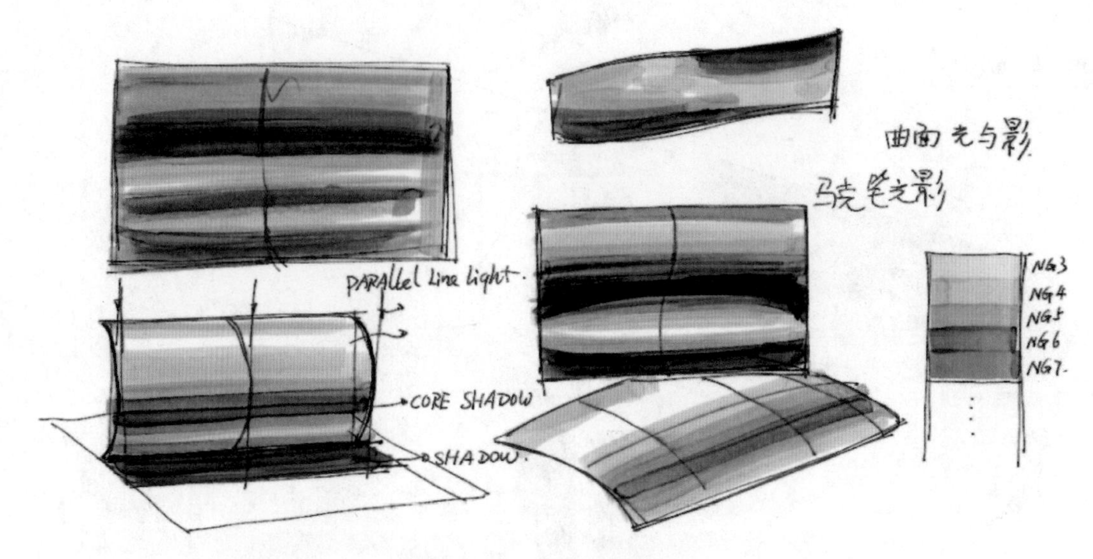

图 3–63　曲面光影练习（1）

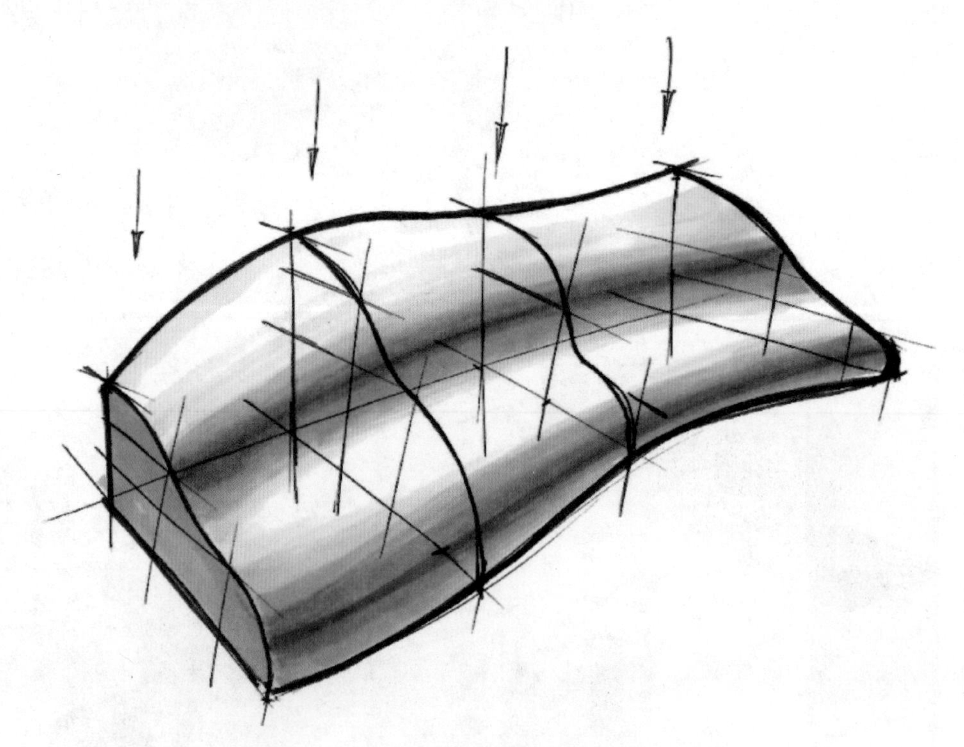

图 3–64　曲面光影练习（2）

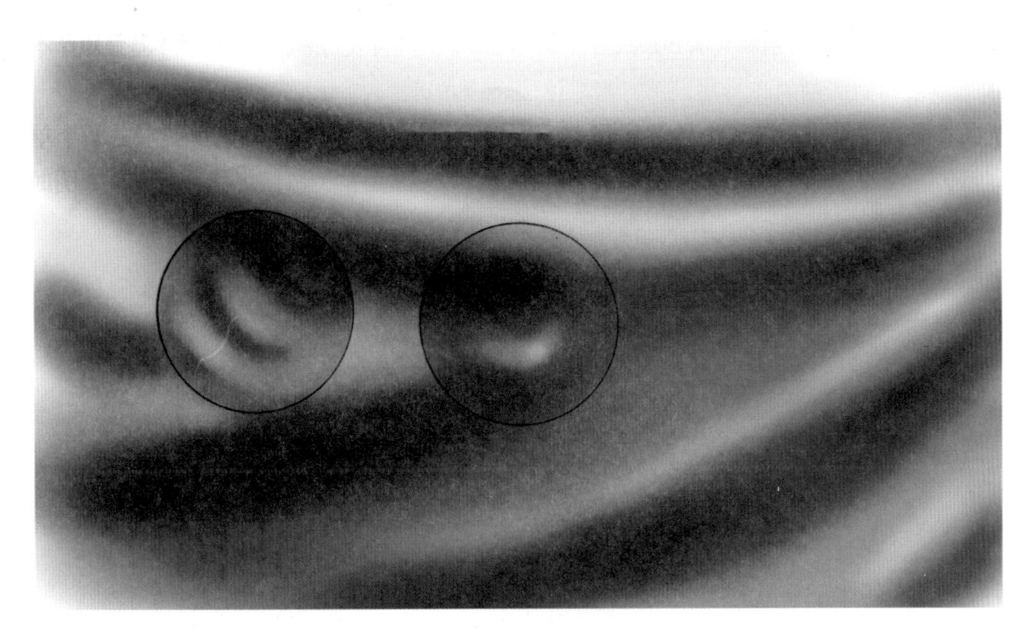

图 3-65　曲面光影练习（3）

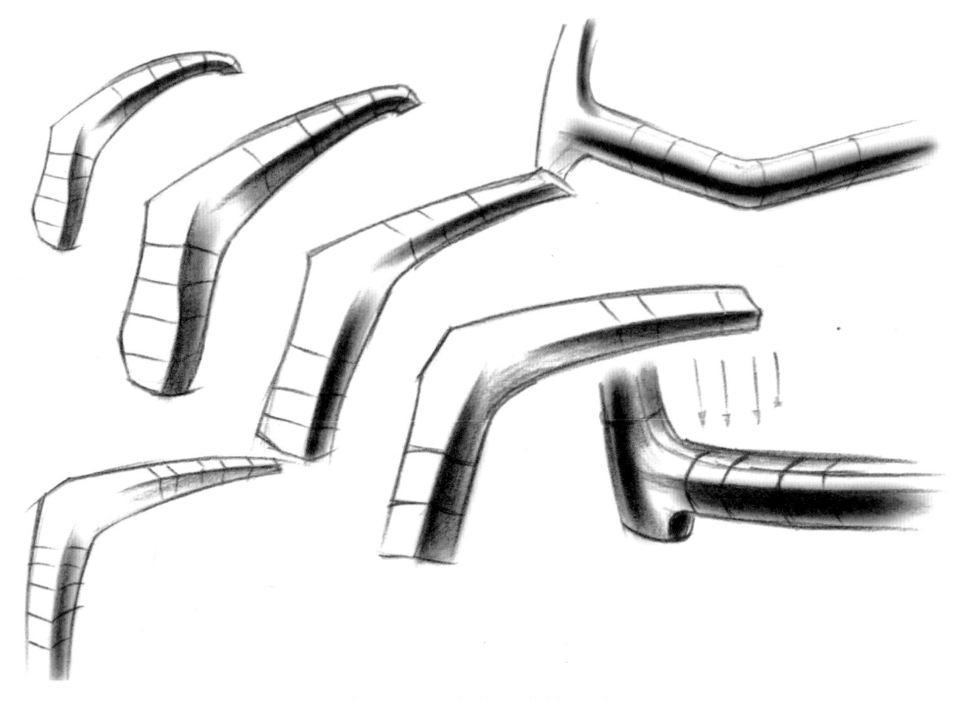

图 3-66　曲面光影练习（4）

3.6 光影综合练习

本节根据前面所学的光影知识进行变形体的综合光影练习，如图 3-67~ 图 3-74 所示。

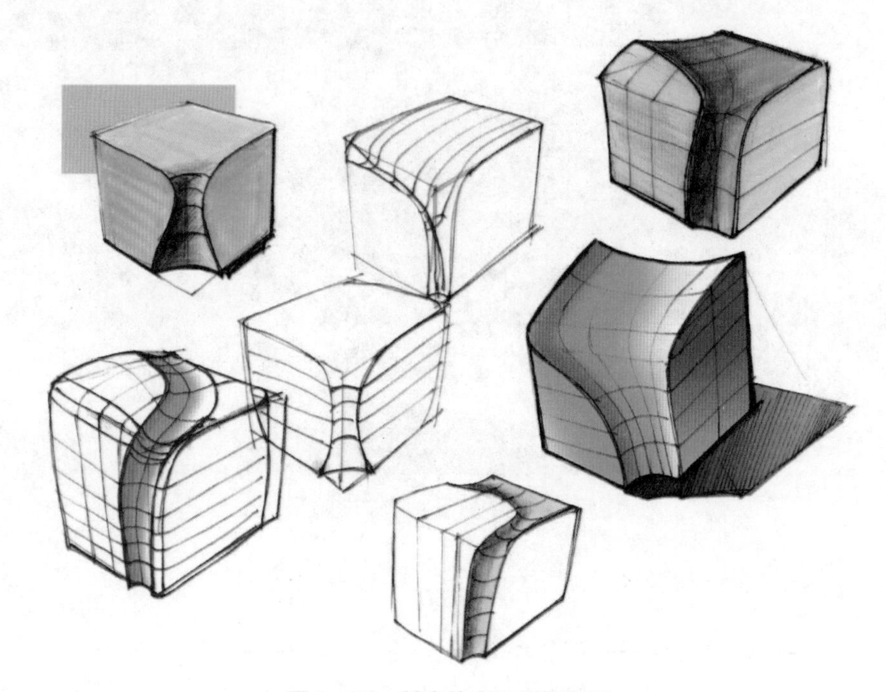

图 3-67 基本体变形后的光影

图 3-68 组合体光影练习

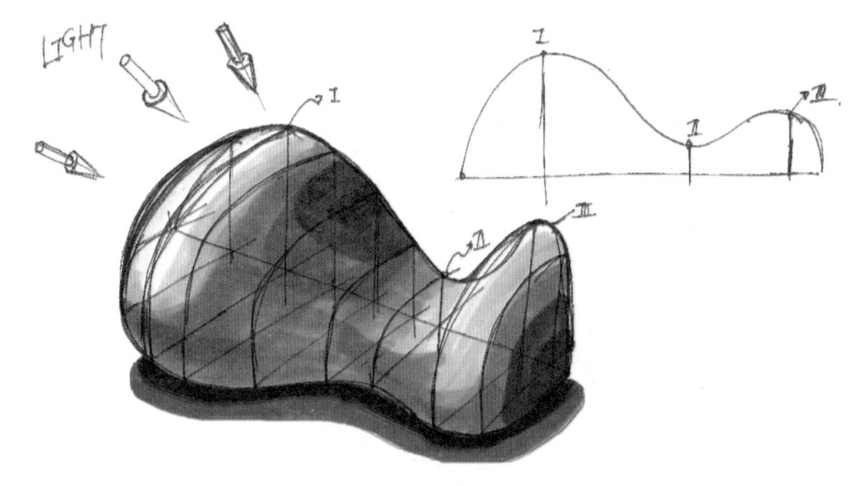

图 3-69　曲面体光影练习

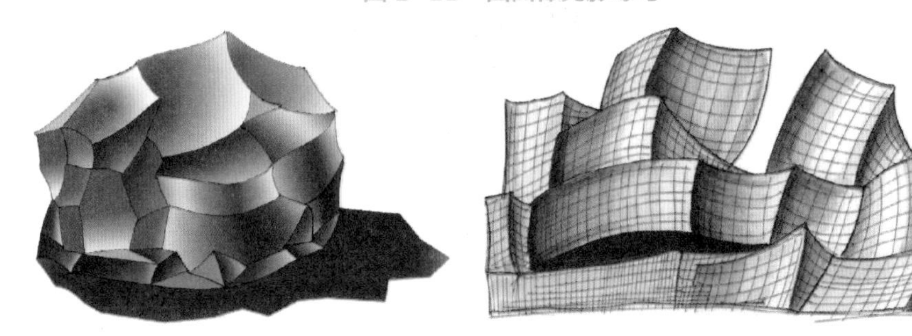

图 3-70　自由曲面光影练习

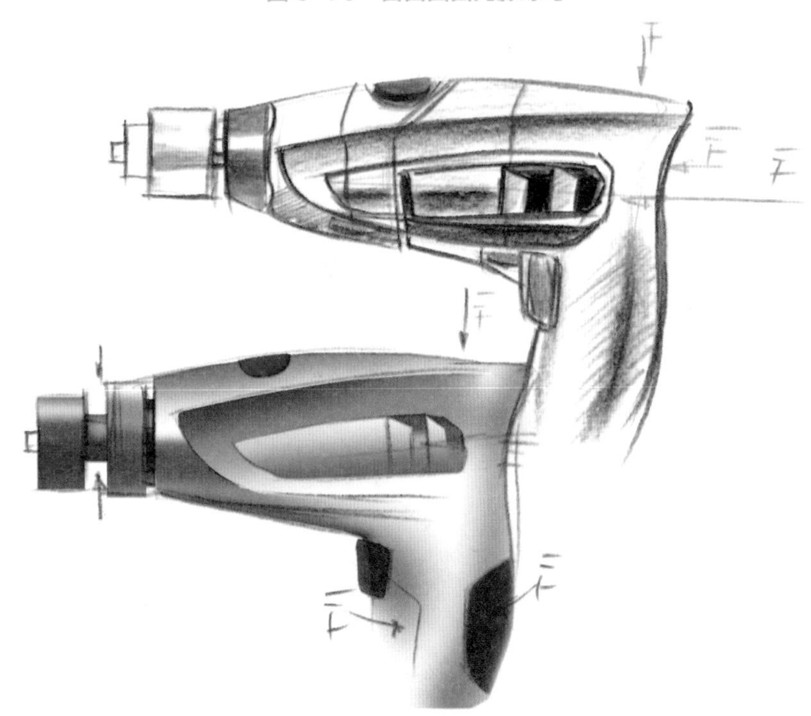

图 3-71　手电钻形态光影练习

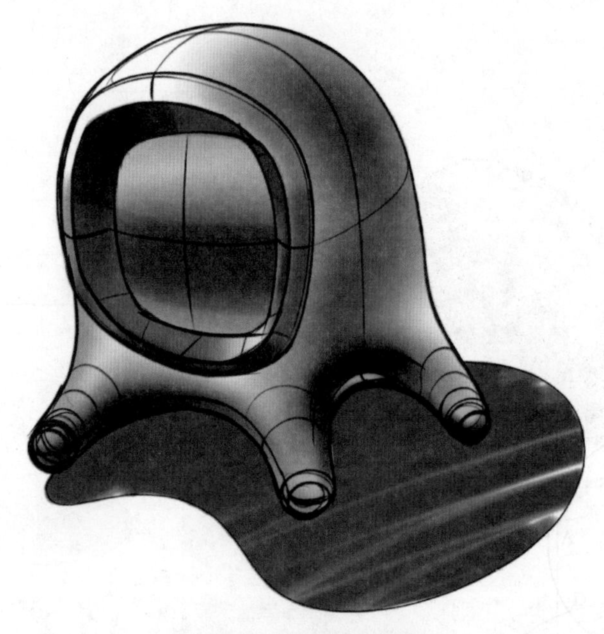

图 3-72　监视器光影练习

图 3-73　摄像头形态光影练习

本章案例

卫浴设计

设计团队：姜超，高晨晖，白石，郭格，李雄。

时间：2011 年 10 月。

图 3–74　咖啡机形态光影练习

这是一个卫浴产品系列设计项目，图 3–75 和图 3–76 展示了该项目其中的一个系列设计方案。该项目是专为小户型卫生间设计的马桶和台盆，项目要求造型简洁、大方和实用。

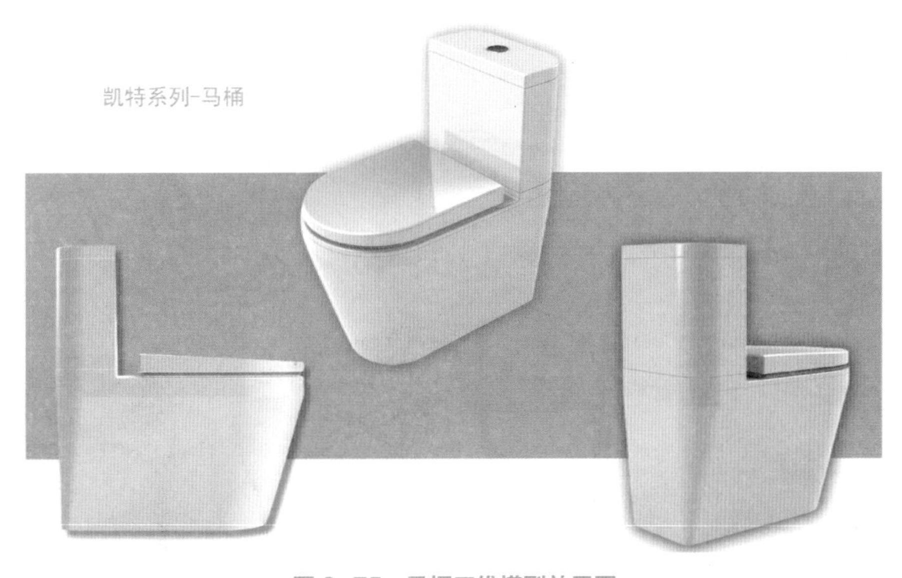

图 3–75　马桶三维模型效果图

图 3–77 和图 3–78 展示了马桶的最初的设计草图，它们都是使用黑色彩铅绘制，使用简单的线条和基本的光影关系表现产品的形态。

随着项目的深入，设计师可从工程师那里学习有关马桶的内部结构、功能原理和国家标准，对制造工艺也会有了更多的了解，但不能忘记项目预先定义的目标：简洁、大方、实用。图 3–79 和图 3–80 使用圆珠笔绘制，使用交叉排线的方式绘制出形态的光影关系，这是一种实用的产品素描。

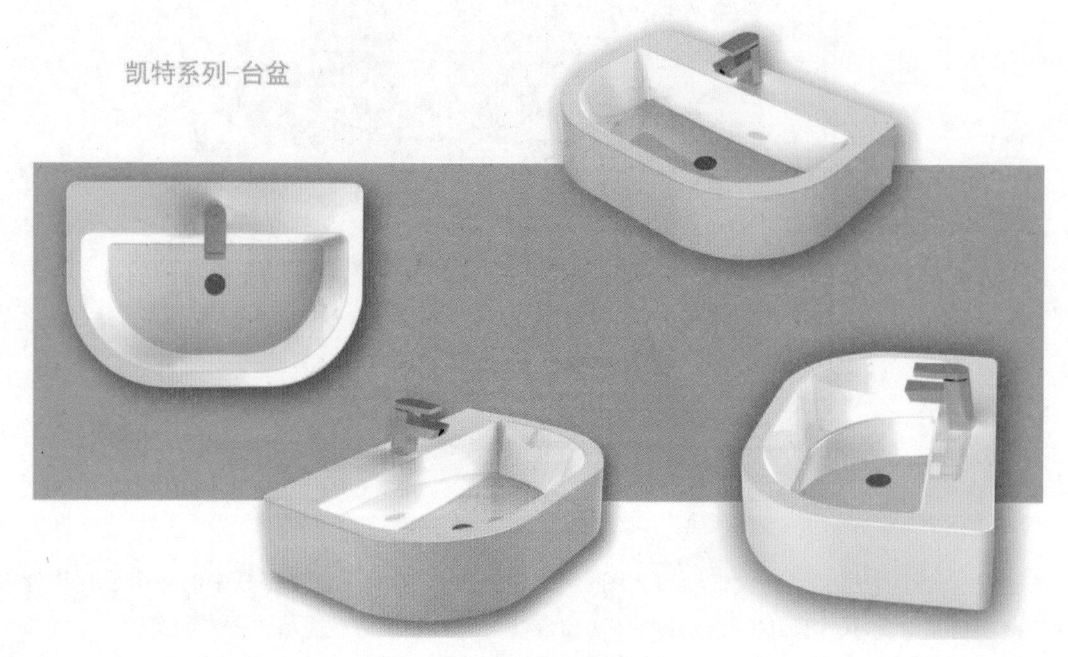

图 3-76　台盆三维模型效果图

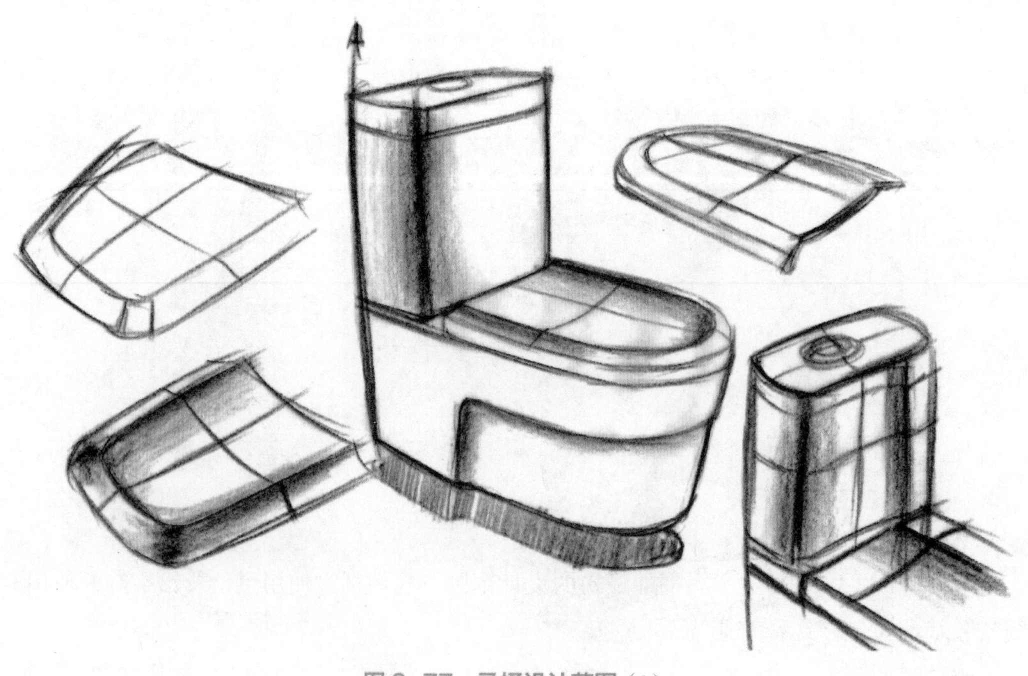

图 3-77　马桶设计草图（1）

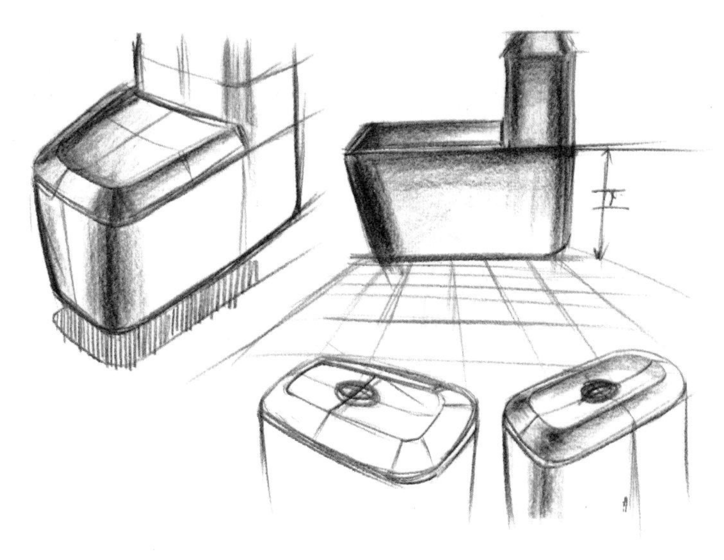

图 3-78　马桶设计草图（2）

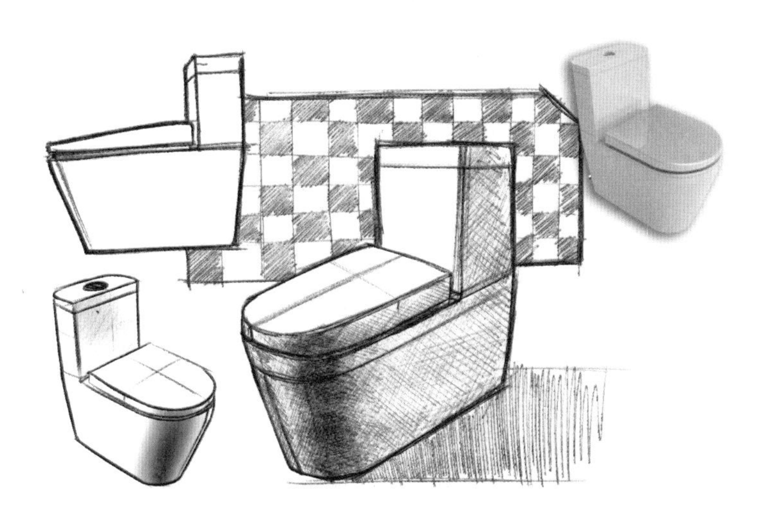

图 3-79　马桶设计草图（3）

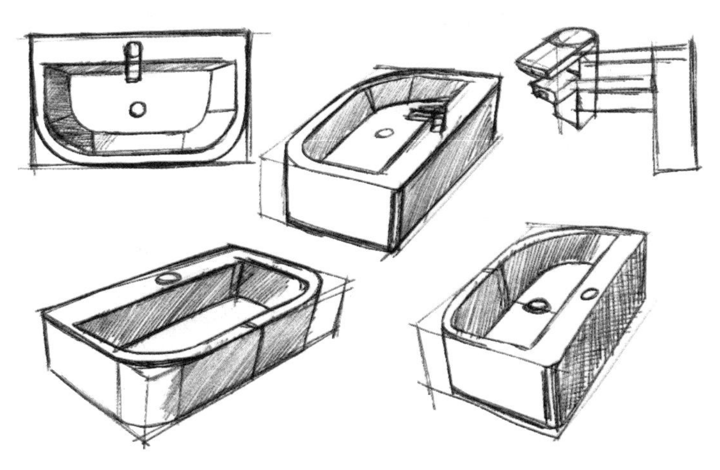

图 3-80　台盆设计草图

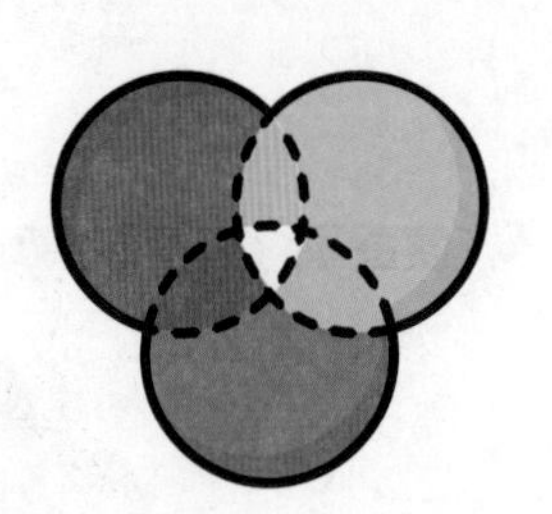

第 4 章 绘图方法

人类与生俱来的运用眼睛去理解事物的能力沉睡着，一定要设法唤醒这双眼睛。唤醒这一能力的最好办法就是立即动手，拿起铅笔、画笔、凿刀或者摄影机。

——摘自（美）鲁道夫·阿恩海姆的《艺术与视知觉》

我们的视觉系统很容易能识别现实中的物体，并在大脑中产生无限的想象。对于设计者，这些视觉识别和想象的交融要呈现出来，或许最好、最快的方法就是画草图了。当然，这需要通过正确的方法，并通过大量的刻意练习获得肌肉记忆直至内心深处，如图 4-0 所示，所谓刻意练习就是反复做自己不会做的事。

图 4-0 刻意练习

本章我们将关注基本的草图绘图方法。首先了解人们对线有怎样的视觉认知；然后训练绘制各种线的控制能力，包括直线、圆、椭圆和曲线；接着学习如何快速构建空中的面和体；最后讲解什么是六步绘图法，并给出一个完整示例。

4.1 线与图

什么是线？为什么画线？看图 4-1 或许能启发你思考这个问题。是鸭子还是兔子？答案是都可以是。可你看到的明明是线，你怎么会想到兔子和鸭子呢？

图 4–1　是兔子还是鸭子？[①]

格式塔心理学的研究结果表明：这属于人类的视觉本能，即是视知觉，是并没有经过大脑高度思考而获得的结果。依据视觉经验从图 4-1 中的线重构出了兔子或鸭子的形态。对空间或物体的本能视觉化是人类智能结构中的重要组成部分，大脑把物体视觉化为点、线、面，从而将对象构建为形态体。线本来是不存在的事物，但人们为了表达自己的思想，线就从实践中被抽象出来。反之，设计手绘便是利用点、线构建各种面，包括平面、折面、曲面等，逐步形成体，进而构建出完整的产品形体和结构，这就是要用点、线、面创造新形态。例如，图 4–2 所示的从线到形态的构建过程。与图 4–1 不同的是，产品设计草图中的线必须是明确的，所构建的产品草图不能模棱两可，应把歧义降到最低。

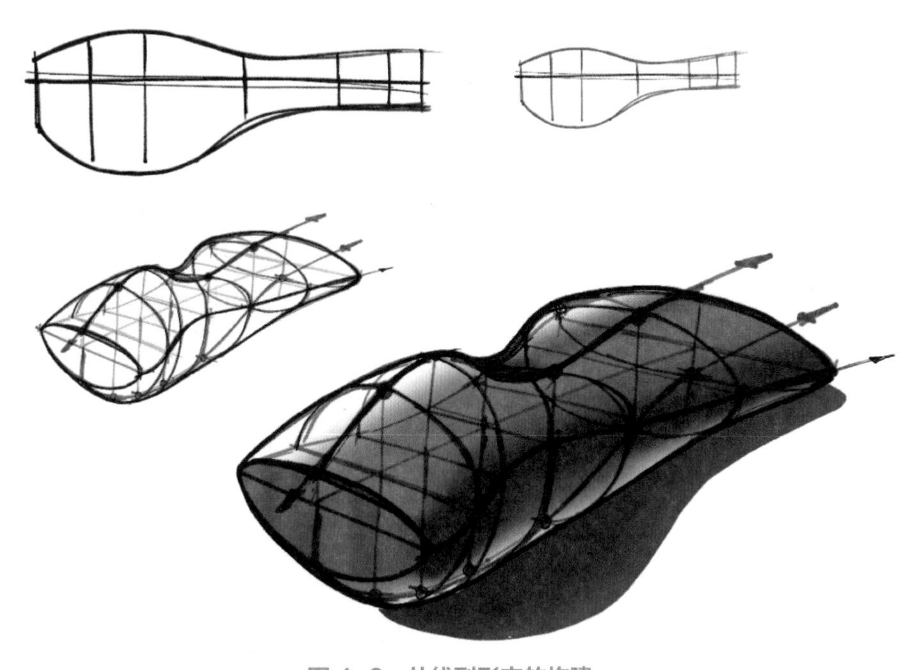

图 4–2　从线到形态的构建

①E.H. 贡布里希 . 图像与眼睛［M］. 范景中，杨思梁，徐一维，等，译 . 南宁：广西美术出版社，2016.

4.2 线的控制能力

快速设计手绘是专业能力的良好表现，对线条的控制能力是设计人员的一项基本能力。线条本身并不具有创造性，就好像黄金分割本身没有创造性，只是寻找自然美的工具而已，线条同样也是设计人员探索方案最有效的工具之一。

对于初学者，刚开始手脑心三者无法配合，对线条的控制能力必须突破心理障碍。认知心理学研究认为，随着专业技能的掌握，人们在执行任务时所消耗的心理能量就会越少。练习的越多意味着心理运作越有效。大脑随着技能的获得而发生改变，这在认知心理学中已得到实验数据的证明[①]。人们越是能熟练地完成某项任务，在执行那项任务中就可能越少用到脑。让线条成为我们最好的分析和构思助手之前，务必完成大量的刻意练习，而后将精力放在方案的探索与推敲上。

4.2.1 直线的绘制

1. 点到点直线练习（Point-to-Point）

两点确定一条直线。在纸面上随机画两个点，刚开始注意控制好两点间的距离，无须过长；注意控制绘图速度，速度适中即可；随着练习量的增加，可逐步拉长两点间的距离；绘图过程中依然保持手臂放松，大臂带动小臂，依据两点间的距离判断小臂移动的距离，做到眼、脑、手的配合，如图 4-3 所示。另外，我们习惯从左到右的书写方式，但为了增加绘图的灵活性，还要增加从右至左的画线练习。如果用数位笔，也是如此，如图 4-4 所示。

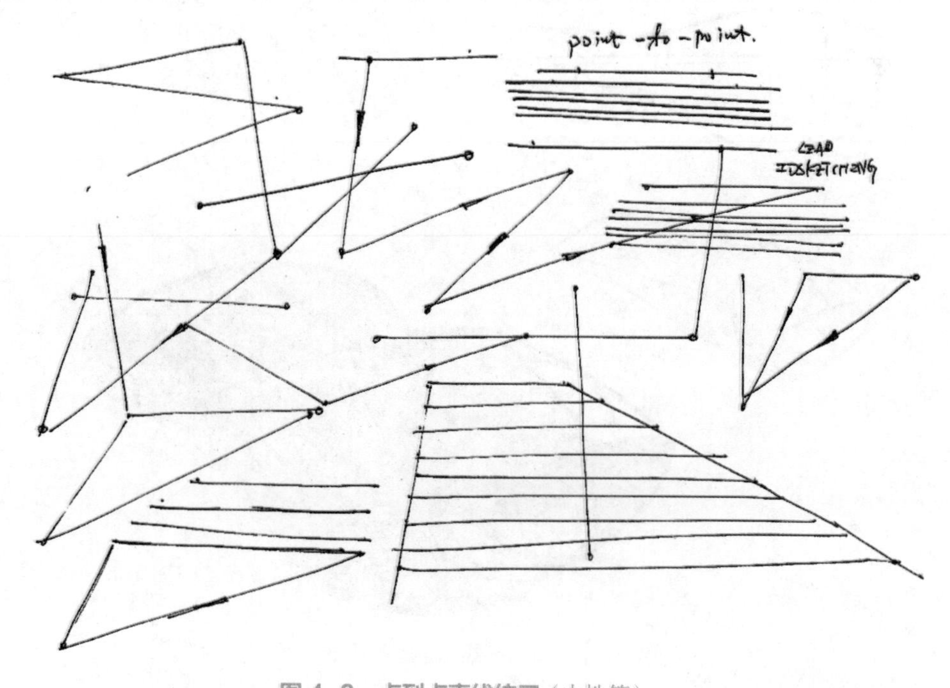

图 4-3 点到点直线练习（中性笔）

①约翰·安德森.认知心理学及其启示［M］.秦裕林，周海燕，徐玥，译.北京：人民邮电出版社，2012.

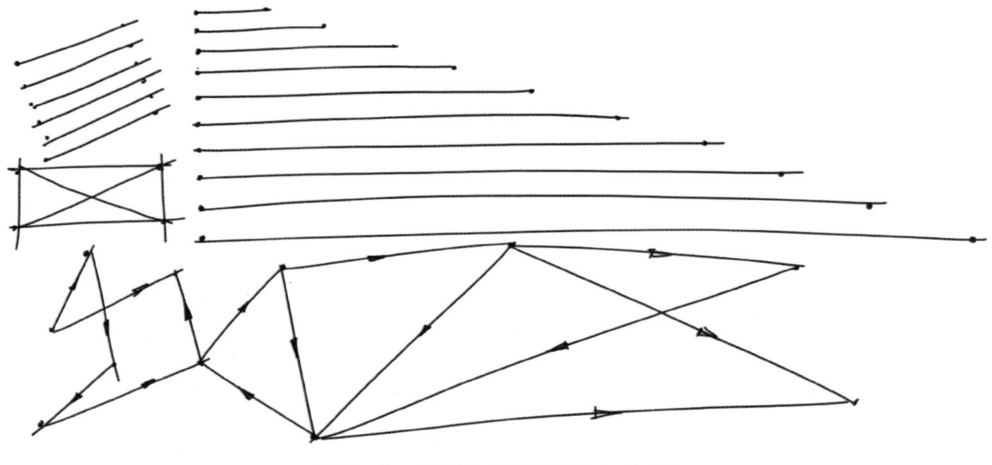

图 4-4　点到点直线练习（数位笔）

2. 排线练习（Line Work）

与点到点练习不同，排线练习不需要点的辅助，旨在训练落线位置的把控能力。一组排列画线 5~10 根，注重平衡均匀的线条间距，熟练之后可增加一组排线的数量；水平、垂直、45°倾斜等皆要练习；反方向排线练习必不可少，多多练习可增加手的灵活性，如图 4-5 和图 4-6 所示。

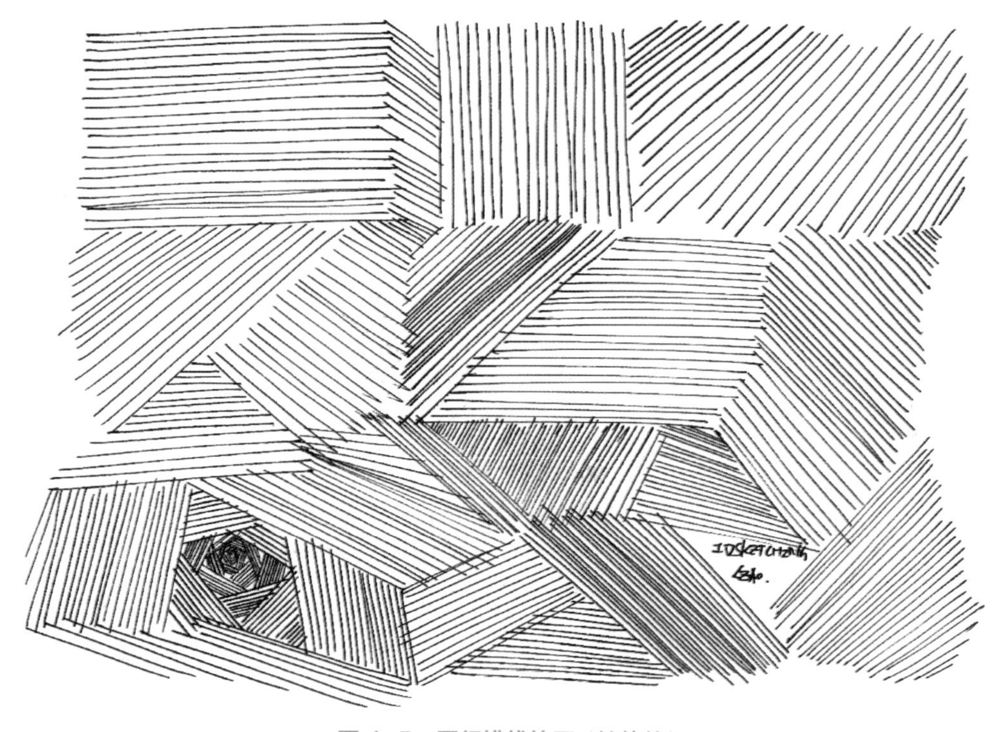

图 4-5　平行排线练习（针管笔）

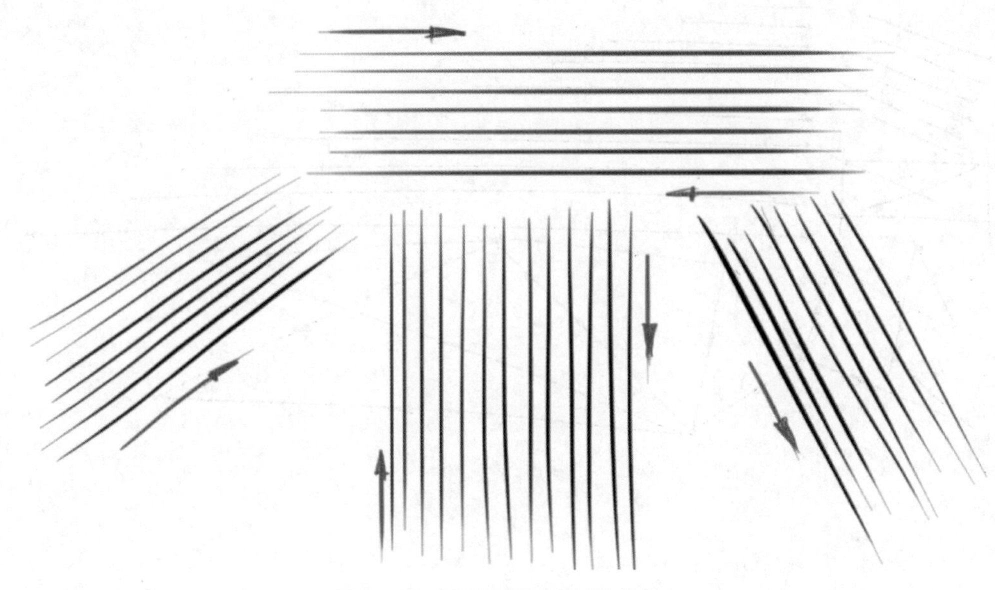

图 4-6　平行排线练习（数位笔）

3. 随机点连线、定点连线（Random Dot Connection，Fixed-point Connection）

在纸面上随机画一些点，起步阶段随机点不宜过多，控制点与点间的距离，然后通过移动手臂用直线连接所有随机点，如图 4-7（左）所示。定点练习，例如先绘制一个圆，接着定点等分圆，然后从其中一点出发连接所有点，最后完成全部点的互连，如图 4-7（右）所示。

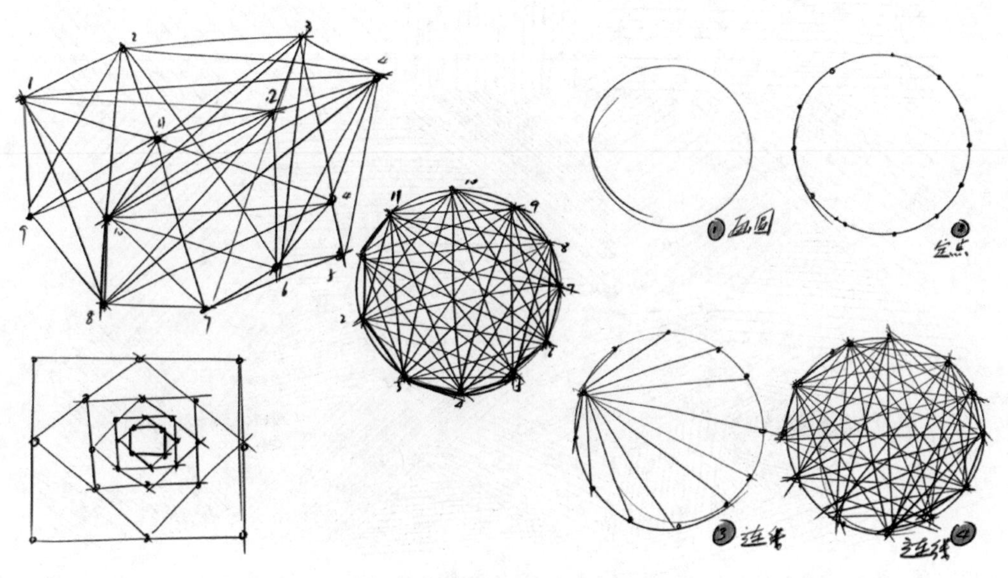

图 4-7　随机点连线与定点连线练习

4.2.2　圆的绘制

圆的绘制需要掌握三点技巧：第一，手轻松握笔，手掌小鱼际微贴纸面，大臂带动小臂顺时针或逆时针旋转绘图；第二，注意绘图的速度，起初练习不能用速度来掩盖圆的质量；最后，保持身心放松，特别是两肩要放轻松，如图 4–8 所示。

图 4–8　圆练习技巧

1. 随机圆（Random Circles）练习

不用考虑圆心在纸面上的位置，随机在纸面上画圆。这里训练的是绘图的感觉，特别强调无须追求速度。轻松握笔，依然利用大臂带动小臂，而不是手腕发力，如图 4–9~ 图 4–10 所示。

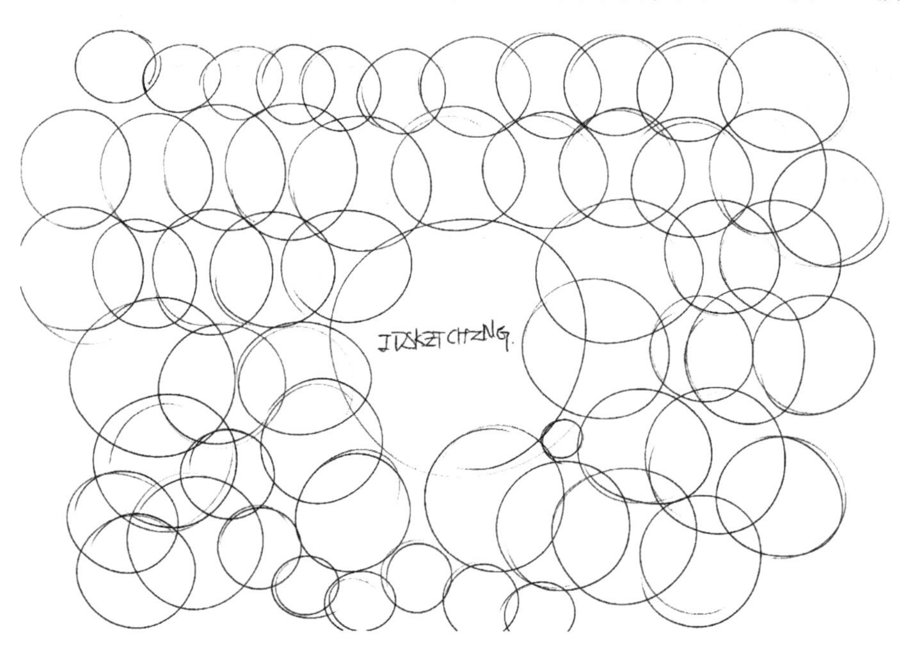

图 4–9　随机圆练习（圆珠笔）

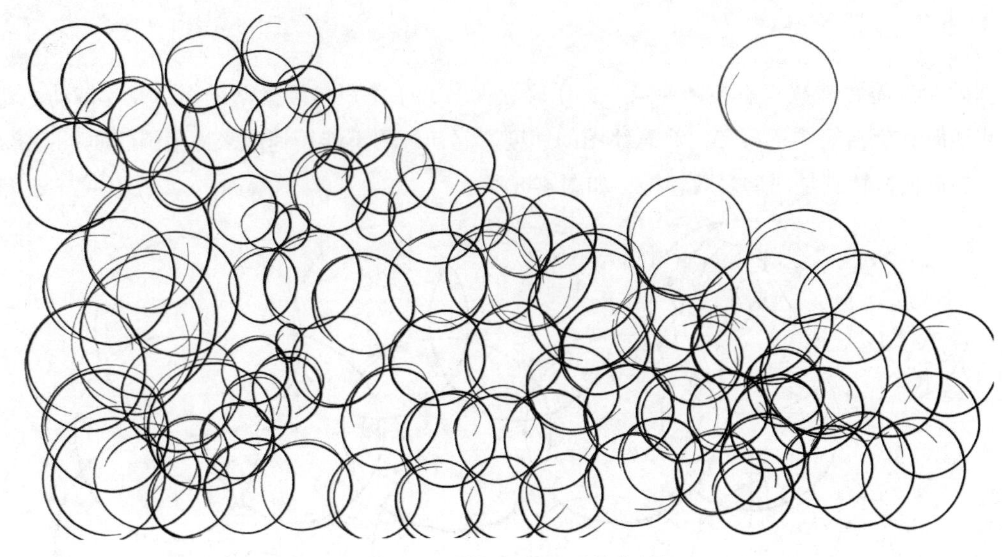

图 4-10 随机圆练习（数位笔）

2. 相切圆（Tangent Circles）练习

先画两条平行线，在两条平行线之间画圆，并保持圆两两相切，如图 4-11 所示。

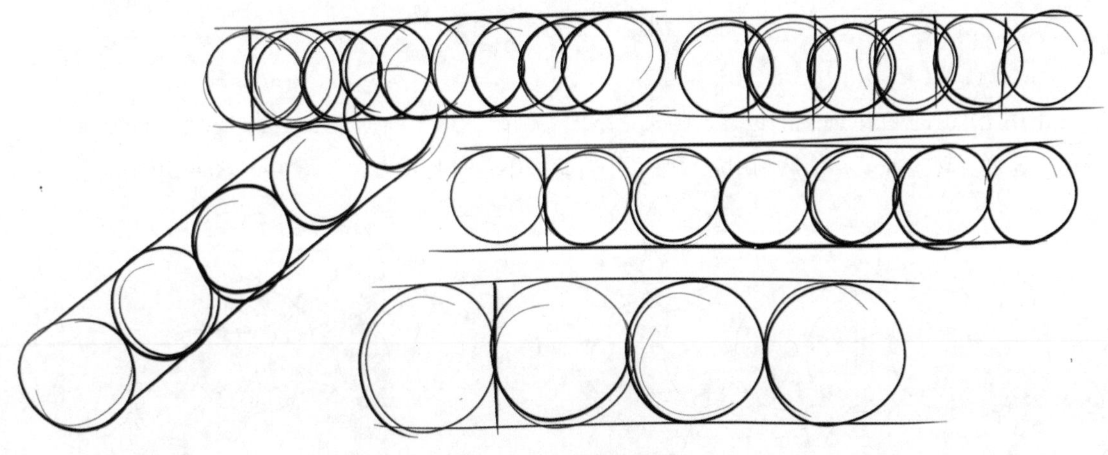

图 4-11 相切圆练习

3. 圆填充（Circle Packing）练习

在给定的区域内绘制相切圆，给定的区域可任意假定，可以是圆、正方形、长方形，任意多边形，又或者是某个动物或植物的轮廓，如图 4-12 所示。圆填充练习可逐步训练我们对绘图的耐心和信心，从而获取绘图的自然感。

4. 同心圆（Concentric Circles）练习

在纸面上标记一个圆心，由内向外层层画圆，尽可能保持相同的间距，反复练习。同样地，从最外层的大圆开始逐渐画到小圆的练习也是必不可少的，如图 4-13 所示。熟练之后，便可做一些基于圆的产品练习，如图 4-14 所示。

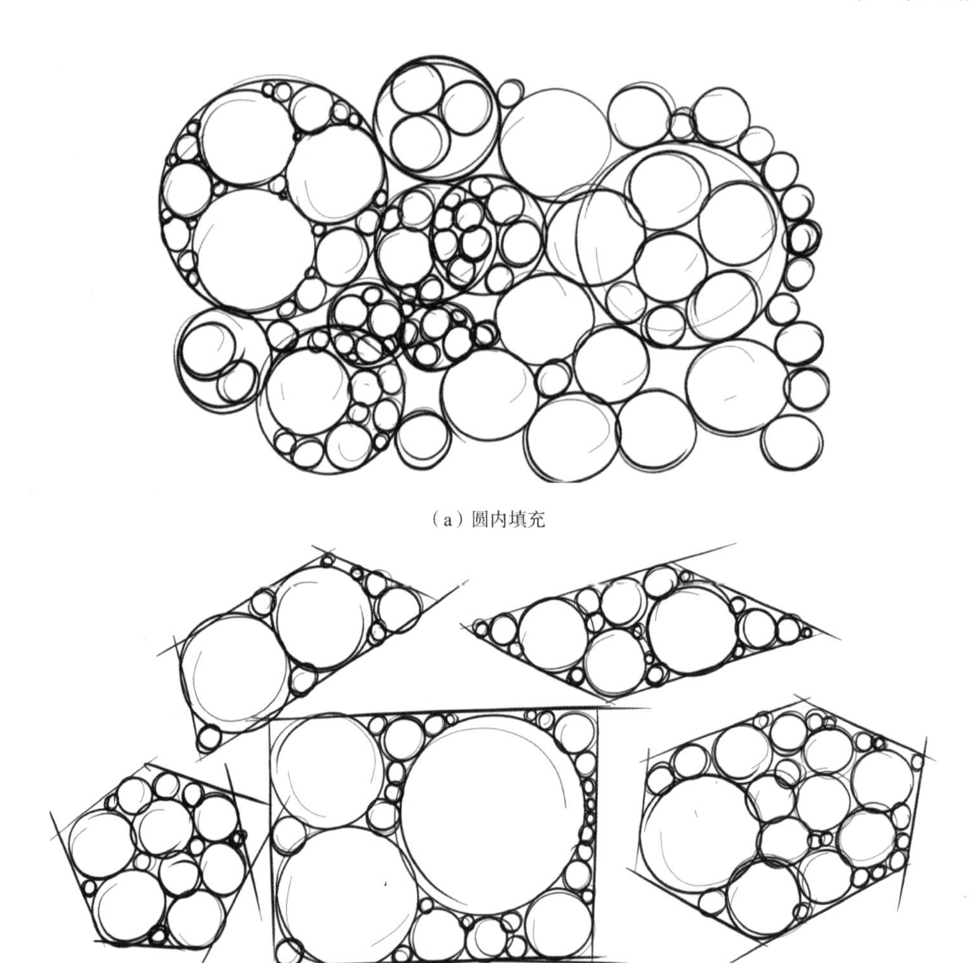

（a）圆内填充

（b）多边形填充

（c）动物轮廓填充

图 4-12　圆填充练习

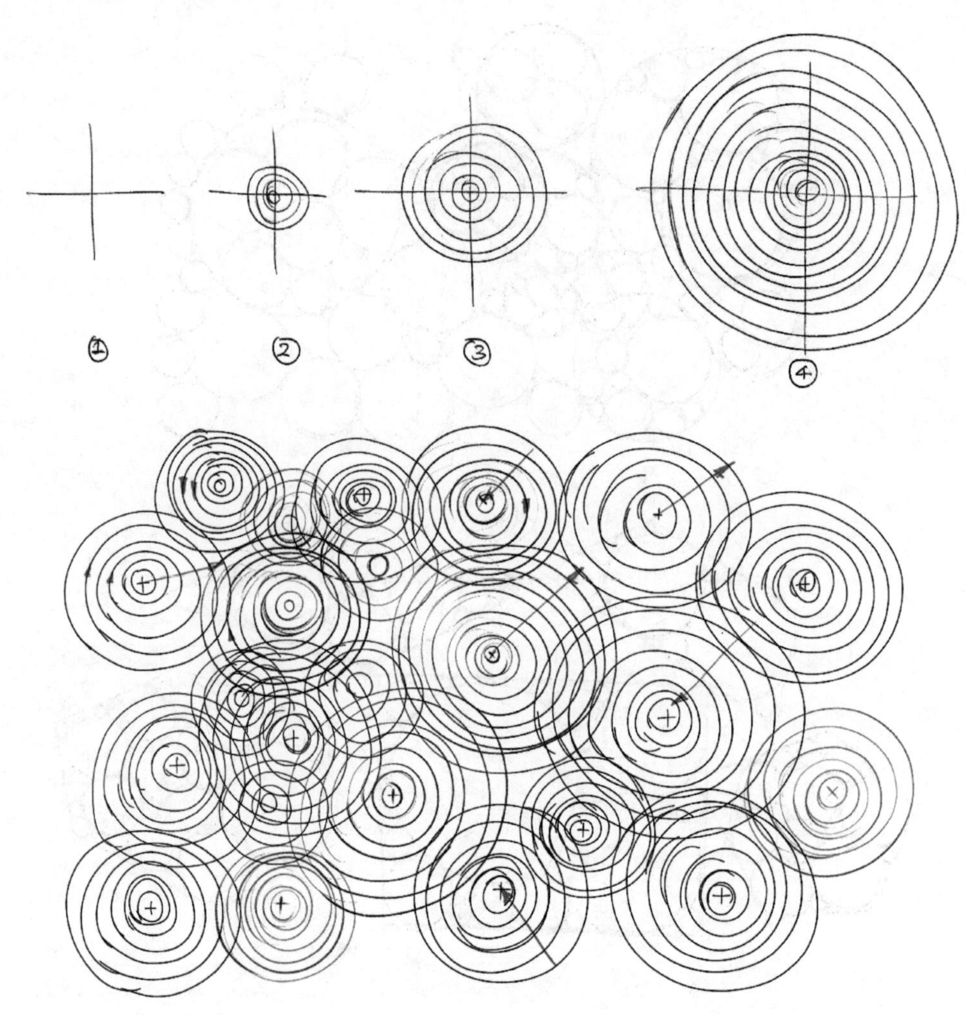

图 4-13　同心圆练习

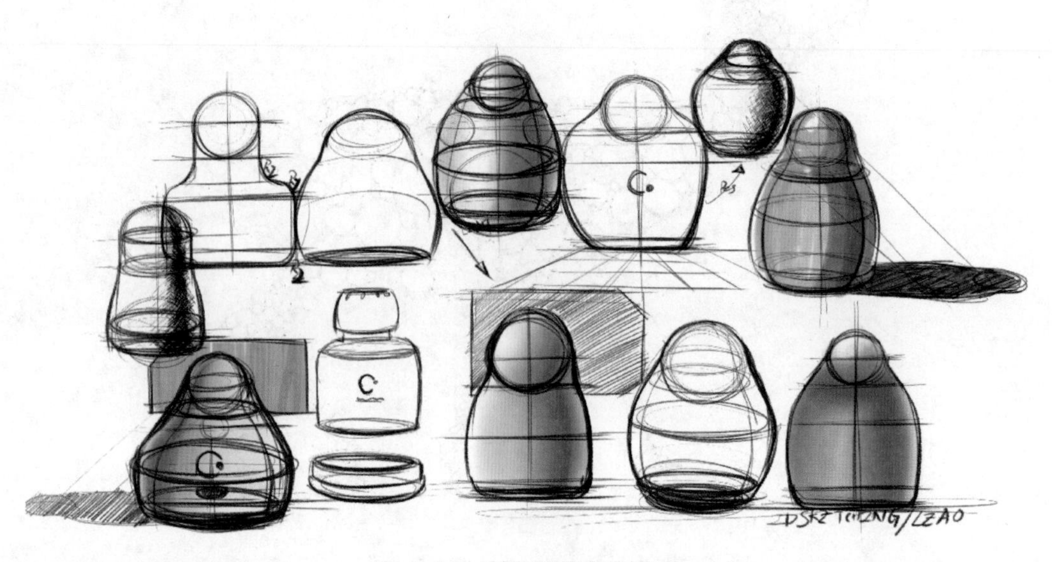

图 4-14　基于圆的产品练习

4.2.3　椭圆的绘制

1. 短轴 – 椭圆（Minor Axis-Ellipse）练习法

要点：先绘制一根直线，将其视为椭圆的短轴，然后绘制一个被压扁的圆。更确切的说，正圆在透视的引导下视觉上就是一个椭圆，只是我们的视觉通路早已习惯了而已。椭圆的长轴与短轴总是垂直的，如图 4–15 所示。

图 4–15　短轴 – 椭圆练习法

2. 平行线 – 椭圆（Parallel Lines-Ellipse）练习法

要点：首先，使用排线的技巧绘制两根平行的直线，注意控制两线的间距；然后，在两线大约中间的位置添加一条垂直线；接着，在两线间绘制圆到椭圆的过渡。如此反复练习，具体步骤如图 4–16（a）和图 4–16（b）所示。透视情况下，两条平行的线则在视觉上汇于一点，椭圆练习可按图 4–16（c）方法练习。

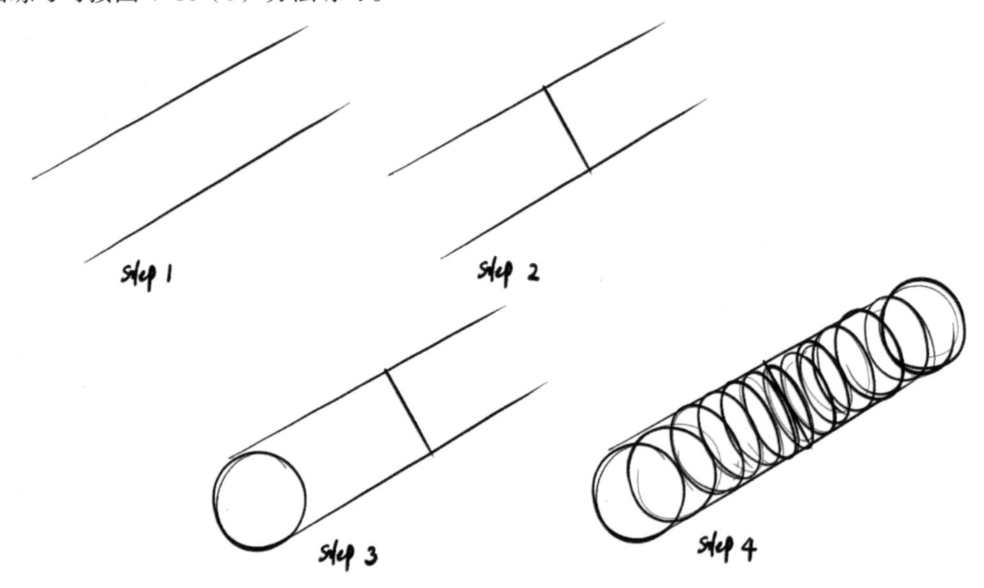

（a）平行—椭圆练习法

图 4–16　平行线 – 椭圆练习法

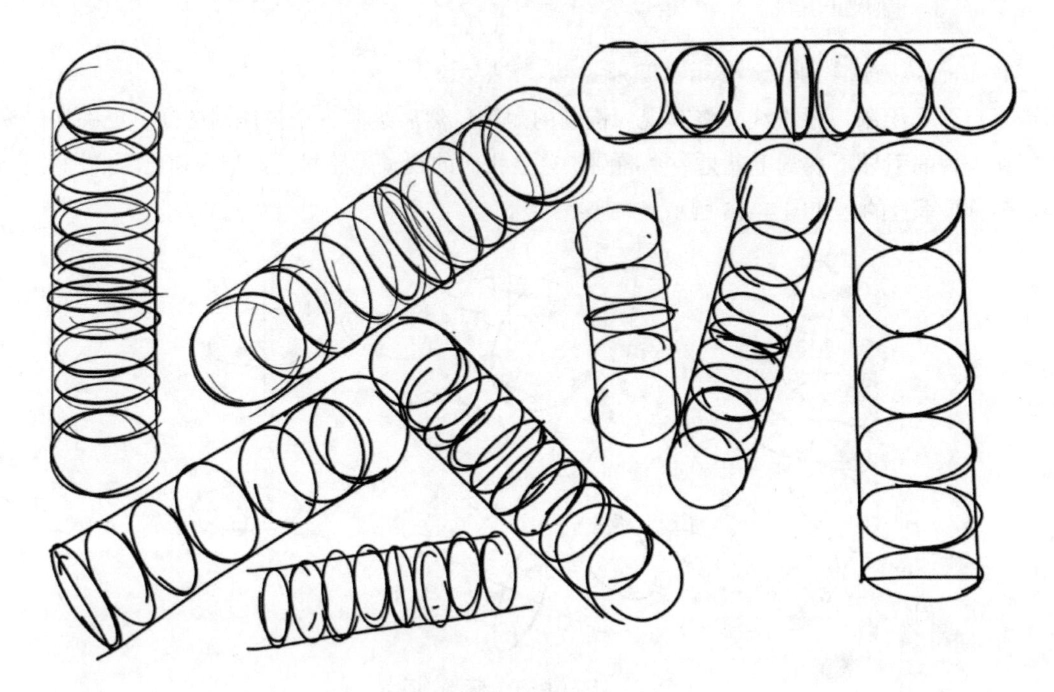

（b）平行线—椭圆练习法

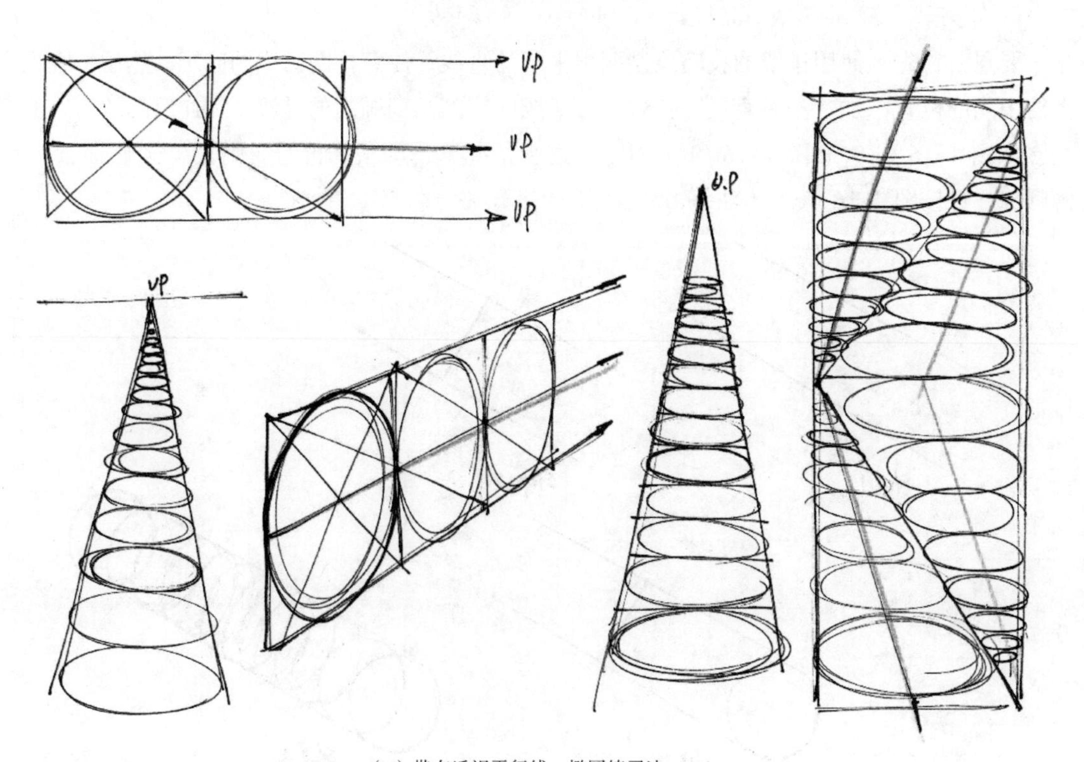

（c）带有透视平行线—椭圆练习法

图 4-16　平行线－椭圆练习法（续）

还记得达·芬奇小时候画鸡蛋的故事吗？以画鸡蛋练习椭圆也是不错的训练方法，如图 4-17 所示。这其中充满了对形态和透视的理解，画鸡蛋不仅训练对线的控制能力，而且有助于理解比例和透视的关系。

图 4-17 椭圆 - 鸡蛋练习法

4.2.4 曲线的绘制

1. 三点 - 曲线（Three Points-Curve）练习法

先在纸面上标记三个点，注意三点不在一条直线上；然后，顺次绘制一条通过三点的曲线，绘制不好时切记不要以速度取胜；正反方向的练习也是必要的，如图 4-18 所示。

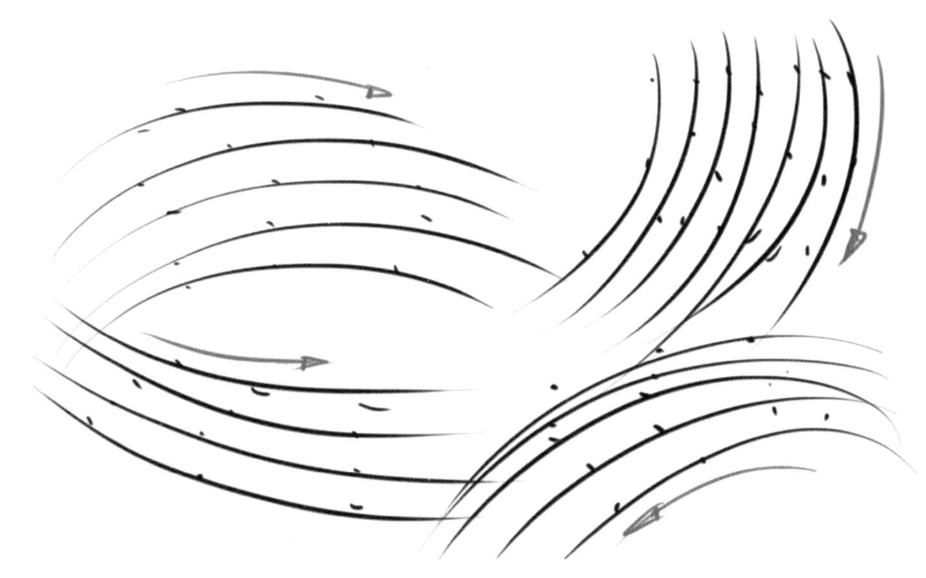

图 4-18 三点 - 曲线练习法

2. 平行线 - 曲线（Parallel-Curve）练习法

先在纸面绘制两条平行线，注意控制其间距；接着，在平行线上标记两个点（A、B），并在两条平行线之间均匀绘制等间距的点；然后，过 A、B 点和中间等间距点绘制曲线，切记勿以速度取胜，如图 4-19 所示。

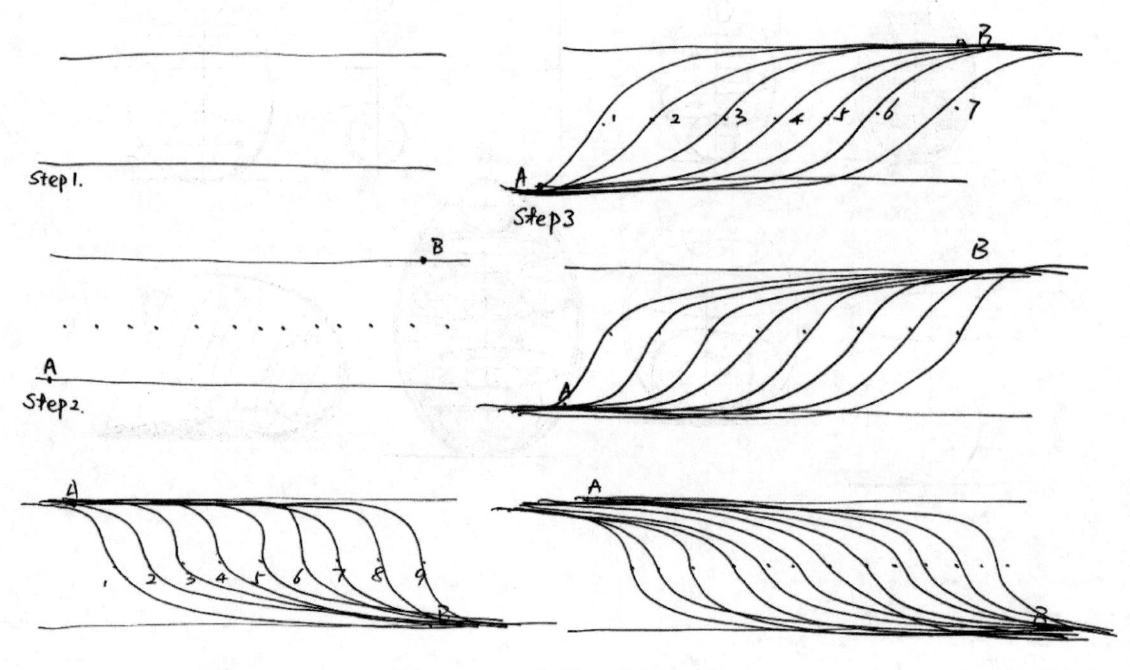

图 4-19 平行线 - 曲线练习法

4.3 空中的面

最基本的造型元素是点，点运动成线，由于运动的路径不同，所以会有各种不同的线，直线和曲线（平面曲线和空间曲线），多条线的组合就成了面，面可以分成平面（基本几何形面和复杂形面）和空间曲面（基本几何曲面和复杂组合曲面）。常用的如正方形、三角形、圆、长方形等都是最基本几何形面，并且都是平面。

4.3.1 一点透视下的面

在一点透视中，原来物体与地面垂直的线条，仍然垂直于地面，即垂直于视平线（水平线）；原来物体与地面水平的线条，仍然平行于地面，如图 4-20 和图 4-21 所示。

在同一画面中可出现多个透视点，这也就所谓的散点透视，但同一方向上只能有一个透视点。在绘图时允许多个透视点共存，但它们都是一点透视，如图 4-22 所示。

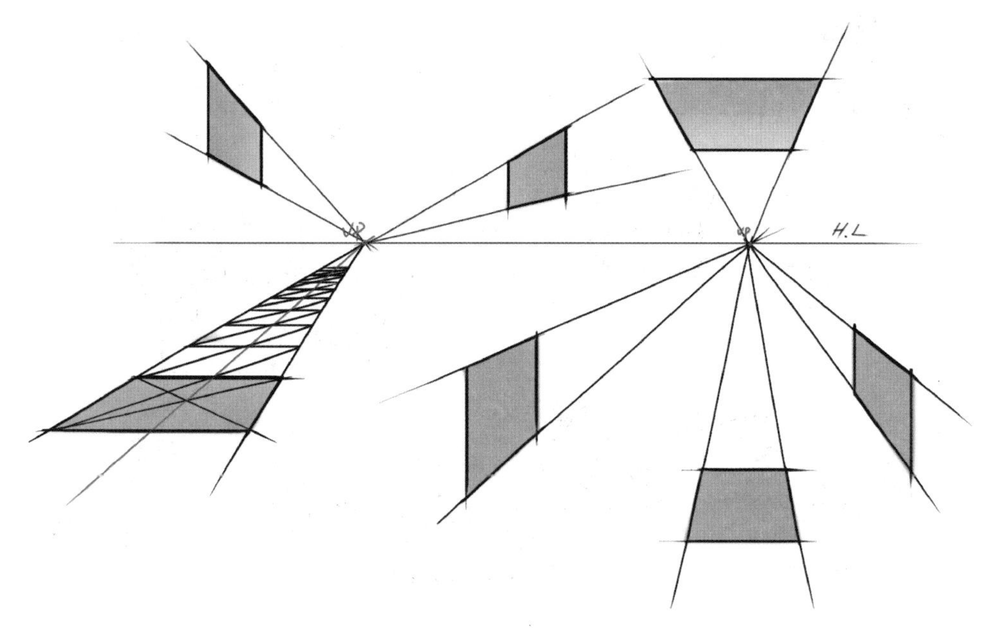

图 4-20　一点透视下的面

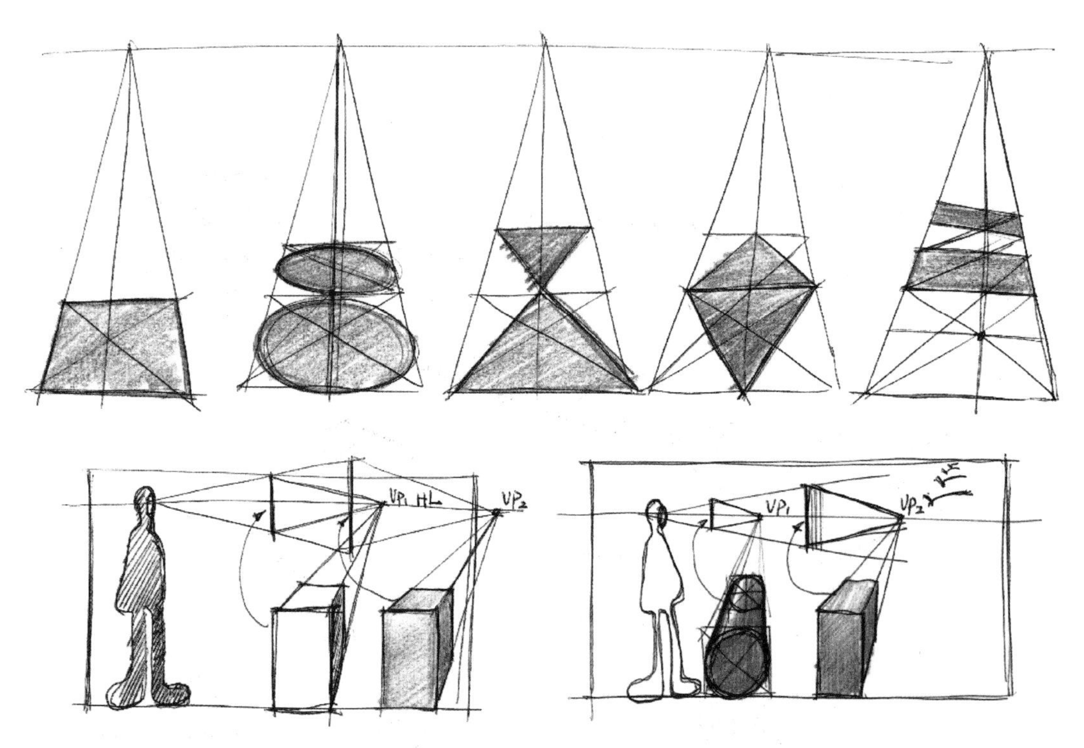

图 4-21　一点透视分析

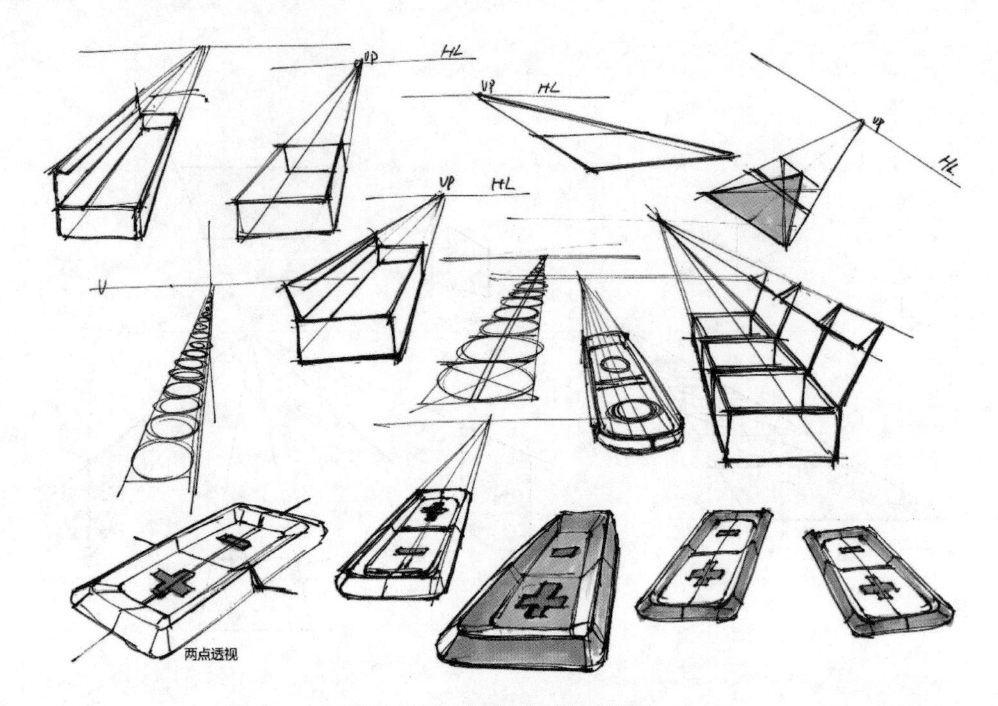

图 4-22　散点透视下的平面

4.3.2　两点透视下的面

在两点透视中，原来与地面垂直的线仍然垂直于地面（视平线）。特别提醒：在两点透视中，左右两个消失点要保持在同一个水平线（视平线）上，如图 4-23 所示。

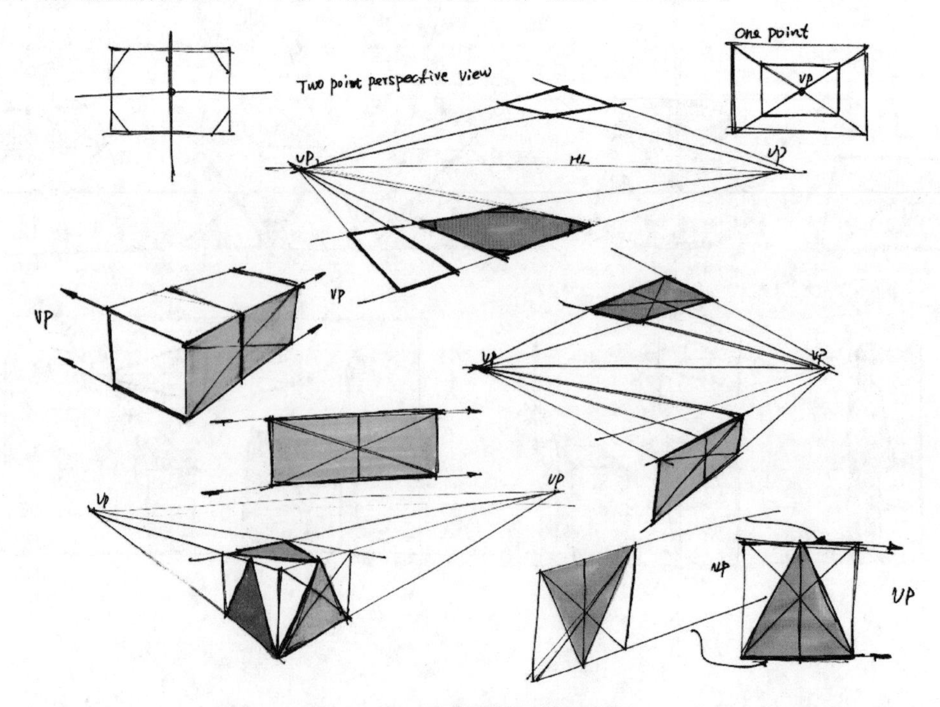

图 4-23　两点透视下的三角形

另外，圆面是比较特殊的面，在一点透视和两点透视中均为椭圆，如图 4–24 所示。值得注意的是，圆在透视中，距离消失点越近越接近正圆，距离消失点越远越扁。

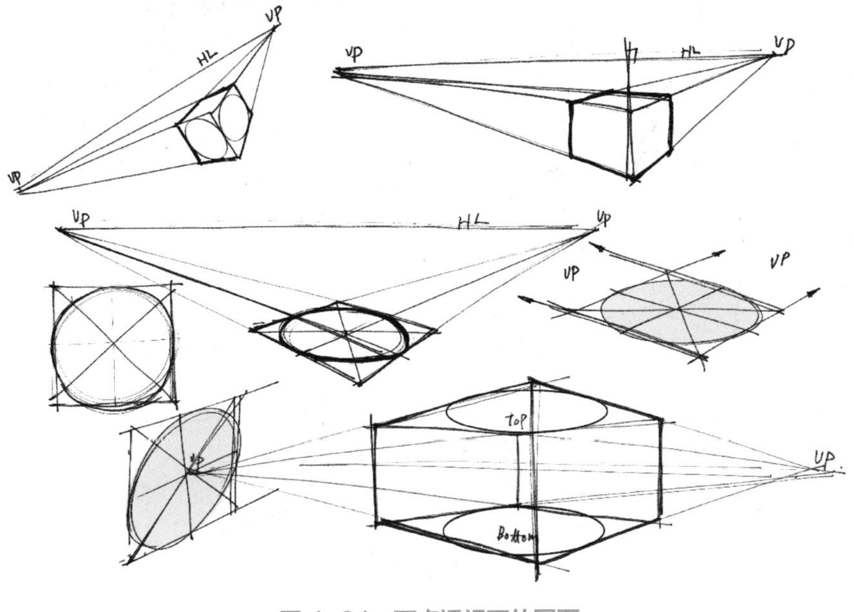

图 4–24　两点透视下的圆面

4.4　空中的体

4.4.1　平面体

平面体是由若干平面所构成的几何体，如棱柱、棱锥等，如图 4–25 所示。其中立方体和长方体是特殊的四棱柱，立方体和长方体纸盒在日常生活中最为常见，如图 4–26 和图 4–27 所示。

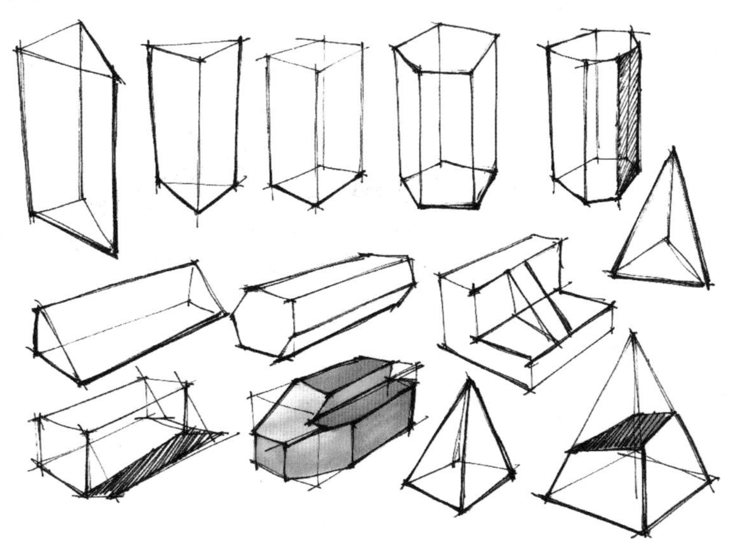

图 4–25　基本平面体

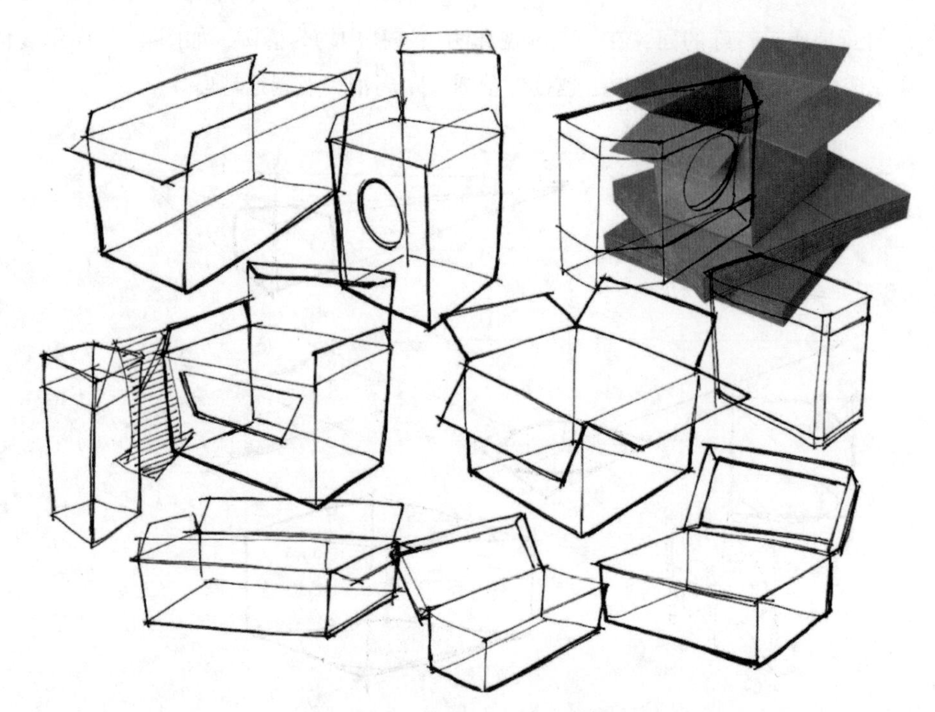

图 4-26　立方体、长方体纸盒

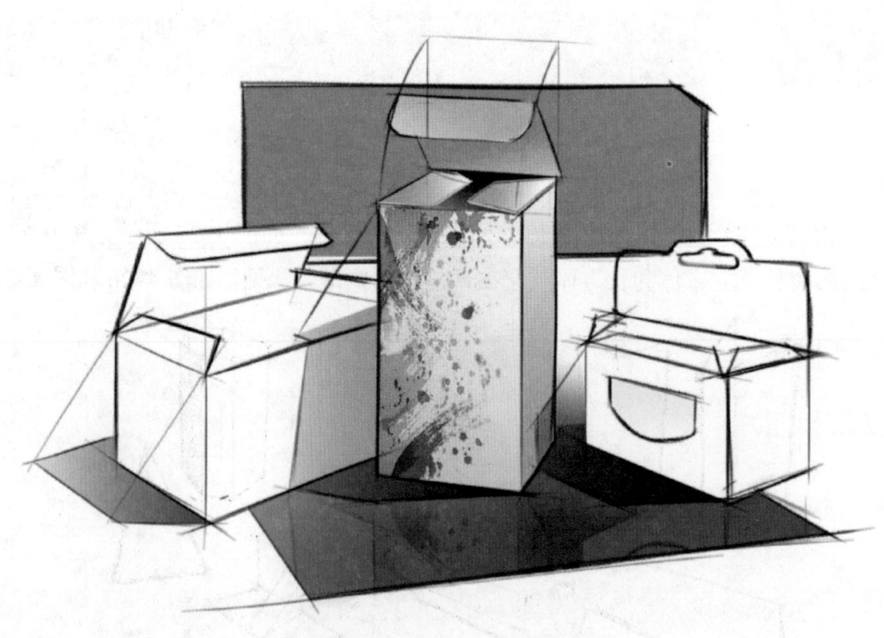

图 4-27　包装盒设计草图

在长方体或立方体的基础上，添加一些与产品功能相关的细节，它们立刻就变成产品设计方案了，如图 4-28 和图 4-29 所示。

在立方体或长方体的基础上，用平面切去部分体块便能创造出新的形态，如图 4-30 和图 4-31 所示。如果再附加上一些功能便形成了产品设计方案，如图 4-32 所示。

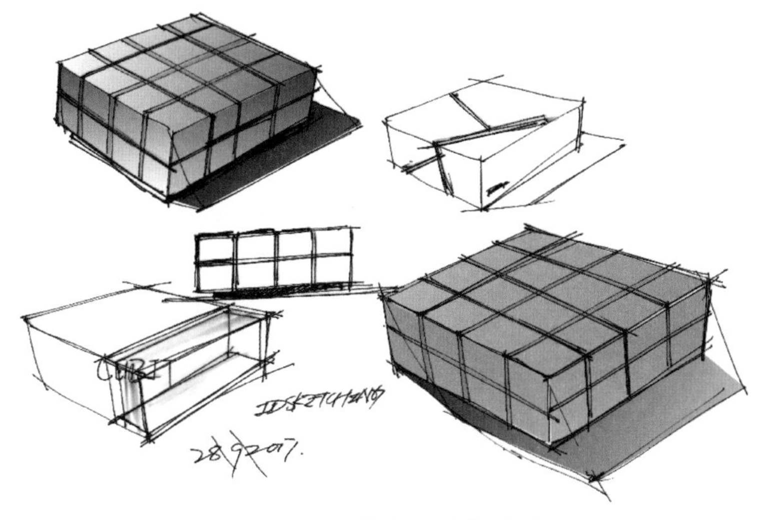

图4 28　平面体产品示例（音乐盒）

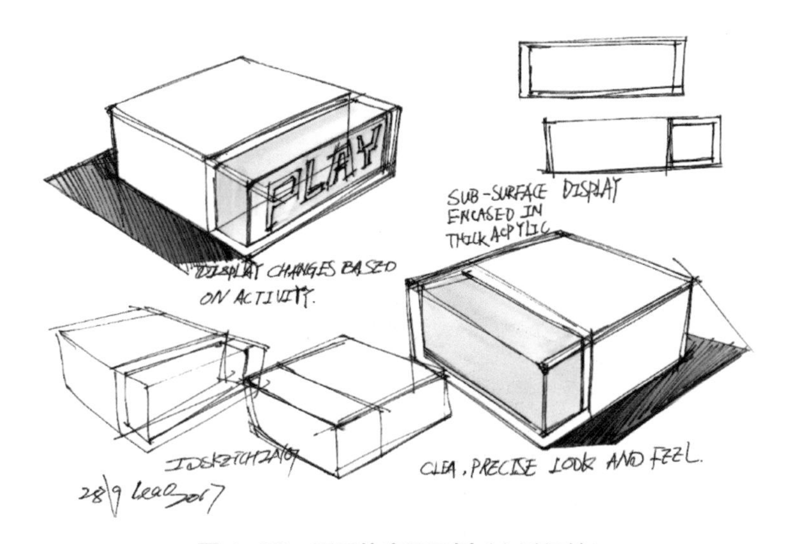

图 4-29　平面体产品示例（电子闹钟）

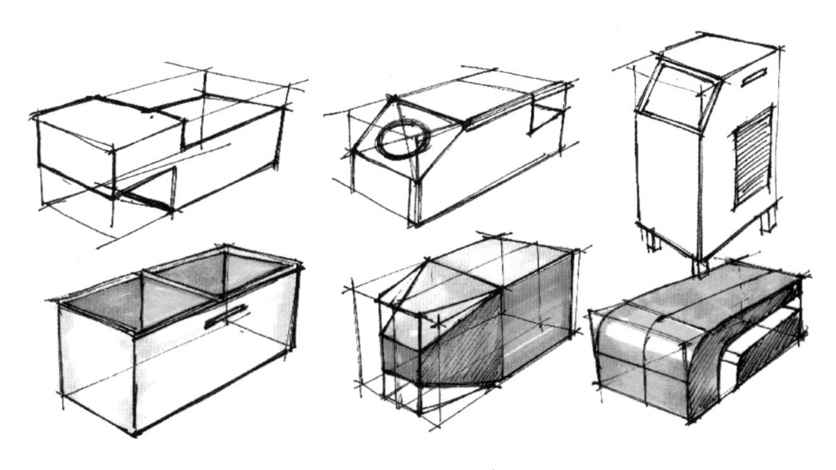

图 4-30　切割平面体示例（1）

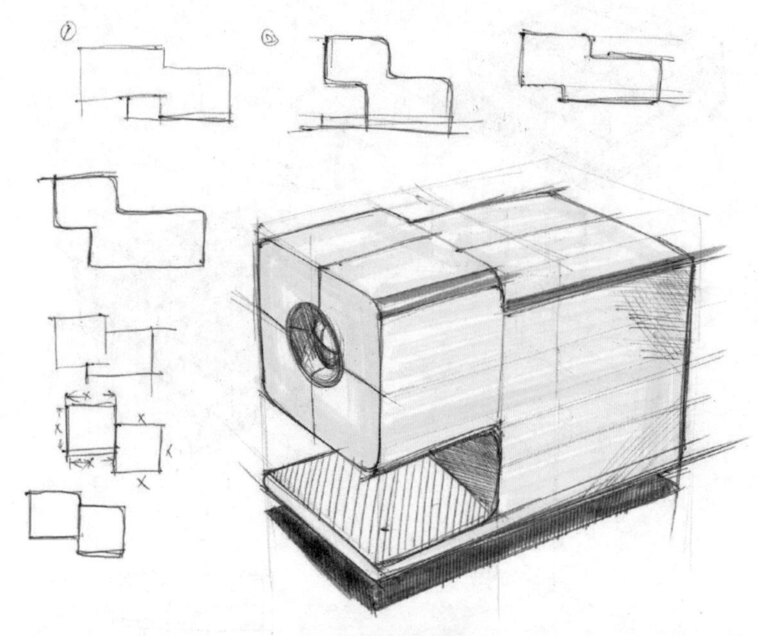

图 4-31　切割平面体示例（2）

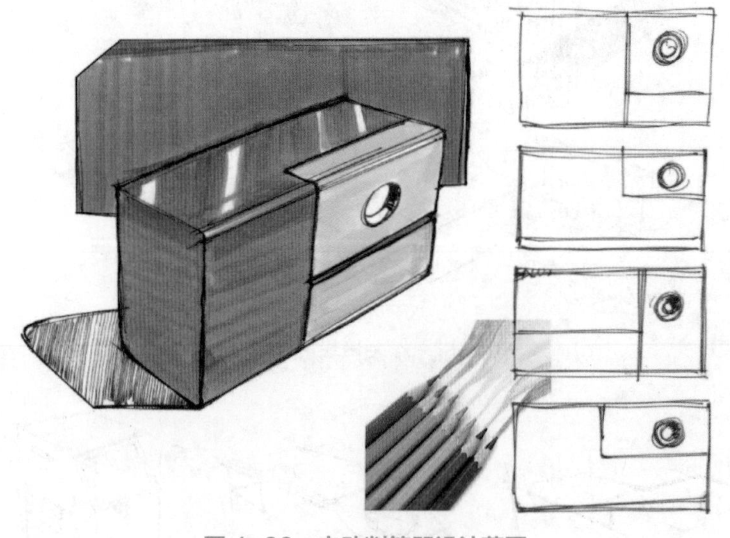

图 4-32　电动削笔器设计草图

4.4.2　回转体

圆柱体是最基本的回转体。不同视角下的圆柱体，截面圆的透视变化规律鲜明，如图 4-33 所示。在绘制圆柱体时，椭圆的长轴与短轴始终保持垂直，如图 4-34 所示。

生活中以圆柱体、圆台为基本造型的产品随处可见，如保温水壶设计草图，如图 4-35 所示。厨房油壶设计，如图 4-36 所示。

图 4-33　透明圆柱体——圆环

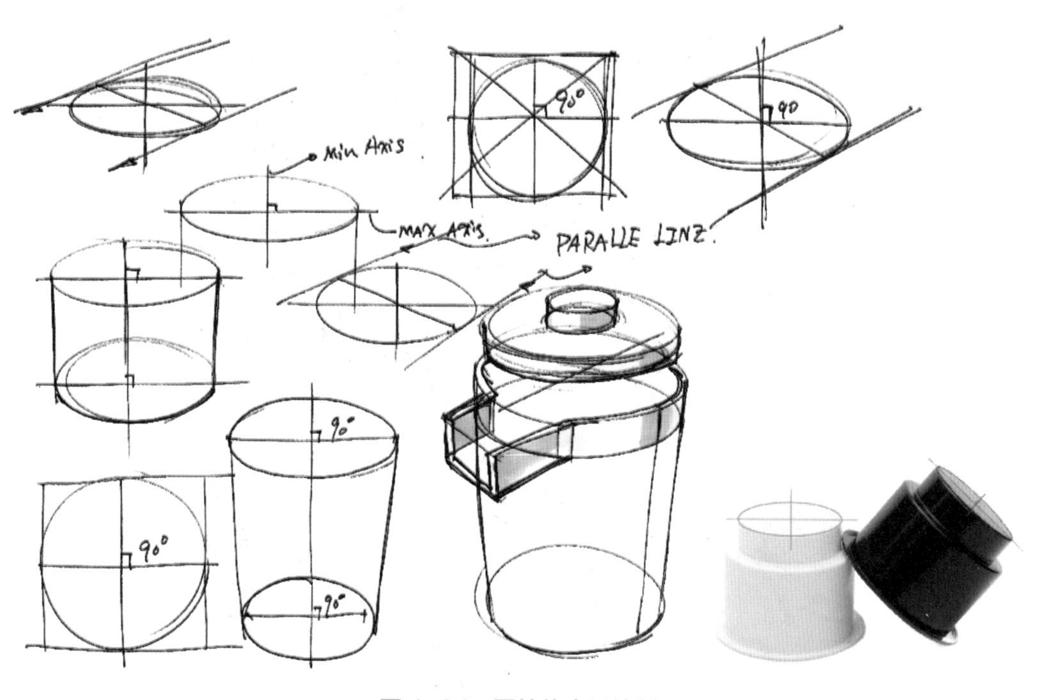

图 4-34　圆柱体产品绘制

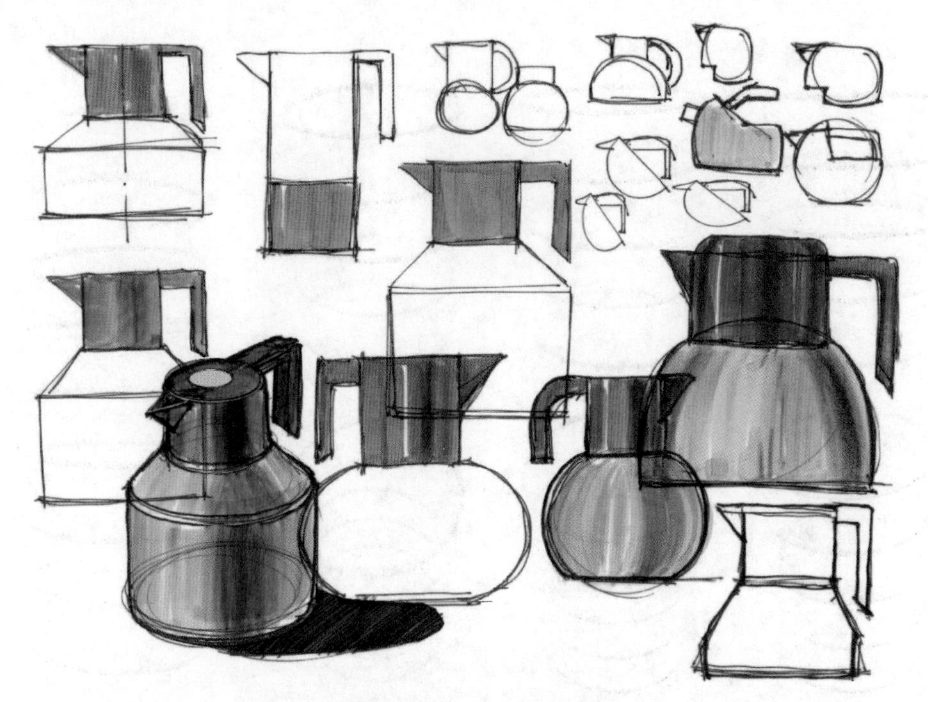

图 4-35 保温水壶设计草图

图 4-36 厨房油壶设计草图

4.4.3　曲面体

本小节的曲面体主要是指自由曲面体。相对回转体曲面，自由曲面体的绘制不可一蹴而就，需要熟练的绘图技巧。我们可使用中心线 – 截面绘图法逐步构建曲面形态，如图 4–37 和图 4–38 所示。

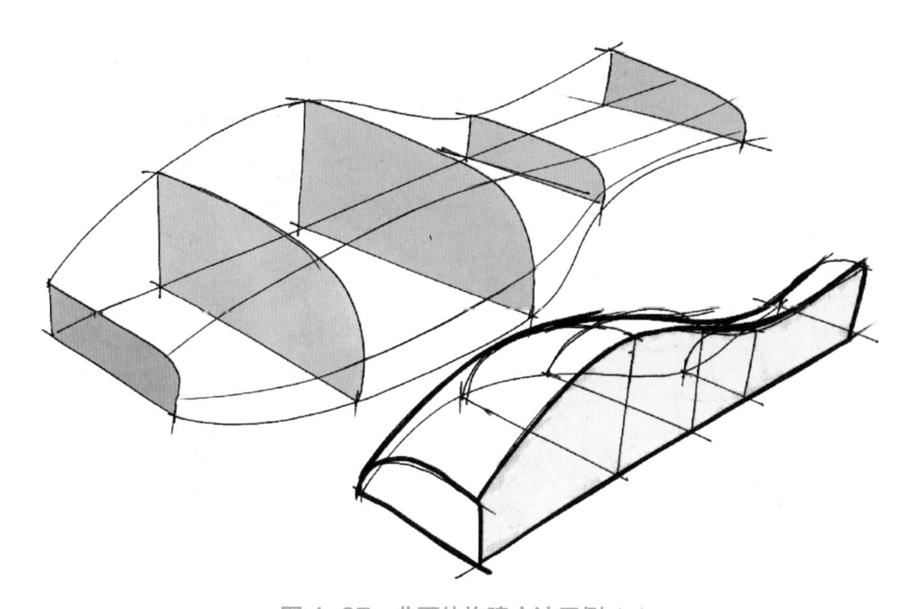

图 4–37　曲面体构建方法示例（1）

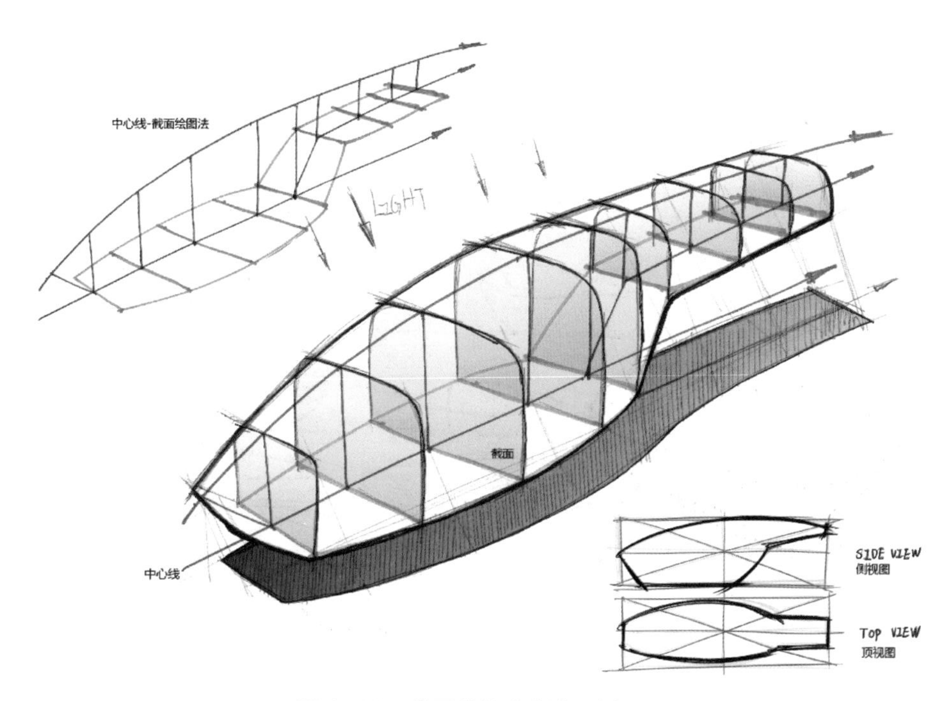

图 4–38　曲面体构建方法示例（2）

由于曲面形态相对复杂，因此大胆估画形态也是常用的绘图方法，如图 4–39 所示。如果一时不能很好地确定形态，也可从绘制侧视图开始，逐步转向透视图的绘制，如图 4–40~ 图 4–42 所示。侧视图与透视图的切换练习有助于提高我们的空间思维能力，在绘图过程中它们相互辅助，弥补各自的不足，熟练地在两者之间切换是设计师草图思维能力的集中体现。

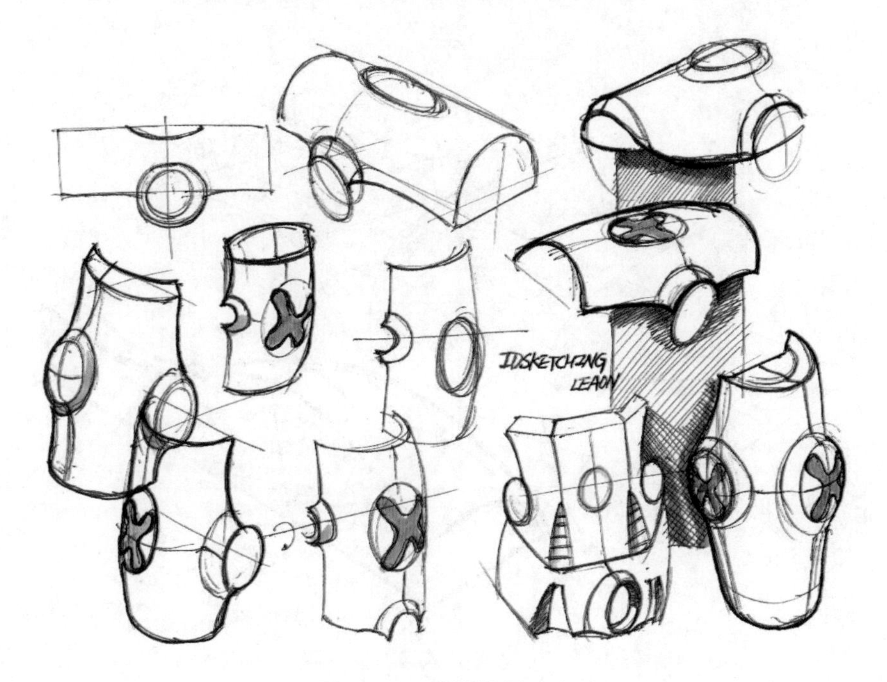

图 4–39　曲面练习（1）

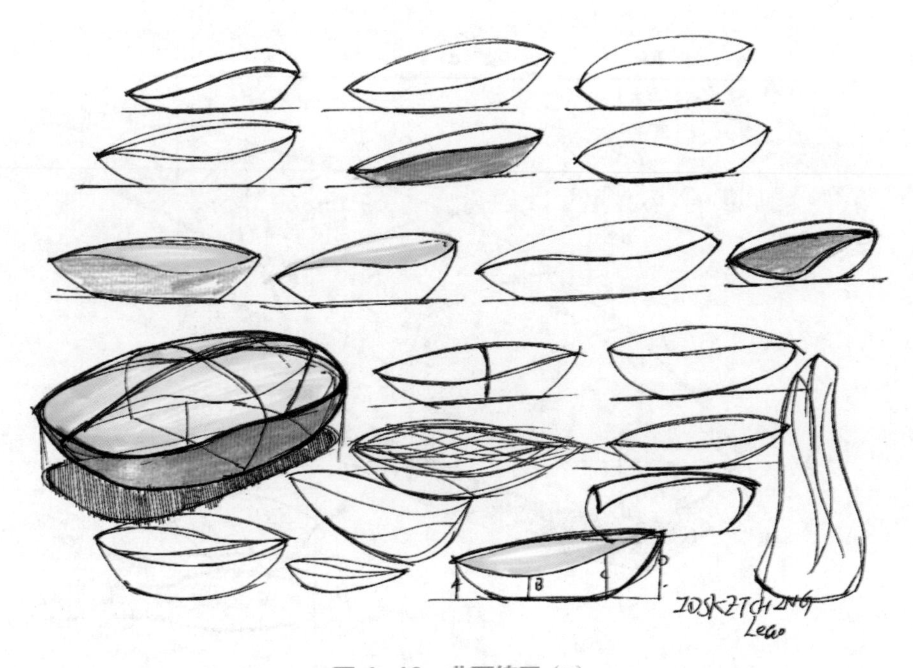

图 4–40　曲面练习（2）

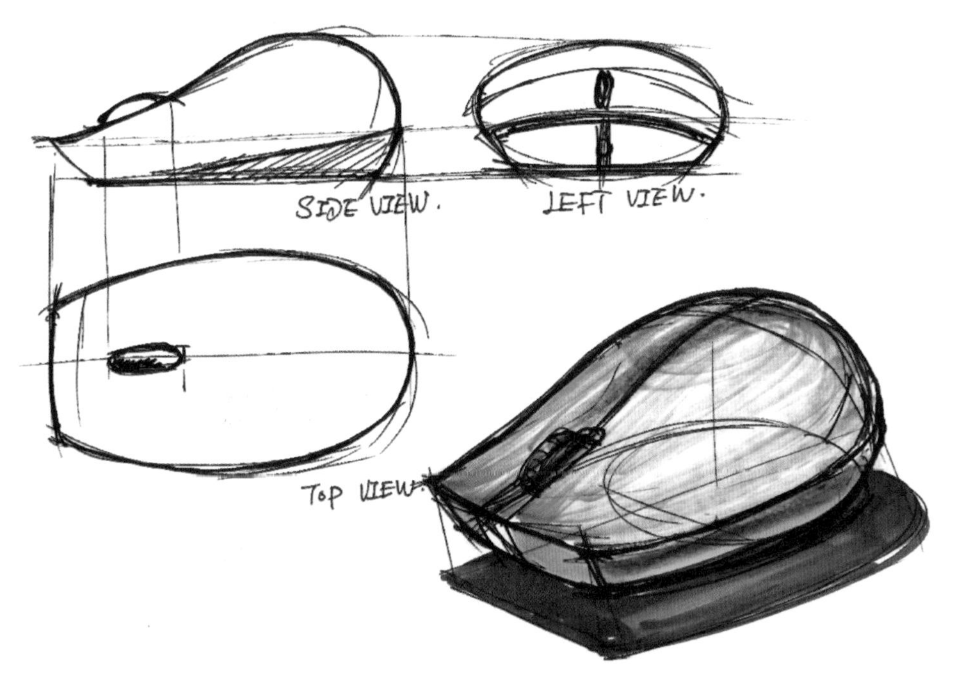

图 4-41　鼠标设计草图

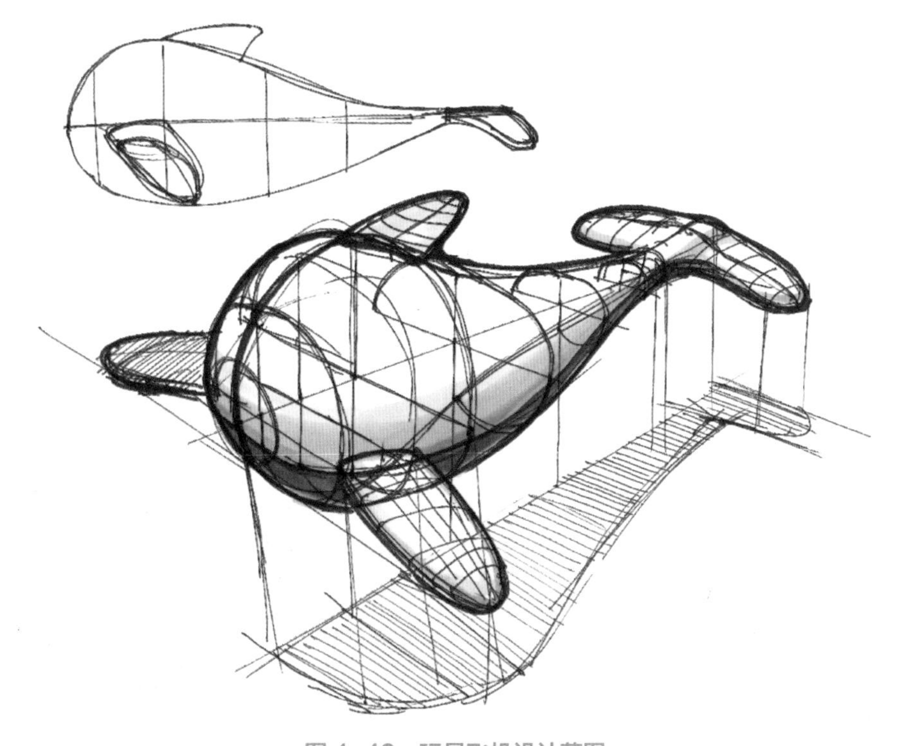

图 4-42　玩具飞机设计草图

4.5 面与体的组合

4.5.1 面的叠加

利用横截面来绘制草图，这就有点像现在的 3D 打印技术（见图 4-43），应用层堆叠的方式打印出产品形态，同时也有助于设计师后期的计算机三维建模。面的叠加还类似于三维软件中放样工具，不同形状横截面的叠加构造出多变的形态，如图 4-44 所示。

图 4-43 3D 打印①

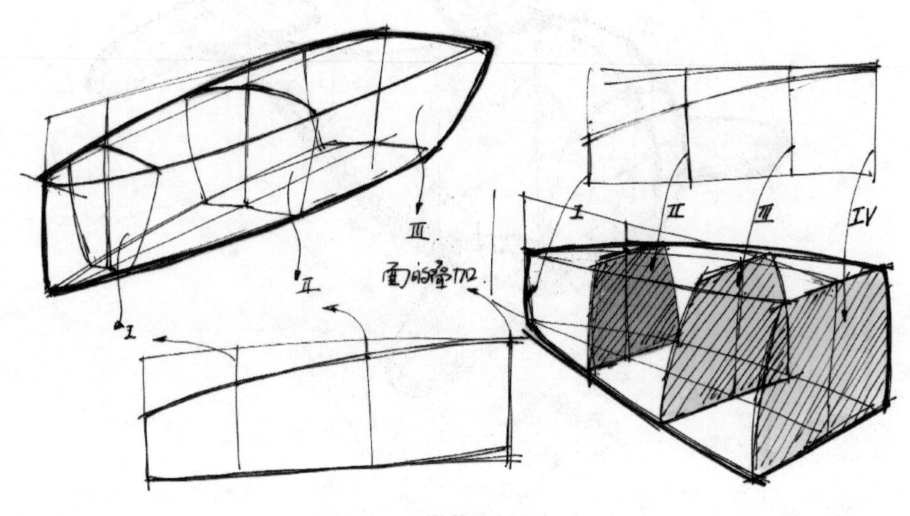

图 4-44 横截面的叠加

① 图片来源：http://unfold.be/assets/images/000/125/327/large-unfold_vk_1705.jpg

练习方法及步骤，如图 4–45~ 图 4–48 所示。

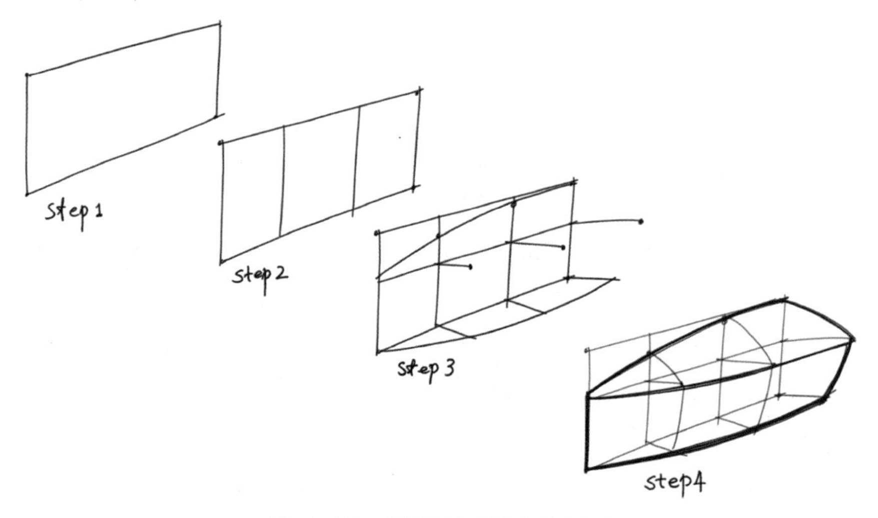

图 4–45　截面叠加草图练习（1）

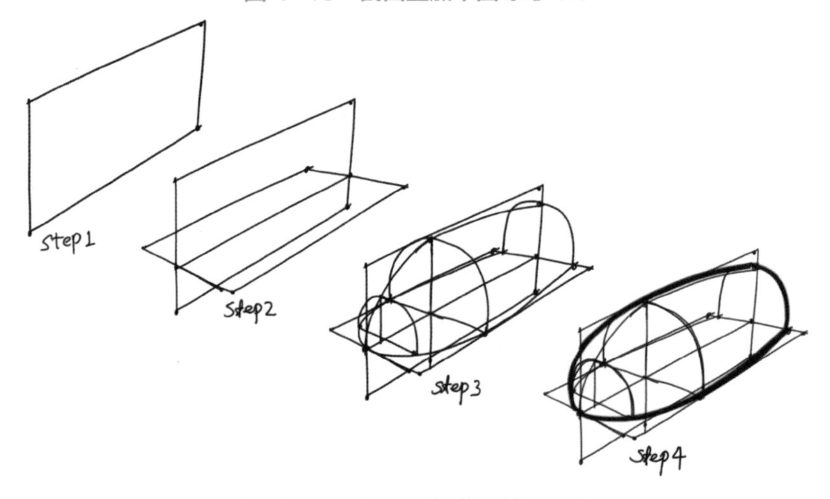

图 4–46　截面叠加草图练习（2）

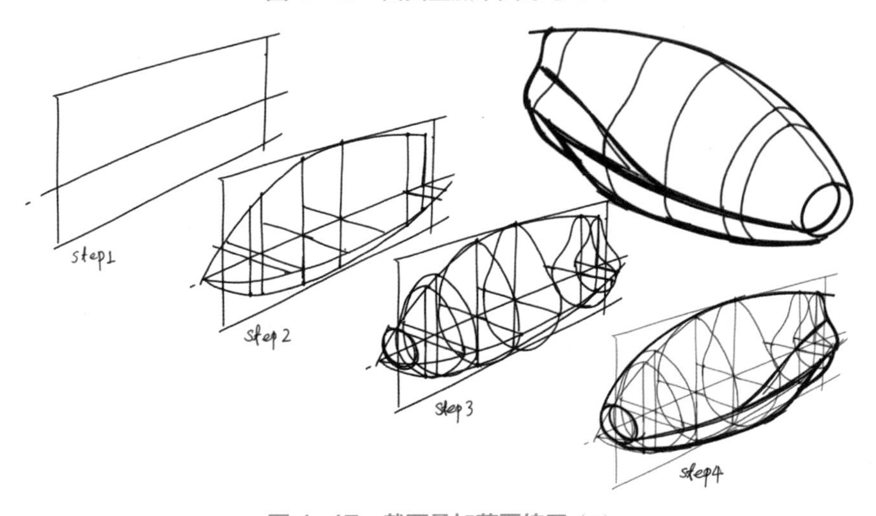

图 4–47　截面叠加草图练习（3）

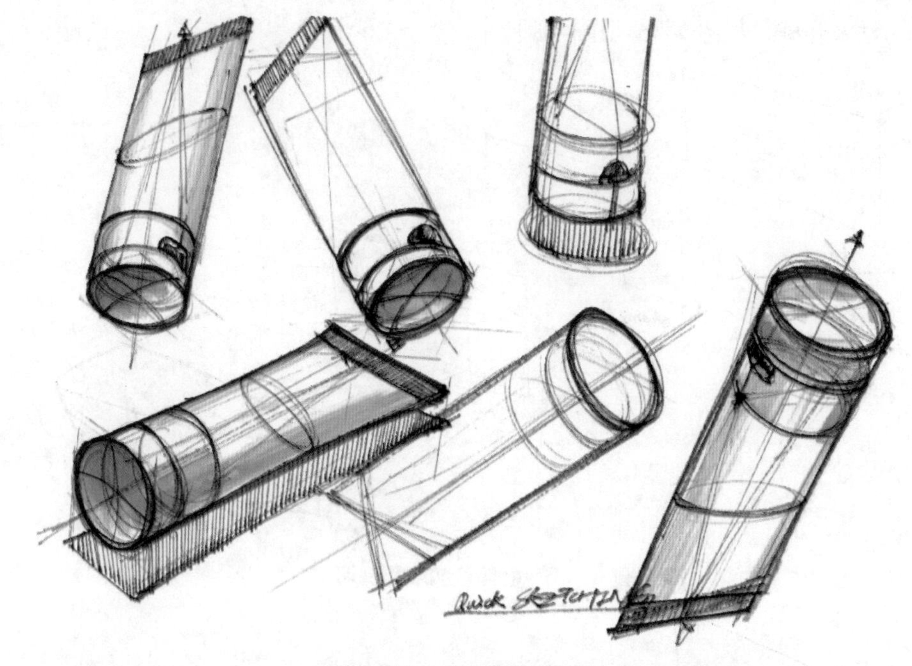

图 4-48　洁面乳包装草图

面的叠加，启发我们可以选择从一个或多个有用的截面开始绘图。通常选择中心截面开始绘图，如图 4-49 所示。

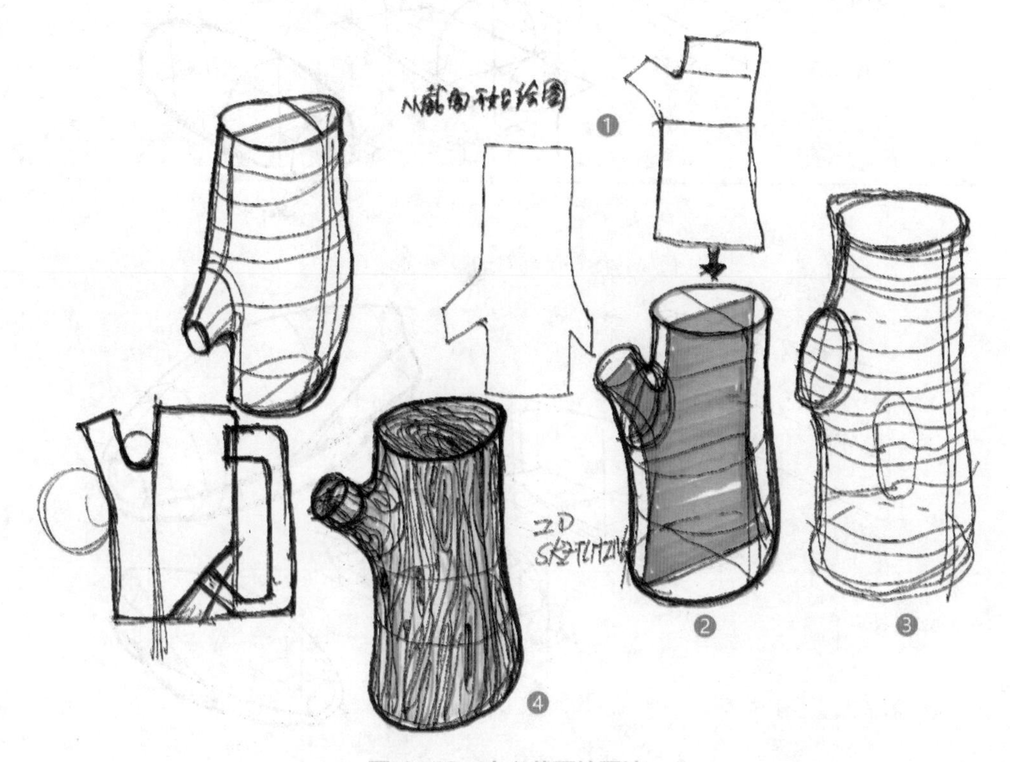

图 4-49　中心截面绘图法

图 4–50 的长嘴水杯是从中心截面开始绘图的。图 4–51 中的勺子则是考虑多个截面的形状绘制的。

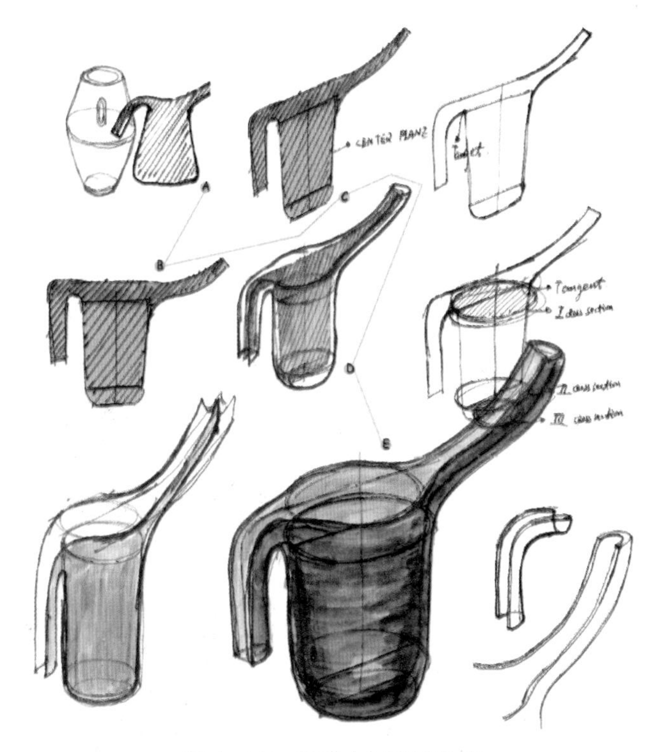

图 4–50　长嘴水杯设计草图

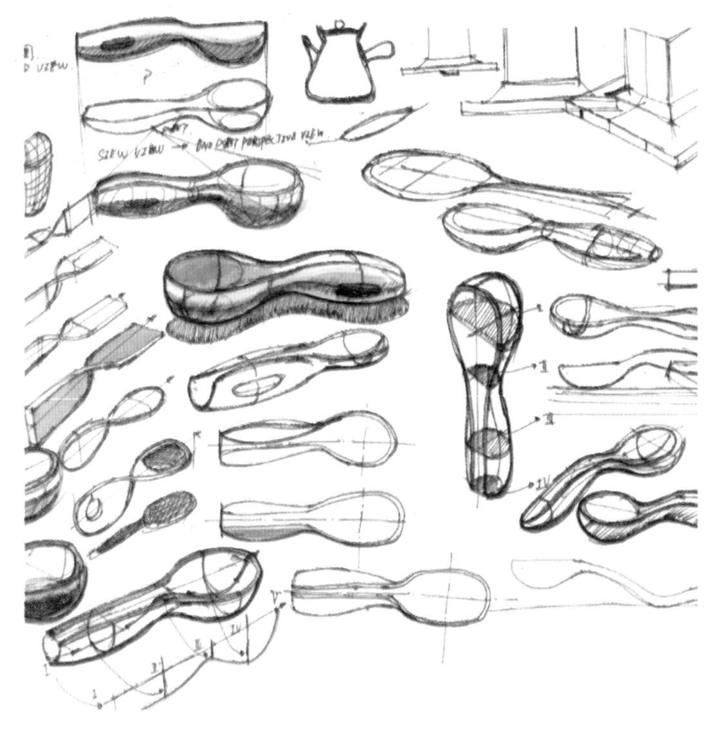

图 4–51　勺子设计草图

4.5.2 体的组合

基本体的混成组合在日常产品设计中是很常见的，相同基本体重复组合、不同基本体的组合变形、基本体与自由曲面体的组合等都是快速创造形态的方法。在绘图时还需要注意形体间的融合与过渡。

圆台与圆柱的组合，图 4–52 中的胡椒瓶设计就是用圆台和圆柱的混成连接组成，显然这种组合的关键是处理形体间的过渡。

图 4–52　胡椒瓶设计草图

桌面小型收纳盒设计，如图 4–53~ 图 4–54 所示。它可以看作是由多个长方体的叠加组合，绘图的关键依然是处理基本形体间的过渡。

多种基本体的组合，如圆台、圆柱、长方体等的组合，如图 4–55 所示的电锯设计草图。多形体组合时，不仅要注意处理各形体间的关系，更重要的是要掌握关键绘图顺序。

在实际设计中，有时候需要直接考虑设计材料的形态。例如，金属圆管是常用的材料，各种直径不同的圆管的组合便可组装成产品，如图 4–56 中的儿童车设计草图。

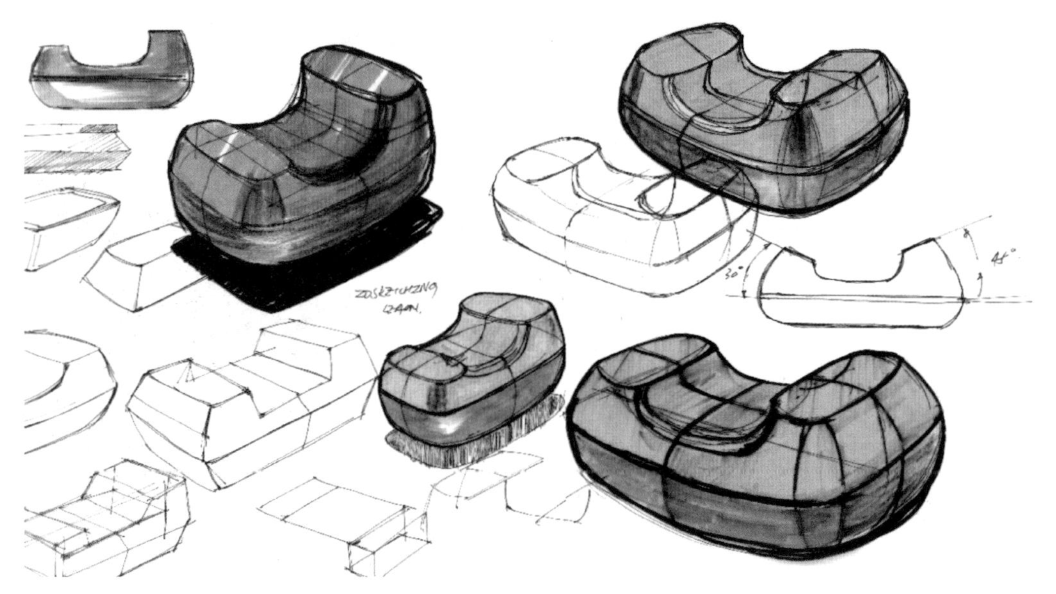

图 4-53　桌面小型收纳盒设计草图（1）

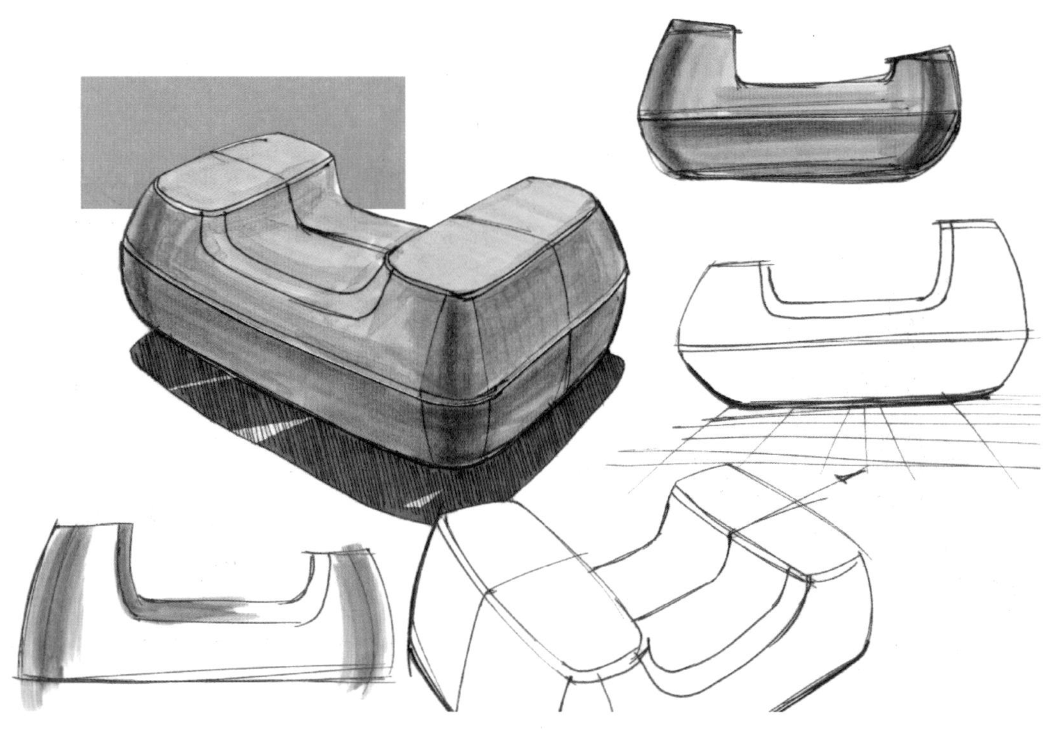

图 4-54　桌面小型收纳盒设计草图（2）

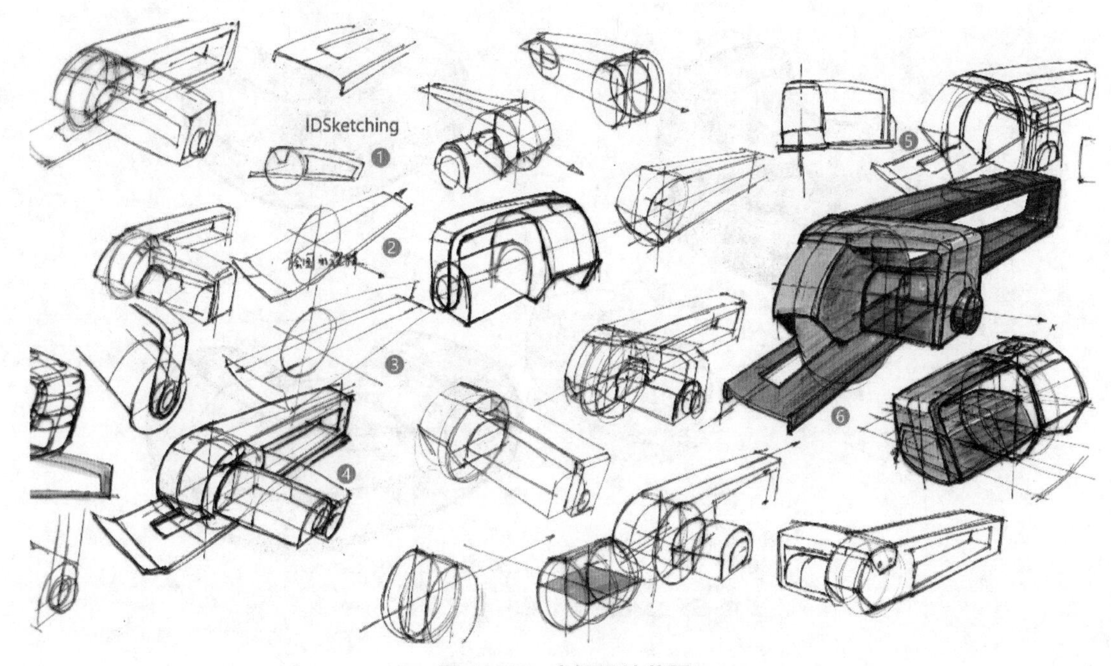

图 4-55　电锯设计草图

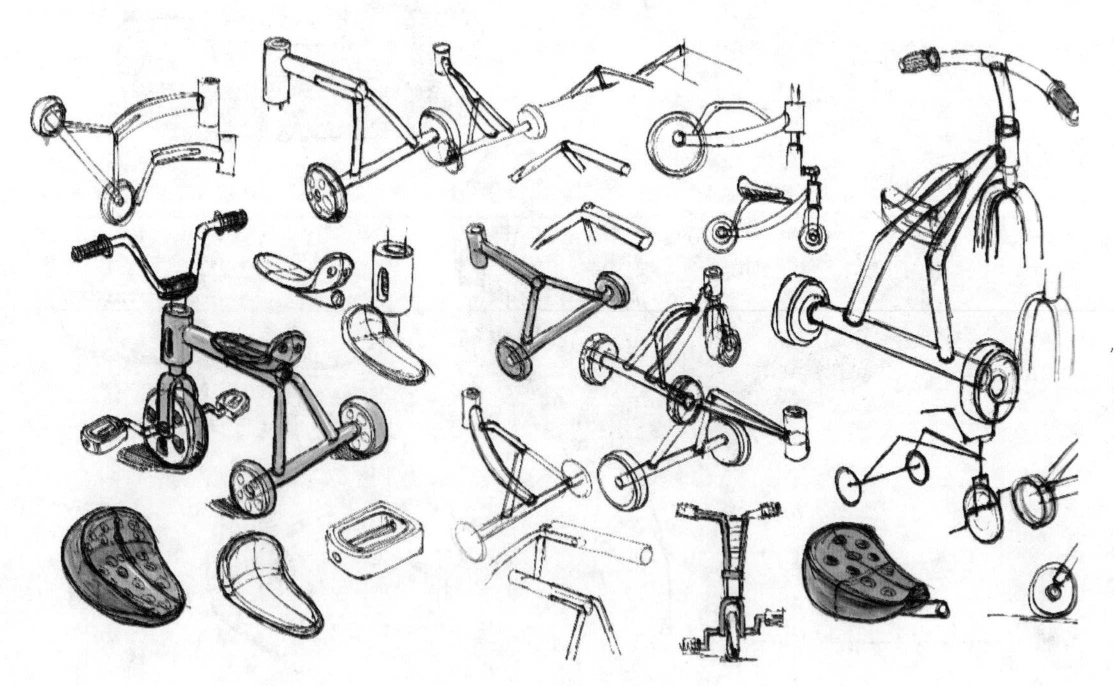

图 4-56　儿童车设计草图

4.6 六步绘图法

完成一个产品的草图设计通常只需要六个步骤，这便是本书提倡的六步绘图法。六步绘图法是基于六度分隔（Six Degrees of Separation）理论，也称“六度空间”理论或小世界理论，该理论认为每个人和每件事之间的距离最多不超过六步。这一理论的核心在于，任何两个人之间建立联系都是可能的，无论他们是否认识。但是还请注意该理论强调的是事物之间的连接关系，而不是它的存在性，即不完全考虑存在性。发现和证明理论的过程是复杂和艰辛的，但理论的结果却是如此的简单和奇妙。因此，我们可以应用精心分解的六个步骤实践产品草图设计，这其中包含了设计手绘的基础知识，这将有助于没有绘图经验的初学者蜕变成一个熟练的实践者。下面我们就以一个背包设计案例来说明，如图 4–57 所示。

图 4–57　背包设计草图

第 1 步，依据正确的透视，绘制出背包的形体框架线，注意控制好比例，如图 4–58 所示。红色和蓝色线是中心线，有助于我们对形态比例的把控，也为进一步塑造形态提供参考。

第 2 步，依据形态框架线和中心线勾勒出背包的基本形态结构，如图 4–59 所示。此步骤需以主要形态结构为重点，控制好关键比例，暂时忽略细节。

第 3 步，添加细节，丰富形态及产品的功能部件，强调一些部件连接关系也是必不可少的，如背包带与背包的连接关系、手提带与包体的关系等，如图 4–60 所示。

第 4 步，再次深化细节，强调产品的功能结构，如背包的抗震减压棉、拉链、侧面网状口袋、商标等，如图 4–61 所示。另外，绘制一些必要形态等高线，用于解释形态也是必要的。

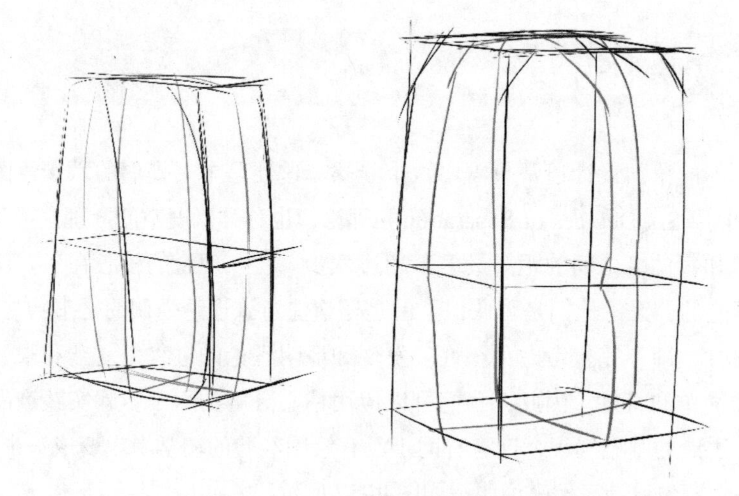

图 4-58 背包草图设计第 1 步

图 4-59 背包草图设计第 2 步

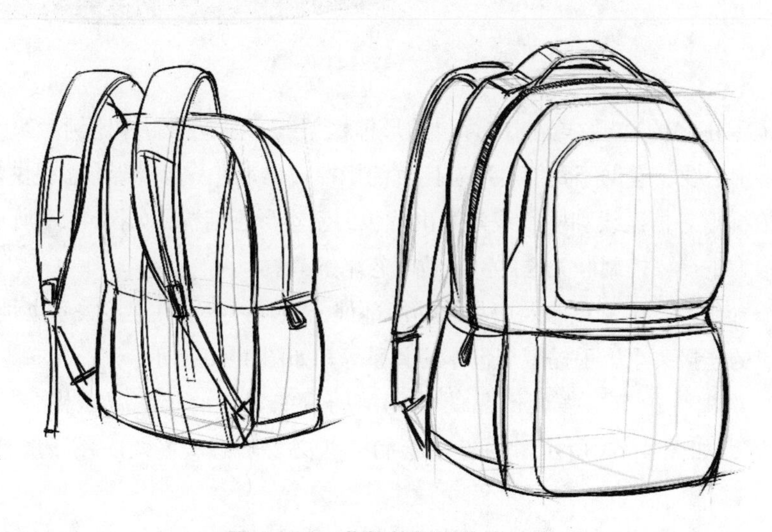

图 4-60 背包草图设计第 3 步

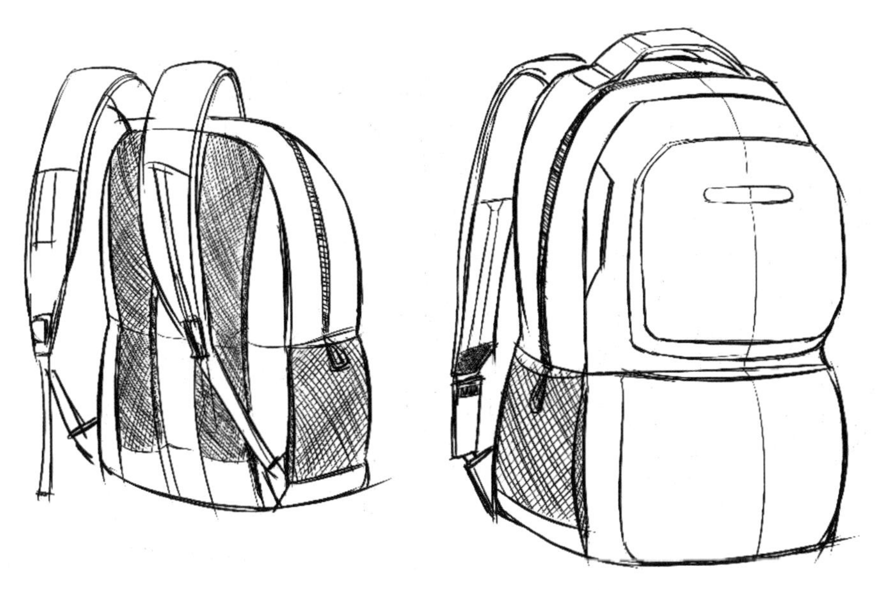

图 4-61　背包草图设计第 4 步

第 5 步，为背包上色，确定背包为灰色，并辅以红色点缀装饰，如图 4-62 所示。确定光源位置后，上色过程干净利落，不可拖泥带水。

图 4-62　背包草图设计第 5 步

第 6 步，增强对比加深光影关系，注重形体的塑造，绘制投影并添加一些高光，如图 4-63 所示。

最后，为了设计提案需要，可以为背包设计方案制作一个具有氛围感的背景环境，如图 4-64 所示。本节案例只对六步绘图法进行示范，切忌生搬硬套该方法，应依据不同的产品对象精心安排，灵活运用六步绘图法进行产品草图设计。另外，关于效果图的绘制方法将在本书第 8 章全面展开。

图 4-63　背包草图设计第 6 步

图 4-64　背包设计概略效果图

本章案例

手动工具设计

设计团队：高晨晖，白石，郭格，李雄。

时间：2010 年。

项目过程说明：设计初期，团队成员就开始考虑手动工具在使用过程中会遇到哪些实际的问题，如工作环境、人机尺寸等，还研究了使用者的操作行为并拍摄照片。然后团队成员绘制了大量的草图，这些草图只在内部交流，用于启发团队成员不断探索。最后，开发出一对可相互配合使用的手动工具（十字和一字），除了能相互助力外，底部还具有拧转螺母的功能，如图 4–65 所示。

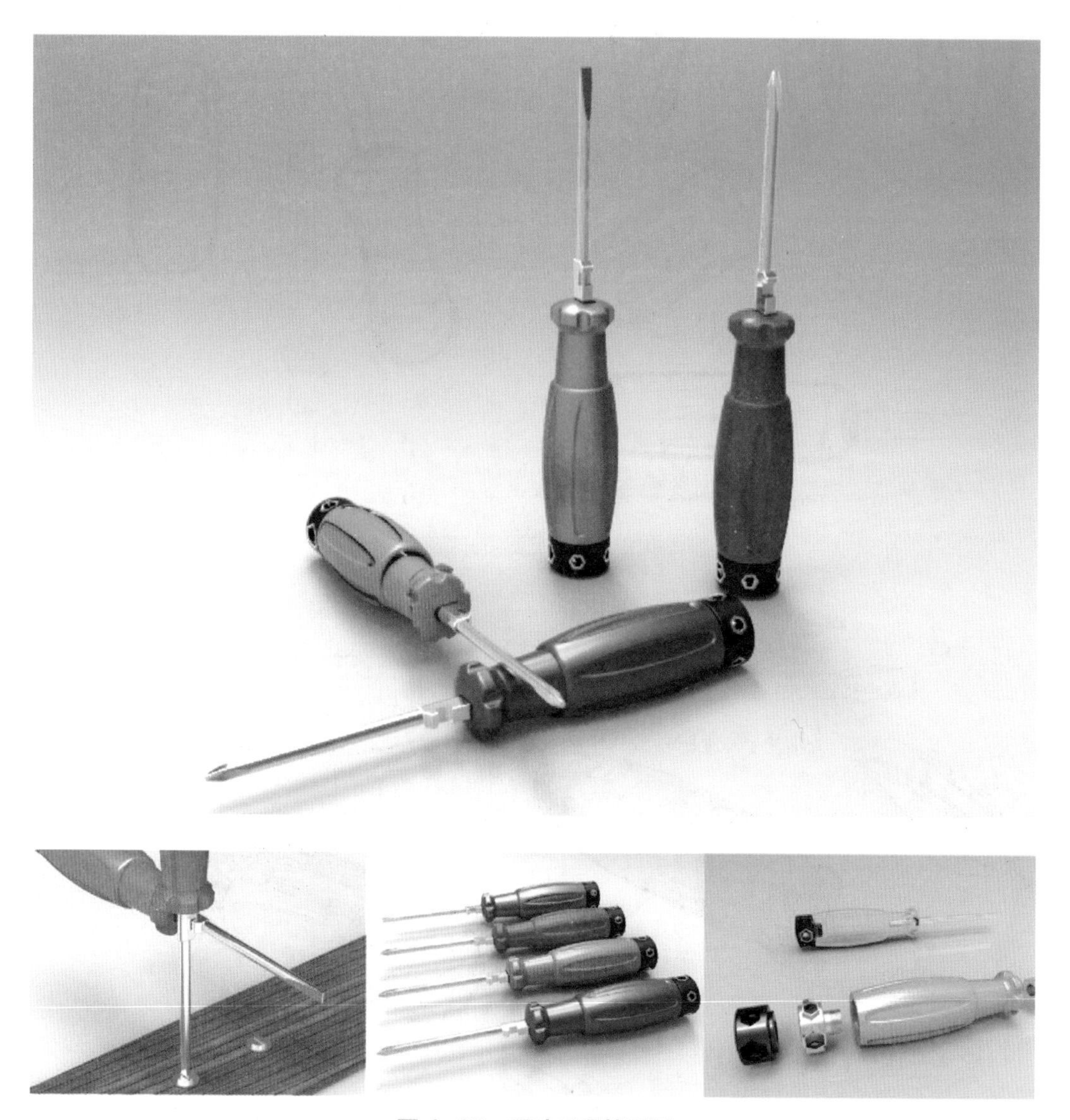

图 4–65　手动工具效果图

图 4–66~ 图 4–69 是设计过程中的部分草图，这些草图都是在 A4 打印纸上绘制的。它们呈现了设计人员当时的思考过程，以及对设计方向的探索，考虑了比例与尺寸、功能的集成、结构的改良等实际问题。

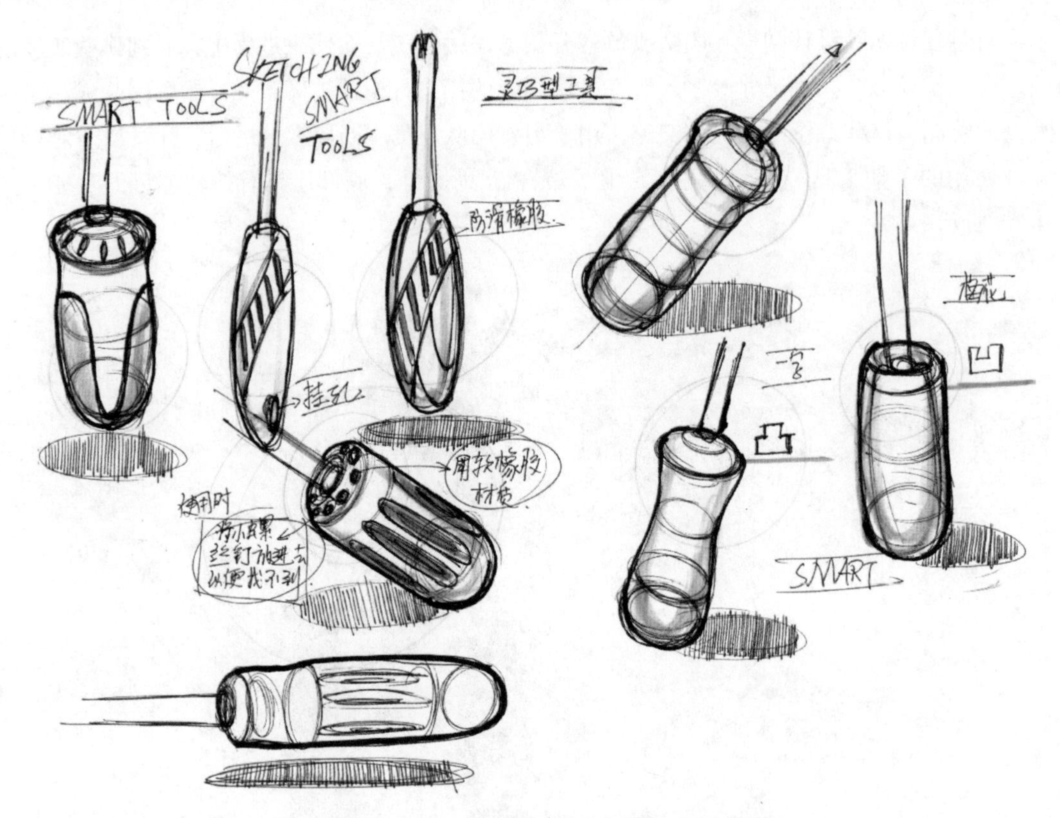

图 4-66　手动工具设计草图（1）

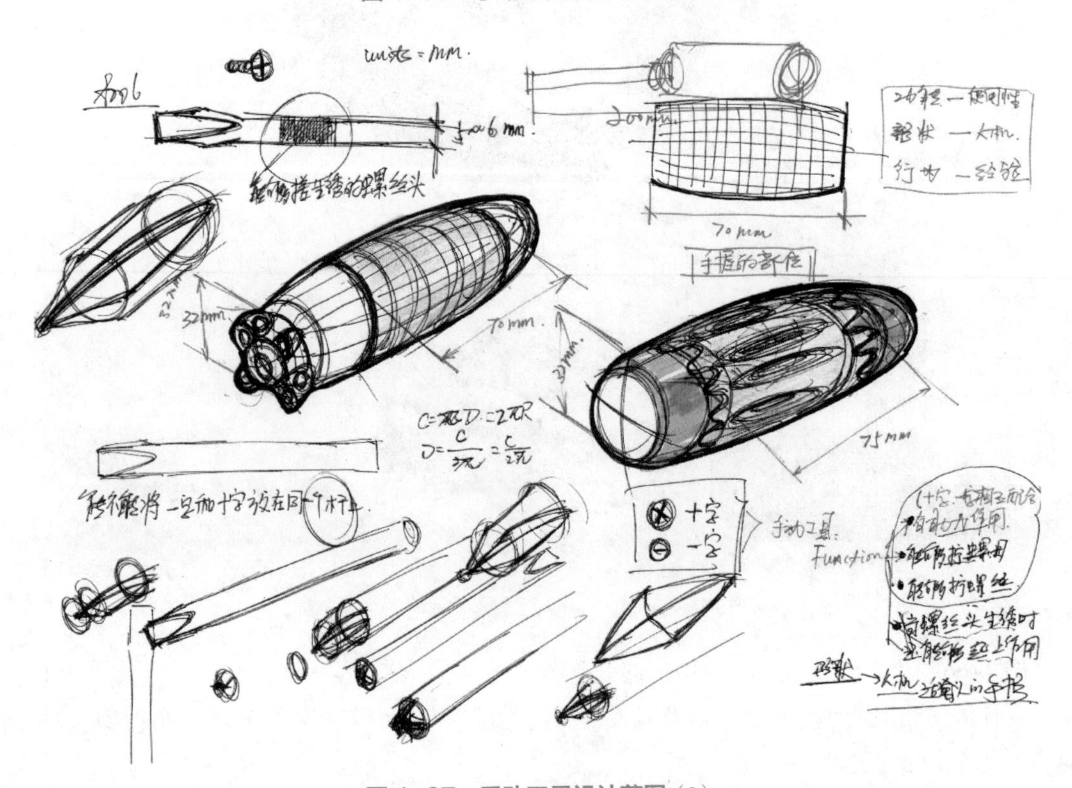

图 4-67　手动工具设计草图（2）

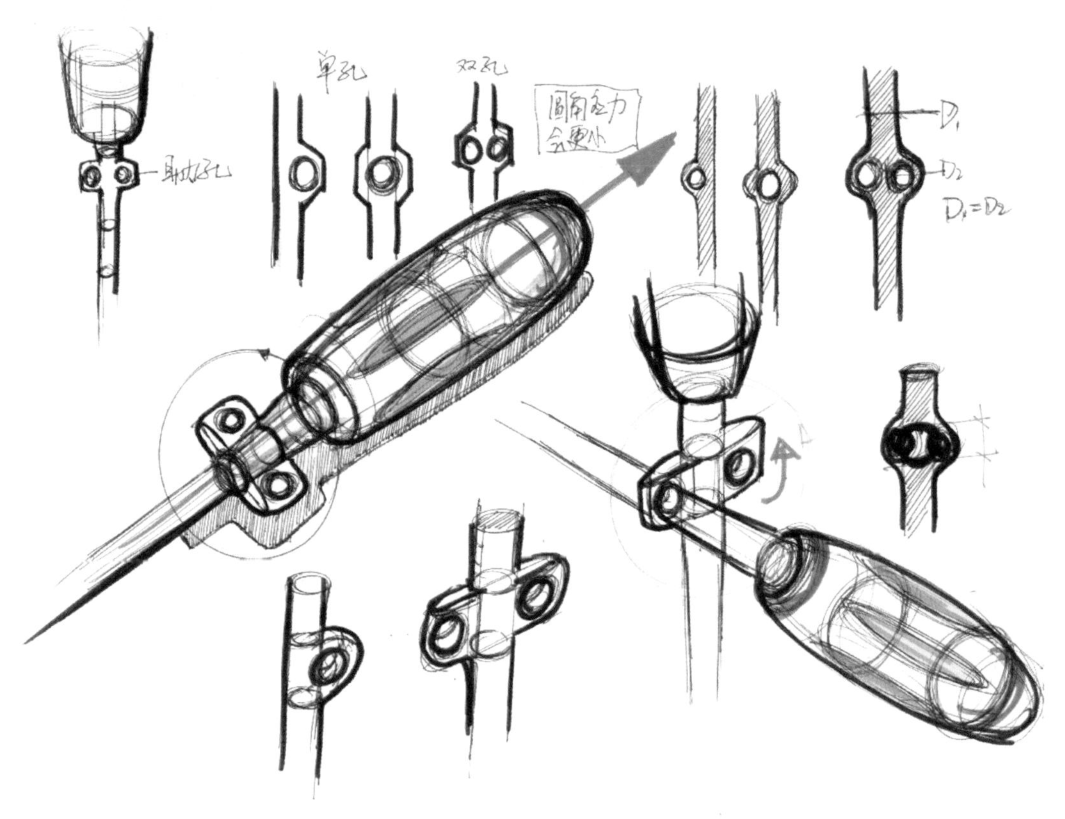

图 4-68　手动工具设计草图（3）

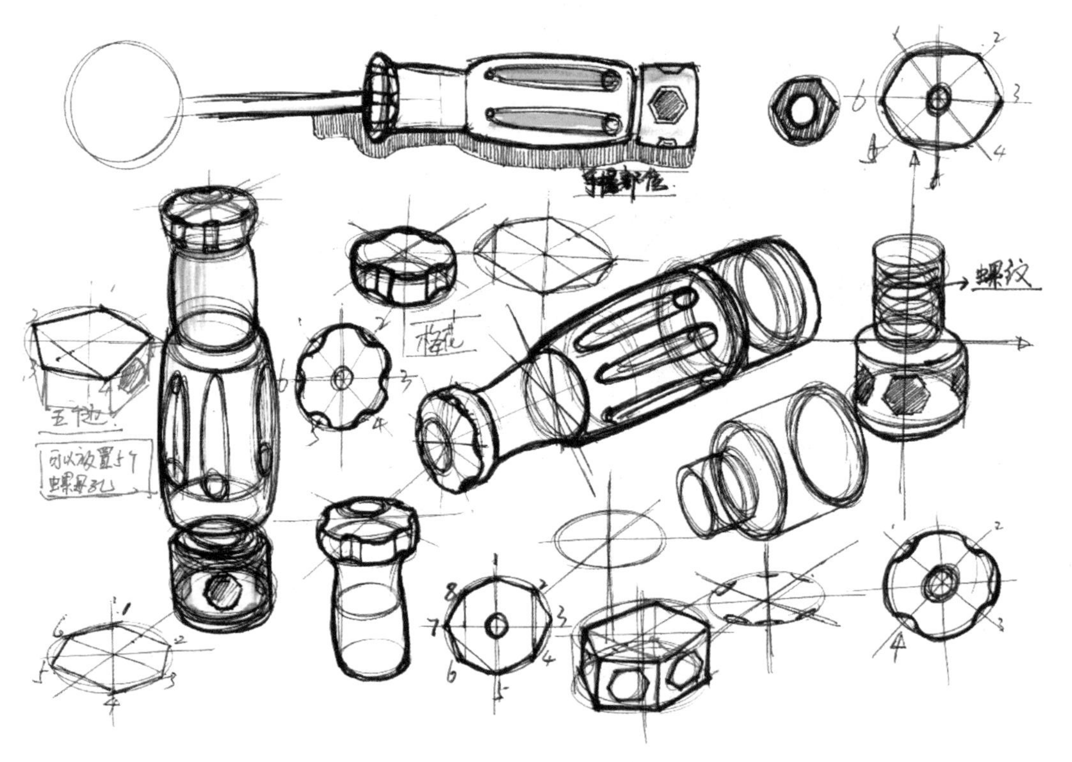

图 4-69　手动工具设计草图（4）

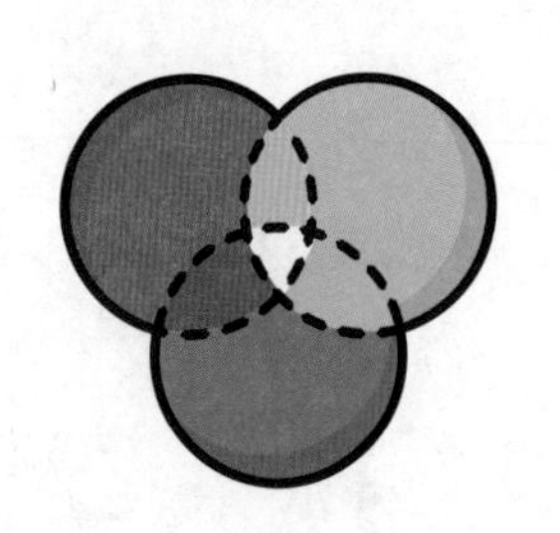

第 5 章 线与形态

罗伊娜·里德·科斯塔罗最后宣布：“你们必须学习如何在三维空间中直接思考。假如你懂得如何用三维方法在空间造型，你就能够学会画三维图，但它并不是设计的方法”

——摘自（美）盖尔·格瑞特·汉娜的《设计元素》

正如第 4 章所述，线是不存在的，却在绘画、设计手绘、工程制图等众多领域得到极为广泛的应用。这就是人类智慧的所在，用本不存在的线条表达头脑中想象的造型、形态和结构，如图 5-0 所示。

图 5-0　线与形态

线条的变化是无穷的（紧线、缓线、富于表现性的线、钝线以及许多其他质量不一样的线），线条是设计人员的词汇表中最强大的表现工具[①]。对于工业设计草图，线条显得尤为重要，因为单纯的线就能表达产品形态与结构。产品的造型和结构是设计师在纸面上构思、推演、发展，

①奈杰尔·克罗斯. 设计思考：设计师如何思考和工作［M］. 济南：山东画报出版社，2013.

并逐步形成最终的形态。工业设计师必须学会依靠线来描述产品造型结构的发展过程。

从草图认知的角度，产品形态设计要素包括点、线、面、块、体，所构成的形态语言也有自身的逻辑结构规律：点运动成线，线运动成面，面运动成块，块与面组合成体。线虽简单，却能呈现无穷无尽的变化，再复杂的形体均是线的衍生物。另外，线的粗细也很重要，可用细线来构思，用粗线来绘制轮廓，用紧密排列的线来表达阴影，用线表现不同的材质，还可用不同颜色的线来强调重点。

5.1 线的类型

事实上，无论是设计草图还是技术制图都会使用不同类型的线条来表示特殊用途，其目的都是为了更清晰地表达设计方案，从视觉上很容易辨认，不容易产生迷惑。工程技术绘图中就有多种类型的线形成国家标准，例如中心线用细点画线、尺寸线用细实线、轮廓线用粗实线等。同样，在草图设计时也可应用这些标准线型，除此之外，手绘设计中会用到一些重要的线条，如起稿线、等高线、形态装饰线、工程结构线、投影线、辅助线等。

5.1.1 起稿线

用草图辅助设计，本身就是一个探索的过程，出错也是在所难免的。初次尝试，无法做到万无一失，因此起稿线是必要的。起稿线往往用较细的笔来绘制，同时用力也要轻一些。通过多次试错，寻找正确的透视、比例和结构，从而构建基础形态，如图 5-1 所示。图 5-2 则是经过优化的线稿。对比后发现，看似凌乱的起稿线，其实无妨大碍，大胆下笔探索才是硬道理。

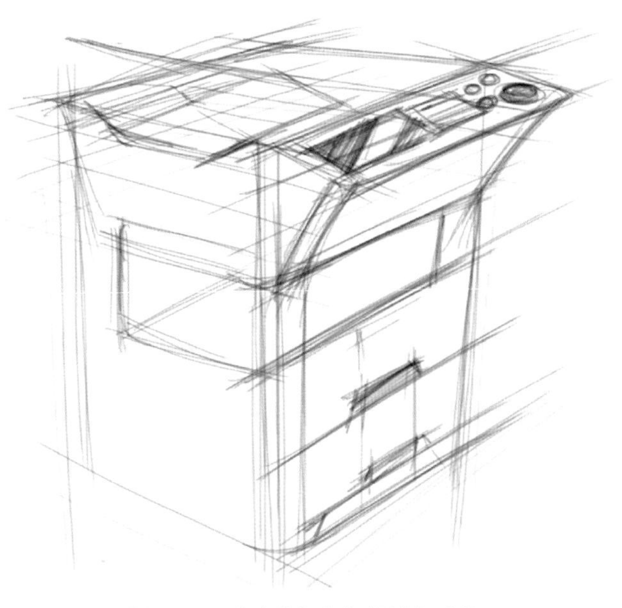

图 5-1 凌乱的复印机设计起稿线

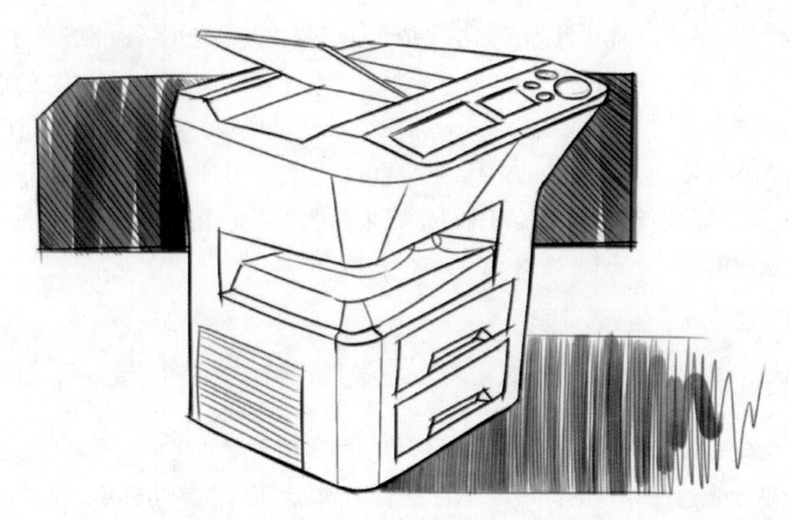

图 5-2 优化起稿线后的复印机设计草图

5.1.2 轮廓线

设计草图和工程技术图中都会用到轮廓线。通常，在整个画面中轮廓线使用粗线，其目的就是满足视觉区分，通过视觉通路我们的大脑很容易处理形体间的关系。对比图 5-3 和图 5-4，便会发现图 5-4 具有视觉重点（轮廓加粗的形体），而图 5-3 则显得平淡无重点。

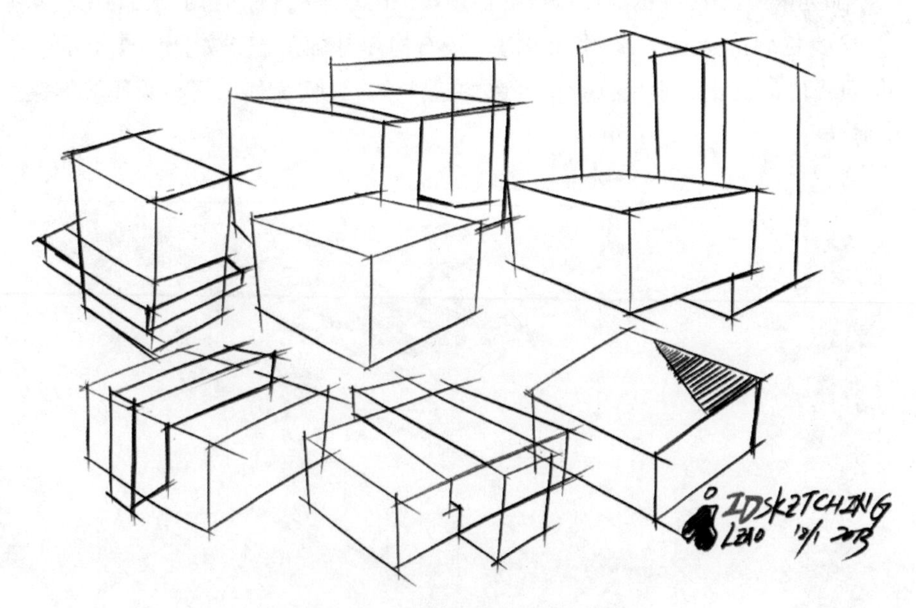

图 5-3 没有加粗轮廓线的草图

加粗的轮廓线主要有三个作用：第一，用于区分零部件之间的关系；第二，在同一纸面上画不同的形态，即便是形体交织在一起，轮廓线变粗后，视觉上很容易区分它们之间的关系；第三，如果想让纸面中的某个形态凸显，最简单的办法就是把该形体的轮廓线描得更粗些，当然单独给画面中的某个形体做渲染也是能实现画面凸显的，但没有加粗轮廓线来得快。

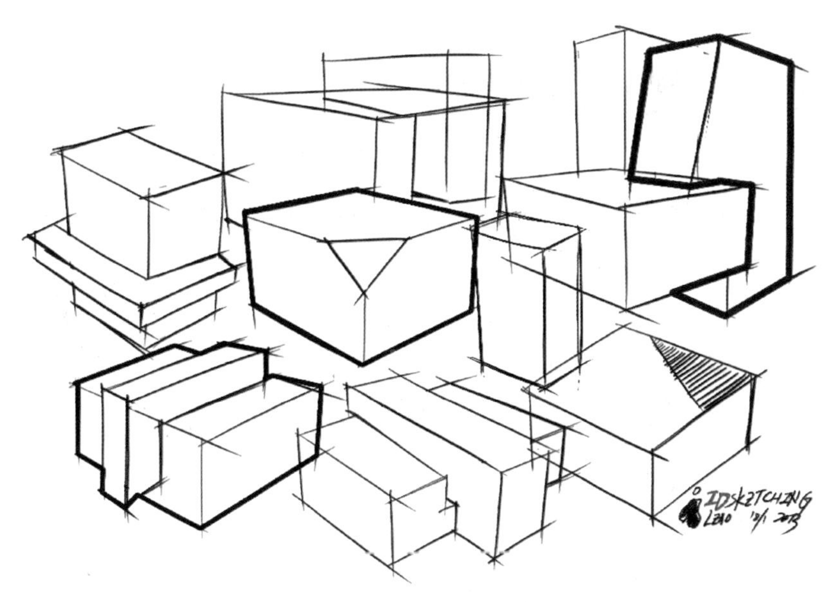

图 5-4　加粗轮廓线的草图

图 5-5 的眼动实验便证明了上述观点。虽然在同一画面中绘制了多个不同的形态，但通过加粗轮廓线的方式可轻松地帮助我们突显要强调的形态，即使加粗轮廓的形态并不在视觉中心。

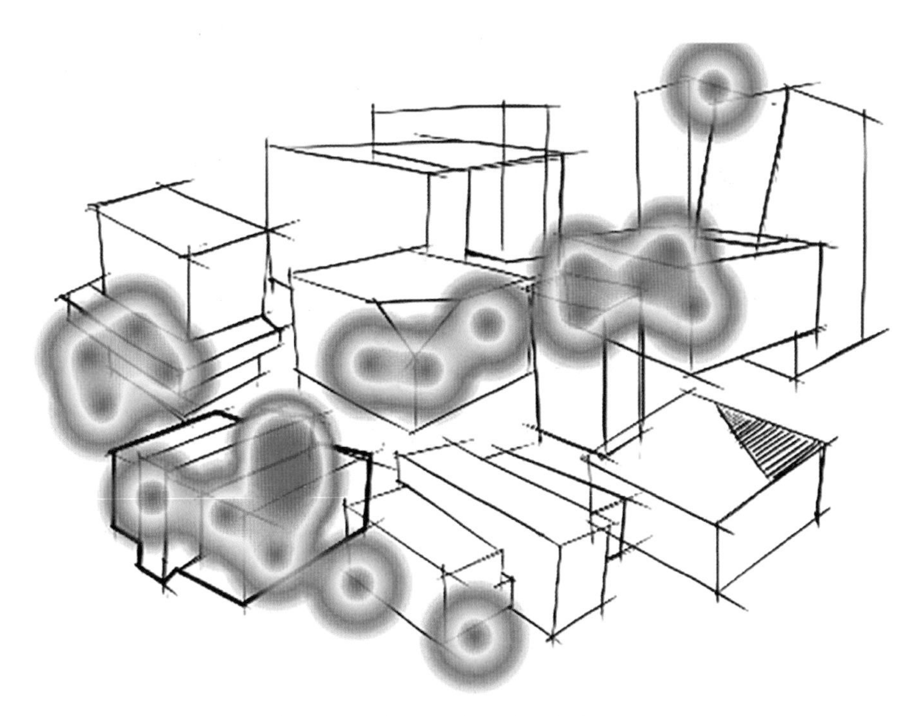

图 5-5　草图眼动实验 - 热点分布

加粗的轮廓线不仅可区分同一画面中的不同产品，在同一产品中也能够区分不同的零部件和需要强调的部分。例如，图 5-6 所示的汽车内饰设计草图，加粗的轮廓线不仅区分了座椅、车门、扶手等部件与车体的关系，同时还强调了各部件形态的变化。即便是上色之后，加粗的轮廓线依然具有区分零部件的作用，如图 5-7 所示。

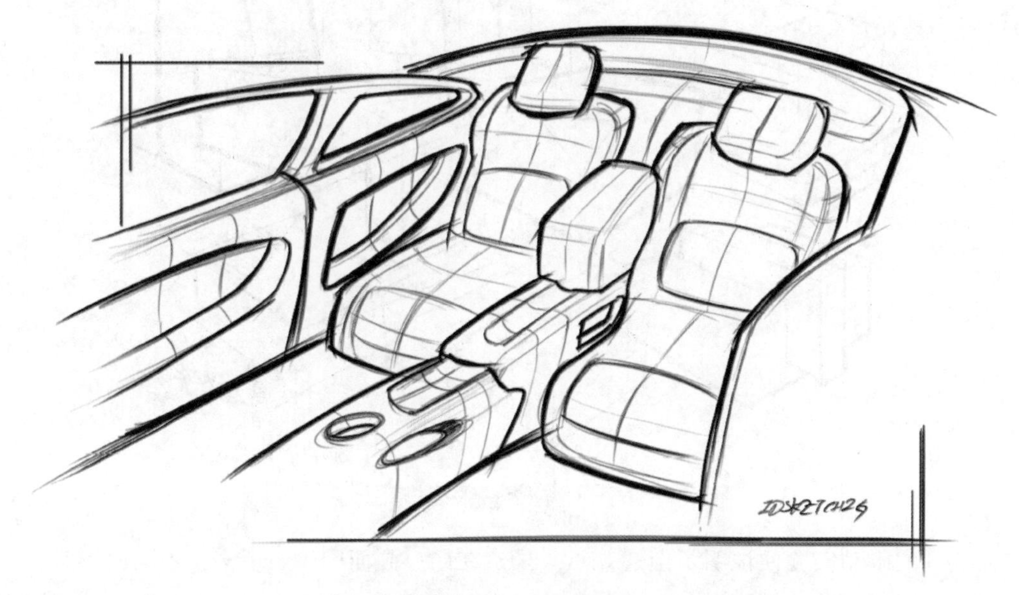

图 5-6　汽车内饰设计草图（线稿）

图 5-7　汽车内饰设计草图（上色稿）

5.1.3　等高线

等高线（Contour Line）一词来源于地理术语，是地形图上高程相等的相邻各点所连成的闭合曲线。等高线是人为假想出来的线，在产品设计手绘中可用来帮助解释产品的形态走势，是辅助可视化形态变化的有效手段之一。例如，形态不规则的花瓶设计草图，如图 5-8 所示。

图 5-8　花瓶上的形态等高线

图 5-9 所示的牙刷手柄设计方案中，B 方案则运用等高线准确地表达牙刷曲面形态的变化。通常，与轮廓线相比，形态等高线用较细的线绘制。其实在工业设计软件中，形态等高线已经成为标配，会自动出现在形态表面，如 Alias、Rhino 皆有此功能。

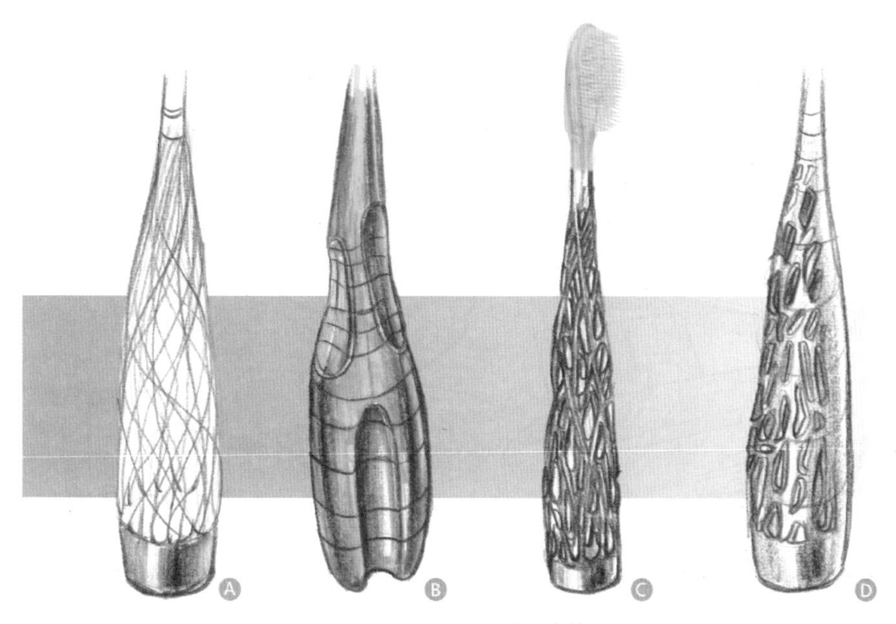

图 5-9　牙刷设计草图

在形态等高线中，最特殊的要算形态的中心线了，特别绘制对称体的透视图时，能起到很好的辅助绘图作用。例如，绘制一个左右对称的鼠标概念草图时，形态中心线有助于分析形态和控制透视，如图 5-10 所示。

图 5-10　鼠标设计草图

有时候，为了更清楚地表达形态，尤其是曲面形态的变化，可选择有颜色的线绘制形态等高线。例如，图 5-11 中的打印机设计草图，这是为了专门表示形态连续变化趋势，并强调等高线的存在，采用蓝色颜色线条来绘制形态等高线。相比之下，图 5-11 中的缝纫机设计草图没有使用有色线条绘制等高线，则略显平常。

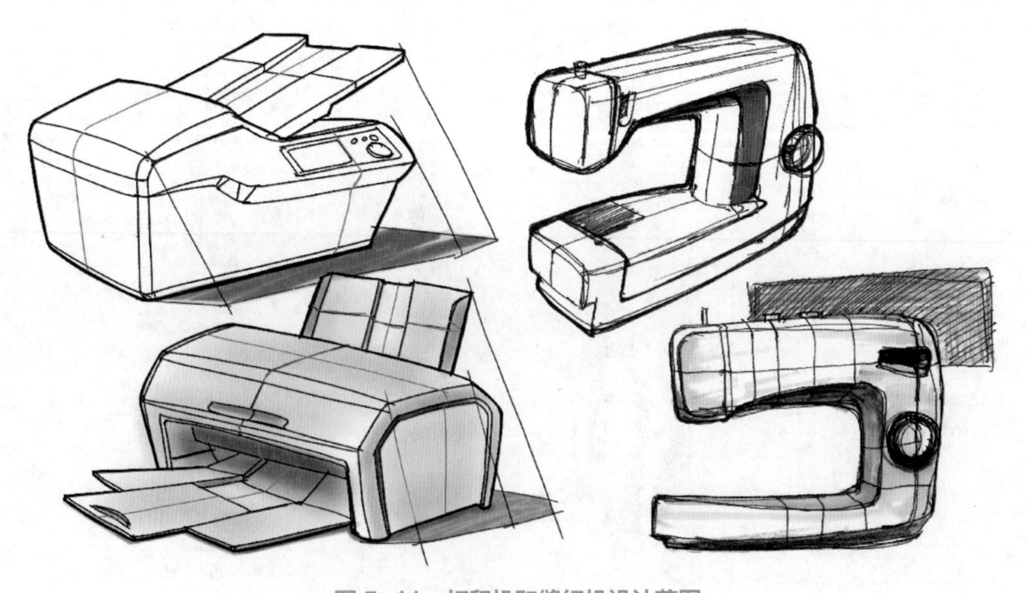

图 5-11　打印机和缝纫机设计草图

5.1.4　工程结构线

几乎所有的产品都是由多个零部件装配在一起的，各个零部件之间就存在一定的间隙。有些是工程需要，有些是结构功能需要，有些则是加工工艺决定的，总之与假想的等高线不同，工程结构线是真实存在的。例如，遥控器通常是由上下两个主壳体装配到一起的，装配不可能没有间隙，即使再小的间隙也存在，又或者是装电池的后盖与下壳体间的装配间隙，如图 5-12 所示。

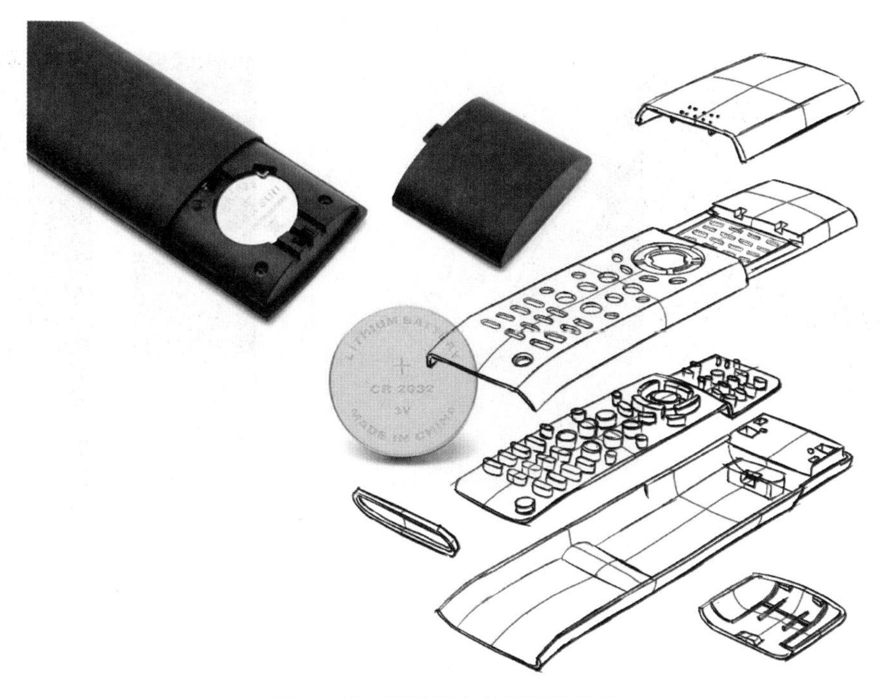

图 5-12　遥控器上的工程结构线

另外，在绘制草图时，还需要注意区分形态等高线与工程结构线。例如，图 5-13 中的汽车钥匙设计草图，红色线是工程结构线，而蓝色线则是描述形态的等高线。

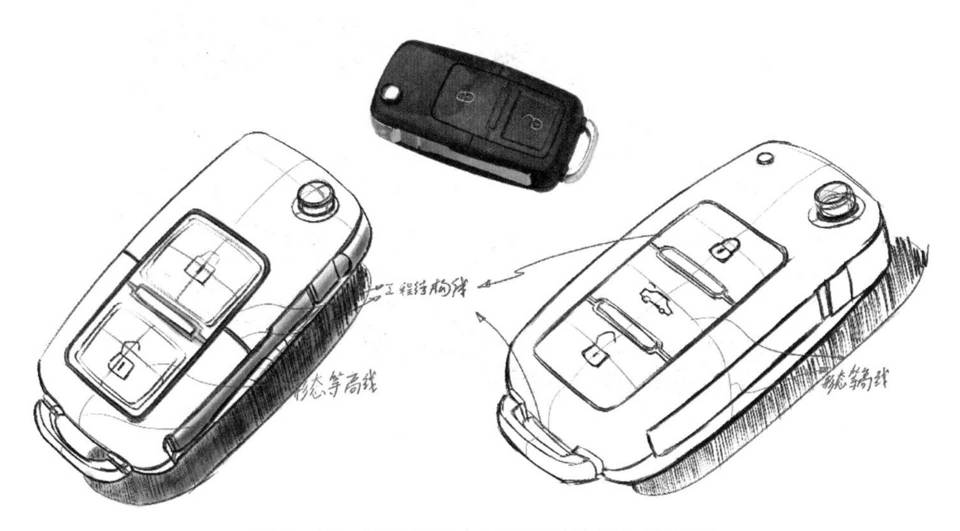

图 5-13　汽车钥匙上的工程结构线与等高线

5.1.5 形态装饰线

装饰是产品设计的一部分，但不是最重要的。显然，形态装饰线是真实存在的，如图 5-14 所示。设计中可充分发挥装饰线的作用，它们可能代表着品牌特征（如图 5-15），又或者是为了遮盖设计上的缺陷，还可以弥补工艺上的不足等。

图 5-14　遥控器上的装饰线①

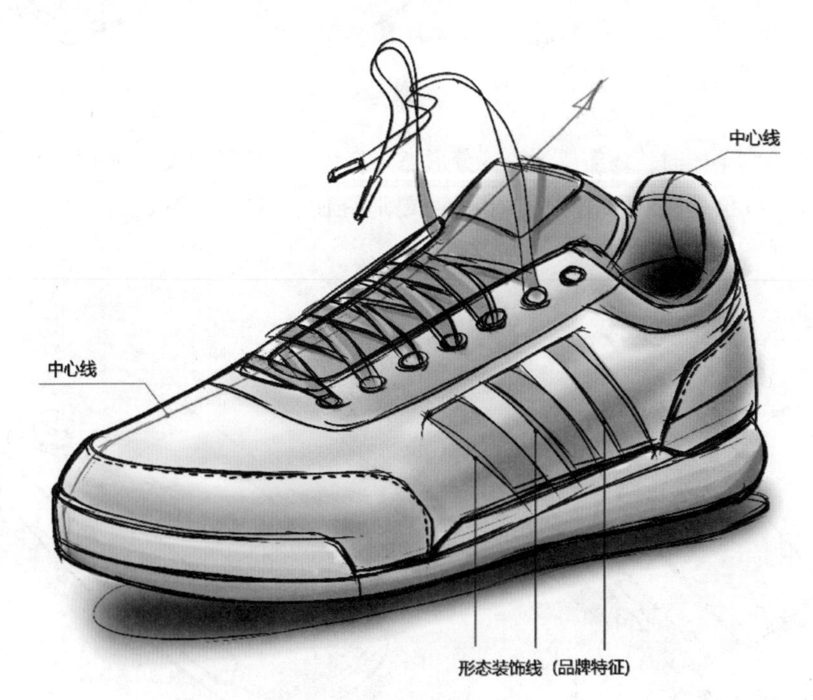

图 5-15　运动鞋设计草图

① 图片来源：https://item.jd.com/61278397581.html

有时候，形态装饰线也可能同时又是工程结构线。例如，图 5–16 中的吹风机设计草图，机身表面的形态装饰线与装配技术结构线重合，装饰线的位置既要满足美学需要也要满足装配关系要求。

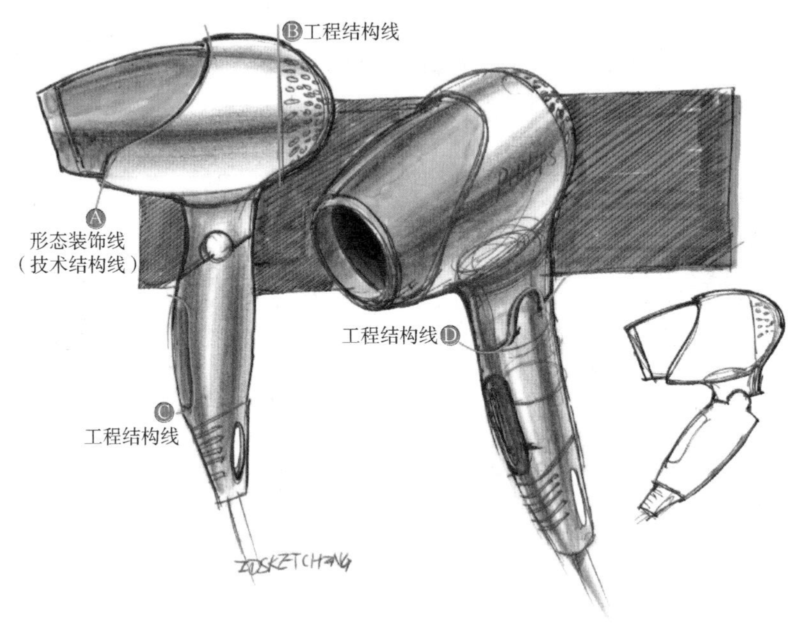

图 5–16　吹风机设计草图

5.1.6　投影线

绘制投影是为了增加产品的真实感，关于投影本书第 3 章已有相对全面的讲解，本节只作简要分析说明。投影线也是不存在的线，与光源的类型和位置密切相关，属于辅助线的一种，可帮助我们为草图绘制出正确的投影，如图 5–17 和图 5–18 所示。

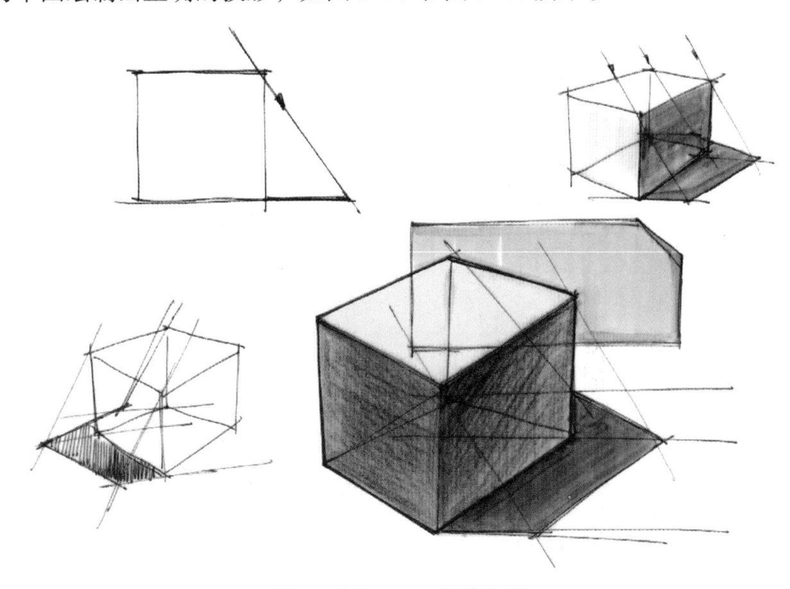

图 5–17　立方体投影线

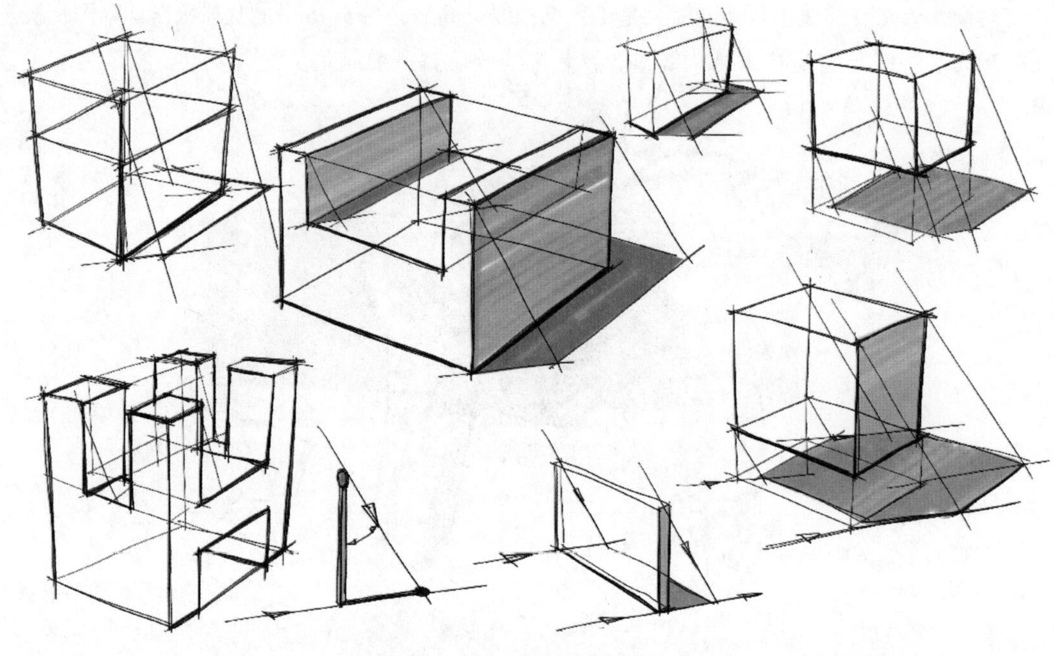

图 5-18　切割体投影线

当产品的形态变得复杂后，投影线则很难绘制准确，然而也没有必要绘制得完全准确。大多数时候只需要估画投影线，估算产品大致的阴影位置即可，例如，图 5-19 中的饮水机设计草图。

图 5-19　估画设计草图中的投影线

5.2 立体感的创造

其实单纯的线条排布是创造立体感的有效手段。利用排布疏密不等的线创造形态，该方法是从光影关系中抽象而来的，如图 5–20 所示。在形态转折、过渡处排布上较密的线条，在形面平缓处排布稀疏的线条，甚至不用排线，这种练习有助于对形态变化的理解和创造，如图 5–21、图 5–22 所示。

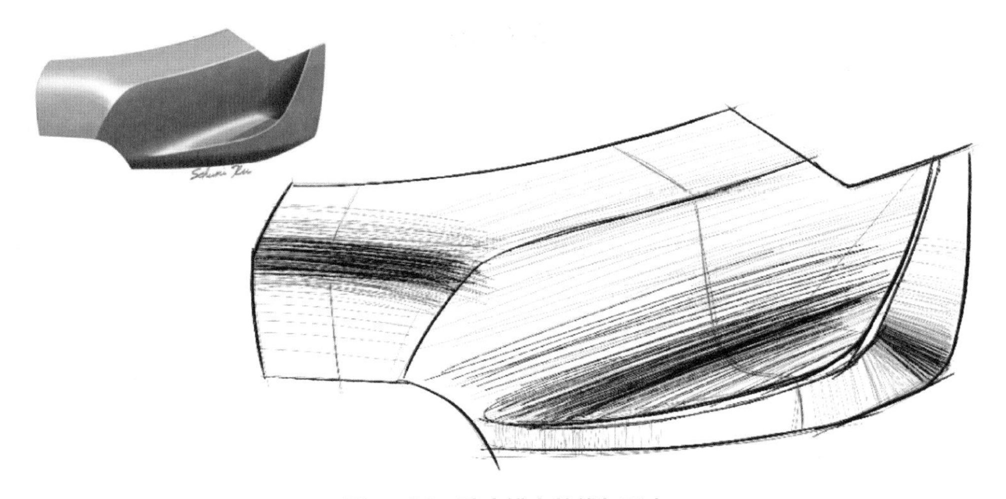

图 5–20　疏密排布的线与形态

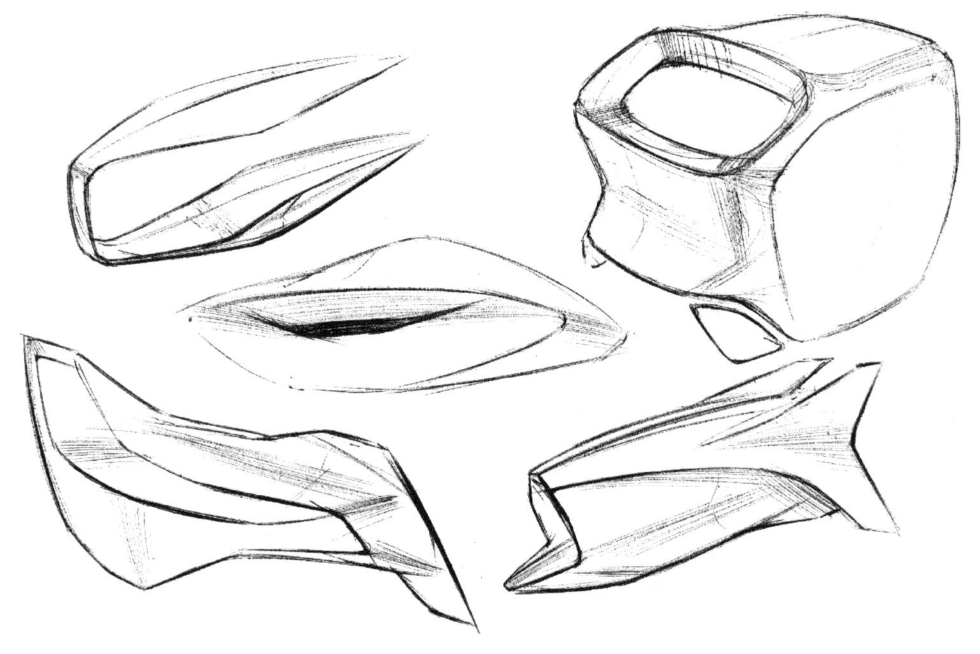

图 5–21　变化的线与形态（1）

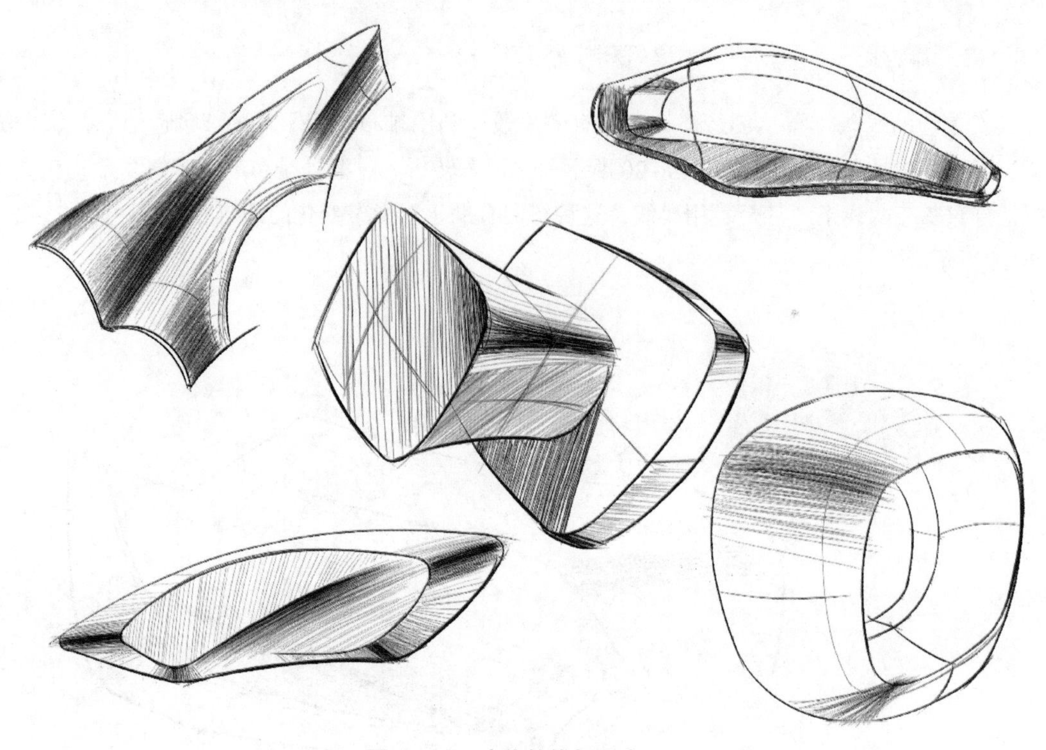

图 5-22　变化的线与形态（2）

5.3 形体、比例与结构

本节内容受到盖尔·格瑞特·汉娜（Gail Greet Hannah）所著的《设计元素（罗伊娜·里德·科斯塔罗与视觉构成关系）》一书的启发。在这本书的封底写着这样一句话："如果你不能把它做得更美，问题在哪里？"。

本节的目的是用设计手绘的方式探索、推敲形体之间的关系，包括形体本身以及它们之间的比例与结构关系。应从最基本的形体入手，主要包括直棱体、曲面体以及二者的混合体，还应进一步探索曲面问题。当然如果有条件，也可以根据草图制作出真实的模型，让真实的模型与草图进行交流。所有这些都是为了获得视觉平衡，即视觉动力的平衡。通过这种方式激发我们较为理性地分析形体间的比例与结构关系，并以此为基础进行创造。

5.3.1　直棱体

从三维空间出发，用三个大小不一样的直棱体探索空间形体间的关系，依据比例保证三个直棱体分别是主要形体、次要形体和附属形体。最重要的是尽可能让三个直棱体充分体现空间的三个维度，每个直棱体的主轴线互相垂直。同时赋予变化，并考虑结构关系，如图 5-23 和图 5-24 所示。

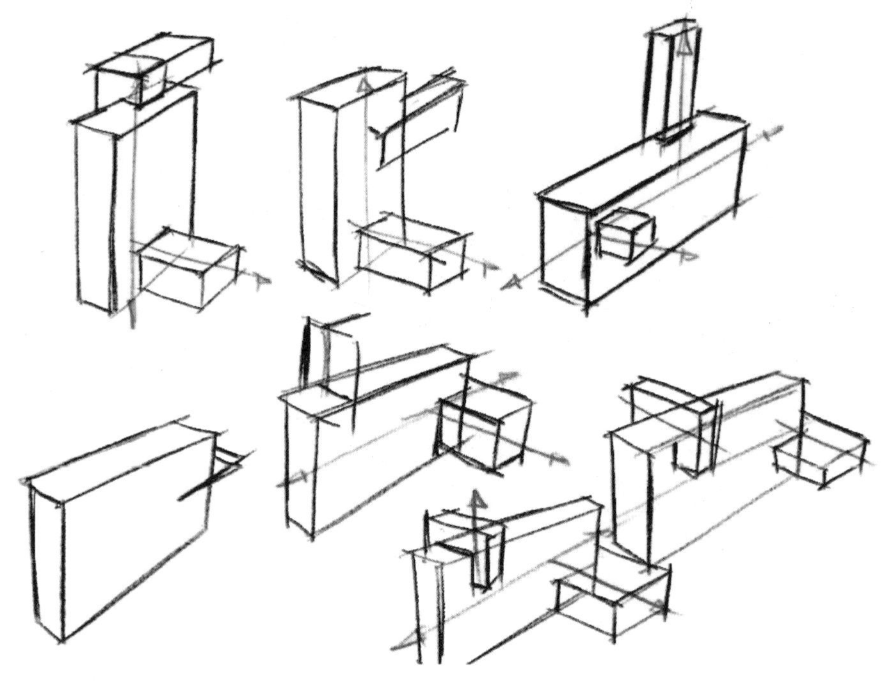

图 5-23　直棱体组合练习（1）

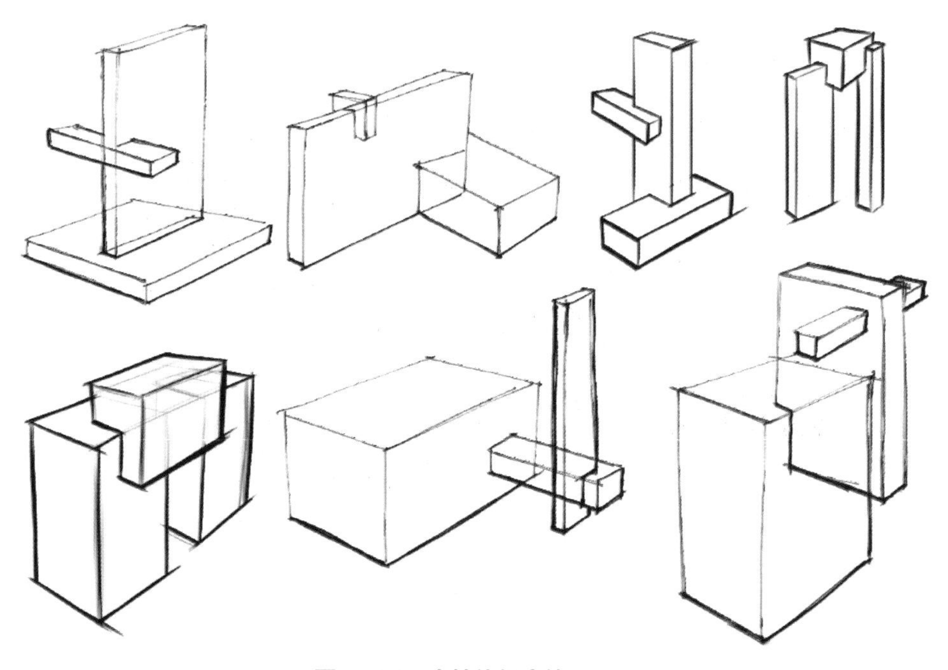

图 5-24　直棱体组合练习（2）

做这样的训练不仅训练手绘，更重要的是用线条探索视觉力的平衡能力，创造空间立体构成及形态，如图 5-25 和图 5-26 所示。

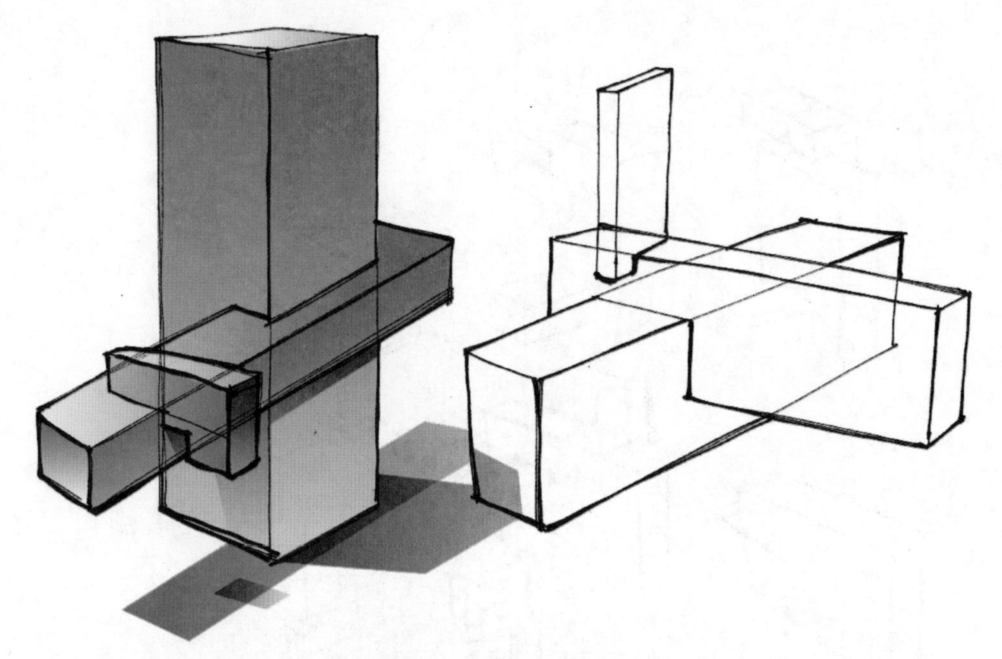

图 5-25　直棱体组合练习（3）

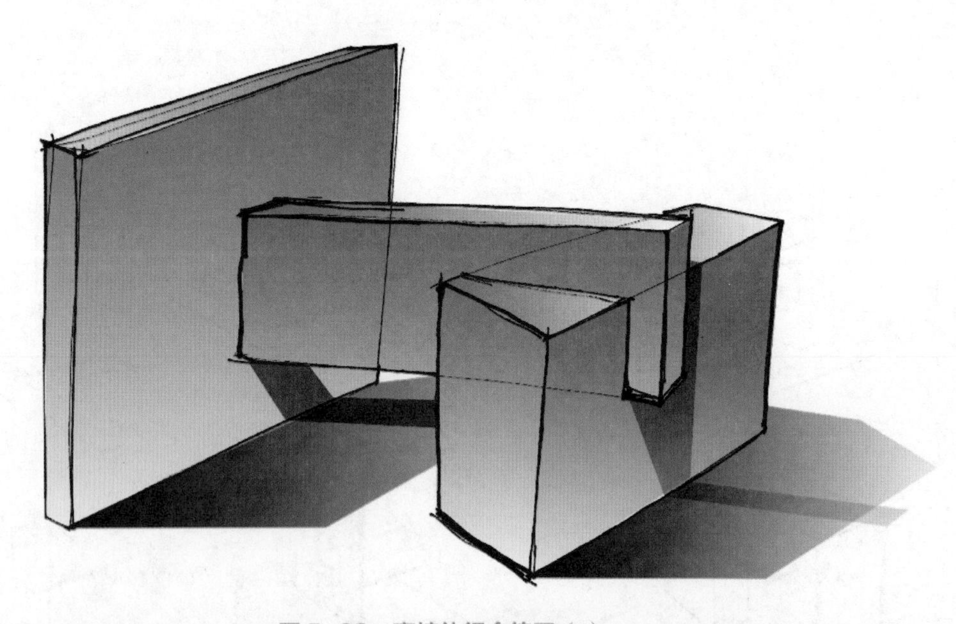

图 5-26　直棱体组合练习（4）

5.3.2　曲面体

曲面体，包含球体、半球体、圆锥体、圆柱体、椭圆体、椭圆基座、半椭圆体、圆形基座。尝试利用上述曲面体中的三个形体组成一个有趣的形体组合，如图 5-27 和图 5-28 所示。经常做这样的练习可从视觉上帮助构建自己的视觉形态库，只有不断尝试才会有收获。

图 5-27　曲面体组合练习（1）

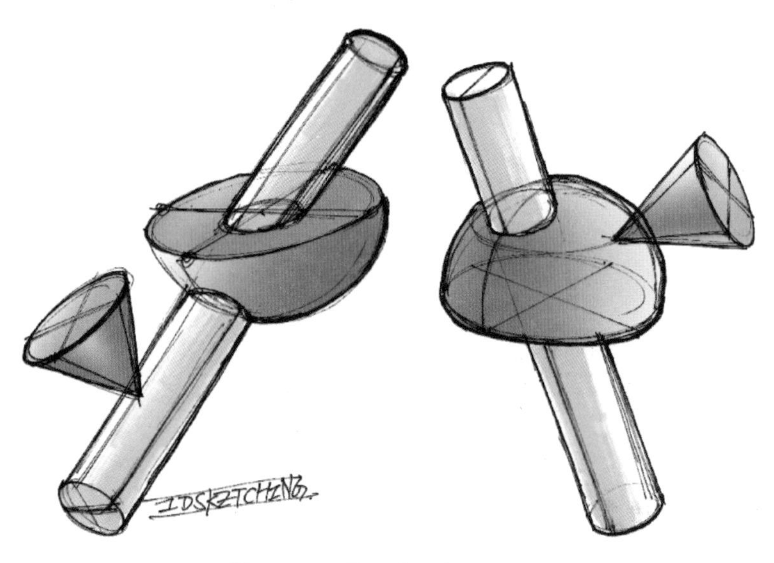

图 5-28　曲面体组合练习（2）

例如，1991 年飞利浦 · 斯塔克为阿莱西设计的 hot betaa 水壶，形态上就是两个简单曲面体的结合，不仅表现了视觉上的平衡感，同时在力学和功能上也呈现平衡态，如图 5-29 所示。

5.3.3　直棱体与曲面体

用草图的方式探索直棱体与曲面体的组合方式，将直棱体与曲面体结合，具有视觉动态平衡关系。同样需要注重建立主导形态、次要形态和附属形态的三层关系，以及每个形体在主轴线上的视觉连续性，如图 5-30~ 图 5-32 所示。

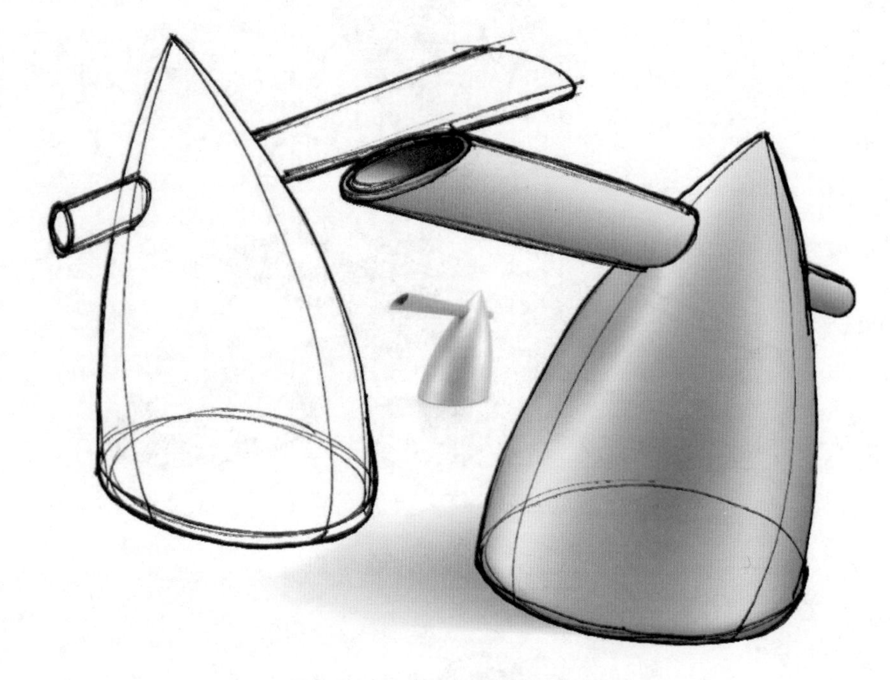

图 5-29　曲面体组合练习（3）

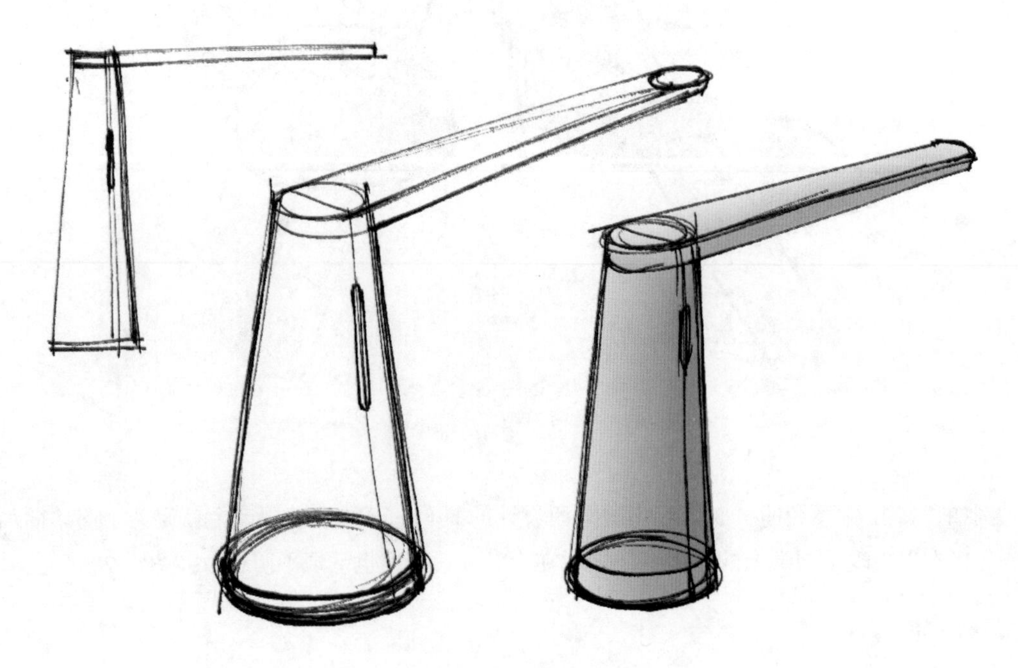

图 5-30　直棱体与曲面体组合（1）

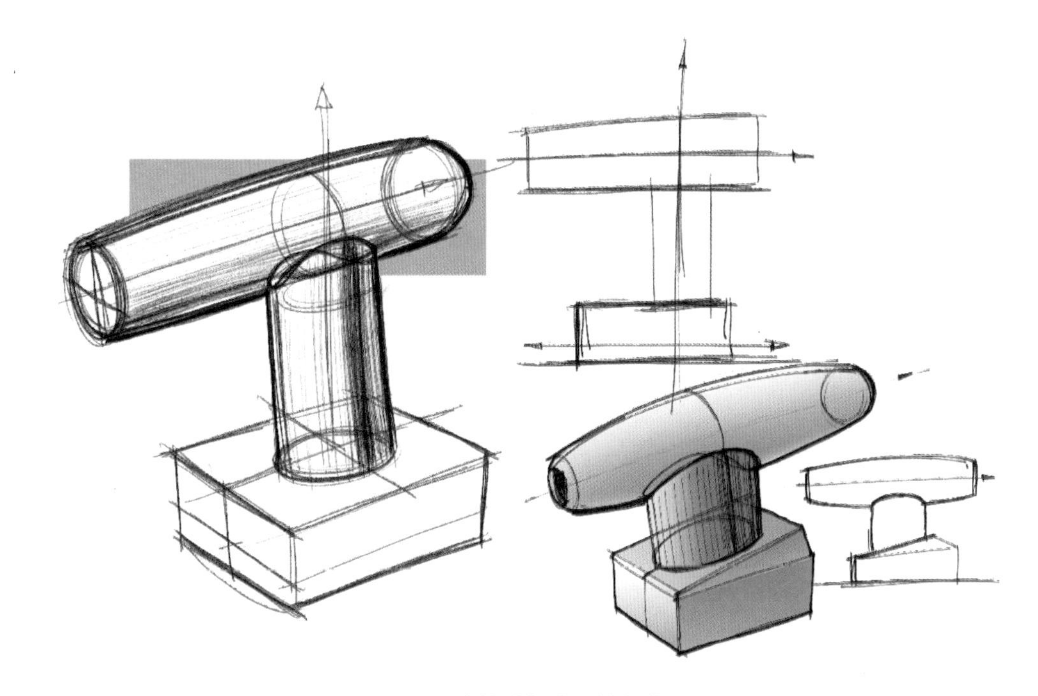

图 5-31　直棱体与曲面体组合（2）

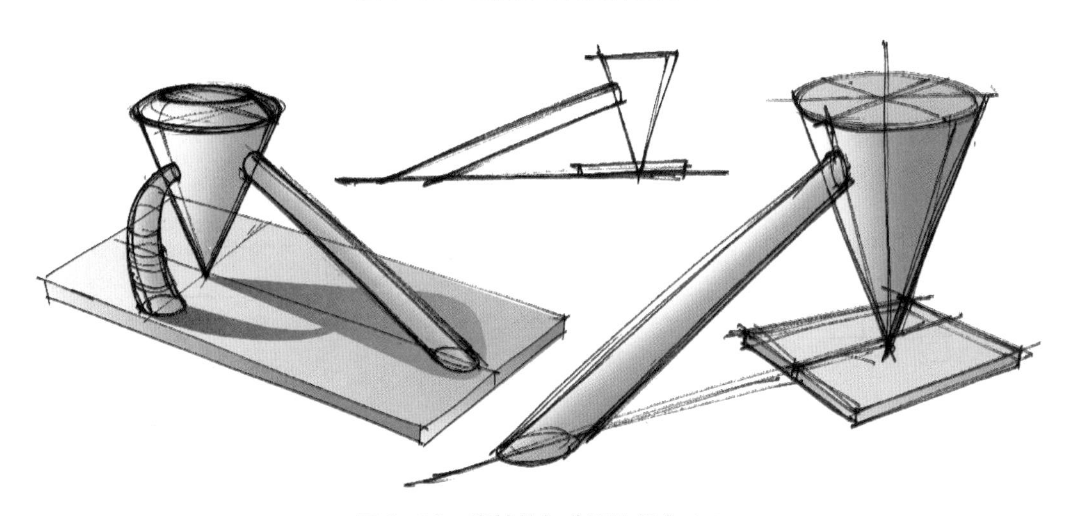

图 5-32　直棱体与曲面体组合（3）

5.4 向大自然学习——形态、结构

大自然是一切惊艳生物的源泉，其颜色、形状和结构从不会让人错过灵感的光顾，将人们带向并不普通的世界[①]。尤其对设计师而言，大自然是取之不尽用之不竭的创意源泉。

动植物的形态千姿百态，是我们学习和研究的自然对象，但不可能一一列举，这里只选择一些有趣的动植物形态作为研习对象。读者可根据自己的喜好寻找一些感兴趣的动植物慢慢研

① 王蕊 . 自然的灵感［J］. 艺术与设计，2016（8）：70–77.

习，从中体验并获取知识和经验。

5.4.1 植物

芬兰女设计师 Maija Puoskari 在 2013 年米兰国际家具展上展出了一系列灵感源于大自然的灯具，其中的一款 Tatti 台灯则模仿蘑菇。作品的确容易让人想起蘑菇，和大自然联系到一起，如图 5-33 所示。

图 5-33 Maija Puoskari 设计的蘑菇灯[①]

蘑菇的样子很像种在地里的一把把“伞”，而“伞”的形态丰富多样，常见的有钟形、斗笠形、半球形、平展形、漏斗形等，如图 5-34 所示。

图 5-34 蘑菇形态草图

① 图片来源：https：//www.designboom.com/design/terho-tatti-lamps-by-maija-puoskari

鸢尾花（Iris），花瓣舒展且大而美丽，叶子呈剑形，如图 5-35 所示。因此绘制它可以帮助练习线条，并构建形态。

图 5-35　鸢尾花形态草图

猪笼草，拥有一个独特的吸取营养的器官——捕虫笼，捕虫笼呈圆筒形，下半部稍膨大，笼口上具有盖子，俨然一个瓶状形态，如图 5-36 所示。

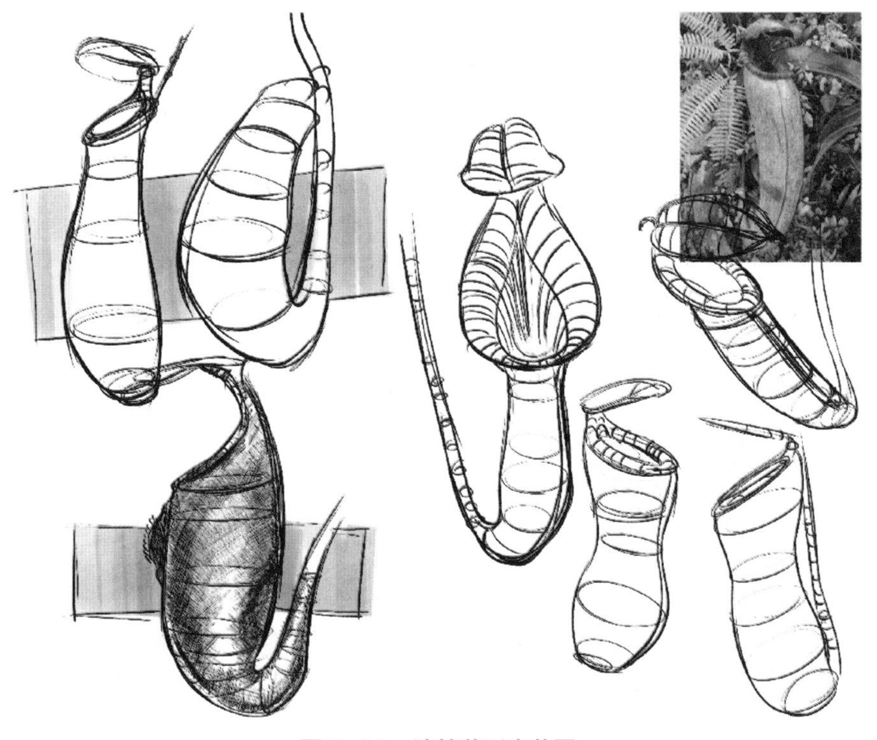

图 5-36　猪笼草形态草图

研习绘制各种植物形态的最终目的就是要将植物形态逐步演绎成我们需要的产品形态，这种研习需要长期坚持。例如，要设计一个调料瓶，我们可从大蒜（或大葱）的形态逐步探索出新的调料瓶形态，如图 5-37 和图 5-38 所示。

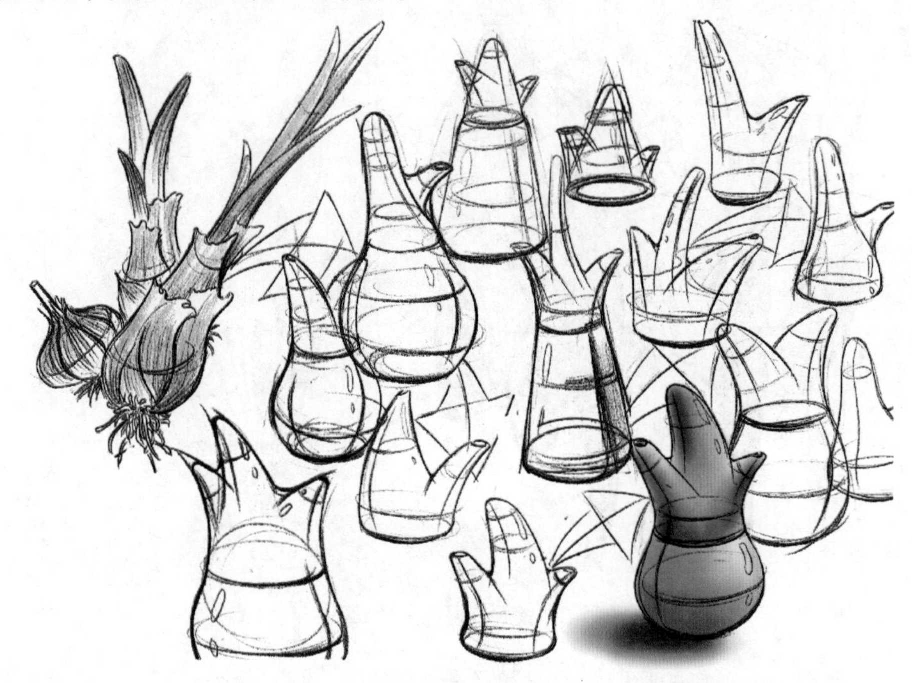

图 5-37 调料瓶形态探索草图（作者：赵凌霄）

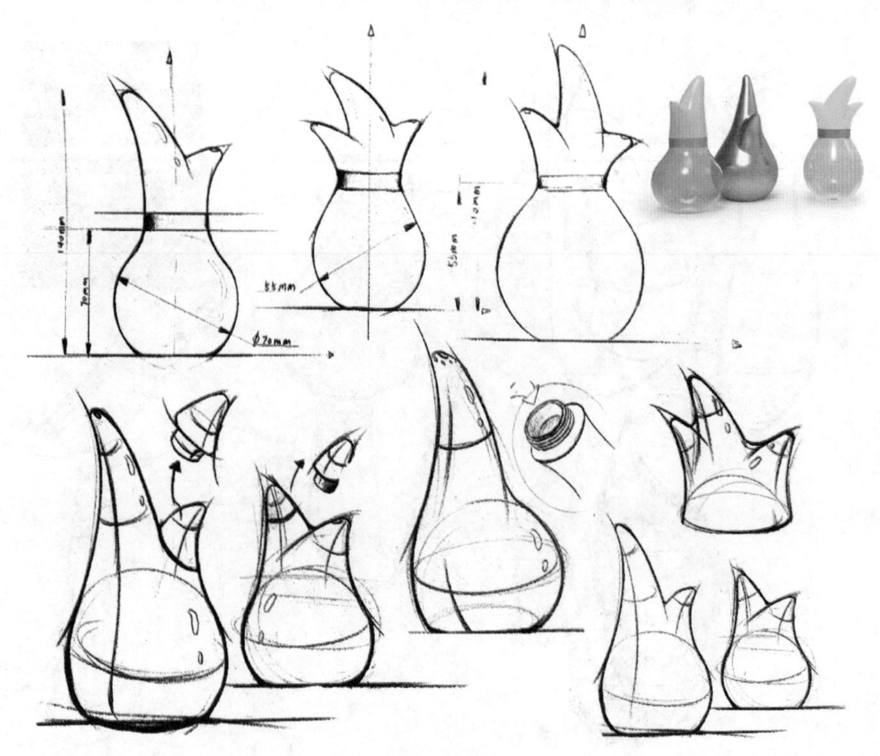

图 5-38 调料瓶设计方案草图（作者：赵凌霄）

5.4.2　动物

研习动物形态同样是一项有趣的工作。例如，从动物形态探索儿童水杯的设计，受蜗牛形态特征启发而设计的儿童水杯，如图 5-39 所示。

图 5-39　从动物形态到产品形态的构思

蚂蚁椅（Ant Chair），简称蚁椅，因其形态酷似蚂蚁而得名，由丹麦设计大师雅各布森（Arne Jacobsen）设计。蚁椅从最初的三足发展到四足、从没有扶手到增加扶手、从单一色彩到多种色彩，每一次变化与革新都会博得众多喝彩[①]。简单的结构、优美的曲线与轻巧的造型自然是其能够经久不衰的重要因素，如图 5-40 和图 5-41 所示。

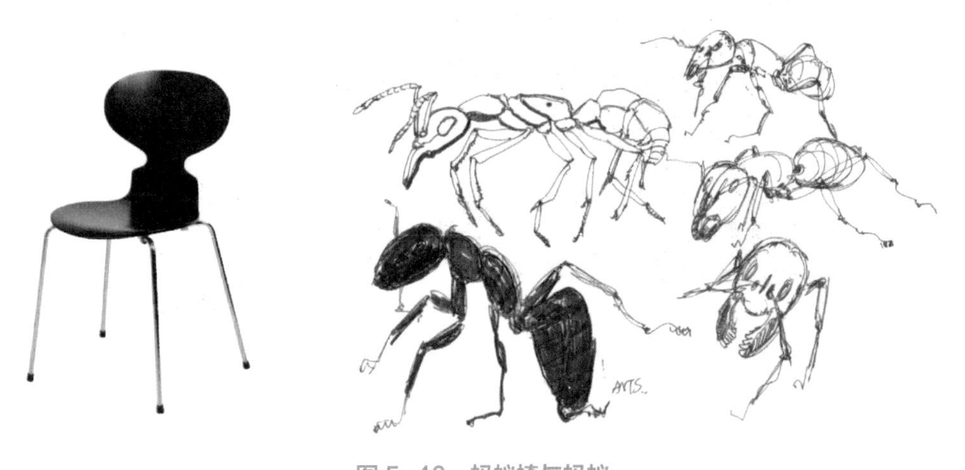

图 5-40　蚂蚁椅与蚂蚁

① https：//www.ggwer.com/ant-chair.html

图 5-41　蚂蚁形态草图

图 5-42 和图 5-43 是甲虫与蜜蜂的形态草图。蜜蜂的头与胸几乎一样宽，属于节肢软体昆虫，而同属节肢门的甲虫身体外部有硬壳。

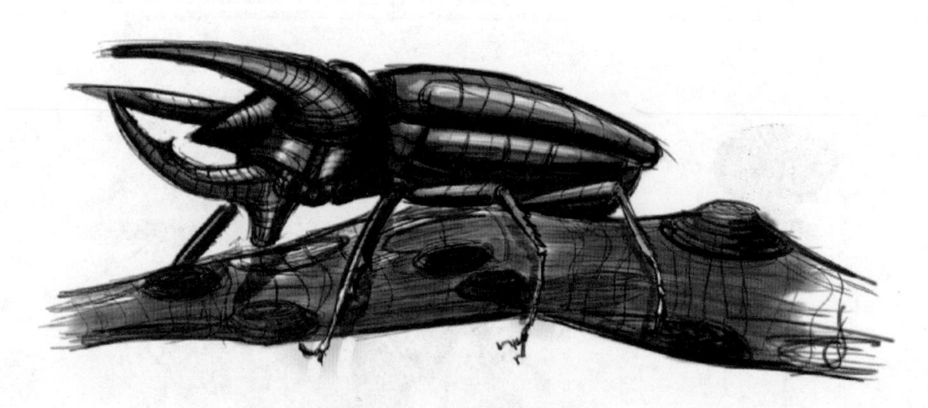

图 5-42　甲虫形态效果图

蜻蜓是无脊椎动物，图 5-44 是蜻蜓形态分析草图。蜻蜓的眼睛又大又鼓，占据整个头的大部分，有两对长而窄的翅，呈膜质结构，网状翅脉清晰可见，腹部细长，整体形态呈现出很好的视觉平衡感，如图 5-45 所示。

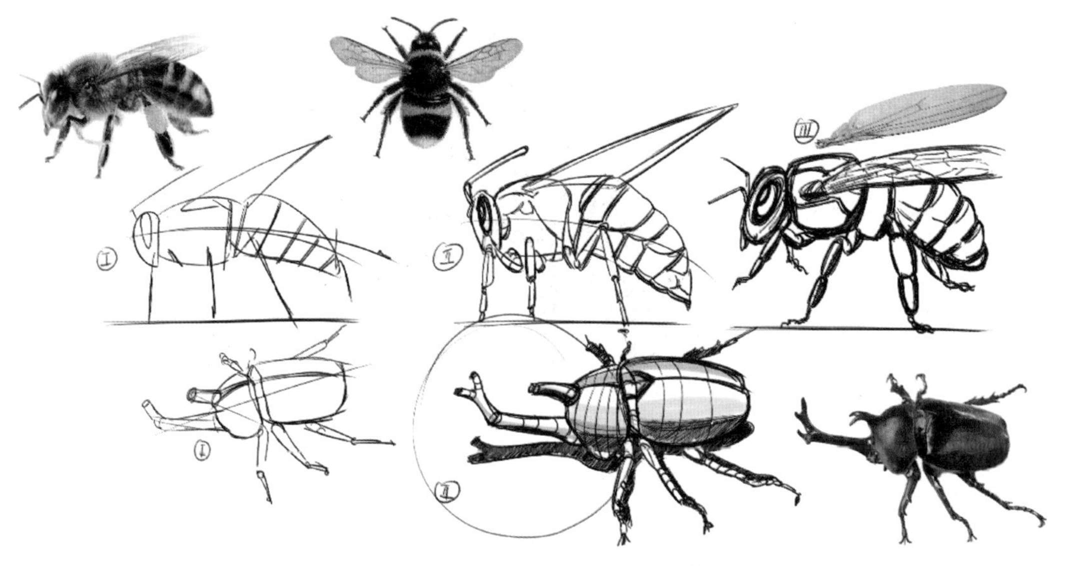

图 5-43　蜜蜂与甲虫的形态分析草图

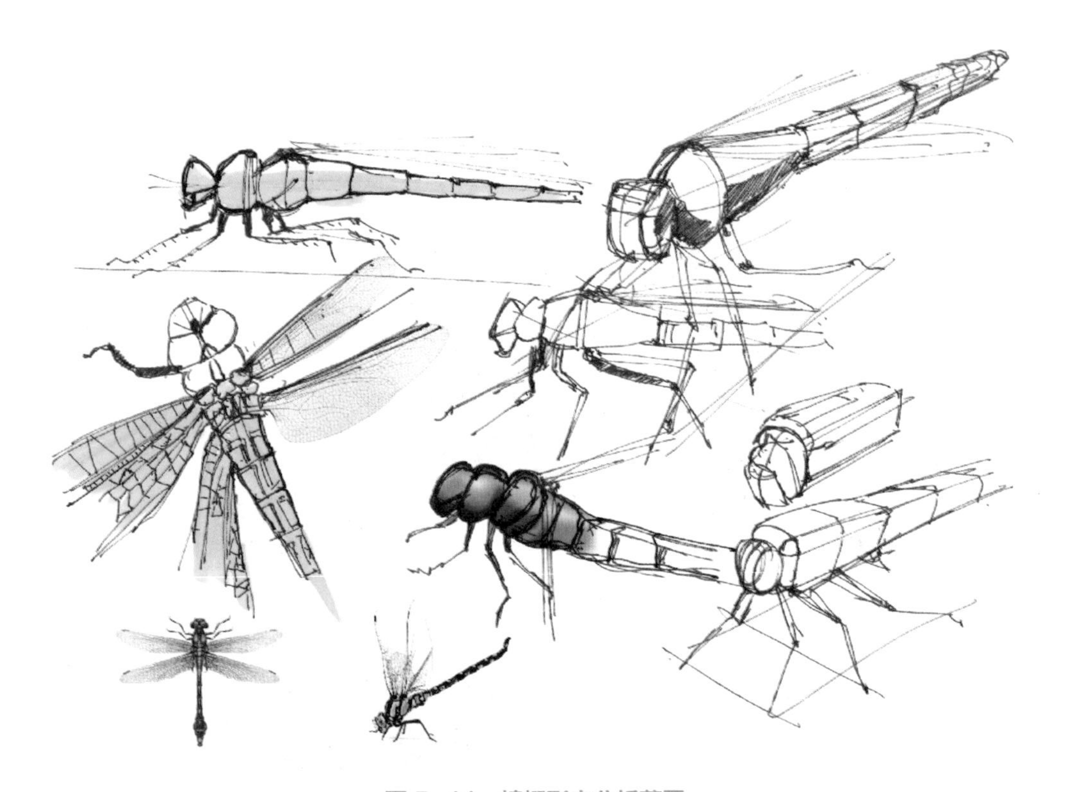

图 5-44　蜻蜓形态分析草图

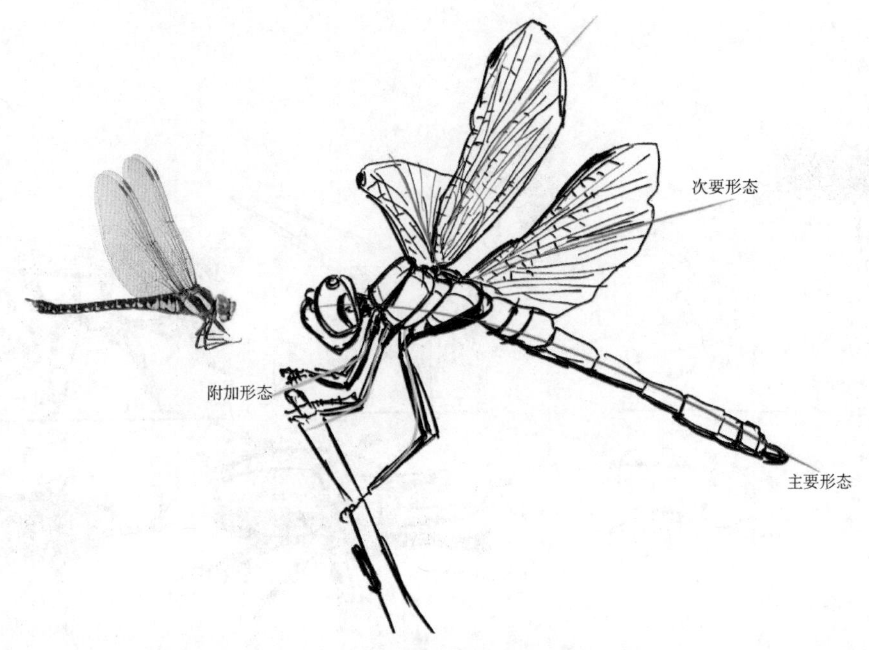

图 5-45　蜻蜓形态结构分析草图

苍蝇的身体有三节，头、胸、腹，属于典型的“完全变态昆虫”，幼虫扮演动植物分解者，成虫能代替蜜蜂用于农作物的授粉和品种改良。图 5-46 是苍蝇形态写生草图。

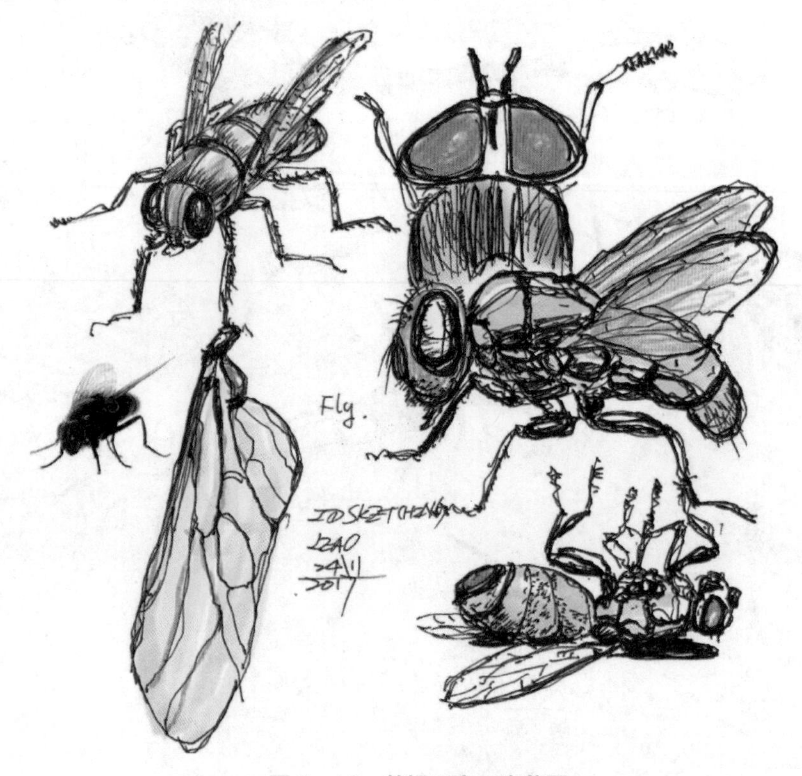

图 5-46　苍蝇形态写生草图

七星瓢虫的身体呈卵圆形，背部拱起，呈水瓢状。和其他昆虫一样，整个身体分为头、胸、腹三部分。图 5-47 是七星瓢虫形态分析草图，头、胸、腹的比例略显夸张，致使它很可爱。

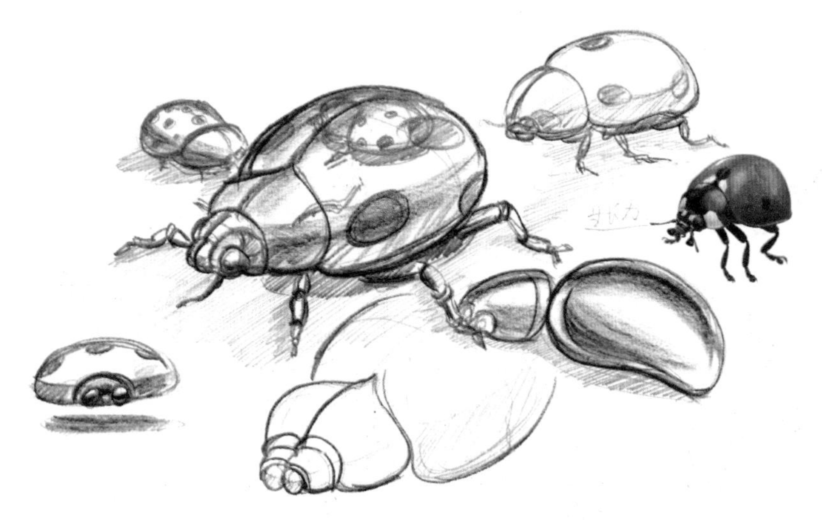

图 5-47　七星瓢虫形态分析草图

螳螂是肉食性昆虫，形态上最大的特征是两个形似“大刀”的前肢，因此也有“刀螂”的别称，头呈三角形，图 5-48 是螳螂形态分析草图。

图 5-48　螳螂形态分析草图

犀牛有着异常粗笨的躯体，四肢短粗，脑袋却很大，全身披以铠甲似的厚皮，最大的特征还是吻部上面长有单角或双角，另外头部两侧还有一对小眼睛，全身呈现出一种看似不合理比例结构，但却很好看，如图 5-49 所示。

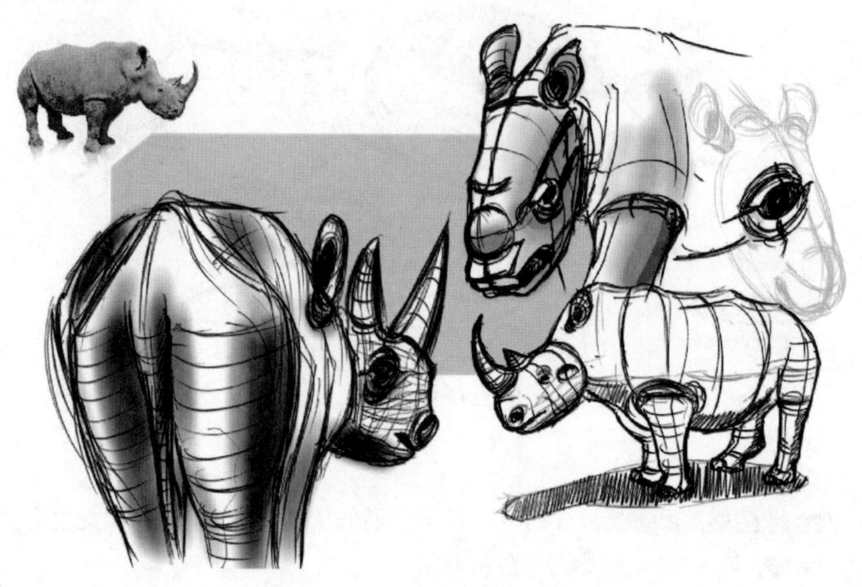

图 5-49　犀牛形态分析草图

大嘴鸟的形态有趣，最大的特征是有个大嘴且色彩鲜亮，嘴就能占到整个身体的 1/3，如图 5-50 所示。由于有趣的形态比例，大嘴鸟是动画片和游戏中的常客，如游戏《愤怒的小鸟》中的大嘴鸟是吸引玩家的利器，因为它太可爱了。

图 5-50　大嘴鸟形态分析草图

鲨鱼是海洋中最凶猛的鱼类之一，鲨鱼的骨骼由软骨组成，而不是骨头。软骨是有弹性和韧性的，只有骨骼密度的一半，如图 5-51 所示。

图 5-51　鲨鱼形态分析草图

草海龙，是海龙科，其形态非常特别，有一个细长的管状吻，如图 5-52 和图 5-53 所示。它是叶海马鱼属的海洋硬骨鱼类，体长 45 厘米，身体由骨质板组成。

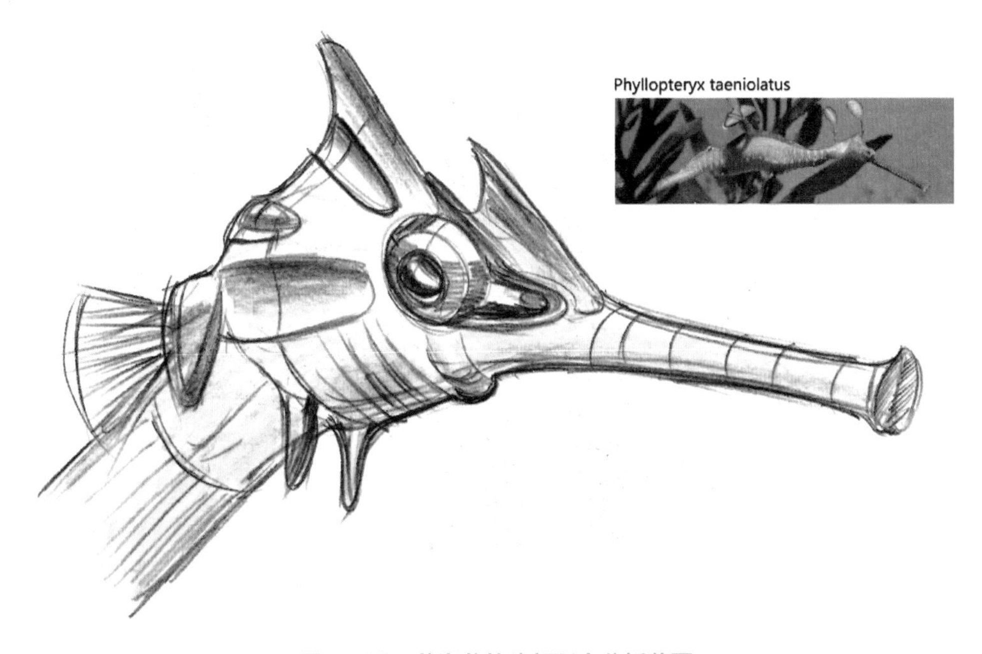

图 5-52　草海龙的头部形态分析草图

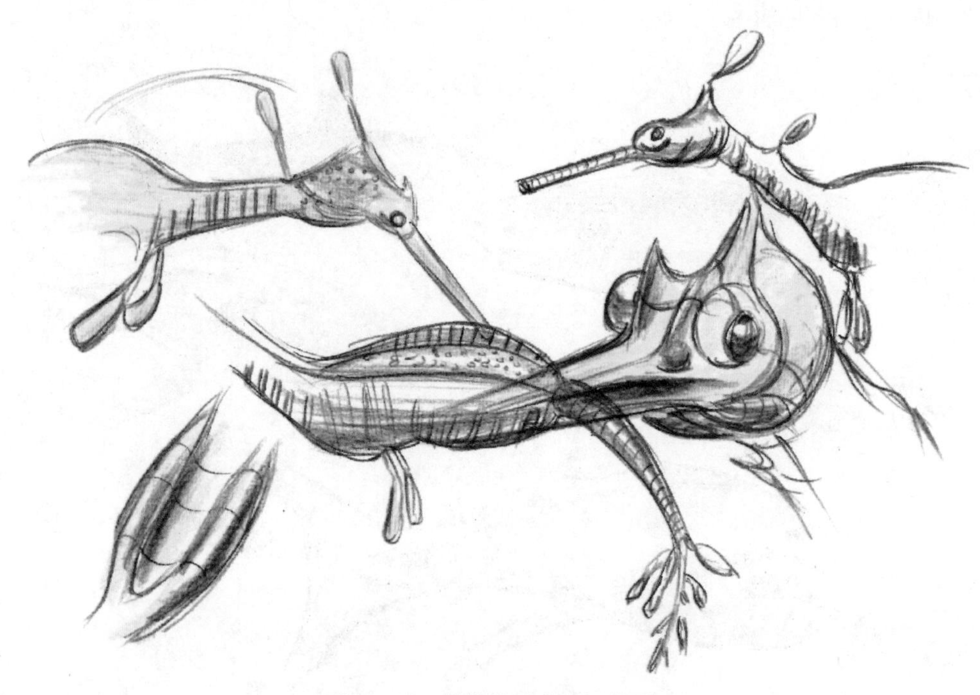

图 5-53　草海龙形态分析草图

大象是现在世界上最大的陆栖哺乳动物。大象最明显的外部特征就是柔韧而肌肉发达的长鼻和硕大的耳朵，如图 5-54 所示。图 5-55 是不同视角的大象躯体形态草图。

图 5-54　大象头部形态草图

图 5-55　不同视角的大象躯体形态草图

图 5-56 中的草图展示了设计师受大象长鼻形态启发而设计的水龙头，形态可爱。从一开始的具象逐步演化成一个个有趣的产品形态。在此过程中需要设计师做出大胆的抽象、简化工作，逐步探索出有趣的产品形态。

图 5-56　大象形态向产品形态的演化草图[①]

① 图片来源：https://www.puxiang.com/galleries/9a85cfd4621395ec99fdab29660bb10a

5.5 调整烦躁的绘图情绪

我们常常会在绘图训练过程中产生烦躁的情绪，原因多种多样，或许是手和脑不能很好地配合，或许觉得画得不好，或许觉得没有长进，或许是无法坚持，或许……总之就是心情不好。那么如何解决这个问题，也许你有自己解决的办法，这里提供用于调节烦躁心情的具体方法——用画图的方法来调节画图的心情，仅供参考。人的大脑活动分为三个层次：先天的部分，称为本能层次；控制身体日常行为的运作部分，称为行为层次；大脑的思考部分，称为反思层次[①]。因此，我们在草图设计中，可通过本能适应的方式放松并启迪创新，也可称为联觉练习。

5.5.1 形感绘画

形感绘画是一种以绘画的方式进行感觉训练的方法。可以利用实物、图片或者视频来进行描绘，内容不限，可以是人、动物、产品等。但在整个描绘的过程中，眼睛不能看画面，只能看所要描绘的对象[②]，如图 5-57 所示。你不必在意自己画成什么样，虽然设计师们并不承认这其中的随机成分，造型设计也是有序与随机的组合[③]，关键看后续的优化。

图 5-57 形态感知草图

5.5.2 音感表达

选择一首你喜欢的音乐，或平静或激荡，或悲伤或愉悦，只要你喜欢就行。跟随着音乐的旋律把你听到的感觉画在纸面上，不用去理会好与坏。总之，将你听到音乐产生的情绪表达在纸面

① 唐纳德 · A · 诺曼 . 设计心理学 3：情感设计［M］. 中信出版社，2012.25-29.
② 何晓佑 . 设计“感觉力”的养成［J］. 林业工程学报，2009，23（5）：130-134.
③ 朱毅 . 造型设计的复杂性问题与设计计算［D］. 长沙：湖南大学，2015.

上，或许是一团乱糟糟的线或许什么也不是，这都没关系。当音乐结束，绘图完成，如图 5-58 所示。

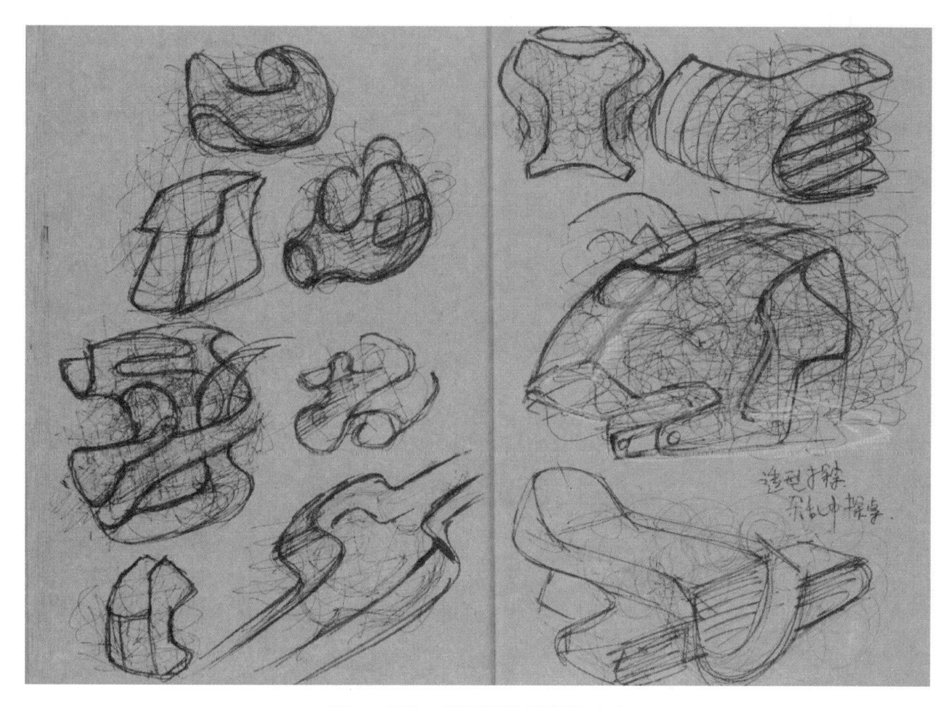

图 5-58　音乐感知草图（1）

如果你的心情有所改观，还能继续绘图的时候，你不妨在之前杂乱的线中寻找一些有趣的形态，并尝试着对形态进行一些优化和探索，如图 5-59 所示。

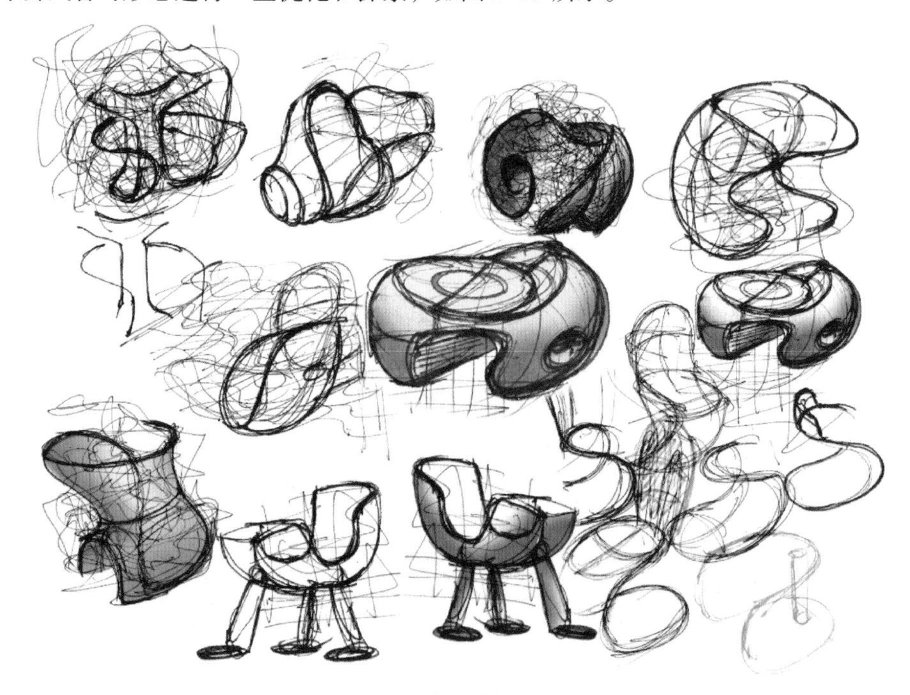

图 5-59　音乐感知草图（2）

5.6 训练方法——乱中取胜

身心放松，大胆自由地绘图吧！忘记你所学到透视、光影、线条等“约束”，自由大胆地下笔绘图，不要担心好与坏，不要恐惧。因为通过前面的学习，这些知识已经融入你的大脑，你需要放松再放松，坚持再坚持。

可以随机画一些可能与产品无关的形态，或许是杂乱的，这没什么，如图 5-60 所示。

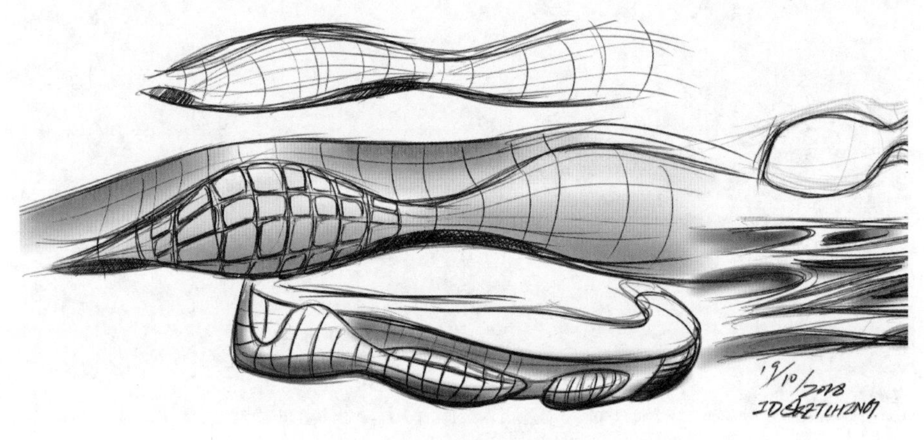

图 5-60　随机草图练习

找一些自己感兴趣领域的图片作为参考，大胆地画，不必担心线条的质量。昆虫、头盔、飞行器、潜艇等，如图 5-61~ 图 5-66 所示。

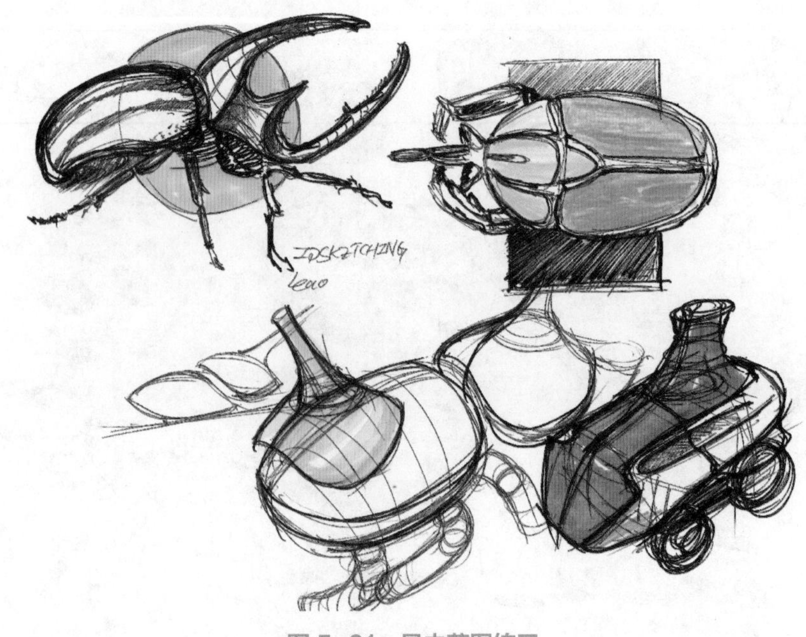

图 5-61　昆虫草图练习

图 5-62　摩托车头盔草图练习

图 5-63　飞机草图练习

图 5-64　猫头鹰草图练习

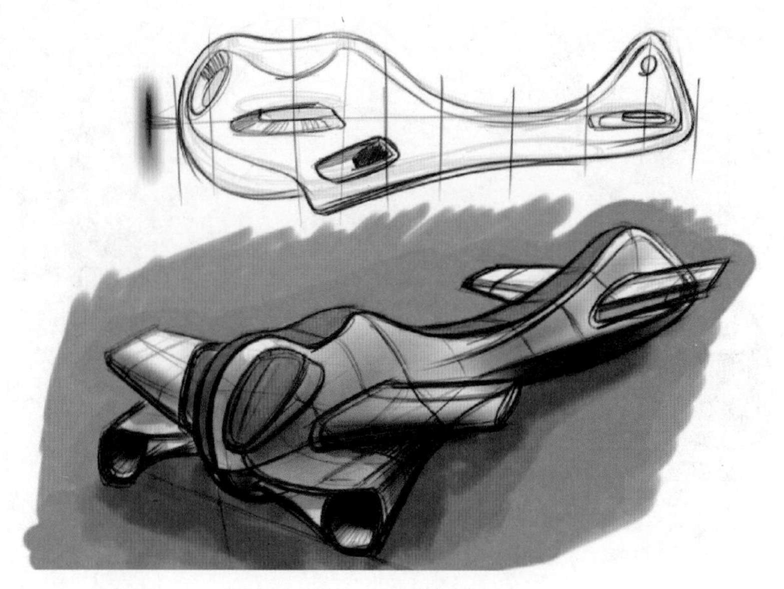

图 5-65　飞行器草图练习

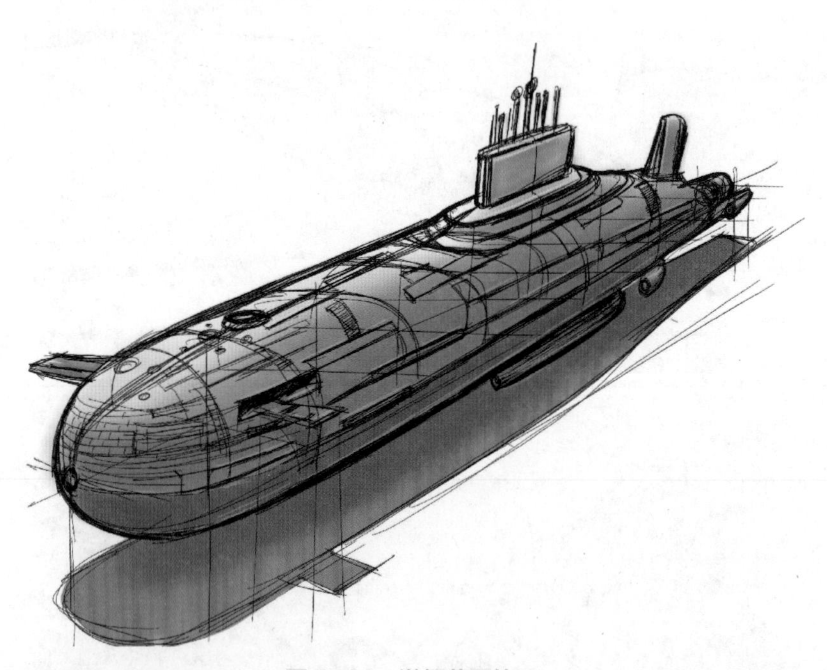

图 5-66　潜艇草图练习

本章案例

小型除草机设计

在考虑了黄土高原果园面积布局、土质情况、杂草种类、果树空间布局等环境因素后，设计师为果农设计了一款小型除草机，如图 5-67 所示。

设计师：李亚雄。

图 5-67　小型除草机设计效果图

这些草图都是用黑色彩铅绘制在 A4 纸上。设计师并没有对草图进行渲染，显然他们将重点放在了探讨除草机的整体结构、操作方式，以及安全性等问题。这些草图更多的是设计师之间的交流和沟通，并不是展示性的草图。这些草图几乎全部采用各种侧视图表达构思过程，在形态过渡方面设计师熟练使用形态等高线来解释形态的转折与变化。绘制侧视图和等高线是设计师在产品设计构思过程中非常有效率的方法。

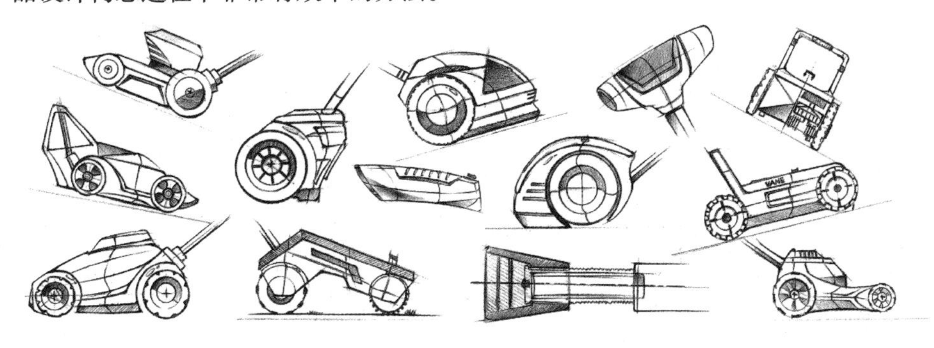

图 5-68　小型除草机设计草图（1）

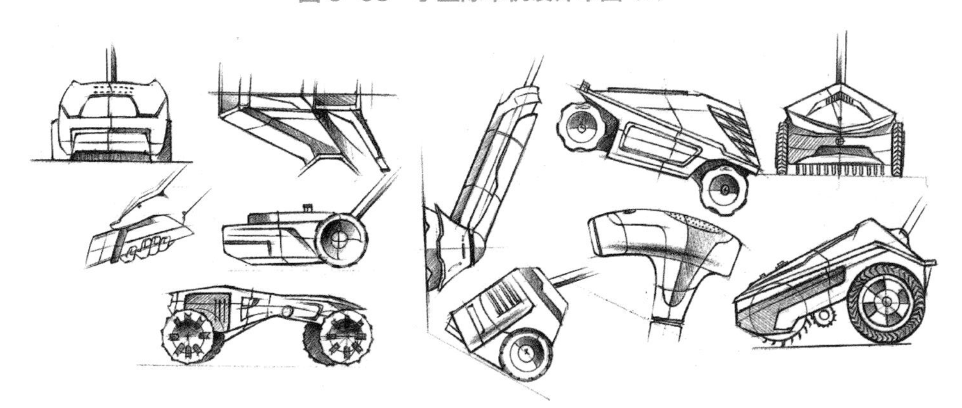

图 5-69　小型除草机设计草图（2）

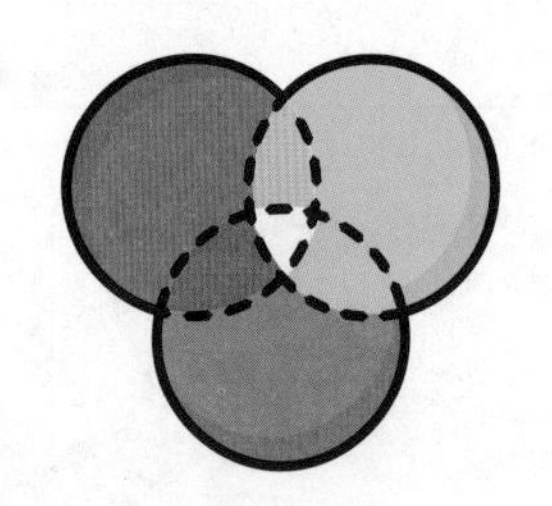

第6章 产品数字手绘

这些“像素化”的画作激发了人类最本能的冲动，去探索其中的奥秘。

——摘自（英）马库斯·杜·索托伊（Marcus du Sautoy）的《创造力的代码》

与传统纸笔设计模式相比，计算机的使用为设计提供了另一种视觉交流的方式。这种视觉交流优势体现在互动性和关注度上。图6-0是使用Krita绘制的耳机概念设计草图。

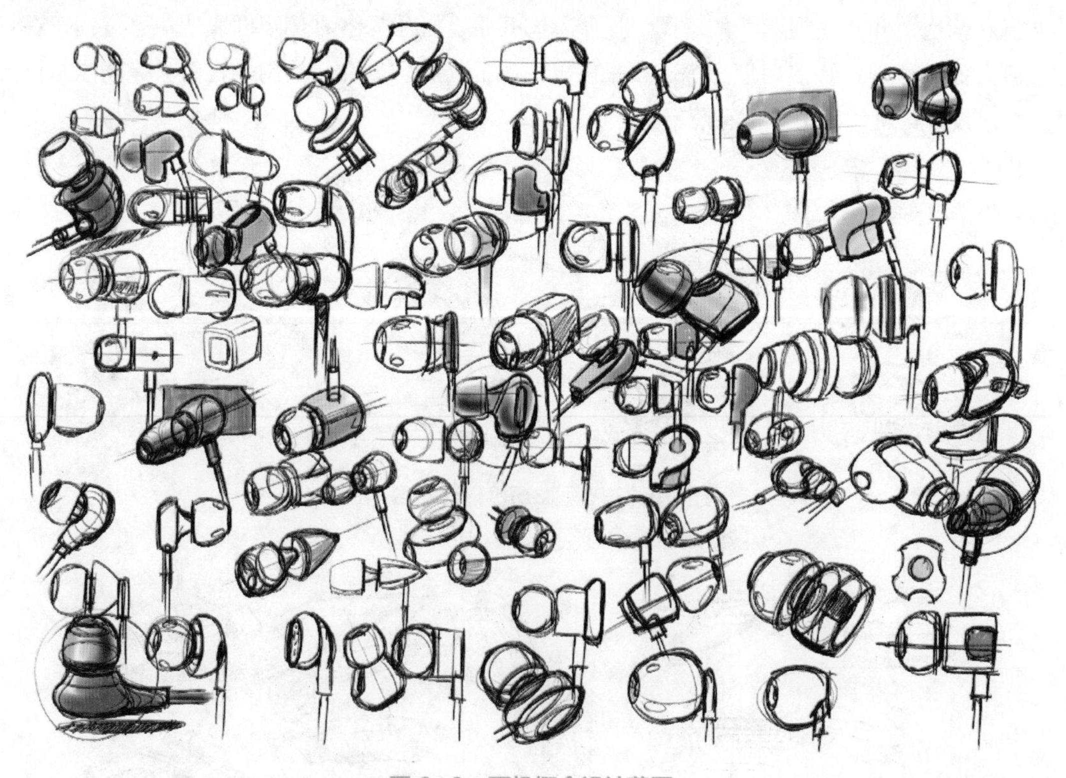

图6-0 耳机概念设计草图

本章从工业产品设计的一般流程和设计工作需要的角度出发，讨论传统纸笔手绘与计算机数字手绘之间的关系。在具体操作层面用两款数字手绘软件（SketchBook和Krita）给出具体示范案例，同时这些示范案例也同样适用于传统纸笔草图练习。另外，由于人工智能已经渗透各个领域，工业设计领域也不例外，本章最后一节特别介绍人工智能辅助产品概念设计的思想、方法和技术，并给出一些实验案例。

6.1 数字手绘工作方式

在数字时代，应该综合应用数字媒介完成设计任务。本书鼓励工业设计专业学生在获得一定传统纸笔绘图技能后，可大胆地练习数字手绘，并综合应用表达设计思维。已有研究[①]表明设计师借助数字媒介中的相关功能对细节设计能够进行更深入的描述，其原因在于设计工具变更的同时，设计师的思考模式也改变了。草图绘制工具的不同会对草图设计思维产生不同的影响[②]。由于软件的辅助功能，设计师可以对一个设计项目的微观和宏观层面进行有效的思考，有助于提高设计思维的完整性。然而，在传统的笔墨环境中，设计师可通过综合对比的方式来操纵和发展自己的概念和想法。

从工作方式和表现技术手段的角度看，目前的工业产品设计手绘大致分为三种类型：传统手绘、传统与数字结合的手绘、纯数字手绘。目前在企业或设计机构，这三种工作方式均有广泛应用，这通常取决于设计师的工作偏好，另外也与设计流程和项目进度有关。

传统手绘，即完全用纸笔绘制设计图的工作方式，笔的选用极为广泛，铅笔、圆珠笔、钢笔、中性笔、水笔等都可用来绘图，纸张多用打印纸或转印纸（描图纸），渲染时多用马克笔和彩色铅笔、色粉，有时还需要木质绘图板，如图 6–1 所示。

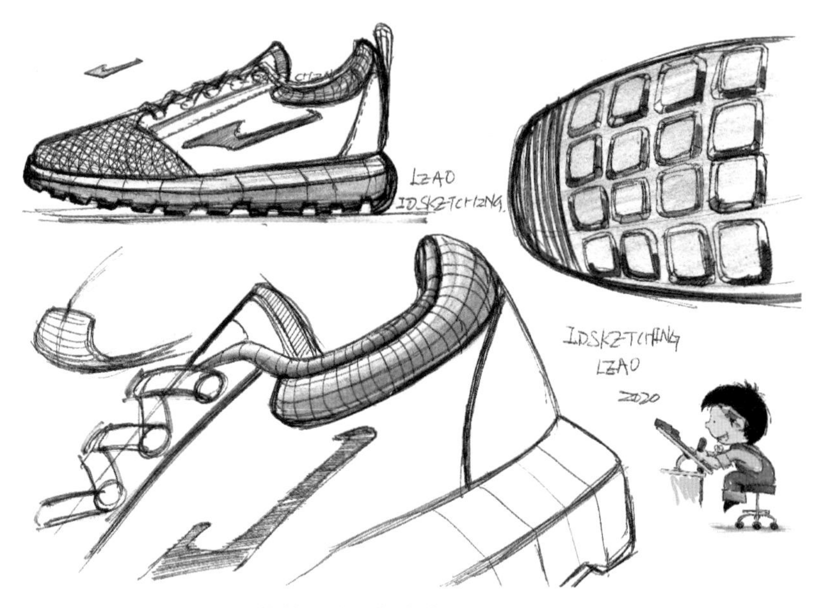

图 6–1　传统手绘工作方式（圆珠笔 + 彩色铅笔）

① WU J C，CHEN C C，CHEN H C.Comparison of designer's design thinking modes in digital and traditional sketchs［J］.Design Technology Education，2012，17：37–48.

② CHU P Y，HUNG H Y，WU C F，et al.Effects of various sketching tools on visual thinking in idea development［J］.International Journal of Technology Design Education，2015，27（2）：1–16.

传统与数字手绘结合的手绘，简单地说，需要笔、纸、数位屏（或数位板）和绘图软件，如图 6–2 所示。通常先是在纸上绘制单色线稿，然后用扫描仪扫转成图片，再用软件渲染上色，如图 6–2 和图 6–3 所示。使用的比较广泛的软件有 SketchBook、Photoshop、Krita 等，可用于修改设计方案、渲染、深化设计细节等。比如，在表现透明度、材质、纹理、图案、环境背景等时，单凭铅笔或水笔需要较高的绘图技巧，但使用数字手绘软件则相对容易，还可根据需要保留手绘的线稿，也可将线稿完全隐没覆盖。另外，也有设计师在传统设计草图完成后，使用 CorelDraw 或 Illustrator 等矢量软件进行二维精确渲染工作，这通常是对第一种工作方式的延续，这里不作介绍。

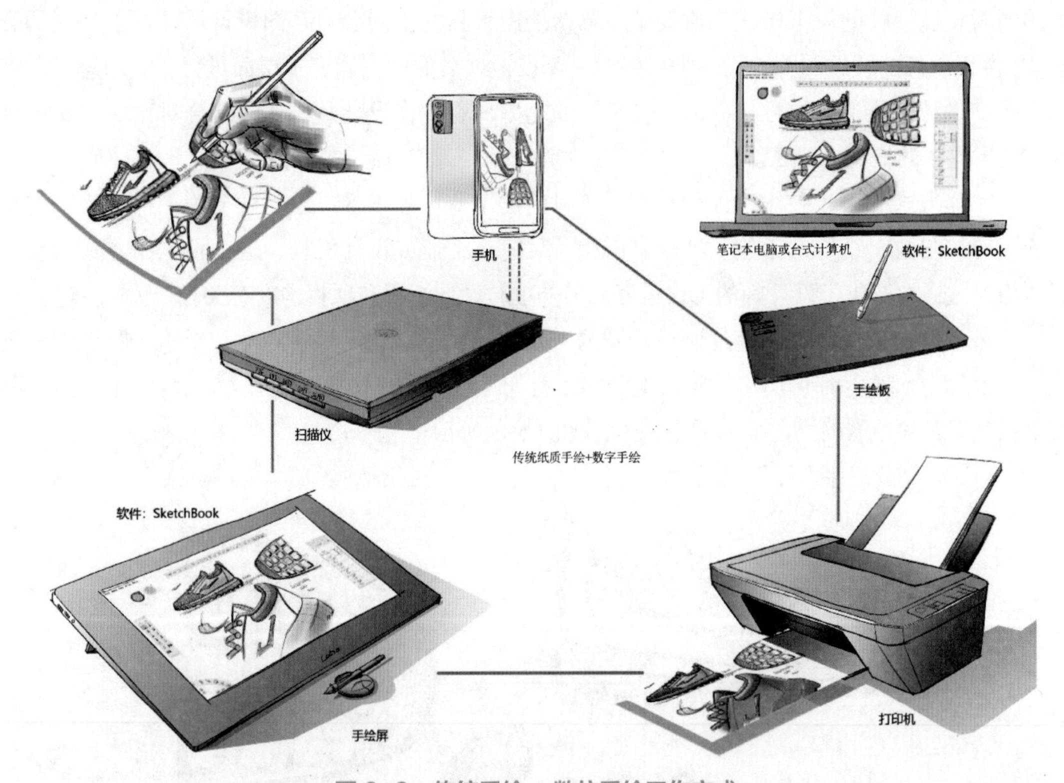

图 6–2　传统手绘 + 数位手绘工作方式

纯数字手绘是完全抛开纸张，用数位板、iPad、数位屏等进行绘图，如图 6–4 和图 6–5 所示。硬件数位板的品牌比较多，国产如友基、汉王等，国外品牌如 Wacom 等，价位从几百到过万不等，用户根据自身需要购买使用。数位屏更好用、更直观，数位板则需要一段时间的适应性练习。

有研究表明，在概念构思设计阶段的工作中，与传统使用笔和纸的设计模式相比，纯数字化草图设计工具能够显著地增加设计人员对问题的关注度①。纯数字化草图工作模式促使设计人员将更多的时间用于对问题的定位和思考，缩短从问题的定义到生成概念方案的时间。

① SELF J，EVANS M，KIM E，et al.A comparison of digital and conventional sketching：implications for conceptual design ideation［J］.J.of Design Research，2016，14（2）：171–202.

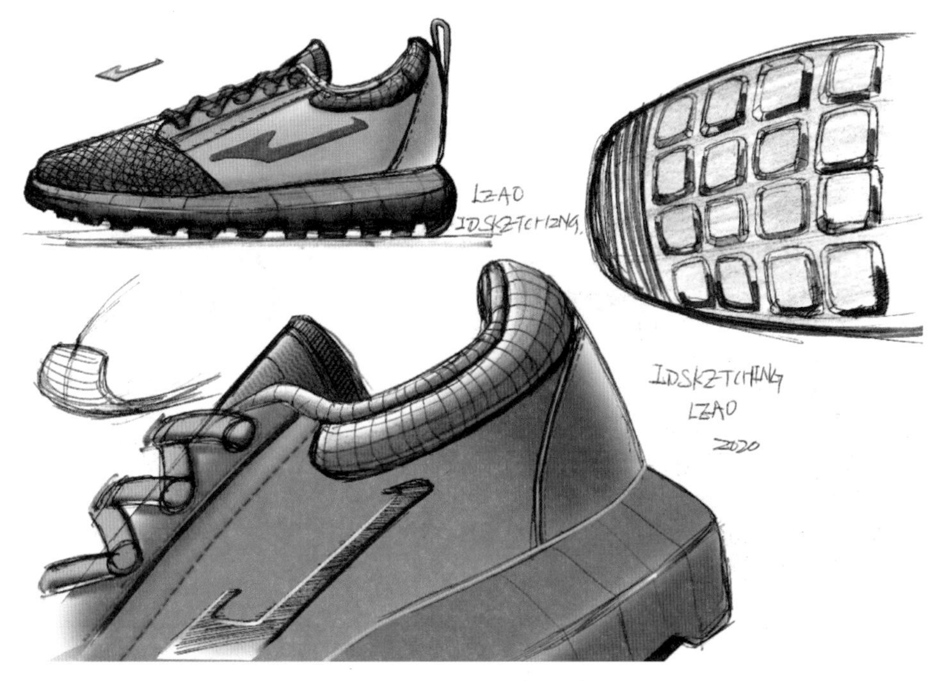

图 6-3　运动鞋数位快速渲染

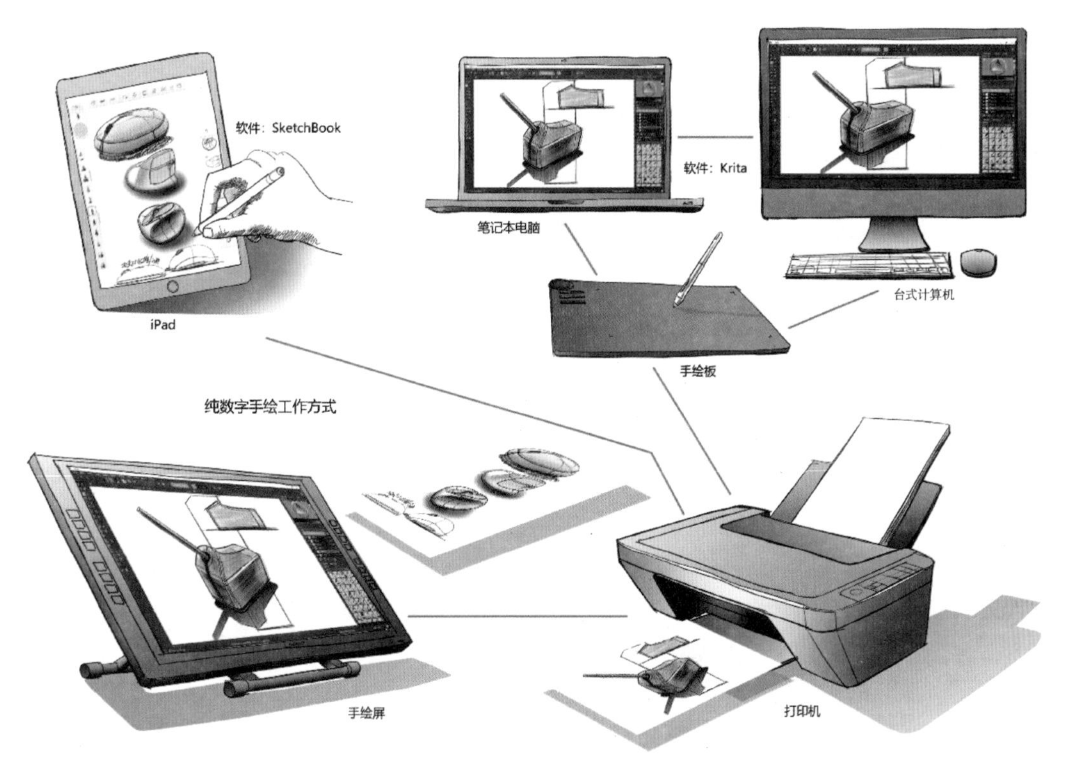

图 6-4　纯数字手绘工作方式

目前使用 iPad 绘图在年轻设计人员中非常普遍，有很多优秀的绘图 App 可以在 iPad 上使用，如 SketchBook、Procreate[①]、Krita。如图 6-6 是使用 iPad + SketchBook 绘制的鼠标概念设计草图。

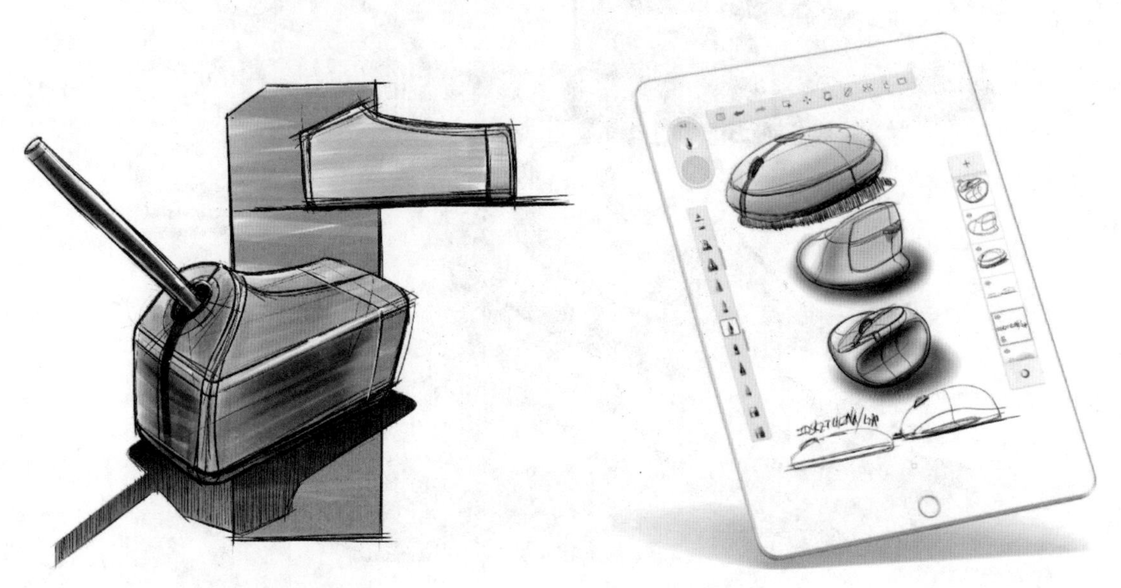

图 6-5 Krita 绘制的削笔器概念草图　　图 6-6 iPad + SketchBook 绘制的鼠标概念草图

除了上述三种工作方式之外，近年来由于人工智能的快速发展和渗透，还有第四种工作方式，即人工智能辅助概念草图设计，包括概念图像的生成、草图的渲染，以及草图风格迁移。这在一些研究成果及应用中已见雏形，本章 6.4 节将专门介绍。

6.2 使用 SketchBook 绘图

6.2.1 SketchBook 工作界面

SketchBook 由 Autodesk 公司出品，是一款优雅的草图设计软件，交互界面会一直保持隐形，如图 6-7 所示。SketchBook 专门用于数码笔、数位板、数位屏和手写式平板电脑，支持在使用笔纸的传统设计流程中执行创新任务。软件面向所有行业的专业设计师和艺术家，提供了一流的草图制作能力。

Autodesk 认为，创造力源于一个想法。从快速概念草图到完全竣工的艺术作品，绘制草图是创意流程的核心[②]。因此，Autodesk 免费向个人提供功能完备的 SketchBook 版本，下载后只需完成在线注册便可免费使用。官方下载地址：https：//www.sketchbook.com。

① https：//procreate.art/

② https：//www.sketchbook.com

图 6–7　SketchBook 交互界面

SketchBook 拥有非常简洁和容易使用的交互界面，毫不夸张地说当你打开软件很快你就能学会怎么使用。铅笔、墨水、马克笔等，都是熟悉的工具，只是被数字化了。在使用过程可以快速依据自己的工作方式设置属于自己的工作界面，例如，可以将左下脚的环形菜单切换到右侧，还可以在图层编辑器中背景层改变画布的颜色。按下【Tab】键，工作界面完全变成一张白纸。按下空格键，移动、旋转、缩放画布的快捷菜单便呈现出来，如图 6–8 所示。

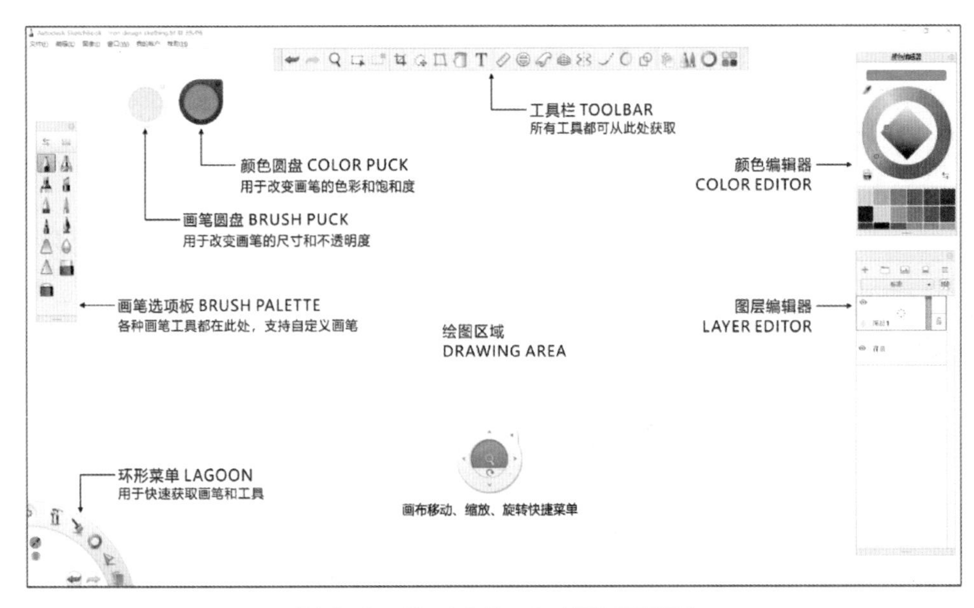

图 6–8　SketchBook 交互界面说明

画笔选项板提供的几种画笔（铅笔、喷枪、马克笔、圆珠笔等）足以完成工作。如果需要，可以从 SketchBook 官方网站下载画笔工具包或自己定义画笔，还可从网上购买一些画笔工具包，满足自己的个性需求。

6.2.2 概念草图设计

本节以案例示范的方式使用 SketchBook 按步骤绘制产品概念设计草图，两个案例分别为粘毛滚筒和自行车头盔。

1. 粘毛滚筒概念草图示范

概念探索阶段不需要追求太多细节，只需把握整体形态和比例即可，如图 6-9 所示。

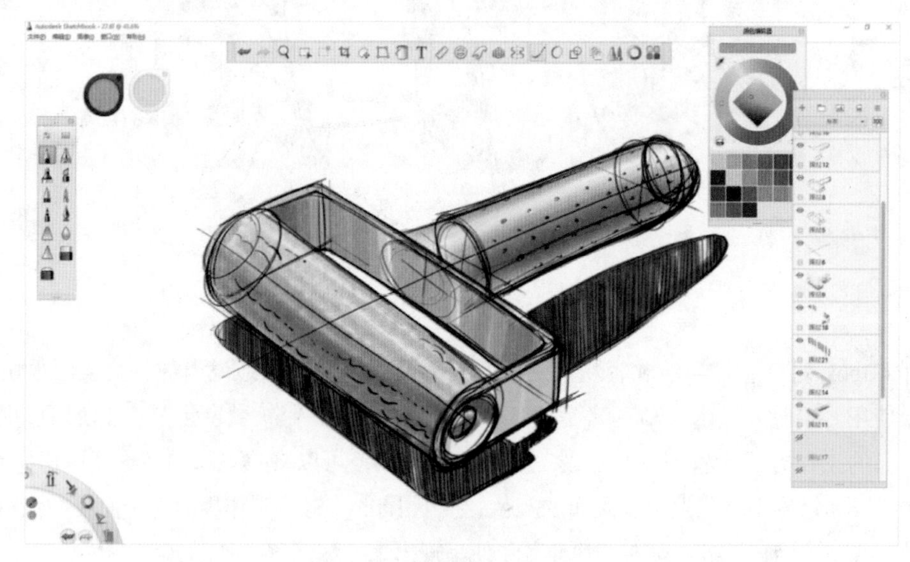

图 6-9　粘毛滚筒概念设计草图

第 1 步，绘制中心线。首先新建一个图层，然后使用铅笔工具绘制粘毛滚筒的两条中心线，如图 6-10 所示。新建图层，只需在图层编辑器上按压数位笔便可出现快捷菜单，包括图层的新建、复制、删除等操作。

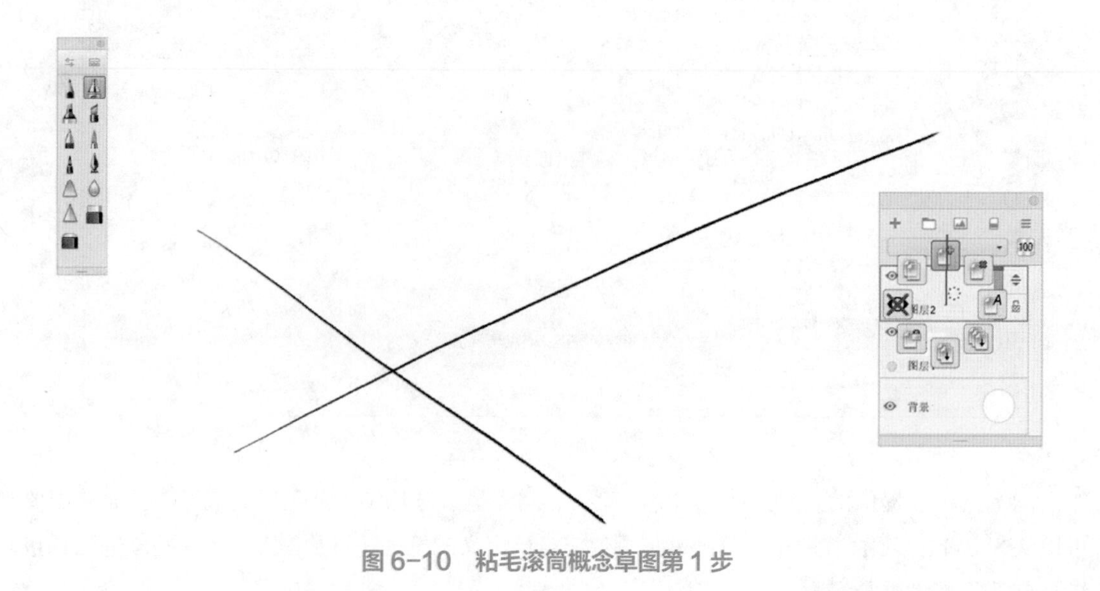

图 6-10　粘毛滚筒概念草图第 1 步

第 2 步，继续新建一个图层，分别以两条中心线为参考，绘制各自方向上的透视圆（即椭圆），注意比例与透视关系，如图 6–11 所示。

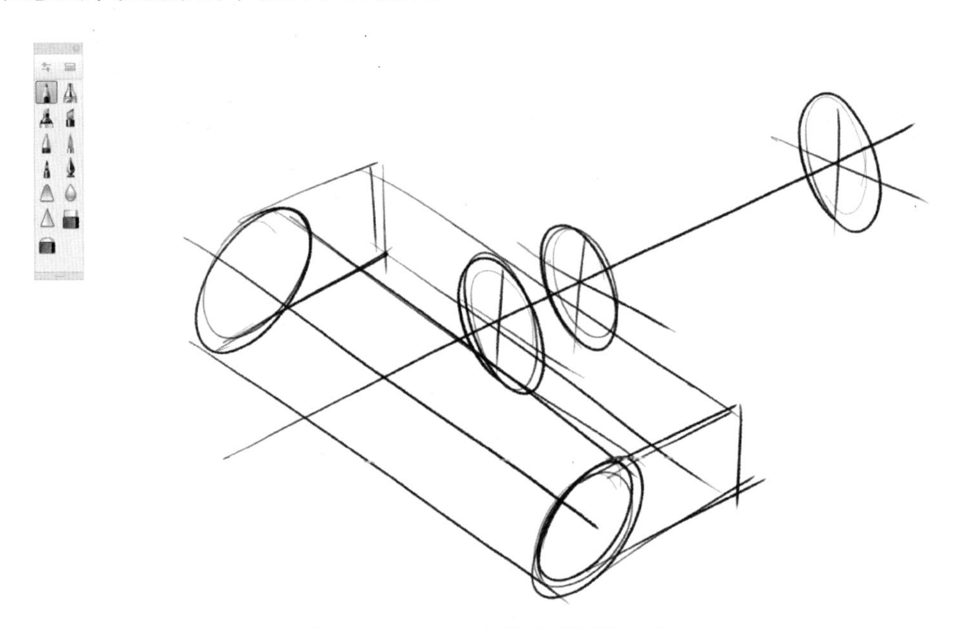

图 6–11　粘毛滚筒概念草图第 2 步

第 3 步，调整铅笔工具尺寸（调大一些），将产品的基本结构绘制出来，并加粗轮廓线，如图 6–12 所示。

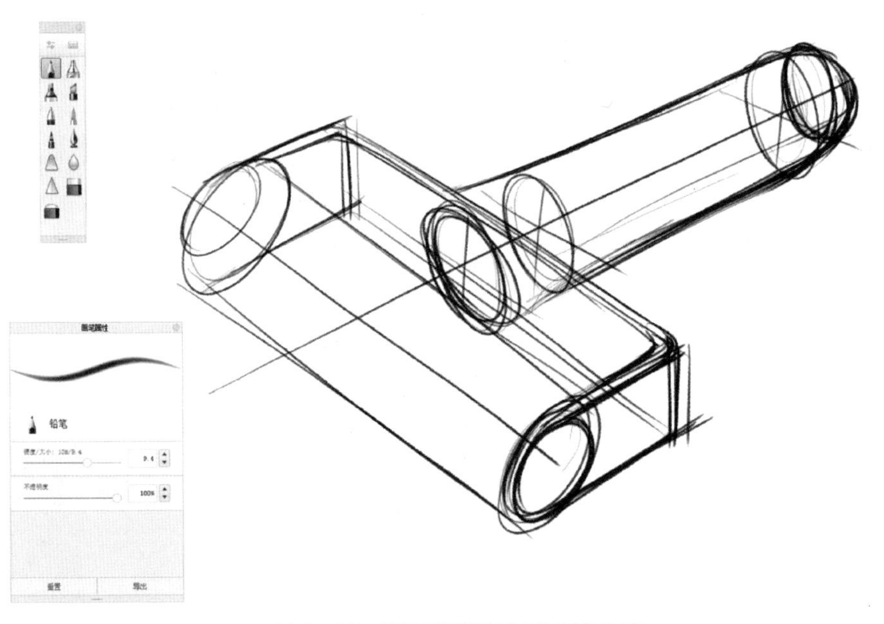

图 6–12　粘毛滚筒概念草图第 3 步

第 4 步，新建一个图层，深化细节。将转轴绘制出来，并在手柄、滚筒上添加一些细节。假定光源位于左上角，用排线的方式估画出产品的投影，如图 6–13 所示。

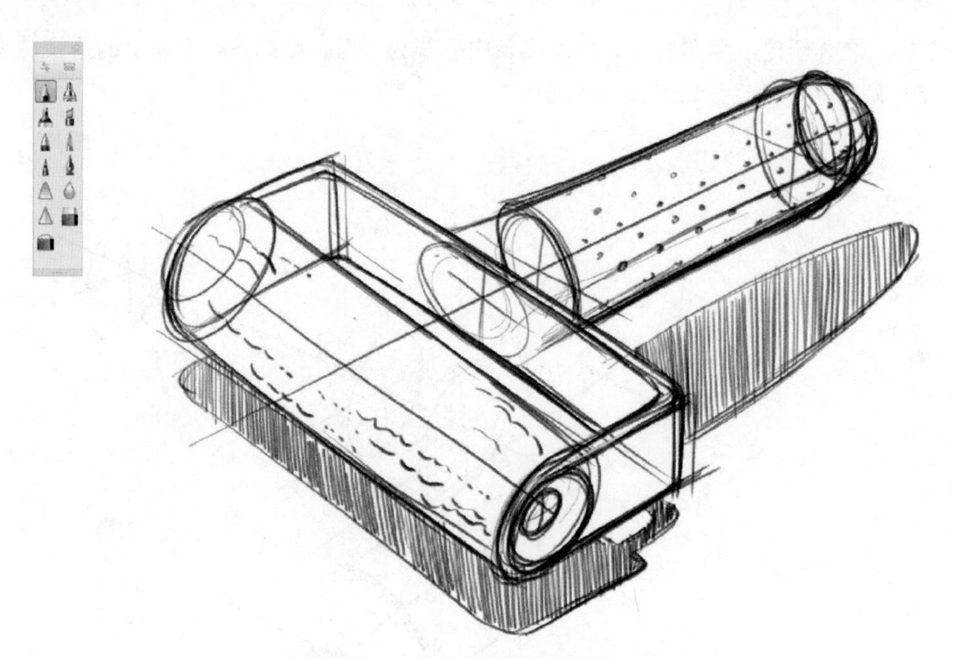

图 6-13　粘毛滚筒概念草图第 4 步

第 5 步，按零部件新建多个图层，快速上色。用马克笔为手柄和支架快速上色，另外从画笔工具栏中选择一种合成材料画笔为滚筒上色，如图 6-14 所示。注意，上色时多余的部分用硬橡皮擦除即可。

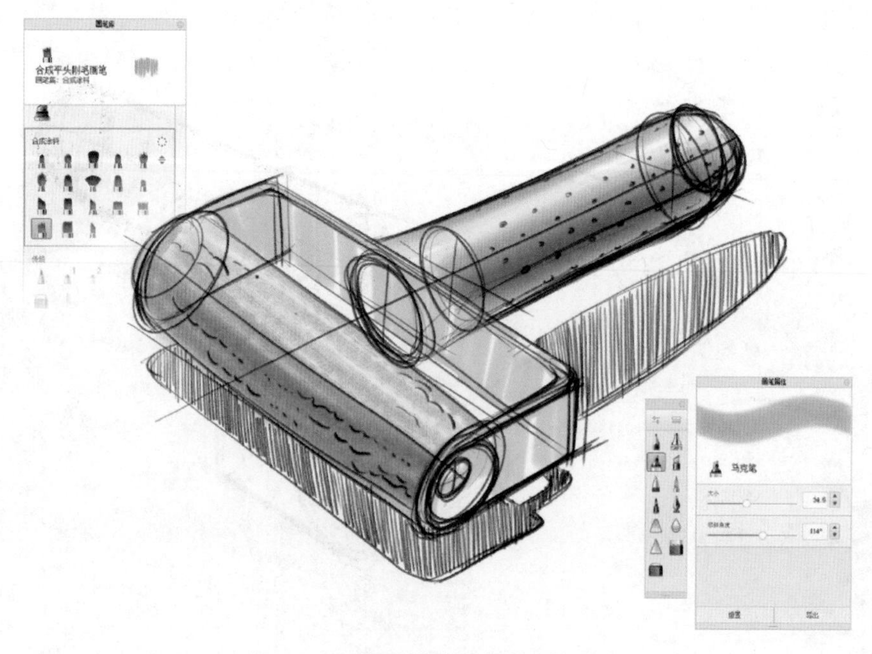

图 6-14　粘毛滚筒概念草图第 5 步

第 6 步，最后，联合使用马克笔和喷笔增加色彩对比，并用马克笔绘制投影，如图 6-15 所示。注意，上述操作都要在新图层上进行，以便修改、编辑和擦除。

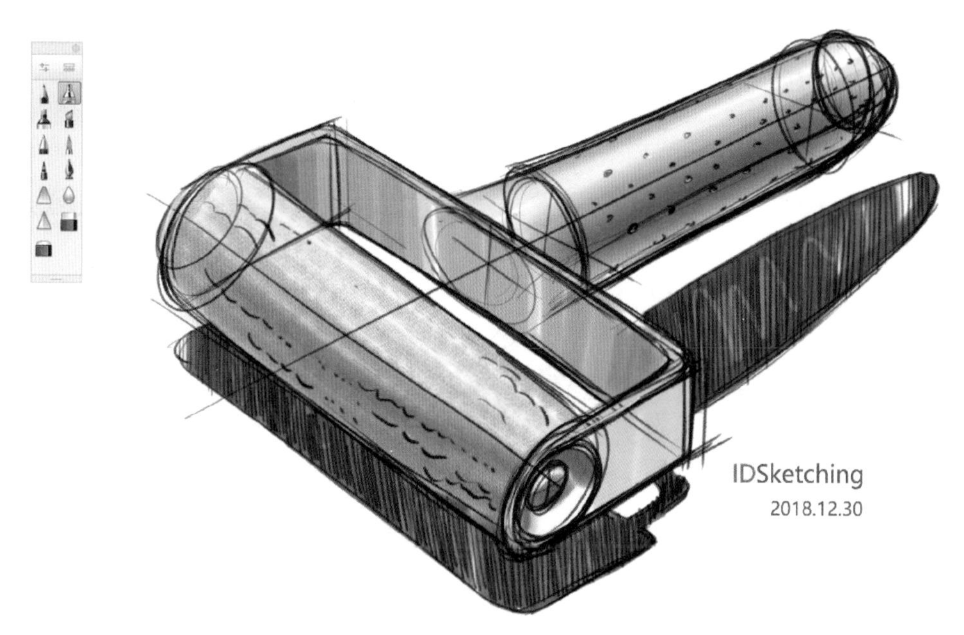

图 6-15　粘毛滚筒概念草图第 6 步

2. 自行车头盔概念草图示范

本案例使用数字彩色铅笔绘制一款自行车头盔概念草图，如图 6-16 所示。初始安装的 SketchBook 本身并没有数字彩色铅工具，需要从 SketchBook 官网上免费下载彩色铅笔工具包 Colored Pencils①，下载后双击即可安装，安装后 25 支彩色铅笔就会出现在 SketchBook 画笔库中。关于其他画笔工具包还可以从 SketchBook 窗口菜单下的 SketchBook 中下载，这些画笔工具都是免费的。另外，也可以选择自己制作画笔工具。

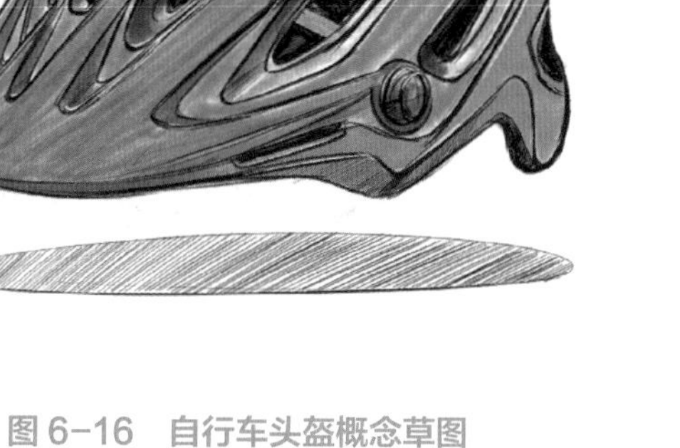

图 6-16　自行车头盔概念草图

① 来源：https：//www.sketchbook.com/education

第 1 步，绘制基本轮廓。新建一个图层，用蓝色数字彩色铅笔绘制一个圆，在此基础上大致绘制出头盔的基本轮廓，如图 6–17 所示。

图 6–17　自行车头盔概念草图第 1 步

第 2 步，确定基本形态结构，并调整细节。在新图层上进行覆盖绘制，并开始调整一些细节，如图 6–18 所示。注意调整透视与比例关系。

图 6–18　自行车头盔概念草图第 2 步

第 3 步，确定形态结构，深入细节。继续新建一个图层，选用黑色数字彩色铅笔用肯定的线条绘制出头盔的形态结构，并丰富头盔上的细节，并初步加强明暗对比度，如图 6–19 所示。

图 6–19　自行车头盔概念草图第 3 步

第 4 步，为零部件上色。新建两个图层，第一个用浅蓝色数字彩色铅笔（调大画笔尺寸）为帽舌上色，用橙色数字彩铅笔为头盔外壳体下围着色，如图 6–20 所示。

图 6–20　自行车头盔概念草图第 4 步

第 5 步：用灰色数字彩色铅笔为头盔外壳上色，如图 6–21 所示。注意上色时调大画笔的尺寸，快速平涂，多余的部分用硬橡皮擦除即可。

图 6–21　自行车头盔概念草图第 5 步

第 6 步，添加高光和投影。先用白色数字彩色铅笔为头盔添加一些高光，然后用排线方式绘制出产品的投影，最后为头盔绘制一个深蓝色的背景，如图 6–22 所示。

图 6–22　自行车头盔概念草图第 6 步

其他概念草图设计，如电子闹钟（见图 6 –23）、手持吸尘器（见图 6 –24）、洗手液包装瓶（见图 6 –25）。

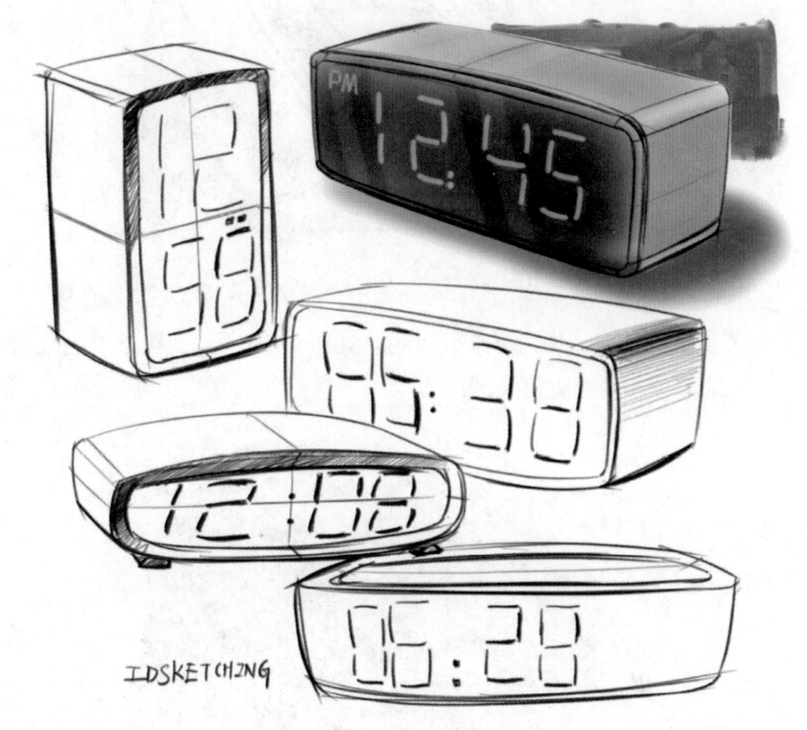

图 6–23　电子闹钟概念草图设计

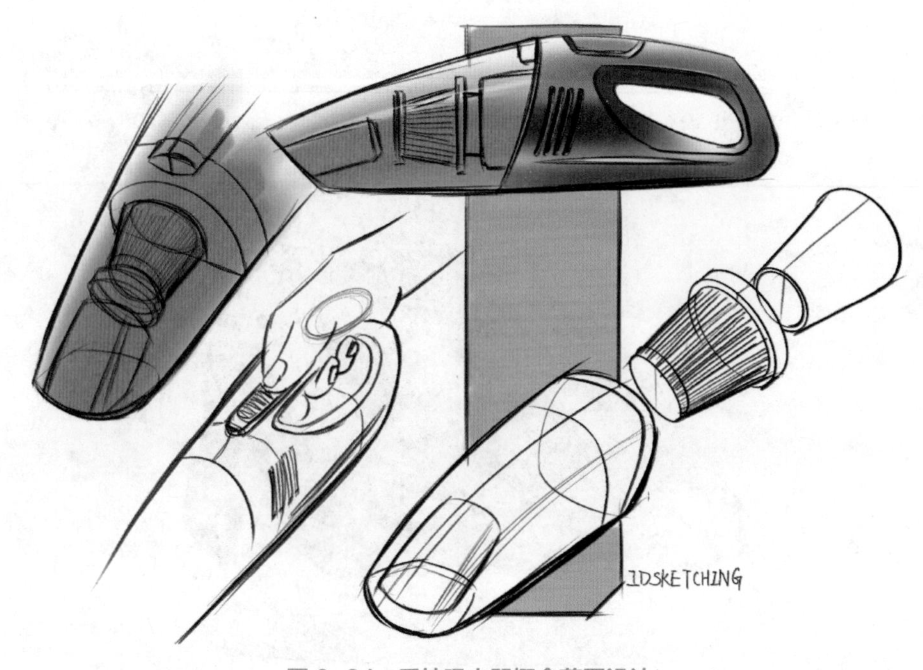

图 6–24　手持吸尘器概念草图设计

图 6–25　洗手液包装瓶概念草图设计

完全数字化手绘，很多时候二维渲染不一定使用一个软件，通常可以多款软件组合使用，发挥各自的特点和优势。SketchBook 可以保存 *.PSD 格式到 Photoshop 中分层处理修改。SketchBook 的线条很流畅、光顺和辅助绘图工具优秀，Photoshop 的路径和笔刷功能优秀，二者的结合优势突出。使用 SketchBook 绘制线稿，在确定光源的情况下大面积上色，最后用 Photoshop 处理细节，如图 6–26 所示。

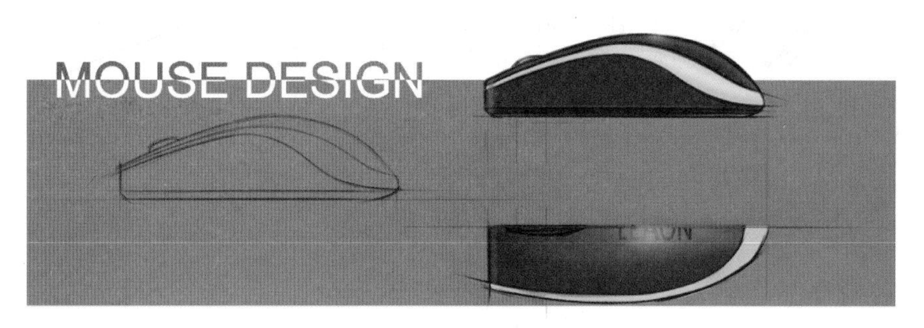

图 6–26　鼠标概念草图设计

6.3 使用 Krita 绘图

Krita[①]（瑞典语的蜡笔、来自动词“rita”）是一款永久自由、免费、开源的专业绘图软件。

① 网址：https：//krita.org/zh/

它由会画画的程序员们开发，目标是打造一款人人都用得起的数字绘画工具，适用于工业产品、概念艺术设计、材质与电影布景、插画和漫画等。支持 Windows、Linux、Apple 系统，如果你喜欢使用 Linux 系统，Krita 则是不错的选择。

6.3.1 Krita 工作界面

Krita 界面友好，交互性能优越，如图 6-27 所示。有了 SketchBook 的绘图经验，Krita 则很容易上手，选择一个喜欢的画笔，按下【Tab】键后交互界面就是一张白纸，便可以沉浸于画图了。数位笔上的快捷键可以打开快捷菜单，快速切换画笔类型、调整画笔尺寸、拾色等，如图 6-28 所示。

图 6-27 Krita 工作界面

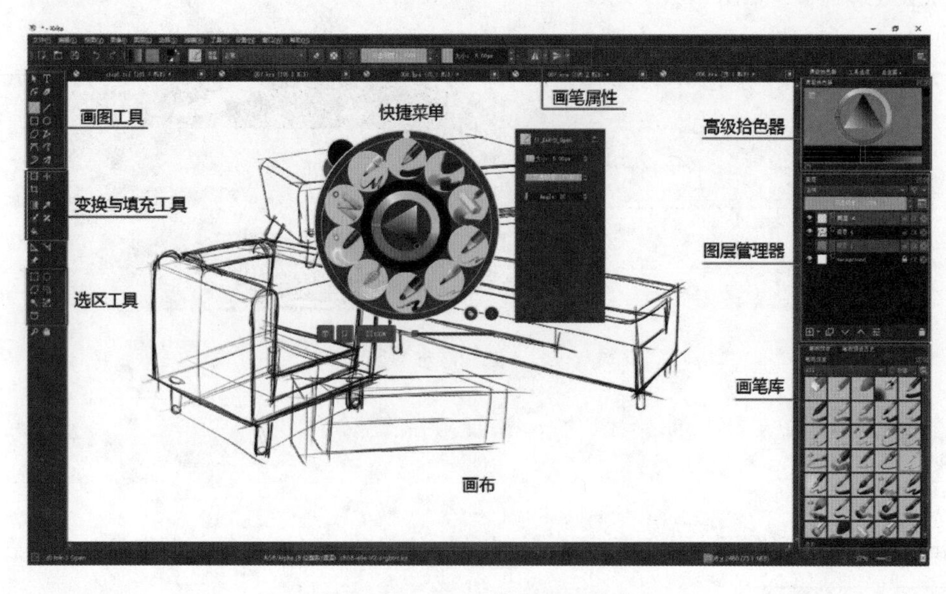

图 6-28 Krita 交互界面说明

Krita 拥有强大的画笔库和优秀的图层管理器，如图 6–29 所示。除了丰富的笔刷类型外，画笔库中的部分画笔具有自适应旋转功能，例如，画笔【b_Basic–6_Details】就具有该功能，画图时不需要手动调整角度，依据数位笔的运动方向它会自动调整笔刷的角度。还有很多方便的纹理笔刷，适用于快捷渲染、材质纹理的绘制、背景图的绘制等。Krita 的图层管理器使用起来也是非常方便的，包括图层的新建、复制、粘贴、移动、删除、合并、成组等。在为草图线稿上色时，我们最常用的是将图层模式设置为相乘（正片叠底）。另外，Krita 可保存的文件格式也非常多，与 SketchBook、Photoshop 等软件具有良好的通配性。

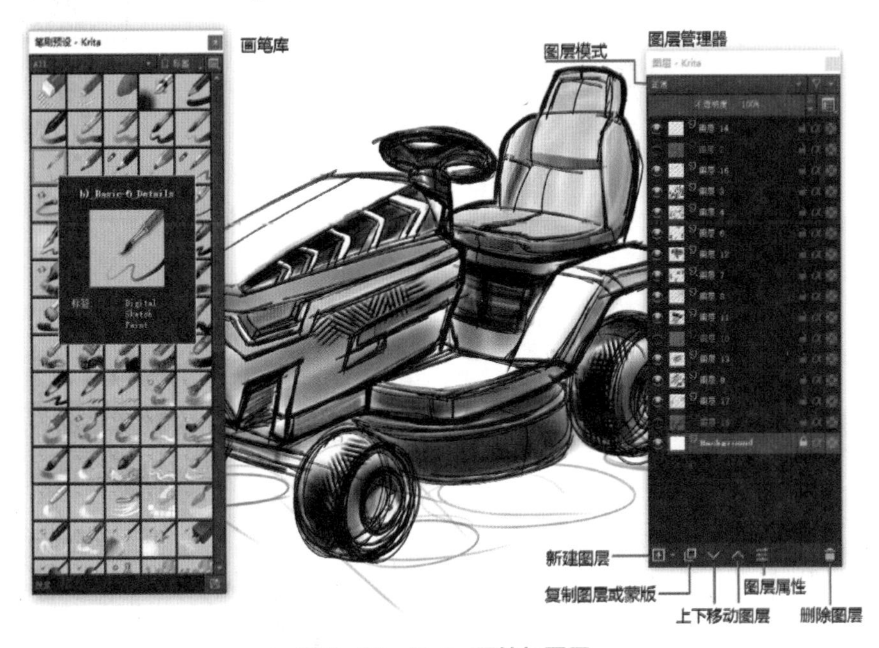

图 6–29　Krita 画笔与图层

Krita 的交互界面看上去很亲切，因为它有点像 Photoshop，快捷键也与 Photoshop 有很多相同之处，但绘制草图的性能是优于 Photoshop 的。常用绘图快捷键如表 6–1 所列。

表 6–1　Krita 绘图常用快捷键

辅 助 工 具	快　捷　键	图　　示
画笔	B	
缩放笔尖	Shift +（按压滑动）数位笔尖（或“［”，］”）	
快速拾色	Ctrl（或 P）+ 数位笔尖点击	
画笔 / 橡皮切换	E	
渐变填充	G	
填充	F	

续表

辅助工具	快捷键	图示
移动画布	空格键 +（按压滑动）数位笔尖	
旋转画布	Shift + 空格键 +（按压旋转）数位笔尖 重置旋转后的画布：5	
缩放画布	Ctrl + 空格 +（按压滑动）数位笔尖	
图形变换	Ctrl + T	
点选内容所在图层	R + 数位笔尖点击	

6.3.2 概念草图设计

在 Krita 中进行概念草图设计，注重草图思维过程。针对不同设计对象，概念草图可以使用多种工具进行数字化综合编辑处理。本节给出两个示例，第一个是家用缝纫机，第二个为电动工具。整个示范过程注重整体概念，细节和具体的形态特征有待进一步确定。

1. 家用缝纫机概念草图示范

首先绘制一些构思草图，用于探索形态概念，如图 6-30 所示。在构思草图过程中，注重推敲更多的可能性。

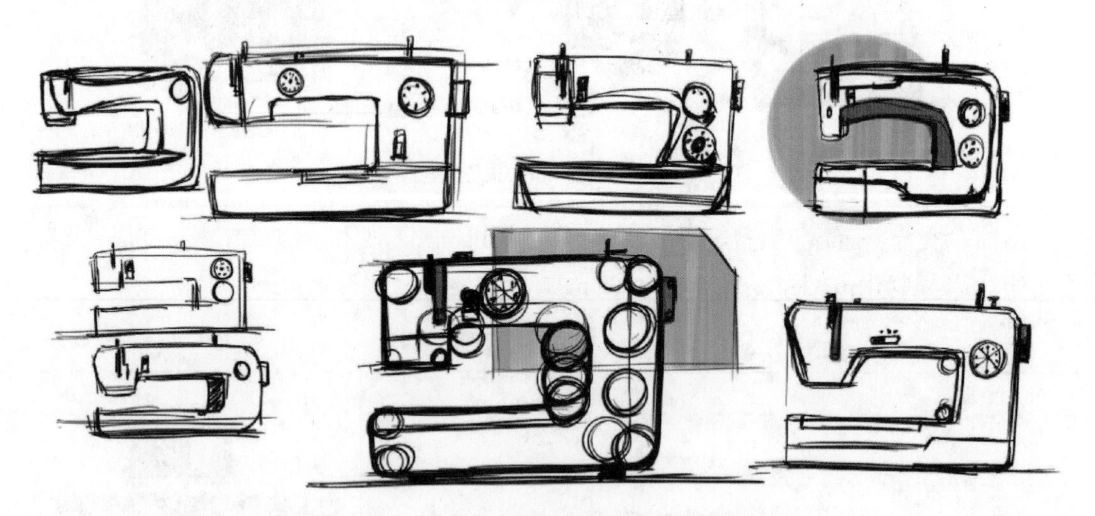

图 6-30 家用小型电动缝纫机创意构思草图

第 1 步，在新图层上绘制中心面。在构思草图的基础上，选择其中一个侧视图绘制成透视图，注意视角的选择。画笔可根据自己的喜好选择，本案例选择数字铅笔工具【c）_Pencil-2】，如图 6-31 所示。

第 2 步，新建一个图层，以中心面为参考绘制出缝纫机的基本形体，如图 6-32 所示。绘制过程中注意控制比例与透视的关系，不确定时可以多绘制几条线以便推敲出正确的形态走势。另外，画图时还要保证线条的流畅感。

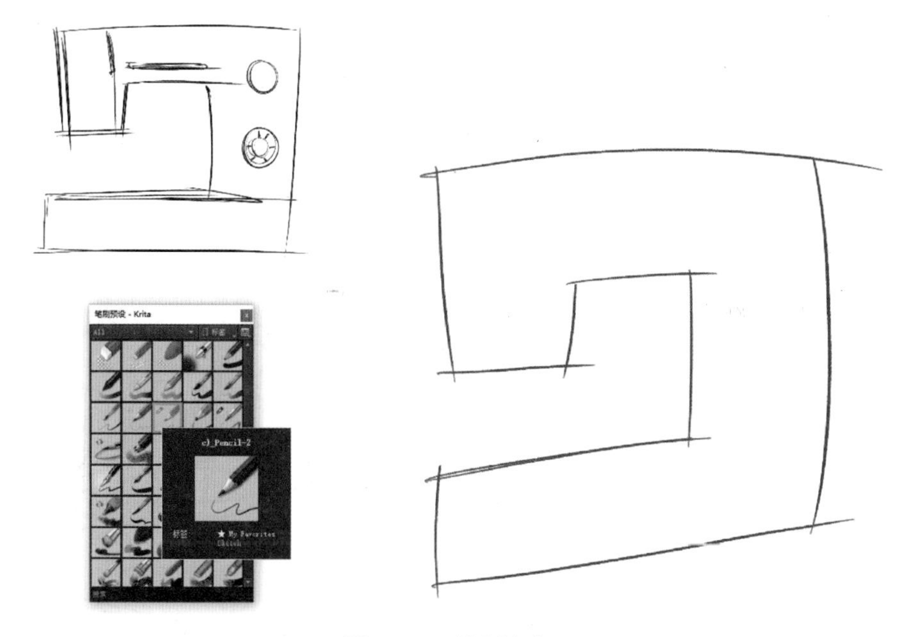

图 6-31　绘制中心面

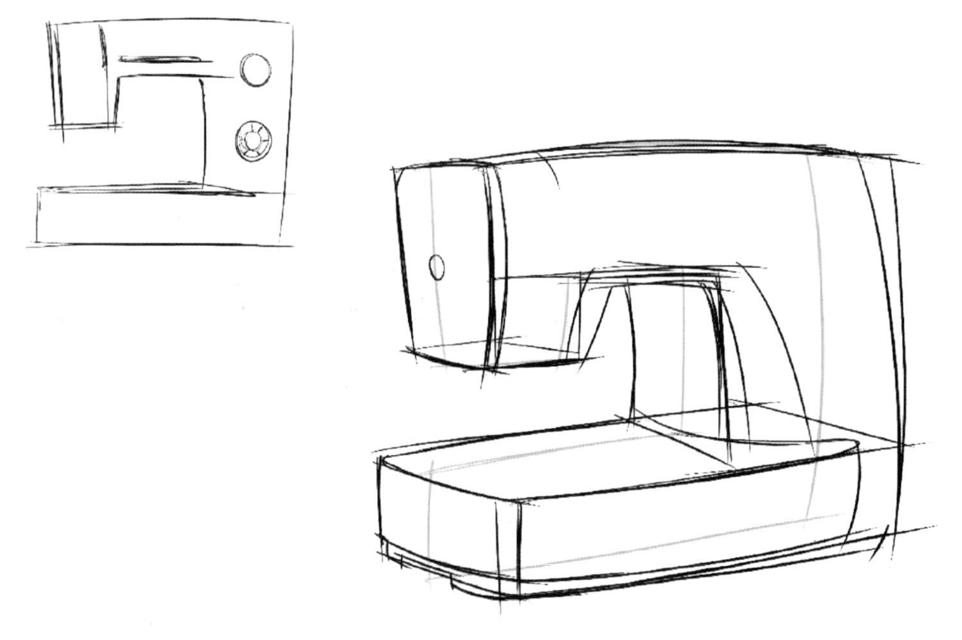

图 6-32　绘制基本形体

第 3 步，在新图层上添加一些必要的细节，继续调整形态，如图 6-33 所示。

第 4 步，深化细节，确定形态，如图 6-34 所示。此步骤需要在新图层上覆盖绘制之前不确定的线条，肯定地绘制出产品的形态结构，配合橡皮擦除一些不需要的线，保证画面干净利落。对于一些不需要刻画的细节则可忽略，如缝纫机上的针脚结构可简笔带过。画轮廓线时可调大数字铅笔的尺寸。

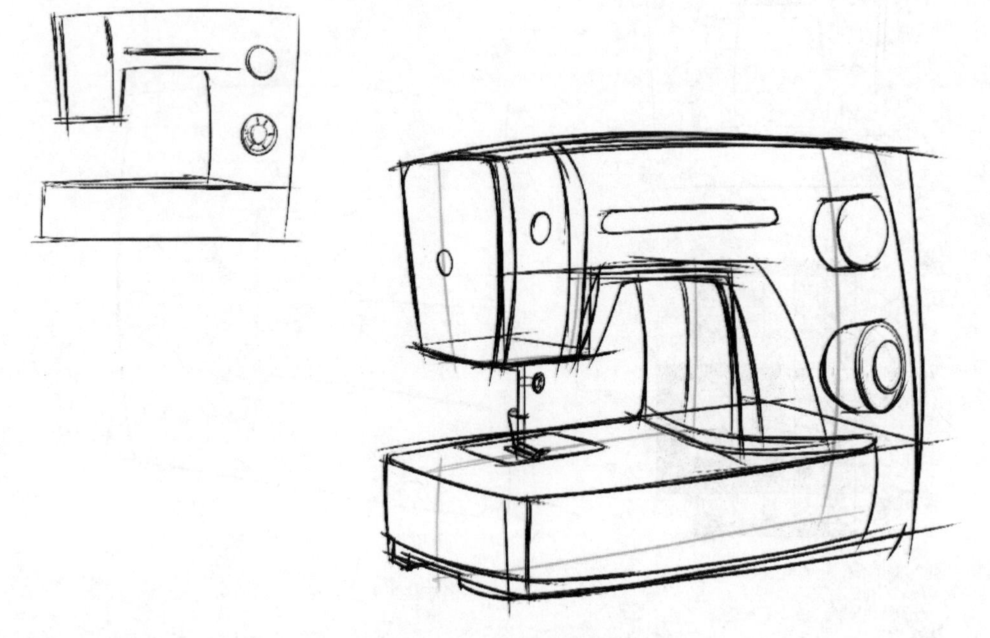

图 6–33　添加细节，调整基本形体

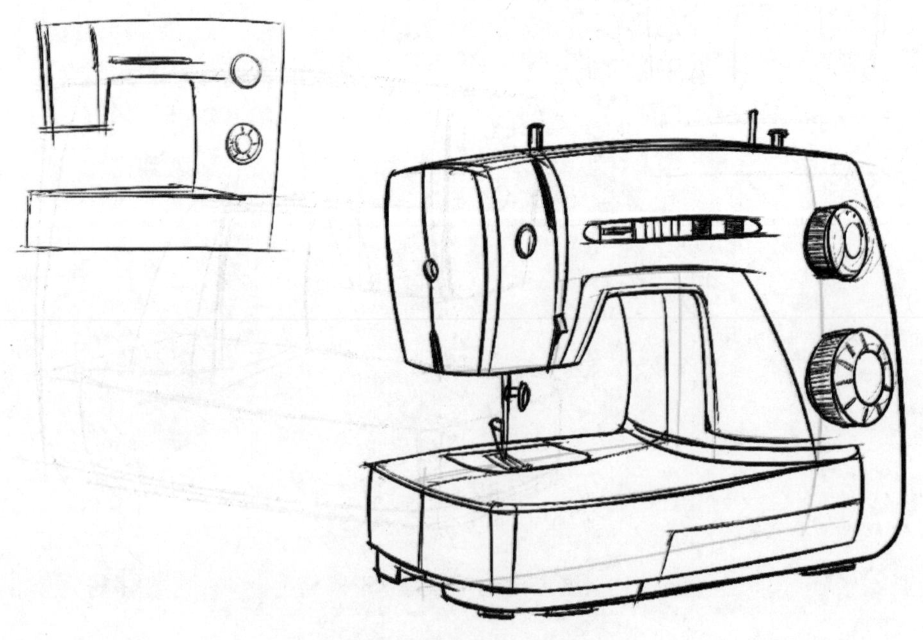

图 6–34　深化细节，确定形态

第 5 步，快速简略上色，如图 6–35 所示。本案例选择软喷笔【b）_Airbrush_Soft】进行快速上色。分零部件在不同的图层上进行操作，图层模式设置为相乘（正片叠底），或将新图层下移至线稿图层的下方。

第 6 步，绘制投影和制作背景，如图 6–36 所示。首先继续使用软喷笔【b）_Airbrush_Soft】完善上色工作；然后在新图层上，联合选区工具为缝纫机绘制投影；最后，从网络上搜集一张布料材质图片为缝纫机制作一个背景，注意降低背景层的透明度，如图 6–36 所示。

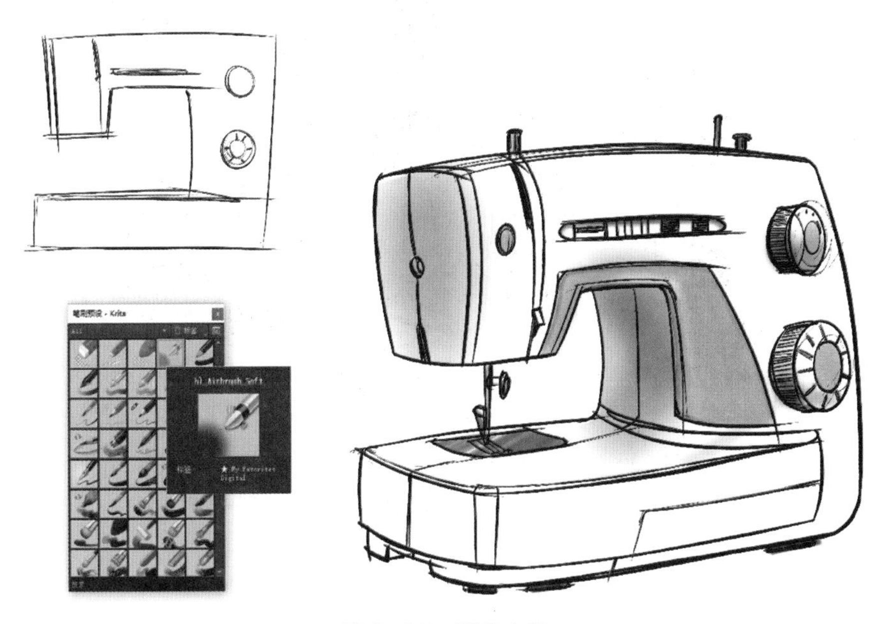

图 6–35　简略上色

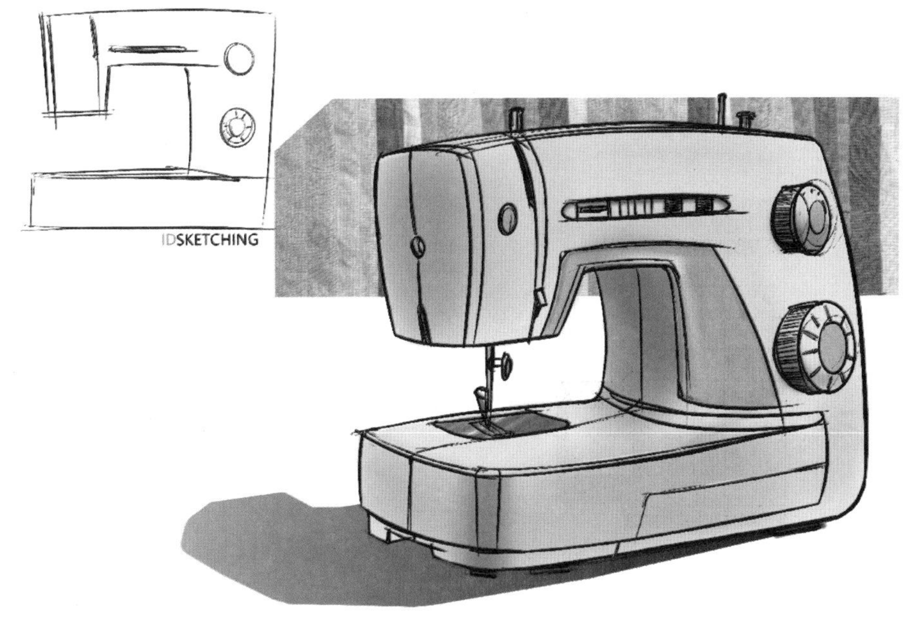

图 6–36　添加光影和制作背景

2. 手持电动工具概念草图示范

本案例我们将用更详细的步骤展示一个手持电动工具概念草图设计过程。先绘制一些构思草图，不用追求细节，关注产品的结构、比例与形态的变化，注重形态的演绎，如图 6–37 所示。

手电钻可简化为三个基本体：横向圆柱体、竖向圆柱体和长方体底座。

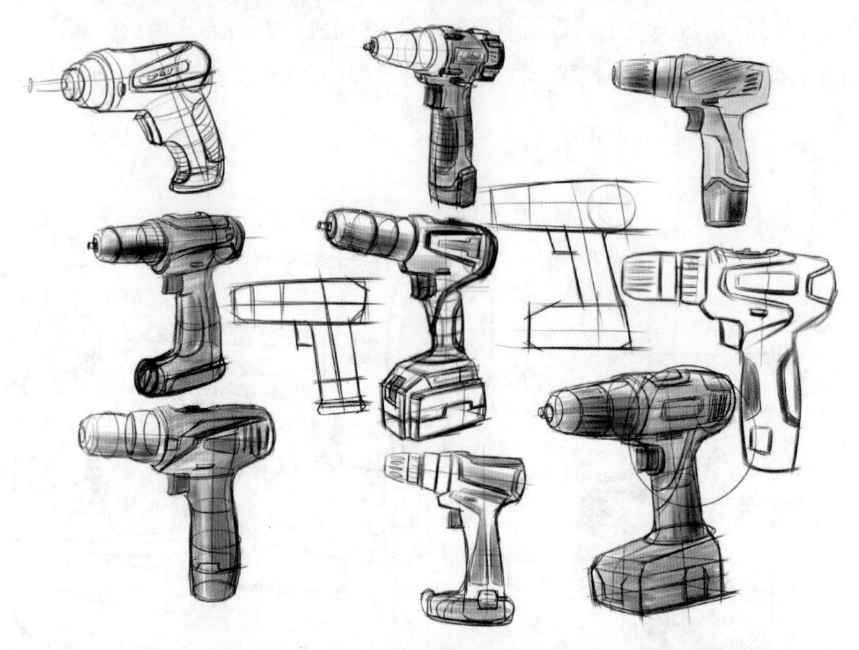

图 6-37　手电钻创意构思草图

第 1 步，新建一个图层，绘制中心轴线和面，如图 6-38 所示。注意把控透视和比例的关系。画笔可根据自己的喜好选择，本案例使用数字墨水笔【d）_Ink-3_Gpen】。

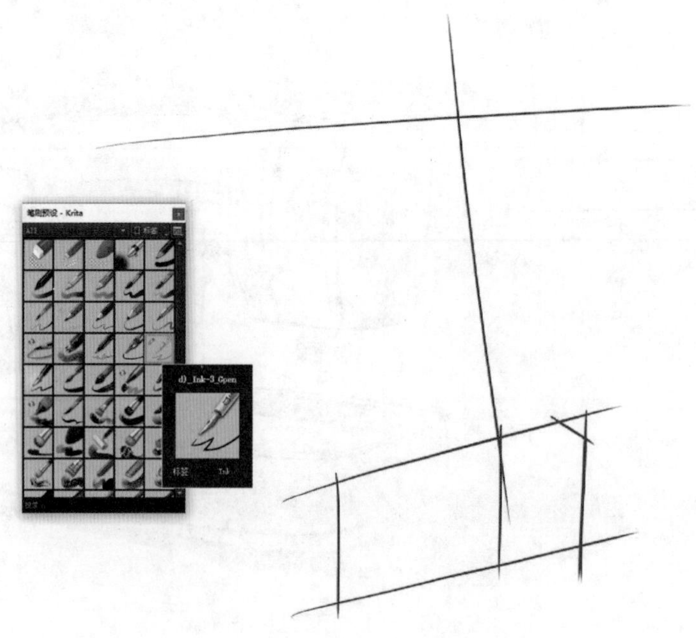

图 6-38　绘制中心轴线和面

第 2 步，新建一个图层，以中心轴线和中心面为参考绘制出手电钻的基本形体，如图 6-39 所示。注意横向透视圆和竖向透视圆的比例。

第 3 步，在新图层上调整形态，添加一些技术结构线（分型线），处理三个基本形体之间的过渡，并确定开关按钮的位置，如图 6-40 所示。

图 6-39　绘制基本形体

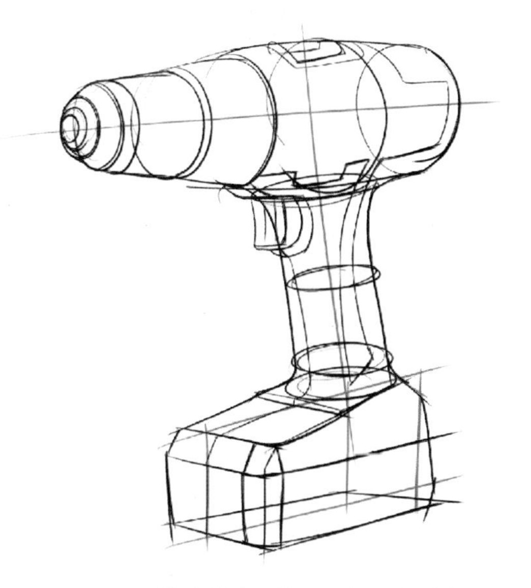

图 6-40　修改基本形体，添加形态过渡

第 4 步，添加更多的细节，修改并调整把手上的一些细节，绘制出散热孔等。为底座电池外壳补充一些细节，增加一些具有力量感的造型，如图 6-41 所示。

第 5 步，深化并肯定细节，确定最终形态，如图 6-42 所示。此步骤可参考真实产品的形态结构对部分细节进行调整和优化，如扭矩调节转盘、自锁夹头等。

图 6-41　调整形态，添加细节

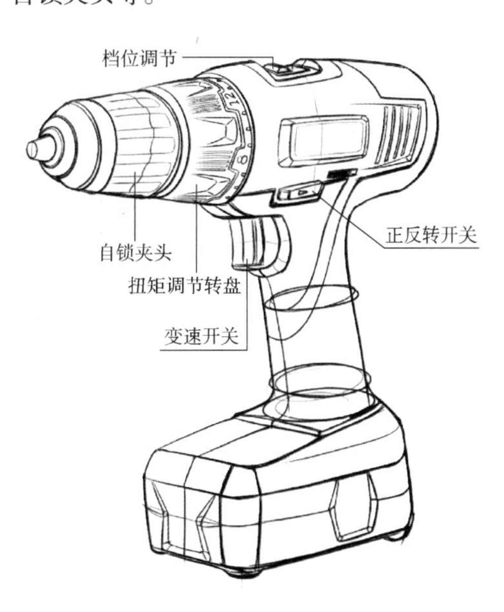

图 6-42　深化细节，肯定形态

第 6 步，分零部件上色，如图 6–43 所示。假定光源位于左上方。新建三个图层，使用软喷笔【b）_Airbrush_Soft】按零部件分别上色。此步骤也可使用选区工具先建立选区，然后使用喷笔快速渲染，注意调整画笔的大小。

第 7 步，继续使用喷笔上色，绘制产品的投影，加强受光面与背光面光影的对比，如图 6–44 所示。在新图层上，用红色喷笔为手柄上无级变速开关、侧面的正反转按钮和顶部的调速开关上色。用排线和马克笔为手电钻绘制投影。

图 6–43　分零部件上色

图 6–44　深化光影关系

第 8 步，绘制 Logo 和背景，并添加高光，如图 6–45 所示。创建一个新图层，用数字墨水笔【b）_Baisc–1】绘制一个 LOGO，注意光影关系的绘制。在新图层上，联合使用选区和填充工具为产品绘制一个蓝色背景。用白色数字墨水笔【d）_Ink–3_Gpen】添加一些高光。

图 6–45　绘制背景，添加高光

其他产品的概念草图，如手持电动螺丝刀如图 6–46 和图 6–47 所示、单人沙发椅概念草图如图 6–48 所示、拖拉机概念草图如图 6–49 所示。

除了概念草图（线稿）的绘制，本节及上一节也初步涉及了效果的绘制，然而这是不够深入的，也是不完整的。更多关于效果图的绘制参见本书第 8 章内容。

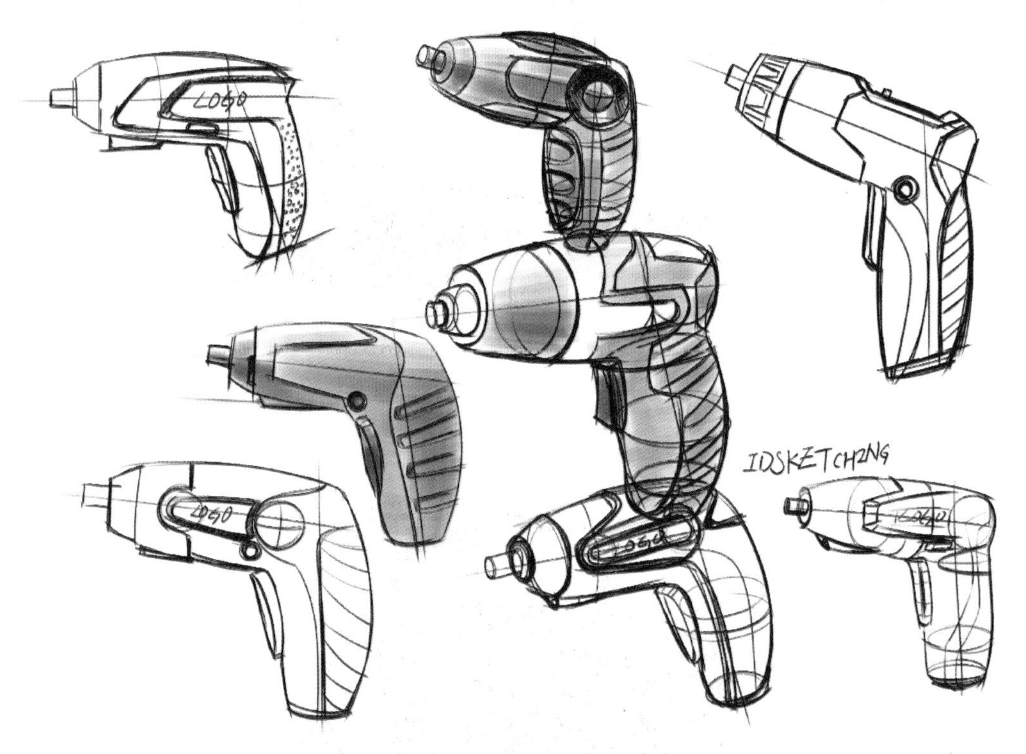

图 6–46　手持电动螺丝刀创意构思草图

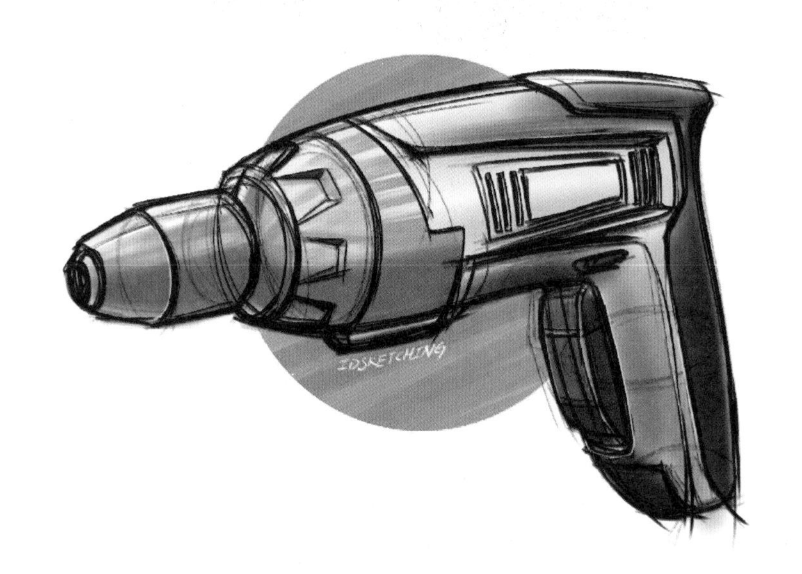

图 6–47　手持电动螺丝刀概念草图

图6-48　单人沙发椅概念草图

图6-49　拖拉机概念草图

6.4 人工智能辅助概念设计

工业设计正在改变，传统设计的侧重点在于实体产品的批量制造，这自然很重要，未来仍然会是工业设计的一部分。首先，随着服务设计和系统设计的兴起，而这些和实体产品的制造的关系已经很疏远，这更多地需要围绕着理解复杂的系统。第二，事物本质的变化将根本改变每一件事物，如人工智能（Artificial Intelligence，AI）、大数据（Big Data）等事物，我们需要准备新知识和技能来应对未来的工作和生活。第三，技术的革新，如虚拟现实、人工智能、智能材料、3D打印和智能电子之类的新事物，这些革新和即将出现的变革必将从根本上改变我们设计的方式和设计的产品。所以，我们需要自己做出改变，不断自我更新知识结构。

本节从智能设计的角度简要地介绍应用人工智能辅助工业设计的前沿技术和方法。或许这些技术和方法很快会嵌入常用的手绘软件当中辅助创意概念的快速生成，如 Krita、Photoshop 或者 SketchBook 等，又或许会出现一款专门用于渲染草图（线稿）的专业软件，还有可能在云端被实现。事实上这些想法在研究领域已经实现并走出了实验室，例如，一家名叫 Preferred Networks① 的日本 AI 公司开发了一款自动为漫画上色的工具软件 PaintsChainer②。只需上传一张黑白线稿，单击按钮，背后的 AI 模型即可自动生成一张彩色漫画。这背后的 AI 模型正是由深度学习技术所创造，它是目前人工智能领域中最火的技术之一。

6.4.1　概念生成

最近 10 年，随着人工智能、机器学习的迅猛发展，深度神经网络的产生加速了机器智能，图像生成问题的解决方案层出不穷。特别是 Goodfellow③ 于 2014 年提出生成对抗网络（Generative Adversarial Networks，GAN）后，图像生成已成为机器学习和计算机视觉领域的一个研究热门，例如，人脸生成④、动漫头像生成⑤。通过大量图像数据集合的学习，可生成新的像素级别的图片。

生成对抗网络由两个同时训练的模型构成，属于一种混合模型。一个为生成模型 G（Generative Model），用于捕获数据分布；另一个是判别模型 D（Discriminative Model）。Goodfellow 还举了一个有趣的例子用于解释 GAN 的原理：生成模型类似于一个假币伪造团伙，试图制造伪钞并在不被发现的情况下使用；判别模型则相当于警察，他们试图检测假币。这种对抗思想源自博弈论（Game Theory）中两个玩家的零和博弈（two-player game，两人的利益之和为零，一方所失正是对方所得），对抗中的双方根据对方的策略不断变换自己的策略集直到双方达到“纳什均衡”，这是一种动态“博弈”的过程。可以将 GAN 看作是一个生成接近真实世界数据的工具，GAN 可以应用到任何类型的数据（图像、文本、视频、音频）。

生成模型 G 依据输入的随机噪声 z 生成样本 G（z）；判别模型 D 判别的数据来自真实世界的样本，而不是生成模型 G 产生的数据。GAN 的算法框架如图 6-50 所示，G（z）是生成模型创造的假图像数据。下面给出本书的两个实验案例，自行车头盔和手电钻概念生成。

1. 自行车头盔概念生成——Bicycle Helmet-GAN（BH-GAN）

这里列举初步尝试的一个实验案例，想尝试用人工智能的方式创造新的产品概念图像以辅助设计师。为此创建了一个自行车头盔数据集，它包括 15 456 张自行车头盔图像，尺寸为 128*128 pix，并创建了一个名为 Bicycle Helmet-GAN 的深度生成对抗网络模型，可用于实现对自行车头盔的智能化概念图像生成。BH-GAN 是受深度卷积生成对抗网络（Deep Convolutional GAN，DCGAN）⑥ 的启发而做的一些改进和尝试。图 6-51 是由 BH-GAN 生成的部分自行车头盔概念图像，每个头盔图像的尺寸为 128*128。BH-GAN 可以生成数量惊人的概念图像，这是人类设计师无法做到的，但并非所有概念图像都是可用的。

---

① https：//preferred.jp/ja

② https：//petalica-paint.pixiv.dev/index_zh.html

③ Goodfellow I，et al.Generative Adversarial Nets［C］.Neural Information Processing Systems，2014：2672-2680.

④ https：//thispersondoesnotexist.com/

⑤（1）https：//make.girls.moe/#　（2）https：//selfie2anime.com/#

⑥ Radford A，Metz L，Chintala S，et al.Unsupervised Representation Learning with Deep Convolutional Generative Adversarial Networks［J］.arXiv：Learning，2015.

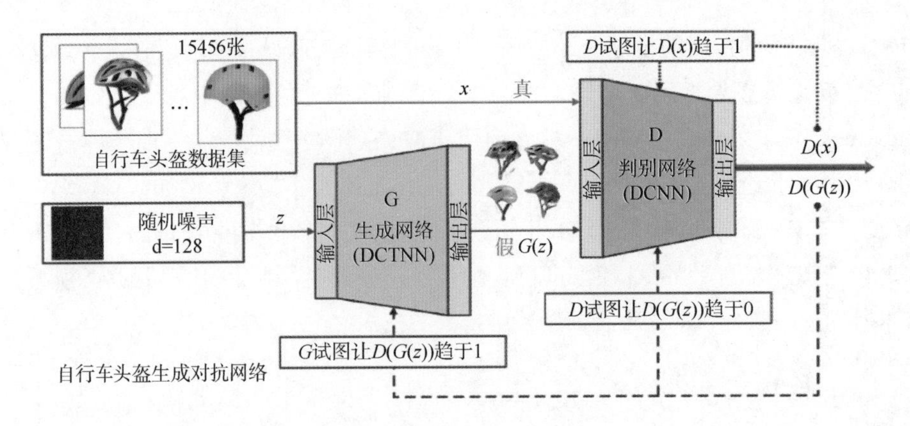

图 6-50 GAN 算法框架

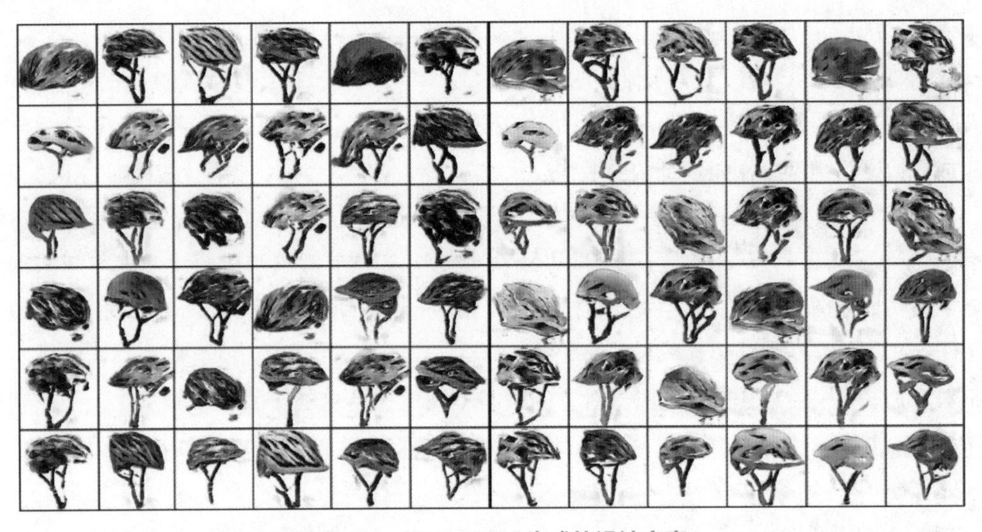

图 6-51 BH-GAN 生成的设计方案

邀请工业设计师观看 BH-GAN 创造的自行车头盔图像，并请他们绘制一些概念草图。图 6-52 展示了几位设计师在看完这些图像后绘制的自行车头盔概念草图，他们表示这些生成的头盔图像在一定程度上具有很好的辅助和启发作用，但在细节处理方面仍然离不开设计师的介入，人机联合设计，这也是未来的一个设计方向。

2. 手电钻概念生成——Hand Drill-GAN（HD-GAN）、HDSketch-GAN

与自行车头盔生成设计不同的是，对于手电钻我们尝试更大像素尺寸的生成模型训练。为此创建了一个像素尺寸为 256*256 的手电钻图像数据集，共有 18 239 张图片，并训练了一个名为 Hand Drill-GAN 的深度生成对抗网络模型。同时，基于手电钻图像数据集，利用 OpenCV 将图像自动转换成线稿图，创建了一个手电钻草图数据集，共有 13 027 张草图（不包括有线手电钻），并训练了一个名为 HDSketch-GAN 的草图设计生成器。

图 6-53（a）是由训练好的 HDSketch-GAN 在输入随机噪声时一次性设计输出的 32 个手电钻概念草图方案，用时约为 2~3 s。当然，32 是一个可变参数，如果需要可设置更高的数字，这需要耗费多一点的时间。显然，这种草图设计效率是人类设计师无法做到的。

图 6-52　设计师受启发绘制的自行车头盔概念草图（作者：李雄，石娜娜，张炜）

图 6-53（b）是由训练好的 HD-GAN 在输入随机噪声时一次性输出的 32 个手电钻概念图像。显然，与 HDSketch-GAN 生成（线稿）草图不同，HD-GAN 直接输出手电钻图像。从视觉效果来看，后者更胜一筹。但从设计细节方面考虑的话，不难发现 HDSketch-GAN 发明了更多的细节变化，也为工业设计师创造了更丰富的想象空间。这些由 HD-GAN 和 HDSketch-GAN 创作的手电钻方案给设计师提供了新的视觉刺激和创作欲望，图 6-54 是设计师受启发绘制的手电钻概念草图。这种互动过程体现出设计师与 AI 设计的博弈。通过博弈，AI 激发了设计人员的创作欲望和探索力。

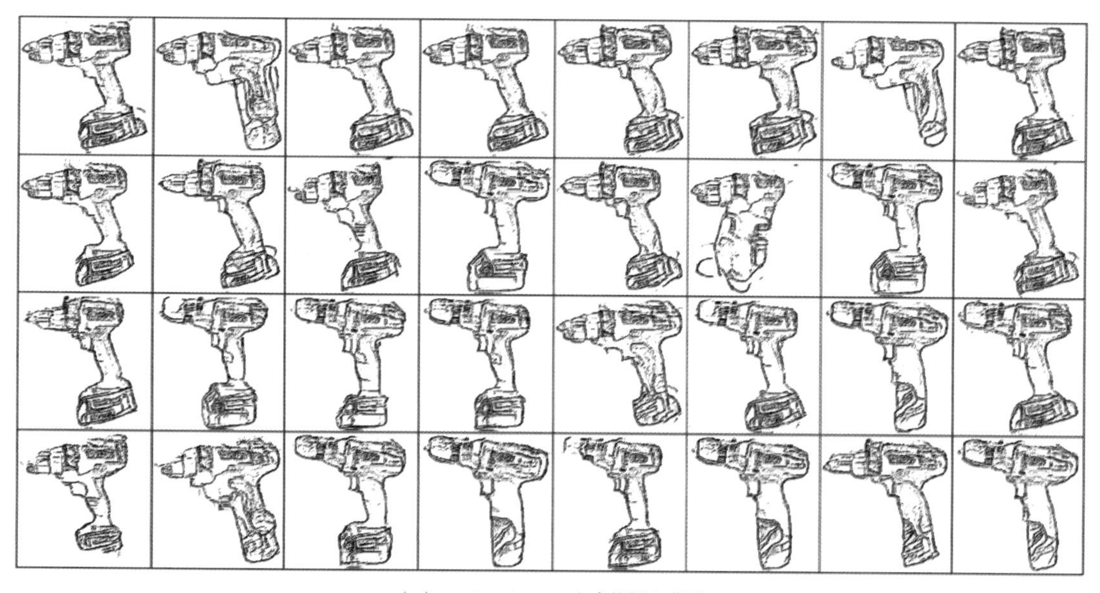

（a）HDSketch-GAN生成的概念草图

图 6-53　手电钻概念生成

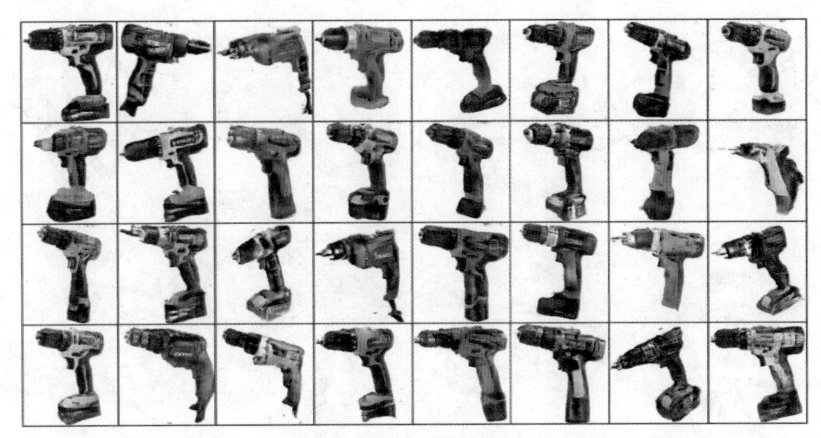

（b）HD-GAN生成的设计方案

图 6-53 手电钻概念生成（续）

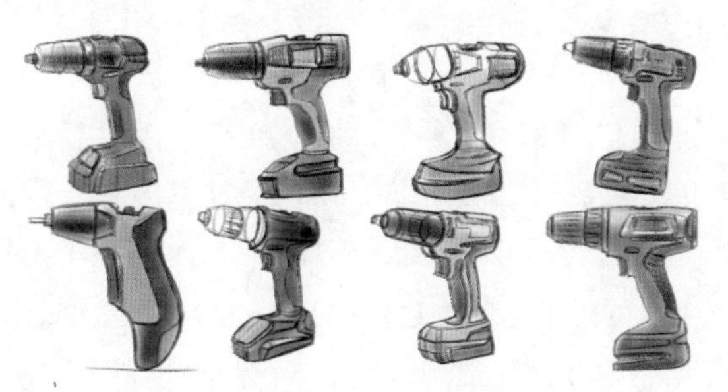

图 6-54 设计师受启发绘制的手电钻概念草图

6.4.2 草图渲染

人工智能实现草图渲染上色（sketch-to-image），主要是利用深度学习技术实现从图像到图像的翻译（image-to-image），如图 6-55 和图 6-56 所示。这些研究成果均得益于生成对抗网络的发明，并在其基础上进行不断的改进和拓展。AI 自动渲染是大量学习人类已经创作好的作品，从中学习到人类的上色模式，逐步将 AI 模型训练到接近最好的色彩效果。

图 6-55 AI 的上色效果[①]

① Isola P，Zhu J，Zhou T，et al.Image-to-Image Translation with Conditional Adversarial Networks［C］.computer vision and pattern recognition，2017：5967-5976.

图 6-56　AI 创作的方案[①]

图 6-57 是 PaintsChainer[②] 自动上色的结果。草图上色器的训练需要两部分数据集：（线稿）草图数据集和渲染图数据集。图 6-58 是训练的一个名为 HDRender-GAN 的手电钻草图上色器对（线稿）草图渲染的结果。与渲染假草图（由 HDSketch-GAN 设计）相比，HDRender-GAN 在真草图上的表现更好，这是因为训练集中不包含任何假草图，假草图的噪声较大，结果导致模型的泛化误差较大。同时也证明了 HDSketch-GAN 具有较强的创新能力。这些结果虽然在视觉细节上与人类设计师还存在明显差距，但这表明 AI 在产品设计草图渲染方面的潜力爆发点指日可待。

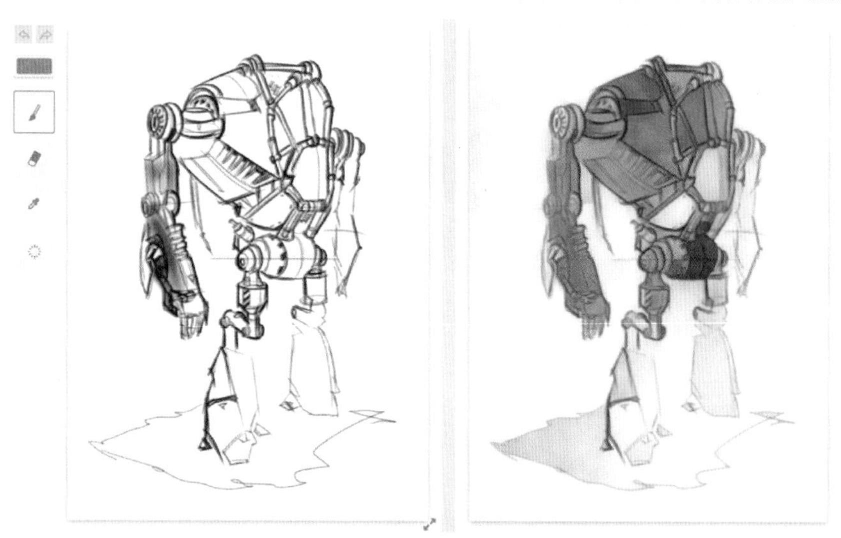

图 6-57　PaintsChainer 的自动渲染

① Chai C，Liao J，Zou N，et al.A one-to-many conditional generative adversarial network framework for multiple image-to-image translations［J］.Multimedia Tools and Applications，2018，77（17）：22339-22366.

② https：//petalica-paint.pixiv.dev/index_en.html

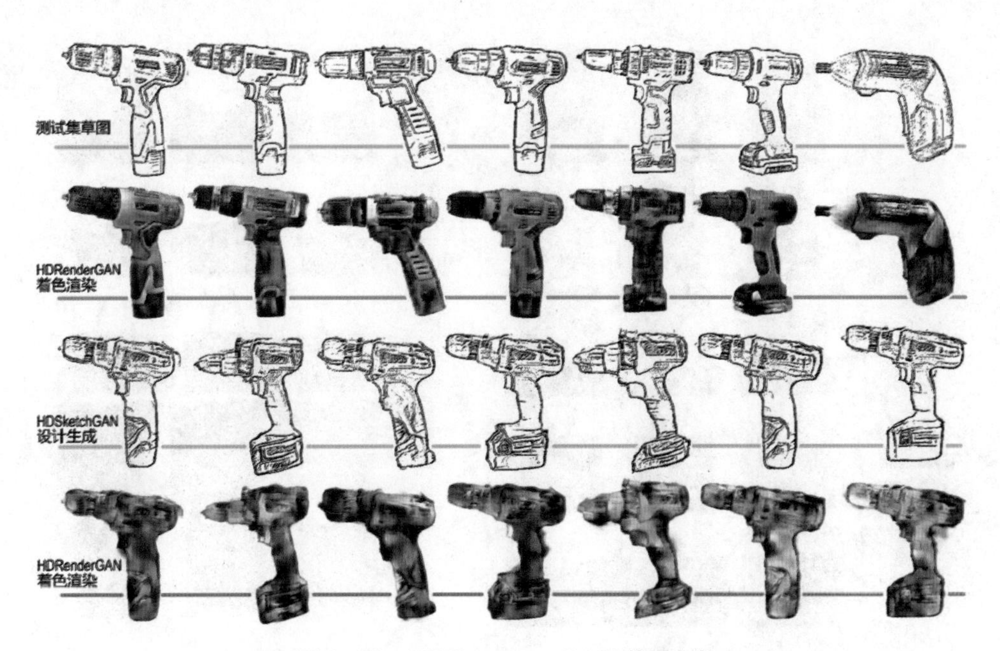

图 6-58 HDRender-GAN 草图上色

6.4.3 风格迁移

风格迁移也称样式迁移，是一种使用卷积神经网络自动将某个图像的风格应用到另一图像上的技术[①]。因此，风格迁移需要两张图像重构输出图像，一张是内容图像，另一张是风格图像，深度卷积神经网络修改内容图像使其在风格上接近风格图像。在这里，我们尝试利用人工智能技术做一些草图风格迁移的实验，例如，将我们自己绘制的草图转化为著名设计师 Carl Liu[②] 的草图风格，如图 6-59 所示。从迁移的视觉结果来看，迁移后的草图在内容上的损失较大，最主要的原因是由于两张草图在形态内容上存在很大的差异。

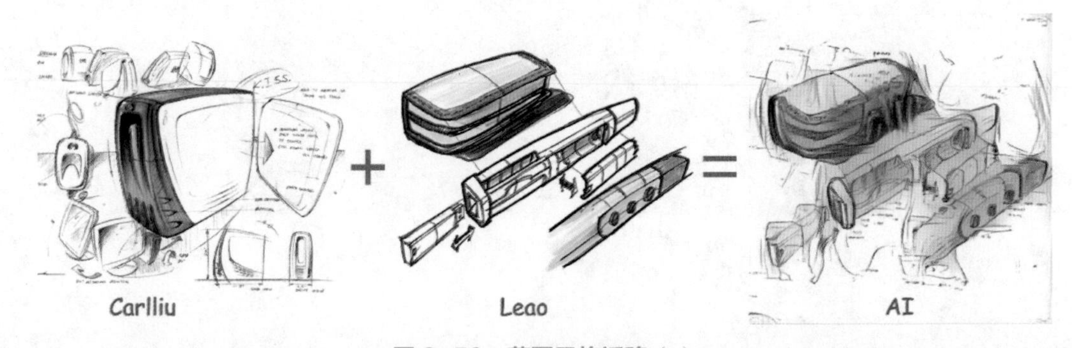

图 6-59 草图风格迁移（1）

如果快速临摹一张 Carl Liu 的草图，保持内容大概一致，然后再进行一次尝试，结果发现机器较好地把 Carl Liu 的草图风格迁移到了临摹的草图上，如图 6-60 所示。值得注意的是，在临摹 Carl Liu 的草图时，并没有完全照搬，修改了比例、尺度和少部分细节，但结果却是可以接受

① L.A.Gatys，A.S.Ecker and M.Bethge.Image Style Transfer Using Convolutional Neural Networks.2016 IEEE Conference on Computer Vision and Pattern RecognitionCVPR), Las Vegas，NV，2016：2414-2423.

② Carl Liu 的个人网站：http：//www.carlliu.com

的。显然，这与 AI 模型对图像内容和风格的配比有关。

图 6-60　草图风格迁移（2）

另外，我们还尝试对一张手电钻设计草图进行风格迁移，选择与手电钻草图形态大致相似的两款风格不同的吹风机图像进行实验，结果如图 6-61 所示。显然，由于具体形态上的差异，导致原始手电钻草图上的一些设计细节丢失了，这对产品形态设计来说是遗憾的。但不可否认的是风格迁移的思想和技术在产品概念个性化创新方面会产生积极的推动作用。

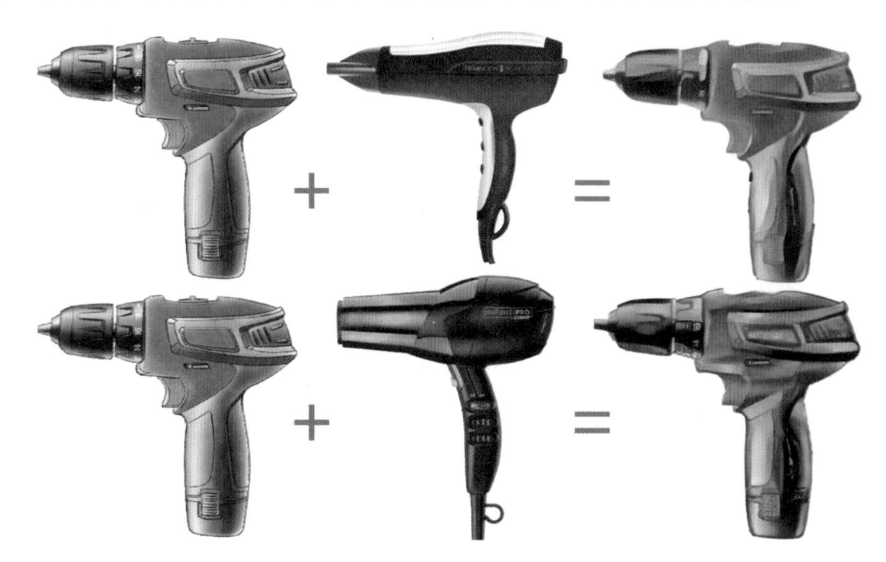

图 6-61　手电钻草图风格迁移（1）

相比形态内容差异较大的吹风机，如果选择形态内容更为接近的真实手电钻作为风格图像，结果发现机器保留了更多的设计细节，如图 6-62 所示。

图 6-62　手电钻草图风格迁移（2）

人工智能与创新设计正在从科学与艺术的角度不断地融合，已经实现了学习和创新的跨越，形成了类似人类智能的创作闭环[①]。本节虽然非常概略地介绍了人工智能辅助产品概念设计的前沿思想、技术、方法，以及我们自己的尝试，但是从这些内容中我们可以深切的感受到人工智能辅助概念设计的强大生命力。

AI 辅助产品概念设计已成为可能。本节在概念生成、草图渲染和风格迁移方面做了初步尝试和总结。在概念生成方面，BH-GAN（或 HD-GAN）的本质是用高维随机噪声数据逼近并模拟出与大量真实自行车头盔图像像素数据近似的分布规律，正是这个原因 BH-GAN（或 HD-GAN）在创造新概念的同时创造了新的色彩方案。然而创建干净、高质量、数量可观、种类多样的产品图像数据集仍是一个问题。另外，BH-GAN（或 HD-GAN）模型的创新生成能力仍有很大的提升空间。草图渲染是 GAN 在跨领域映射方面的拓展，可实现草图渲染工作。然而，目前的 AI 或许只能针对某一种产品实现草图渲染，例如针对运动鞋或汽车单一类型数据集而建立有效的 AI 模型是可行的，若想泛化到多种品类则是很困难的事。从这个角度来讲，人类的智能还是远超 AI 的。只要掌握基本的光影知识和色彩知识，人类设计师可以渲染各种不同品类的产品设计草图。风格迁移是深度卷积神经网络对两张图像特征的解构与重建，但对设计草图则需要更多考虑形态细节上的得与失。从上述三个方面的试验案例中，我们也不难发现 AI 设计擅长处理大量错综复杂的数据，人类设计师则擅长处理设计细节，未来人机联合设计可能更具有创造性，也是一个值得研究的方向。

你也许会问，AI 辅助设计是否会取代人类设计师？ AI 辅助设计是否会抑制人类设计师自身的设计创造力？其实有这些问题也很正常，但大可不必担心。每个时代都有每个时代的特征和思维方式。工业革命促使设计从单件手工制作向批量生产转变，设计师的思维方式第一次发生变化；计算机、互联网的发明导致人类进入信息时代，设计师的思维方式发生第二次大变动；同样的，人工智能、5G 时代设计师的思维方式和能力也需要进行转换，了解新技术带来的可能性[②]。相比以往，AI 时代的设计思维强调更为复杂的系统观、跨领域交叉认知和思考问题，以及习惯用数据与计算方式解决问题[③]。这些思维方式的转变都是时代博弈的结果，并且以平行、交叉、混沌的方式存在，AI 时代，设计师自然也要与 AI 设计进行设计博弈。但更多的是人类设计师会用人工智能增强自己的智能，我们当然希望最终的胜利属于不断进步的人类设计师自己[④]。

如果读者对人工智能辅助概念设计感兴趣，还可阅读其他相关专业文献和书籍，本节内容还远远不够深入，这里仅做简要介绍和讨论，重点在于诱发思考。

本章案例

叉车造型设计

案例时间：2018 年 8 月。

① 胡洁 . 人工智能驱动的艺术创新［J］. 装饰，2019（11）：12-17.

② 付志勇，周煜瑶 . 人工智能时代的设计变革［J］. 中国艺术，2017（10）：56-61.

③ 吴琼 . 人工智能时代的创新设计思维［J］. 装饰，2019（11）：18-21.

④ Carter S, Nielsen M. Using Artificial Intelligence to Augment Human Inteligence[J]. Distill, 2017, 2(12): e9.

设计师：李雄。

本案例是一个叉车造型改进设计项目。由于叉车的整体结构不能改动，所以设计重点就放在了叉车尾部造型优化上。前期的概念设计方案均使用数字草图软件 Krita 绘制，这些概念草图（见图 6-63~ 图 6-66）并没有过多追求细节和具体的造型细节，更多的是表达整体概念。绘图时，设计师使用 Krita 的图层工具导入原始方案图片作为参考图，然后调整合适的图层不透明度，在新图层上快速重构、修改造型设计方案，这种绘图方法在概念探索阶段快速有效。

图 6-63　叉车造型设计草图（1）

图 6-64　叉车造型设计草图（2）

图6-65　叉车造型设计草图（3）

图6-66　叉车造型设计草图（4）

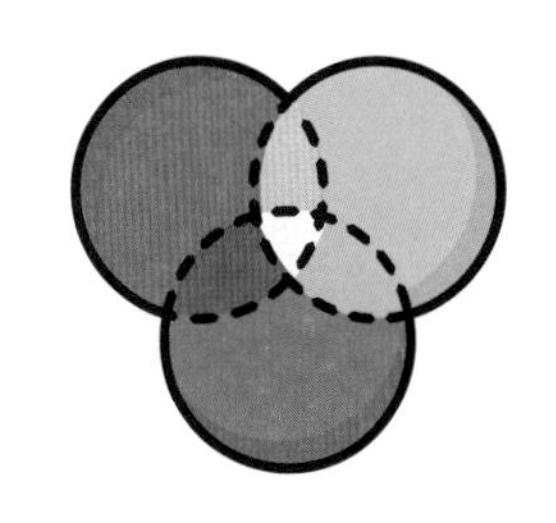

第7章 色彩和材质的表现

我们能够听到一个单独的音。但是，如果不借助特殊装置，我们几乎看不到与其他色彩毫无联系的一种单独颜色。色彩在不断地流动，总是与不断变化的相邻色彩及不断变化的条件存在联系。

——摘自（美）约瑟夫·阿尔伯斯（Josef · Albers）的《色彩构成》

科学家的研究表明，在已研究的动物范围内，几乎没有什么动物的眼睛与人类一样能看到五彩缤纷的世界。我们的眼睛不仅对物体的颜色敏感，对物体表面的材质、纹理、光滑度等同样敏感，如图 7-0 所示。

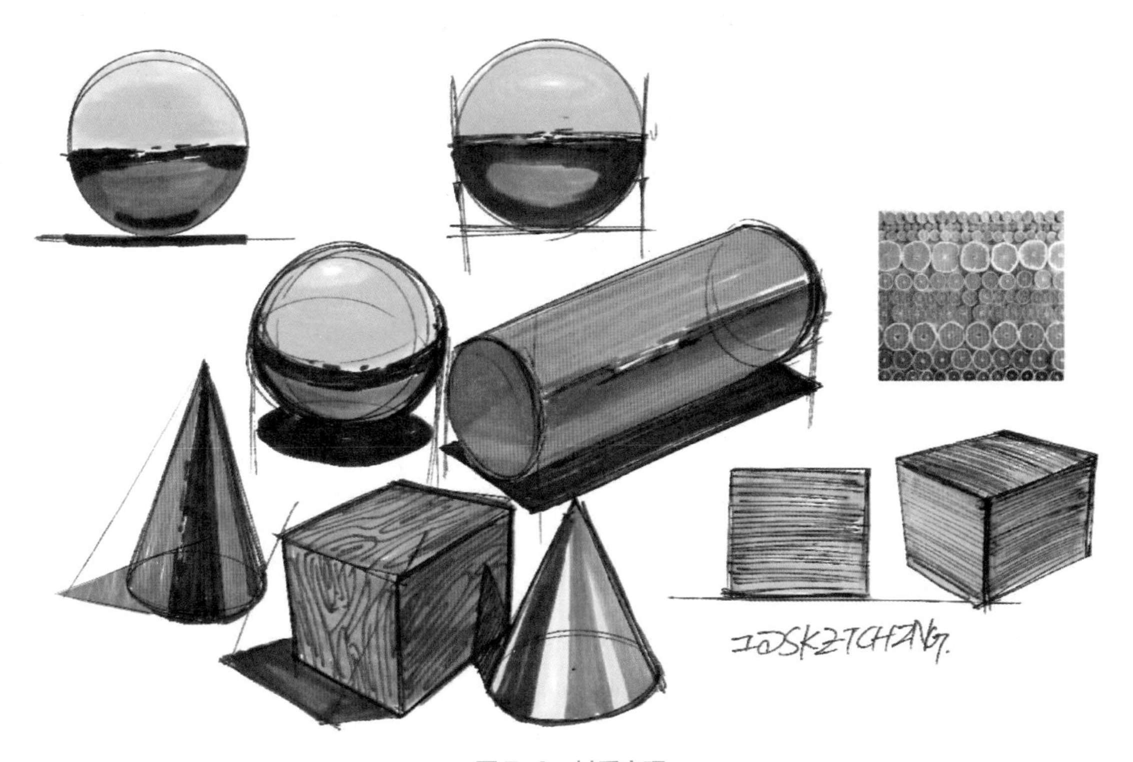

图 7-0　材质表现

对工业设计师而言，除了设计造型和功能外，色彩和材料也是必须要考虑的，而产品的色彩与材质关系密切。本章从关注大自然中的色彩开始，引出有关色彩科学的基础知识，以及背景色在草图设计中应用，重点关注常用材质表现，包括木纹材质、透明材质、金属材质、光滑材质与粗糙材质。

7.1 色彩基础

7.1.1 大自然中的色彩

色彩是生命进化神秘的体现，也是最具智慧、最精准的色彩设计。大自然是我们离不开的生存环境，在这个环境里我们看到的和接触到的每一样东西都有它自身的色彩体现。自然界中很多色彩的出现与搭配体现着理性的智慧，同时传递着美的信息。蝴蝶生存在不同环境会呈现出不同颜色，如图 7–1 所示。

图 7–1　蝴蝶

再比如，羽毛艳丽的鹦鹉，如图 7–2 所示。生活在不同区域的鹦鹉，颜色也不尽相同。有以绿色为主的短尾鹦鹉，以蓝色和黄色为主的美洲鹦鹉。不少鹦鹉的翅膀上有红色，有的以红色和绿色为主色，配以蓝色、紫色、棕色、黄色和黑色。美冠鹦鹉基本上是白或黑，也有些黄色、红色和桃色。稀有的非洲灰鹦鹉是已知的几种可以和人类真正交谈的动物之一。

由此可见，五彩缤纷的大自然是设计师研究和学习的对象。例如，图 7–3 中的足球鞋设计方案和图 7–4 中的篮球鞋设计方案，展示了设计师不仅向动物学习造型设计，还向动物学习色彩方案，并创造性地融合出新形态与色彩方案。

图 7-2　鹦鹉[①]

图 7-3　球鞋设计草图（仿色仿形）[②]

通常，色彩分为彩色和非彩色两大类，彩色指红、橙、黄、绿、青、蓝、紫等各种颜色。色彩有三种特性：色相、明度、纯度。非彩色指白色、黑色和各种深浅不同的灰色。非彩色只有明度差别，而没有色相、纯度这两种特性。各种灰色由白色和黑色按不同比例混合。

① https：//cn.bing.com/images

② http：//skeren.co.kr

图 7-4　篮球鞋设计草图（仿色仿形）

7.1.2　色彩科学

色彩在人类视网膜中的呈现是通过光线的反射作用而产生的，色与光有着不解之缘。

艾萨克·牛顿于 1666 年发现，把太阳光经过三棱镜折射，然后投射到白色屏幕上，会出现一条彩虹一样的色光带谱，从红开始，按顺序依次接邻的是橙、黄、绿、青、蓝、紫七色。牛顿 1704 年所著的关于光的属性的著作《光学》（*Opticks*）出版，在书中他提出将直线排列的彩虹光带谱变成色环（Color circle），这就是著名的牛顿色环，用二维平面的方法讨论原色、二次色、三次色之间的关系，如图 7-5 所示。

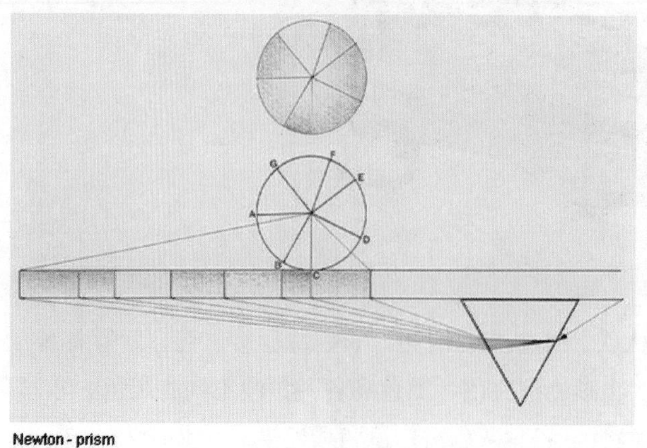

（a）牛顿三棱镜

（b）色环示意图

图 7-5　牛顿的发现

然而，德国作家、哲学家、科学家歌德 1810 年出版的《颜色色论》中提出，人们对色彩的感知是主观的，这种感知在很大程度上取决于个体的官能以及局部的光线条件。他认为这种感知并非牛顿所提出的那样是一种物理现象，并改进了牛顿色环。歌德将洋红色、蓝色、黄色定义为色料三原色，如图 7–6 所示。歌德一生都在反驳牛顿的学说，他认为自己在自然科学方面的作品——才是自己的代表作。他提出质疑称，色彩是与情感状态相联系的（“理性与善良是黄色的”），虽然这一说法有点意思，但在当时却没有得到广泛认同，因为我们对色彩的感知都是极其主观的，而牛顿对色彩却是纯粹的科学评价。例如进行哀悼时，西方人常用黑色，而在中国，人们穿戴白色表达对亲人的哀悼。

现代科学研究表明，色觉的产生与视网膜上的视锥细胞（Cone Cell）关系密切，如图 7–7 所示。在视网膜上，有数百万个不尽相同的光敏感视锥细胞，它们有三种类型，分别是红敏感视锥细胞、绿敏感视锥细胞和蓝敏感视锥细胞。红敏感视锥细胞对波长较长的红光最敏感；绿敏感视锥细胞对中等波长的光线敏感；蓝敏感视锥细胞对波长较短的光线敏感。人眼捕捉到的每一个像素都被视锥细胞分解成 RGB 编码传递给大脑。色彩的 RGB 编码就是这么来的。

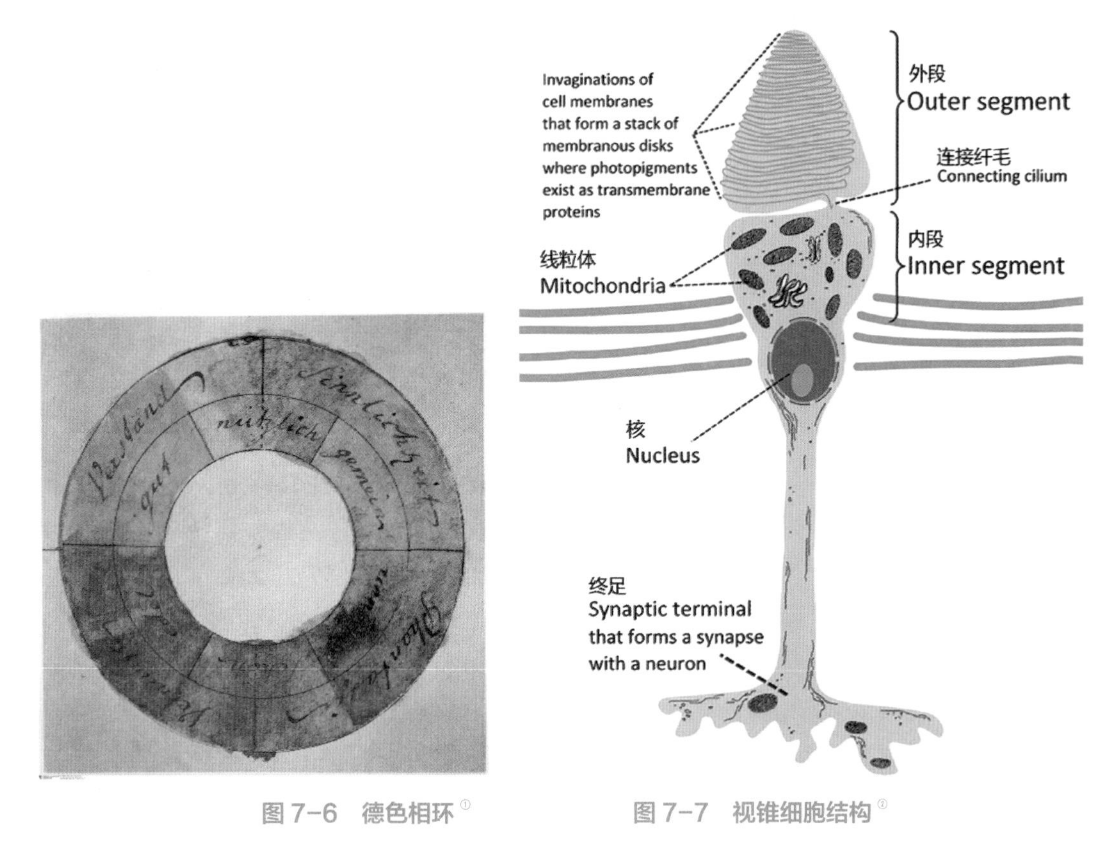

图 7–6　德色相环[1]　　图 7–7　视锥细胞结构[2]

赫尔曼·格拉斯曼（H.Grassman）在总结以往颜色混合实验现象的基础上，于 1854 年提出色彩混合定律：

① https：//www.laphamsquarterly.org/sites/default/files/images/artwork/24._art357655.jpg

② https：//cn.wikipedia.org/wiki/Cone_cell

（1）人的视觉只能分辨颜色的三种变化：色相、亮度、饱和度；

（2）两种颜色混合时的补色律和中间色定律；

（3）感觉上相似的颜色，可以互相代替——代替律；

（4）亮度相加定律：由几个颜色组成的混合色的亮度，是各颜色光亮度的总和，如图 7–8 所示。

色相（Hue）就是指颜色名字，是色彩之间彼此相互区分的特性，比如红色、紫红色、蓝色、黄色等。从专业角度来说，色相是由颜色的波长决定。

亮度（Value）又称明度，表示色彩的明暗度。明度是指人的眼睛对物体的明暗感觉，受视觉感受性和过去经验的影响，明度的变化相当于亮度的变化，当光源的亮度越高或物体表面的反射率越高，人的眼睛感受到的明度也就越高。

饱和度（Chroma）又称纯度、彩度或鲜艳度，是指颜色的强度、鲜艳程度。高饱和度的颜色只包含纯色，而低饱和度的颜色则是纯色与灰色的混合。

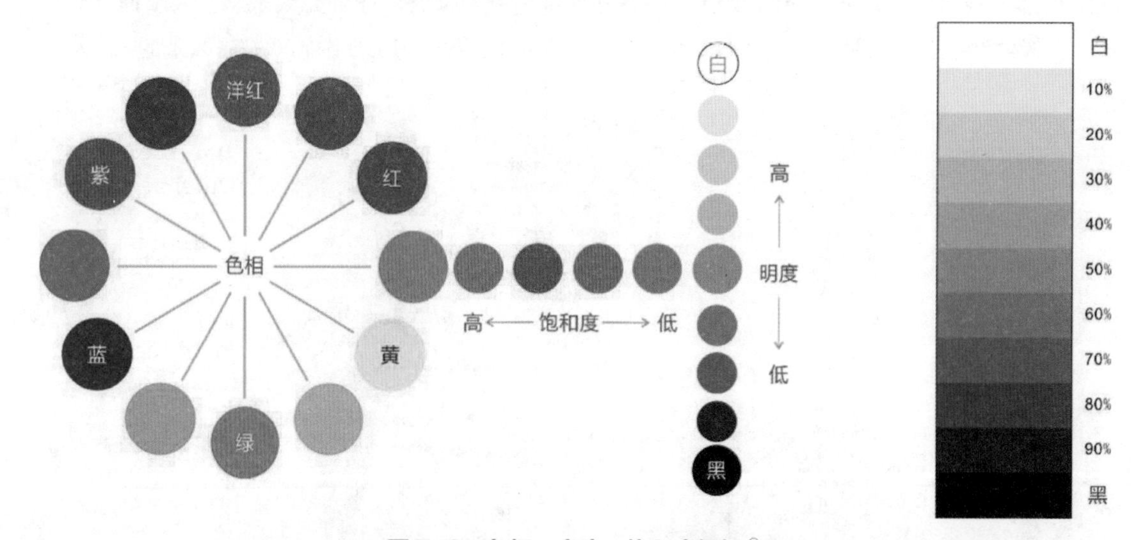

图 7–8　色相，亮度，饱和度解析①

1905 年，美国色彩学家阿尔伯特 · 亨利 · 孟塞尔（Albert Henry Munsell，1858—1918 年）开发了第一个被广泛接受的颜色次序系统（Color Order System），称为孟塞尔颜色系统（Munsell Color System），对颜色作了精确的描述，并在 1943 年重新做了修订工作。孟塞尔颜色系统以色相、饱和度、明度三个维度来描述颜色，如图 7–9 所示。

目前，色彩领域国际通用且提及最多的色彩体系有奥斯特瓦体系、孟赛尔体系、NCS 体系、PCCS 体系②。

设计上应用最广泛的色彩体系就是孟塞尔颜色系统，将色彩知识科学而规范地应用于设计教育，这主要归功于在包豪斯学校创立了基础课程（Preliminary Course）的教师约翰尼斯 · 伊顿（Johannes Itten），伊顿的基础课程影响至今③。伊顿忠告他的学生——“如果你在无意之中，

① http：//mavis.cc/psychology–of–color

② 黄茜，陈飞虎．四大色彩体系对比分析研究［J］．包装工程，2019，40（8）：266–272.

③ 王受之．世界现代设计史［M］.2 版．北京：中国青年出版社，2015，167-168.

有能力创造出色彩杰作，那么无意识便是你的道路，但是如果你没有能力脱离你的无意识去创造色彩杰作，那么你应该去追求理性知识。”约翰尼斯·伊顿于 1921 年构建的设计色彩模型，如图 7–10 所示。

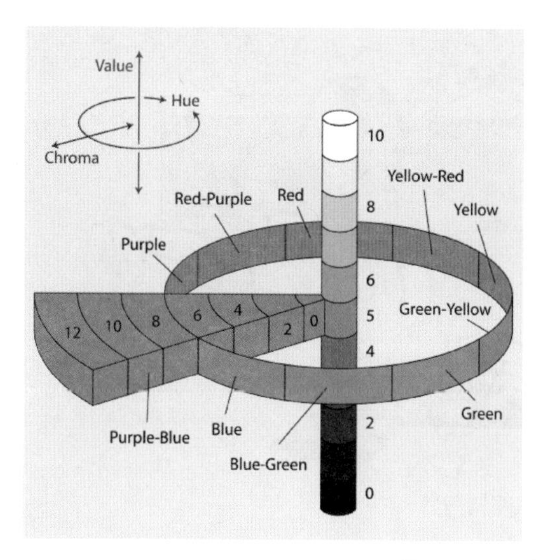

图 7–9　孟塞尔颜色系统[1]

（a）伊顿色彩模型手稿　　（b）色彩模型　　（c）伊顿本人[2]

图 7–10　伊顿色彩模型

关于色彩类比、配色设计、补色分析、流行色的选择等，这里推荐 Adobe 公司提供的 Adobe Color 色彩分析网站[3]，使用非常方便。

7.2 背景

在设计草图中，常常使用背景图来增加手绘图的立体感，并起到分层对比的作用。根据设

① https：//en.wikipedia.org/wiki/Munsell_color_system

② https：//www.bauhauskooperation.com/the-bauhaus/people/masters-and-teachers/johannes-itten

③ Adobe Color：https：//color.adobe.com/zh

计的产品选择不同颜色的背景图也会产生不同的视觉感受，但核心还是要为产品服务，不宜过于强烈和刺激。背景图放置的位置也会起到不同的关键作用，作为设计方案底图时能够增加立体感，如图 7–11 所示。

图 7–11　草图与背景

有时候，背景图增加了立体感的同时，还能把相关的设计方案关联到一起，起到关联组织画面的功用，如图 7–12 所示。

图 7–12　用背景来衬托和组织画面

背景是为了创造空间感。背景有三个层面的理解：其一，绘图的常用纸是白色，白色就是背景，也有彩色纸，底色高光画法；其二，在白色纸上绘制的有色背景；其三，单独为产品绘制的背景，有时也用图片。如图 7-13 和图 7-14 所示。

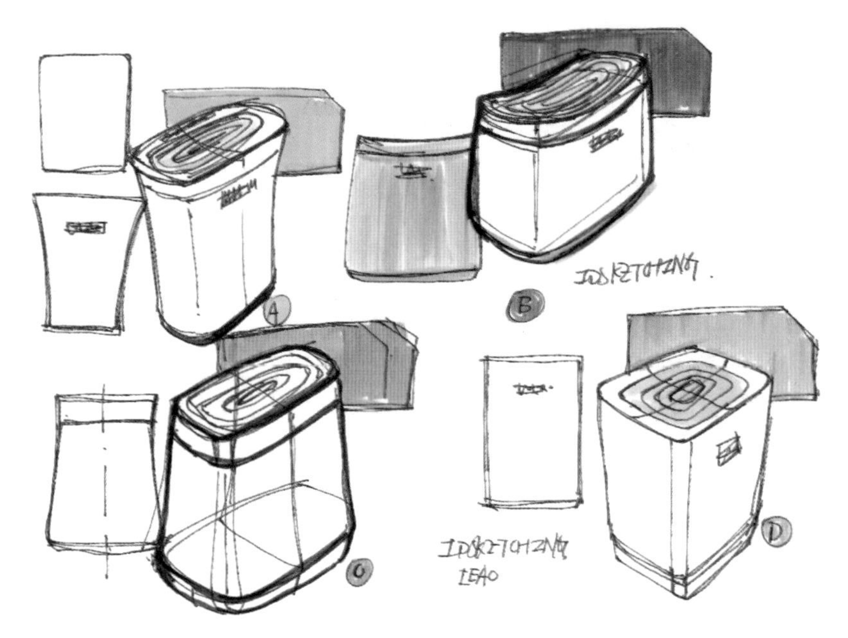

图 7-13　背景图示例（1）

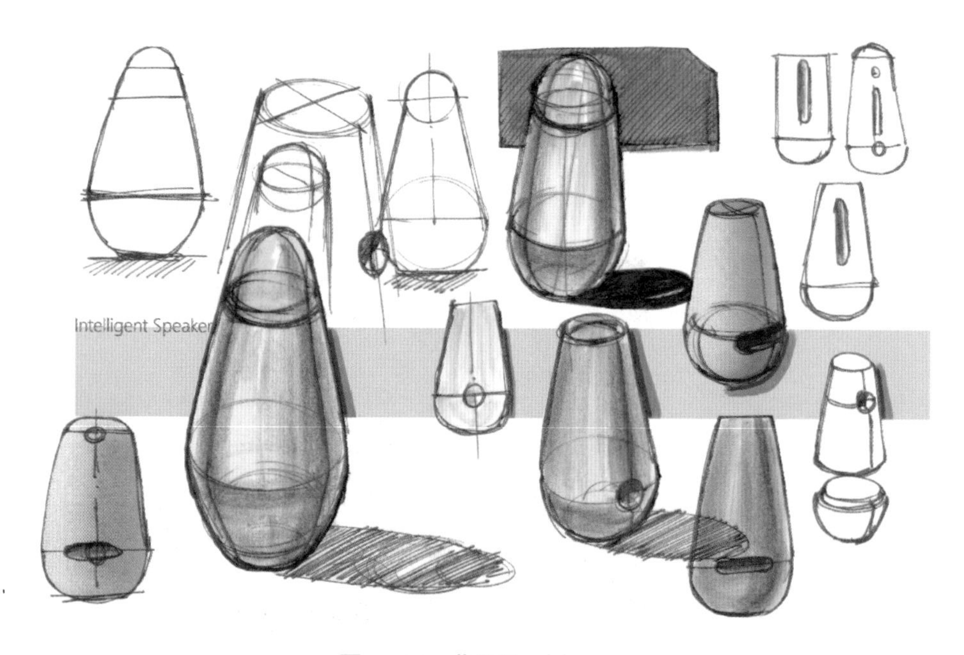

图 7-14　背景图示例（2）

背景使整个画面呈现层次与对比，活跃画面的同时可很好的组织画面。在设计提案时也常常使用，看似简单，但却是一项加分的工作。有时候根据表现需要，背景可以是不规则图形，如图 7–15 所示。

图 7–15　背景图示例（3）

背景的作用是为了衬托产品，为产品服务。背景可以选用纯色，有时候是为了表现透明的材质，有时候是为了突出产品，可以寻找与产品相关的图片作为背景表现产品的使用环境、功能等。纯色背景也可直接作为产品的颜色，从而快速绘制概念草图，图 7–16 是用纯色背景绘制的吸尘器概念草图。

图 7–16　纯色背景绘图

另外，底色高光画法也是纯色背景绘图，常常选择侧视图绘制，适合快速创造产品形态，如图 7-17 所示。底色高光画法的优势在于通过快速改变明度值而塑造立体感，这在第 3 章中已有论述。

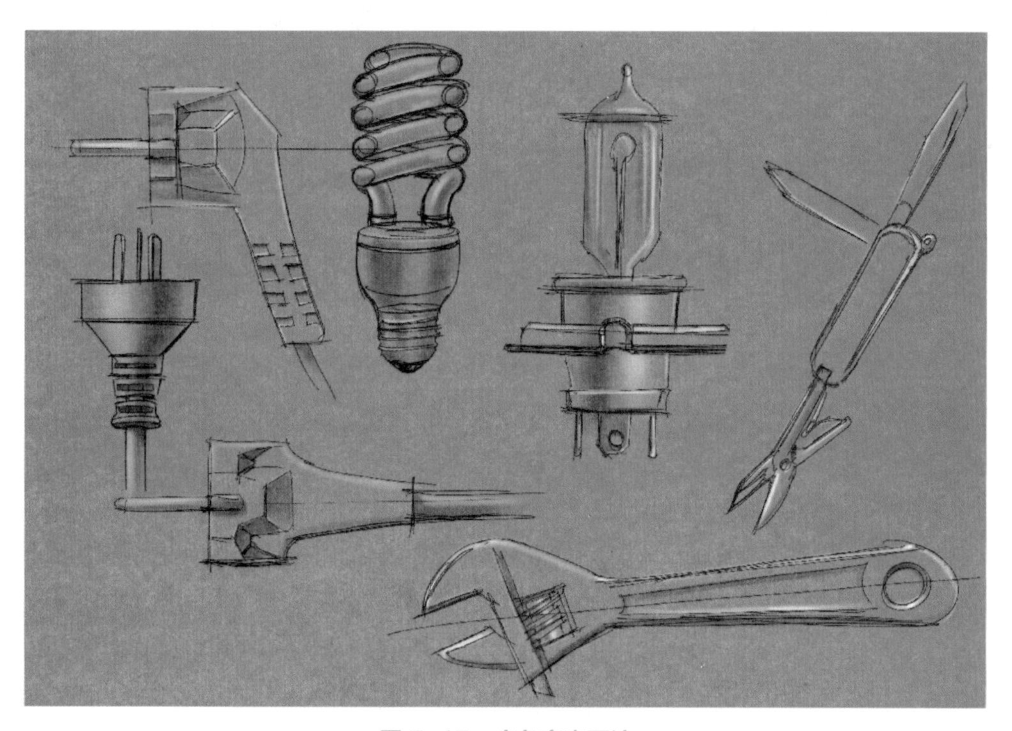

图 7-17　底色高光画法

7.3 材质的表现

我们所看见的产品最终外观主要有颜色（Color）、材料（Material）和表面处理工艺（Finishing），常被统称为 CMF，是工业设计的一个研究分支。无论在视觉上还是触觉上，三者均不是独立的，而是相对独立绝对统一的。因此，在草图表现时需要注意三点：第一，绘图笔的颜色决定产品的颜色；第二，绘图笔的笔触和运动轨迹决定材质本身，例如，彩色铅适合表现相对粗糙的材质，而色粉适合表现有光泽的材质；第三，表面处理工艺的表现则是综合性的，除了颜色和笔触，有时候需要更多的光影技巧。这三点是密切相关的，不可孤立看待。任何物体在光源的作用下，色彩均会发生变化。通常我们的光源均为白光。

7.3.1　木纹材质

木材是一种优良的造型材料，经常在产品设计中得到运用。木制材料有许多易于识别的特征，最明显是材质本身有各种纹路和颜色，因此把木纹和颜色正确表达出来才是最重要的，如图 7-18 所示。

图 7–18　木质夹子

木纹材质的表现常常采用混合两种或多种绘图笔进行表现。例如，用黑色签字笔和马克笔表现木纹材质，如图 7–19 所示。木材常被用于制造成家具，如桌子、椅子、书柜等，最后一道工艺通常需要喷涂两至三层油漆，底漆和面漆。由于马克笔的色彩明快，因此可用于表达喷涂过光滑面漆的茶几、木桌等，图 7–20 中为木质茶几设计草图，图 7–21 中为木桌设计草图。

图 7–19　木纹材质表现（黑色签字笔 + 马克笔）

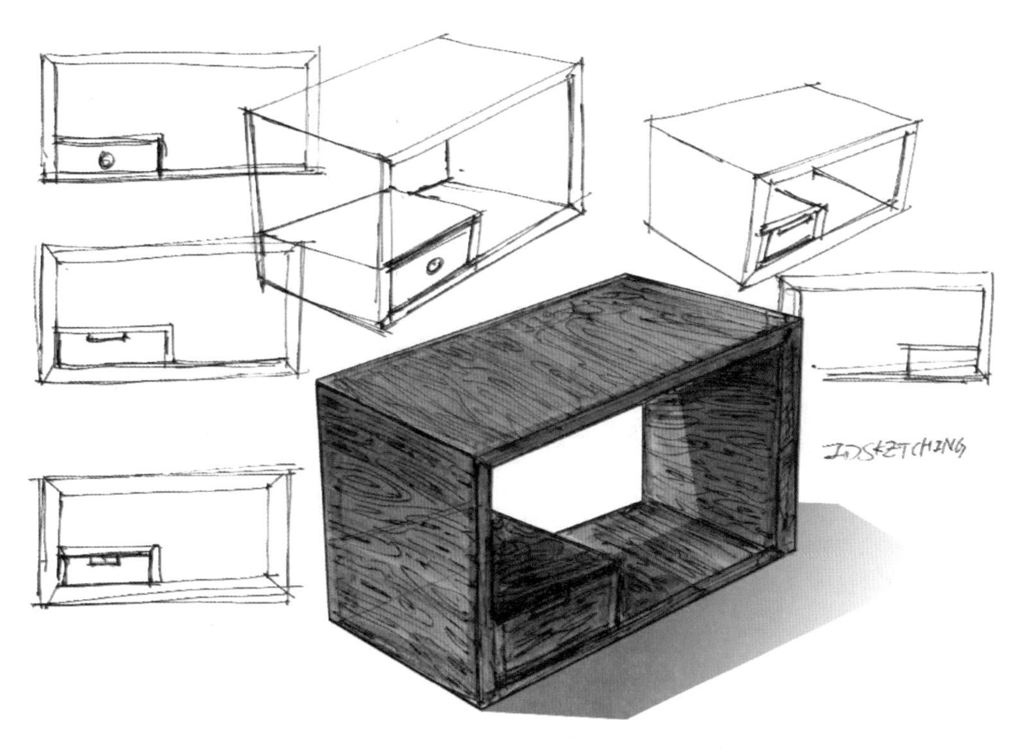

图 7–20　木质茶几设计草图（钢笔 + 马克笔）

图 7–21　木桌设计草图（签字笔 + 马克笔）

混合使用彩色铅笔和马克笔表现原木材质，可表现出原木粗糙的纹理感，如图 7–22 所示。大致步骤：先用彩色铅笔绘制轮廓，然后马克笔上色，最后再用彩色铅笔绘制深色和浅色的木纹。

图 7–22　原木材质练习（彩色铅笔 + 马克笔）

另外，也可使用传统绘图与数字绘图结合的混合绘制技法。先使用草图笔绘制线稿，扫描后再使用数字手绘软件快速上色。图 7–23 是传统手绘和 SketchBook 软件绘制的，图 7–24 是黑色草图笔绘制线稿 +Krita 中的数字马克笔上色。

图 7–23　木质茶几设计草图（草图笔 +SketchBook 软件）

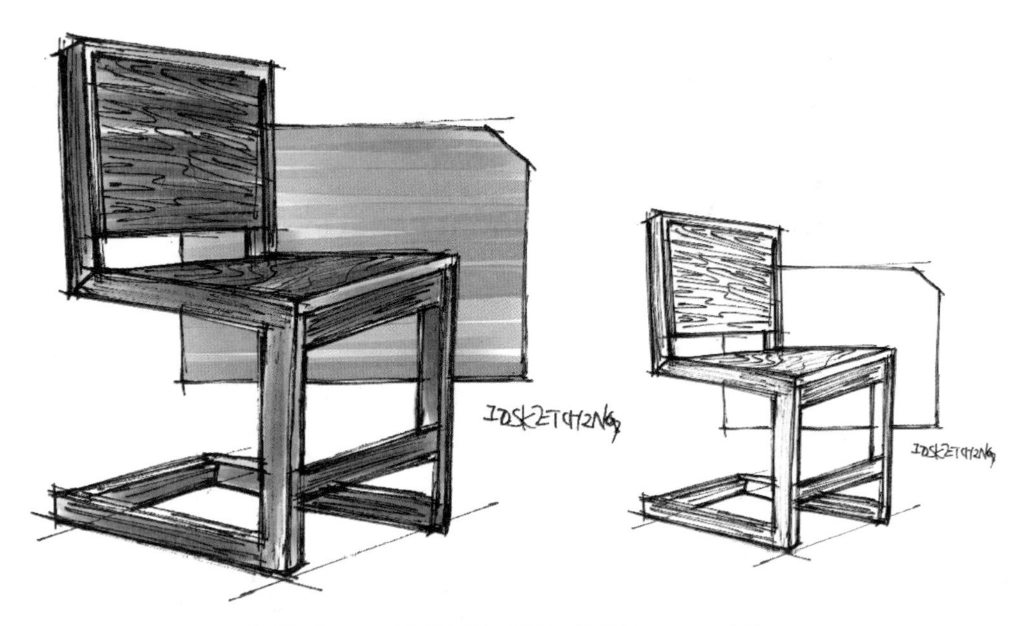

图 7-24　木质茶几设计草图（草图笔 +Krita 软件）

7.3.2　透明材质

玻璃作为现代设计中的一大媒介材料，已成为人们生产、生活中不可缺少的重要材料。玻璃具有一系列优良特性，如坚硬、透明、光学性、耐热性。在手绘设计表达中，就要利用这些特性来表达。例如，玻璃的透明性，绘图时可以利用其重叠可见来表达其透明性，如图 7-25 所示。

图 7-25　透明玻璃杯

使用马克笔绘制材质时，大面积的透明材质可使用浅灰色的马克笔着色，笔触要干净利落，注意留白。在产品的边缘往往由于折射多呈现黑色，因此边缘处使用深灰和黑色马克笔加深表现。另外，在反射最强烈的地方使用高光笔绘制。最后，别忘了投影，选择浅灰色马克笔绘制投影轮廓即可，如图 7-26 所示。

图 7-26　玻璃材质表现（马克笔）

玻璃发生反光通常出现在材质较厚的部分，如厚厚的瓶底呈现出黑色，如图 7–27 所示。另外，由于玻璃的通透性，投影也相对弱，因此绘图时多以轮廓代替，如图 7–28 中的咖啡壶的投影。

图 7-27　玻璃材质表现（SketchBook）

玻璃光滑的表面上还会反射环境物体等，如图 7–29 所示。这张草图是通过传统手绘与数字手绘混合绘制的，使用钢笔绘制基础形态，用马克笔做快速渲染，高光和玻璃表面的反射物体使用 SketchBook 软件绘制。

图 7-28　咖啡机设计（SketchBook）

图 7-29　玻璃材质表现（钢笔 + 马克笔 +SketchBook）

透明塑料也是一种常见的透明材质，例如，几乎所有的瓶装水都使用透明塑料，如图 7–30 所示。使用 SketchBook 绘制的透明塑料水瓶，由于透明性，后面的水瓶和投影都是可见的。图 7–31 是使用黑色草图笔和马克笔绘制的矿泉水瓶，为了表达塑料瓶的透明性，切忌使用马克笔大面积平涂，只需在塑料瓶的两侧用浅色和深色马克笔混合快速晕染即可。

图 7–30　透明塑料水瓶（SketchBook）

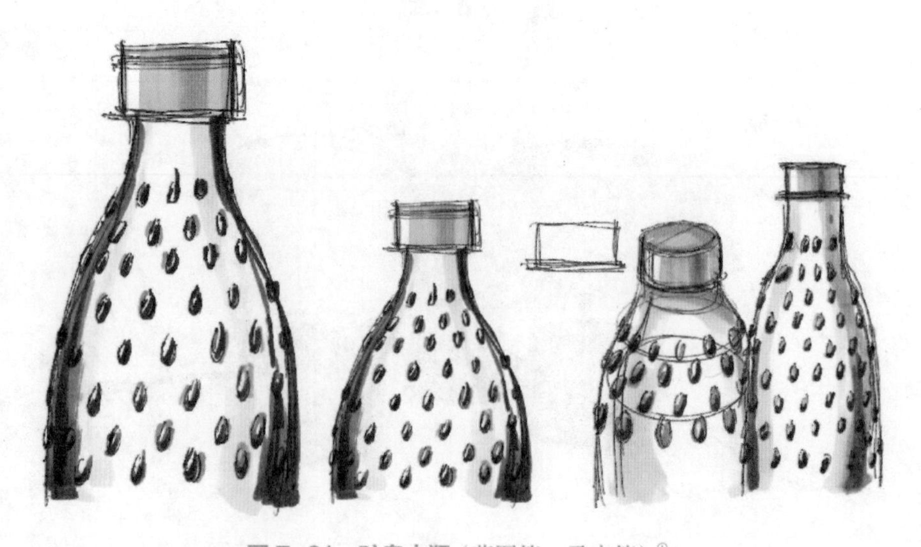

图 7–31　矿泉水瓶（草图笔 + 马克笔）①

① 这张草图是作者依据意大利设计师乔治亚罗设计的矿泉水瓶绘制，参考图源自如下两个网站：
http：//www.ipzmall.net
https：//www.italdesign.it/project/pearl-drop-2008/

7.3.3　金属材质

金属质地坚韧，可硬可软，表面富有光泽，并且具有反光特性，是一种制造工业产品的重要材质之一。小到一枚曲别针，大到汽车，金属材质起着主要的功能性支撑作用，又能承载我们看得见的外观美学，所以，金属是工业产品的重要基石。

另外，不同的表面处理，使金属呈现不同的视觉和触觉。例如，图 7–32 所示的水龙头的表面处理，左图的水龙头属于亮光金属表面，右图则是亚光金属表面，呈现不同的视觉效果。

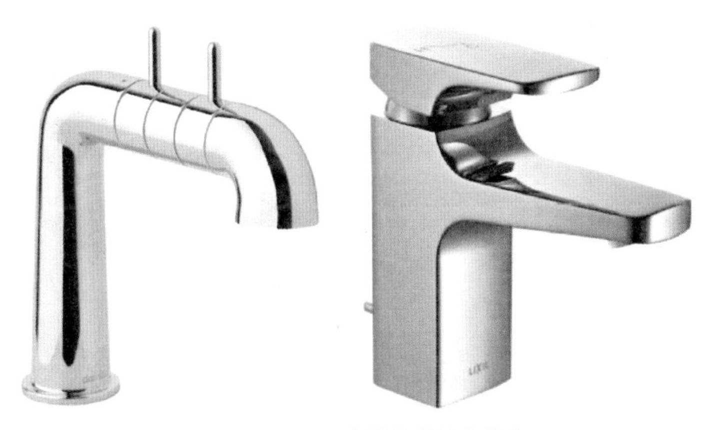

图 7–32　不同表面处理的水龙头

金属品类众多，其中具有不生锈特性的不锈钢充斥着我们生活的每个角落，如餐具、包装盒、椅子、水龙头……，因此，本节重点绘制不锈钢材质。不锈钢镜面材料可以倒映出它周围环境中的景物以及光影效果，视觉变化丰富奇特，如图 7–33 所示。

图 7–33　环境影响下的金属材质表面

使用马克笔表现金属材质，要充分利用马克笔的笔触，重复层叠绘制以表现强烈对比，由于金属表面的反光，投影也要注意虚实，如图 7–34 所示。

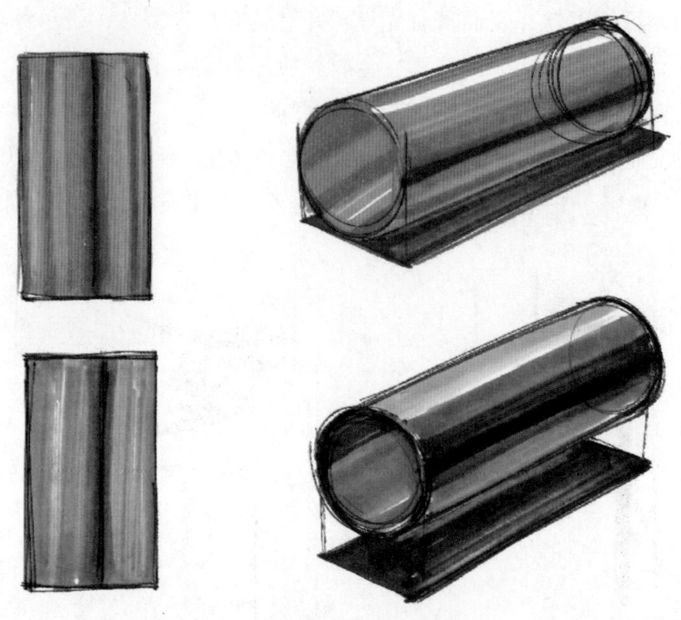

图 7–34　马克笔金属材质表现

另外，由于抛光后的金属材质表面光滑度高，受环境影响较大，常常反射环境中的物像，蓝天、白云、建筑、人物等，如图 7–35 和图 7–36 所示。反射到金属表面的物像通常随表面形态发生变形，这在绘图时需要注意顺着形态走势画出物像。

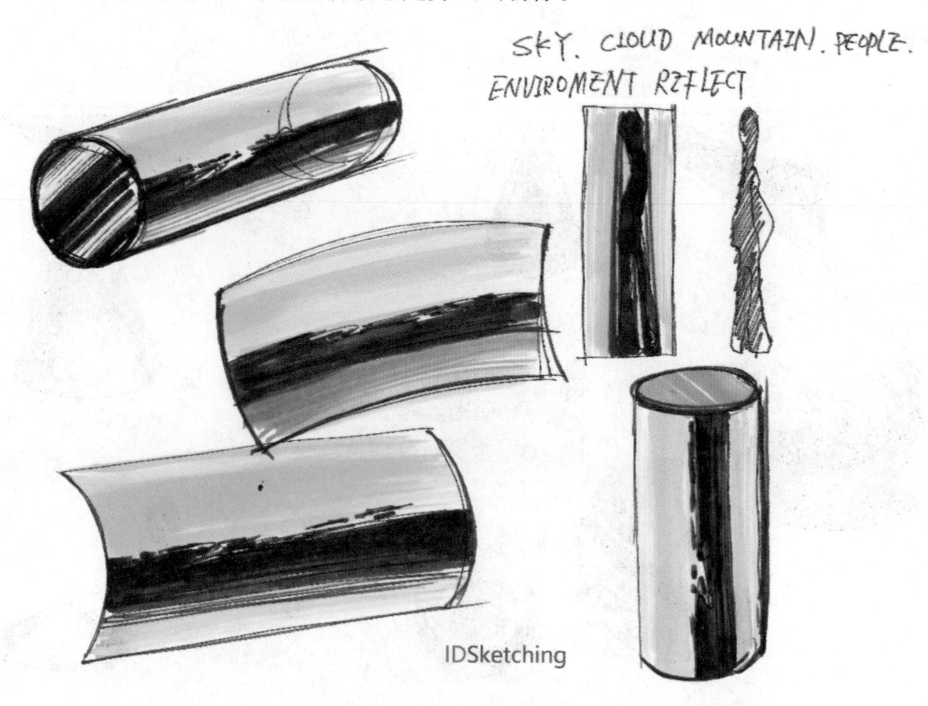

图 7–35　马克笔金属材质表现练习（1）

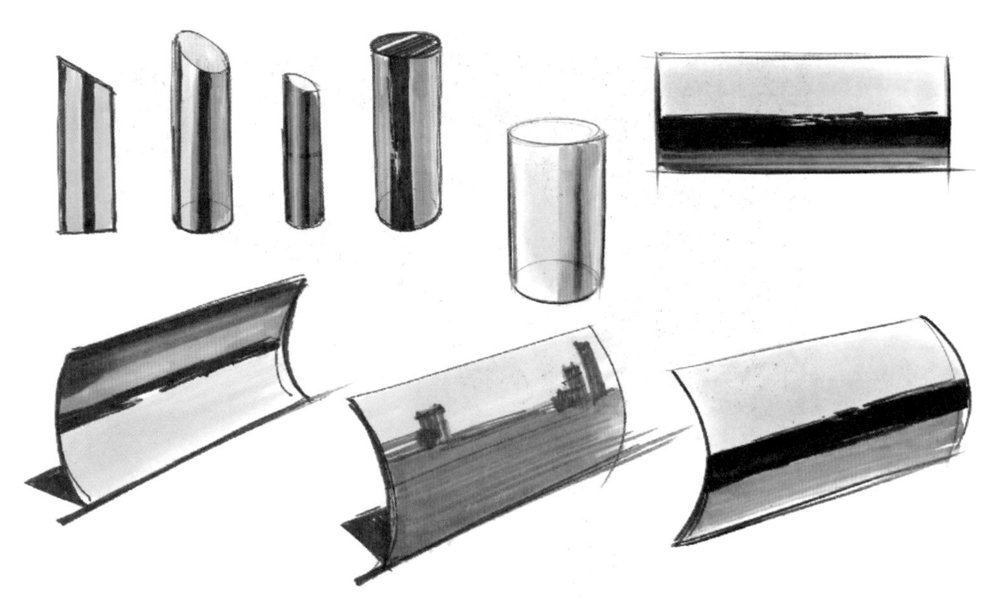

图 7-36　马克笔金属材质表现练习（2）

大多数时候，我们不需要客观地重现产品的材料，而是大致地绘制出产品的表面效果，目的是表现材料的特征和感觉。以镜面反射为主的金属材质，在日用器皿设计中是常用材质，如图 7-37 和图 7-38 所示。

不锈钢水壶表面大致反射了天空的淡蓝色和背景的颜色（浅褐色），壶盖顶部的小球也被反射到壶盖上，投影是经过简化的，如图 7-37 所示。

水龙头表面常采用镀铬工艺处理，表面光亮，具有类似镜子的高反射特性，但在绘图时对环境的反射我们往往需要简化处理，如图 7-38 所示。

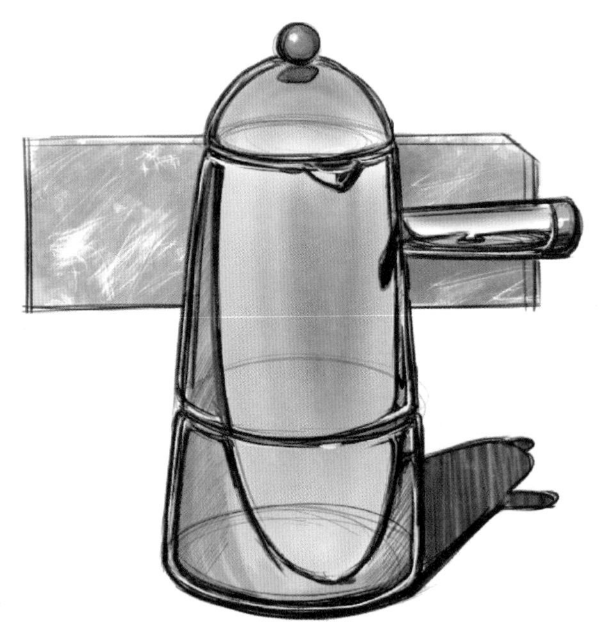

图 7-37　不锈钢水壶材质表现

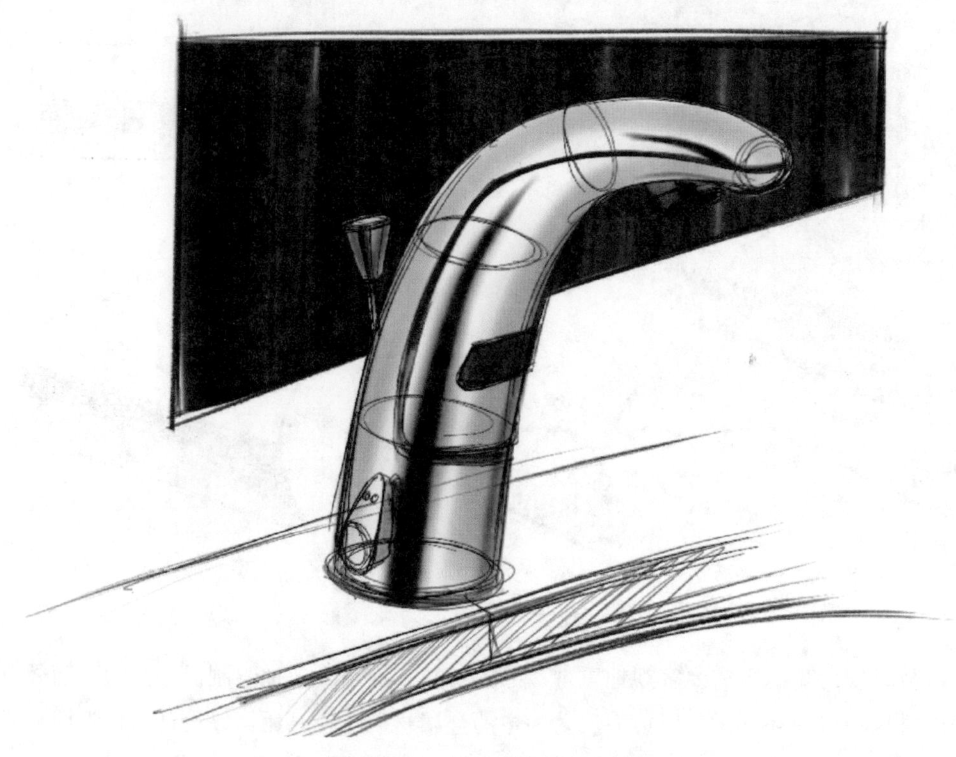

图 7-38　亮面水龙头材质表现

7.3.4　光滑材质与粗糙材质

材质的表面处理工艺决定了产品表面是光滑的还是粗糙的。例如，同是玻璃材质，由于表面处理工艺不同，透明玻璃杯表面是光滑的，而磨砂玻璃杯则显得粗糙，如图 7–39 所示。再比如，著名的潘顿椅（Panton Chair），同样是塑料制作，表面可处理成光滑或亚光，如图 7–40 所示。光滑材质反射周围环境、对比度强、高光强烈，粗糙材质几乎不反射周围环境、高光柔和、对比度弱，如图 7–41 所示。

图 7-39　磨砂玻璃杯与透明玻璃杯

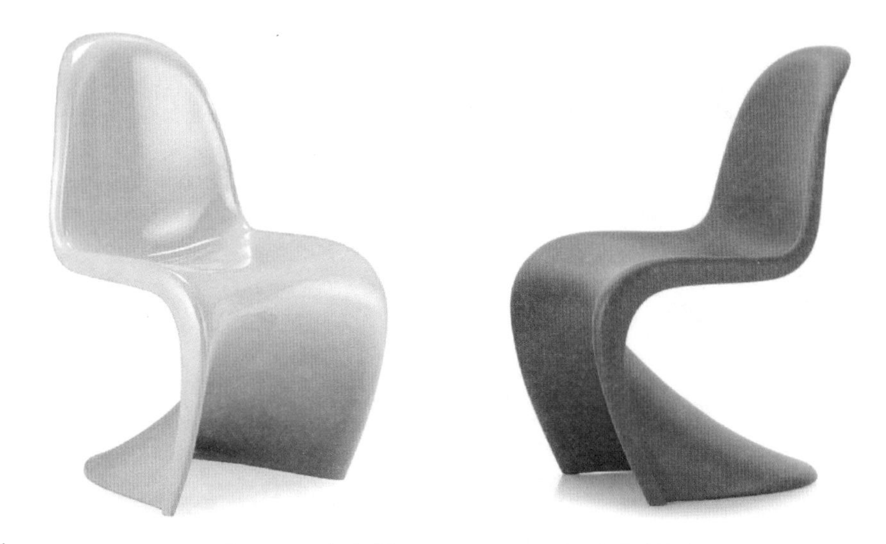

图 7-40　潘顿椅：光滑材质与粗糙材质对比[①]

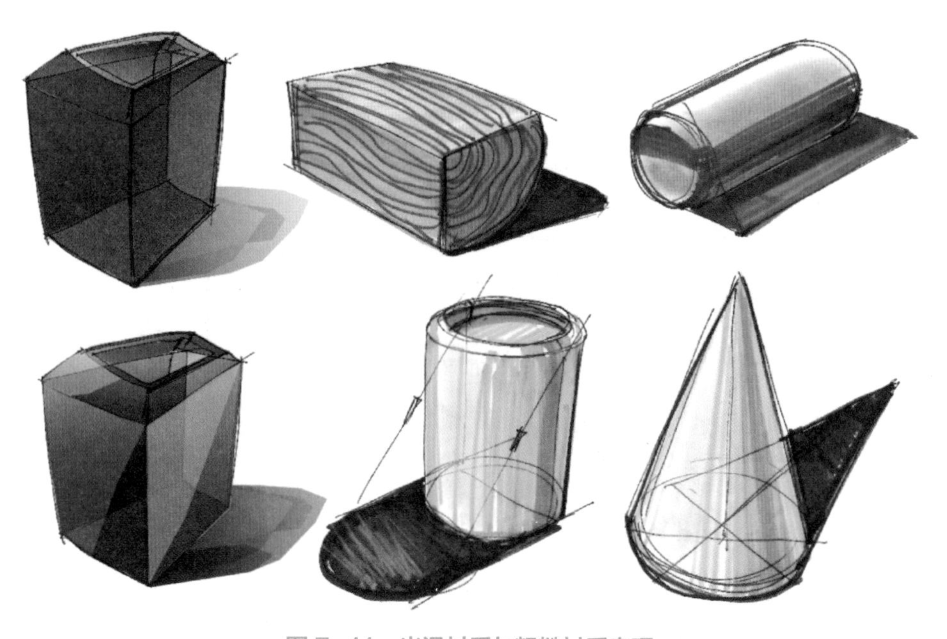

图 7-41　光滑材质与粗糙材质表现

光滑材质表面反光强烈，表面出现较大面积的亮面，通常会有明显的高光区域，表面附着投影若隐若现。在绘图时，还可以为光滑材质的产品添加地面镜像，可以起到强调产品材质光滑的特性，如图 7-42 和图 7-43 所示。

相比光滑材质，粗糙材质表面暗淡，材质表面发生的是漫反射，通常高光柔和，甚至没有高光。在绘制时也无须添加地面反射，如图 7-44 所示。

橡胶、布艺等材质也属于粗糙材质，通常表面柔和，没有高光，如图 7-45 所示的布艺单人沙发。

---

① https：//www.dekussenwinkel.nl/en/wp-content/uploads/sites/2/2017/06/vitra-panton-junior-red.jpg

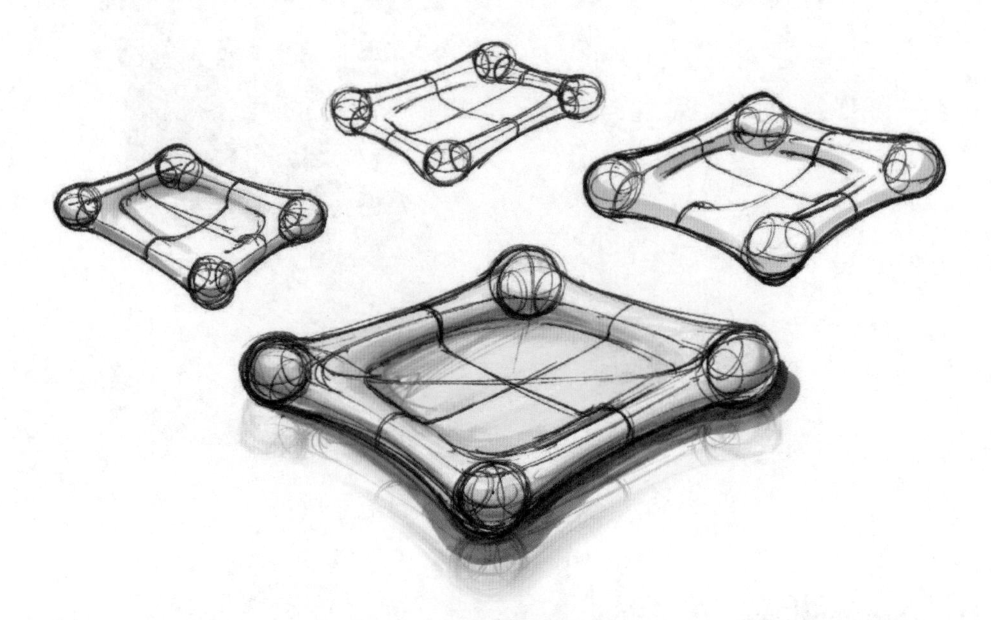

图 7-42　光滑材质表现（香皂盒）

图 7-43　手摇转笔刀（塑料材质）

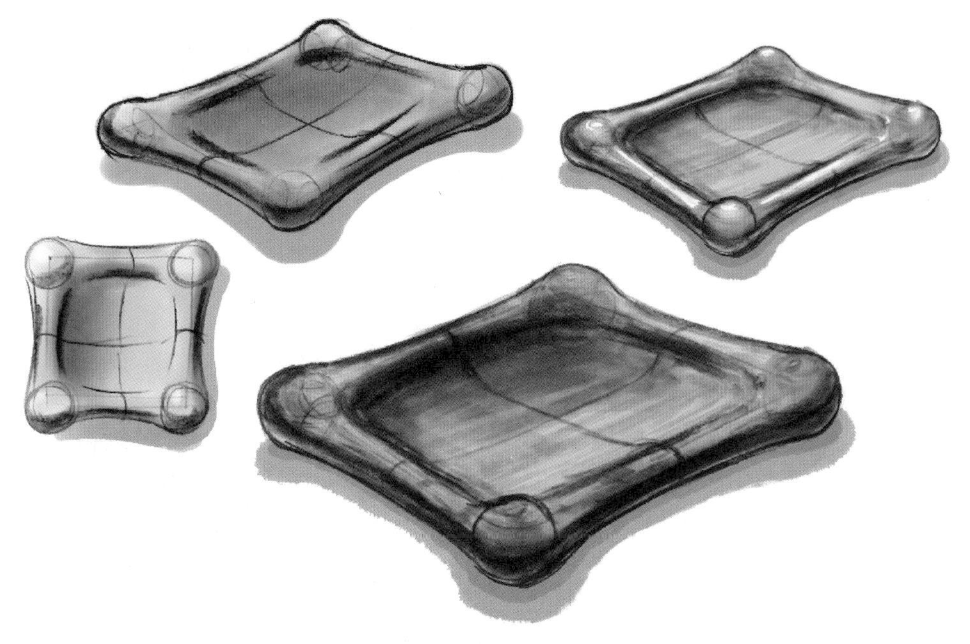

图 7-44　粗糙材质表现（香皂盒）

图 7-45　布艺单人沙发

本章案例

厨具设计

案例时间：2012 年 3 月。

设计团队：刘胜利（宁波大学工业设计系），高晨晖（宁波工程学院创意设计系），李雄。

项目网址：http：//www.shenglisheji.com。

宁波某企业厨具系列设计。客户希望设计一系列厨房用具，包括炒锅、汤锅、刀具、锅铲等。项目前期，项目组做了调研报告，以及思考一些不同的设计方向，项目推进过程中一直没有忽略对用户行为的研究。项目在前期调研的基础上展开，尝试一些不同的设计方向，项目推进过程中设计草图一直伴随其中。设计师熟练使用铅笔和马克笔表达产品的形态、色彩和材质，厨具设计图如图 7-46~ 图 7-49 所示。

图 7-46　厨具设计效果图

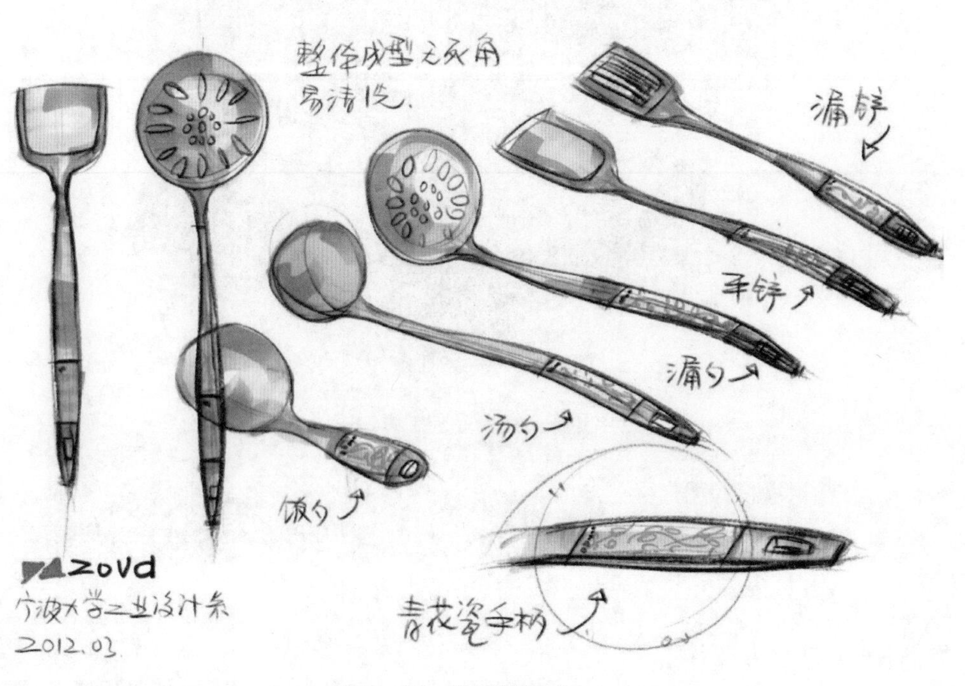

图 7-47　设计草图（1）

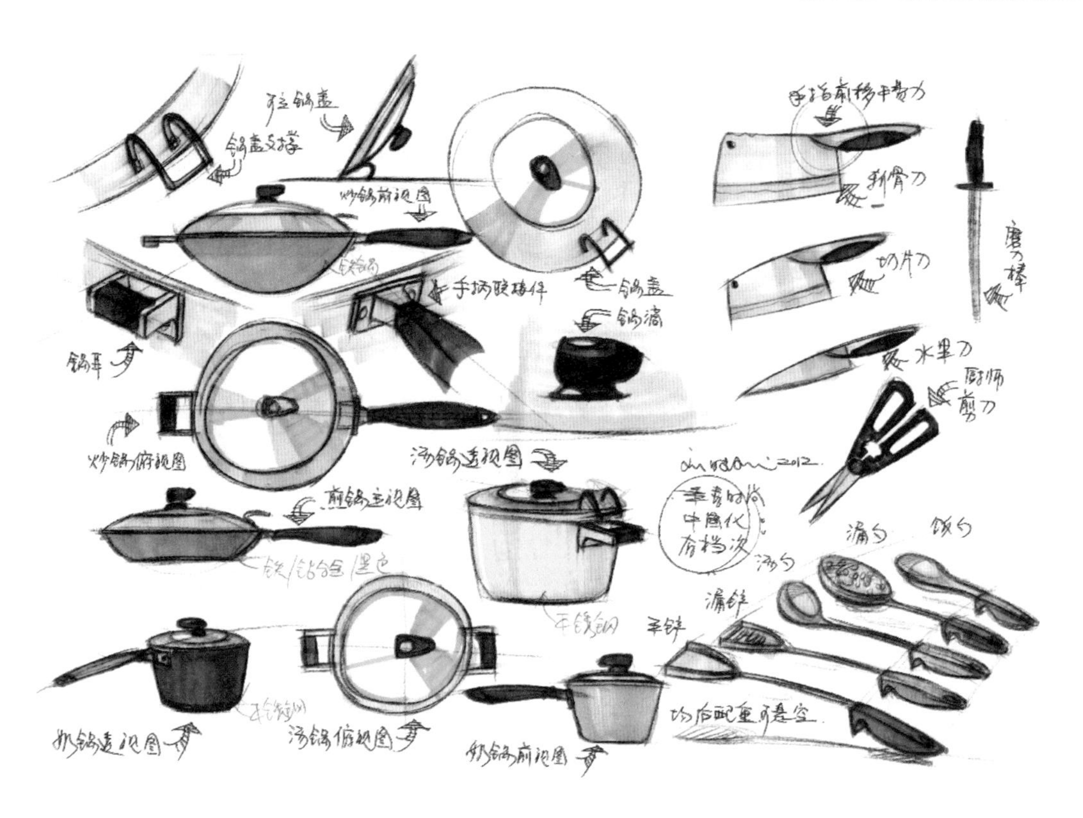

图 7-48　设计草图（2）

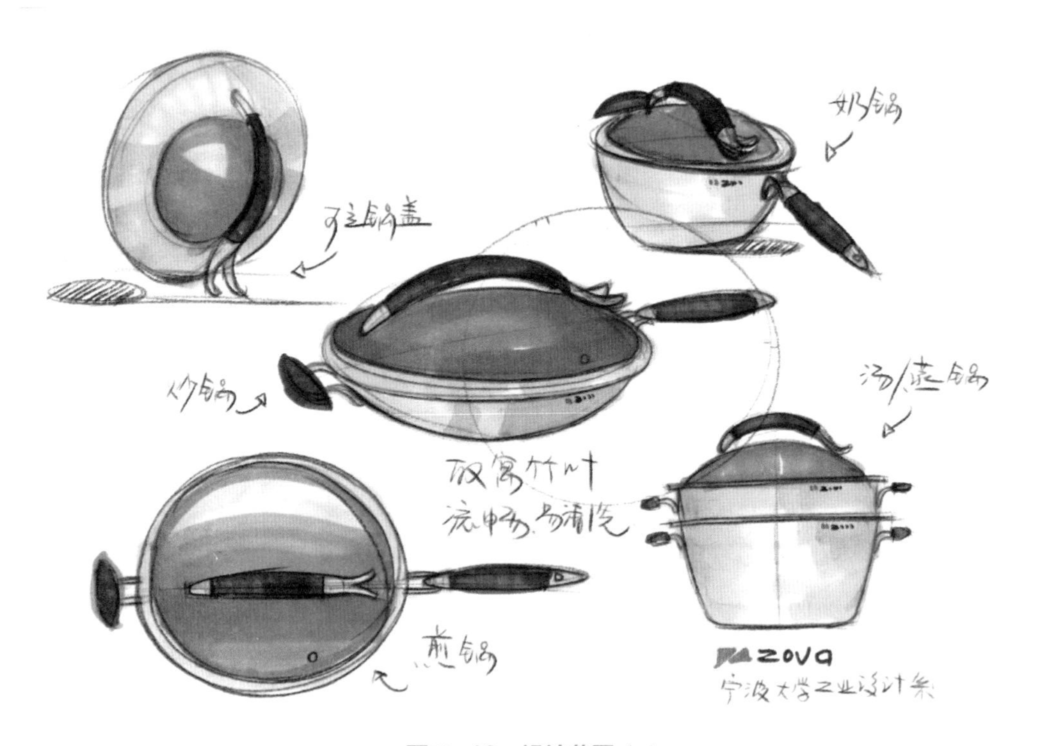

图 7-49　设计草图（3）

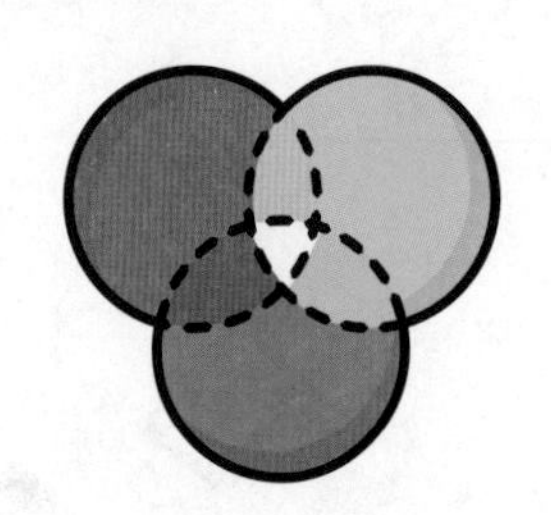

第 8 章

绘制效果图

效果图是用来展示设计意图和产品信息的手段。效果图绝非像照片一样真实地再现产品，而是体现了产品的特征和设计的意图。

——摘自（荷）库斯·艾森和罗丝琳·斯特尔的《产品设计手绘技法》

效果图是对透视与比例、形态与结构、色彩与材质，以及光影关系的综合表现，如图 8-0 所示。

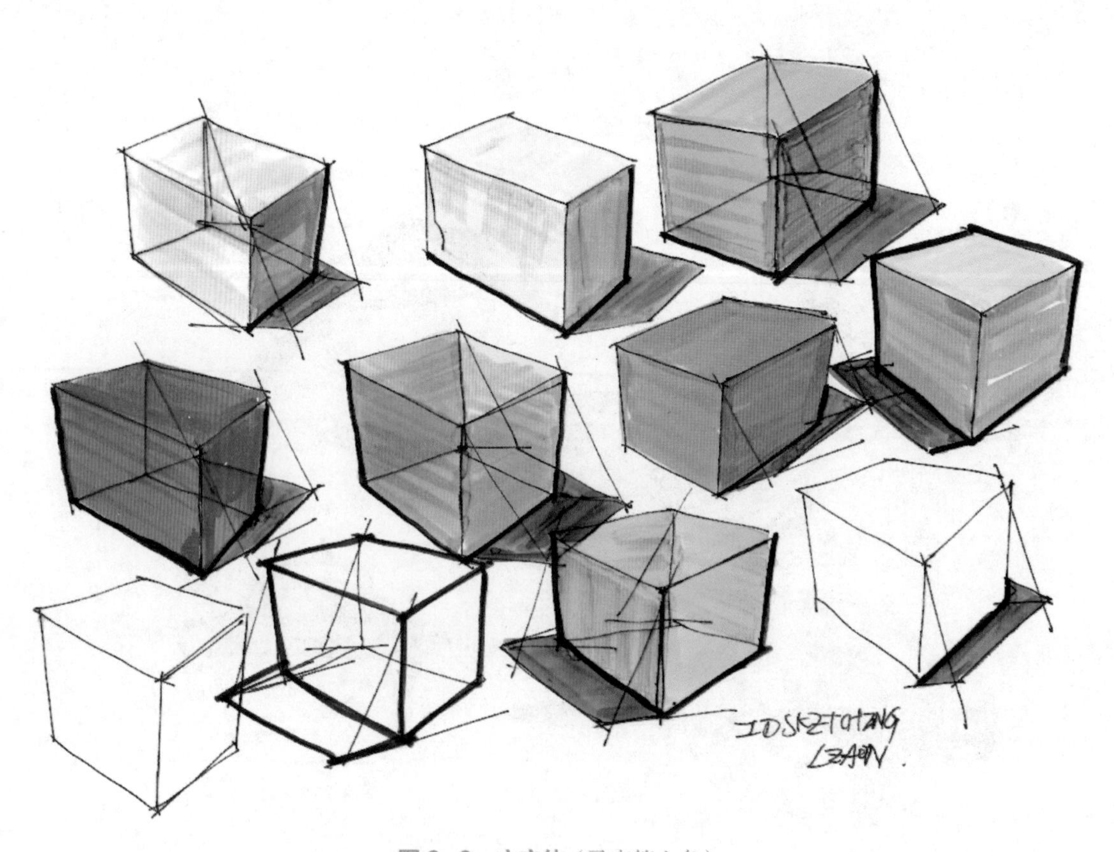

图 8-0　立方体（马克笔上色）

其实大多数时候，我们并不需要绘制多么炫酷的效果图，特别是在实际工作中。原因很简单，效果图可能是一个工作阶段的成果，但很难说它就是最终的产品。

本章继续介绍产品草图设计思维与技法，重点是效果图的绘制。本章涉及效果图的种类、渲染基础知识和目前流行效果图的绘制技法，主要包括彩色铅笔技法、马克笔技法、数字效果图技法，以及混合绘制技法。

8.1 效果图概述

8.1.1 效果图种类

效果图主要是在产品设计过程中的造型研讨阶段、汇报演示阶段以及造型确定阶段所绘制的，按其工作阶段和精细程度，大致可分为概略效果图（Rough Rendering）和最终效果图（Final Rendering）。

概略效果图是介于构思草图和最终效果图之间的一种效果图，既有构思的成分又有效果表现的成分，主要用于快速构思、比较分析、研讨造型与结构，快速表达设计思维及其成果，因此也常常被称为概念效果图（Concept Rendering）或快速效果图（Fast Rendering）。例如，图 8–1 是马克笔专用笔架概略效果图，图 8–2 是打蛋器快速效果图。通常在绘制过程中不需要借助像椭圆尺、模板、直尺、曲线尺等任何辅助工具。

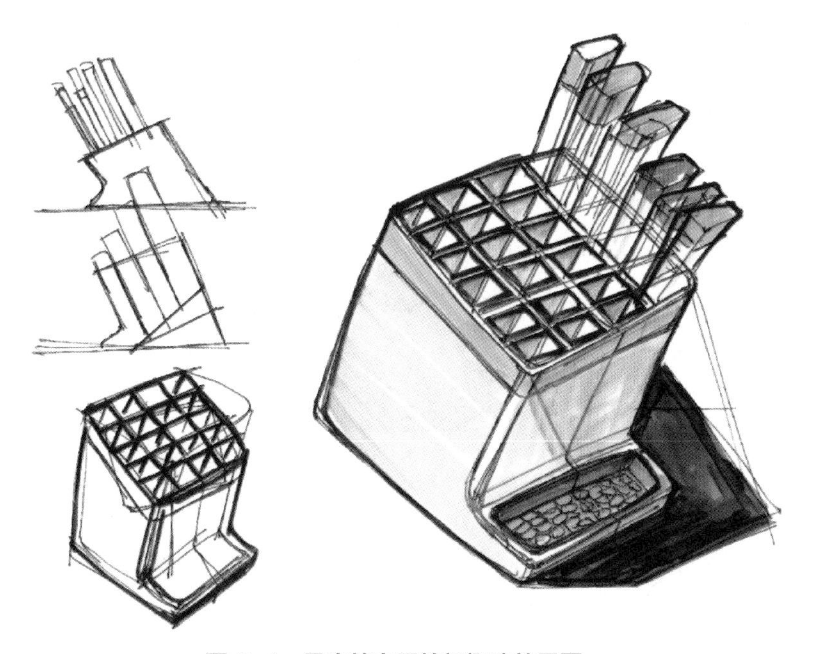

图 8–1　马克笔专用笔架概略效果图

对于工业产品设计行业来讲，概略效果图的应用极为广泛和流行，无论是在设计公司、企业还是学校都是如此。总结来讲原因有三：其一是实用性极强；其二是表达沟通性好；第三是软件（二维或三维软件）所绘制的效果图远比手绘效果图精细，但费力耗时且概念数量少，如图 8-3 所示。

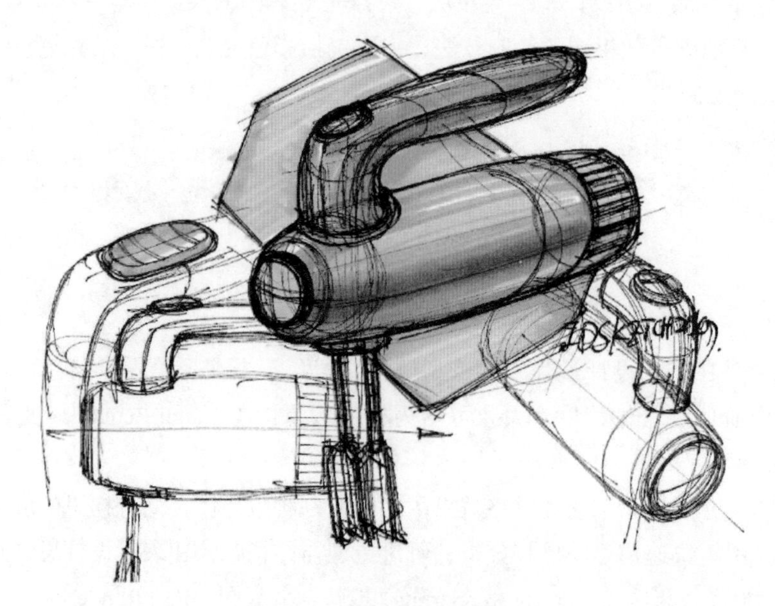

图 8-2　打蛋器快速效果图

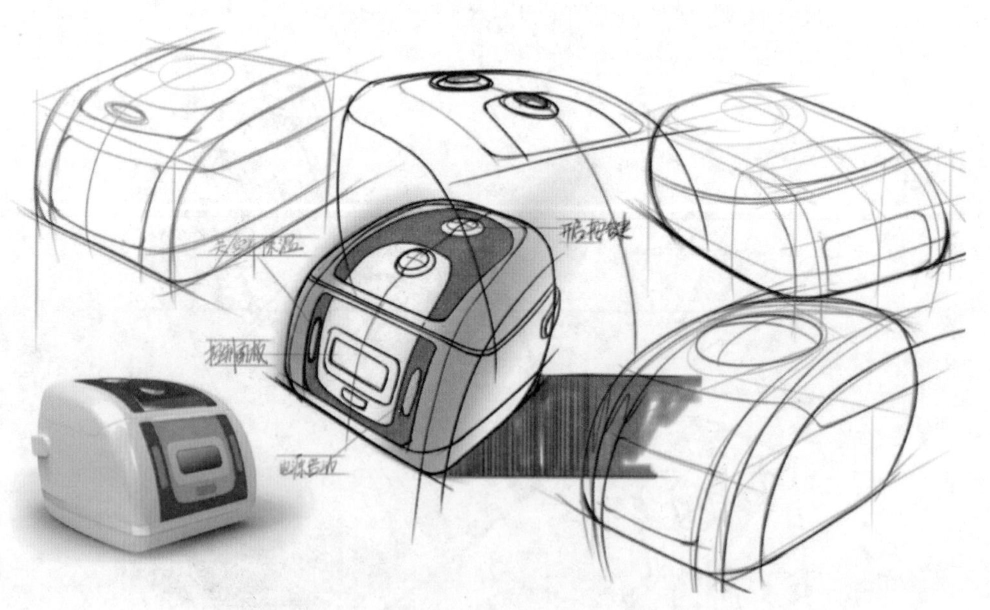

图 8-3　手绘概略效果图与三维软件效果图

最终效果图（Final Rendering）是在造型确认和结构定案后绘制的精细效果图，除了表现严谨的比例与结构关系外，还要准确地表现光影、材质等。这就需要相当的绘图经验和高超的绘图技能。当然在绘制最终效果图时，可以借助更多的辅助绘图工具，以便达到比例、形态和结构的准确，如图 8-4 所示。

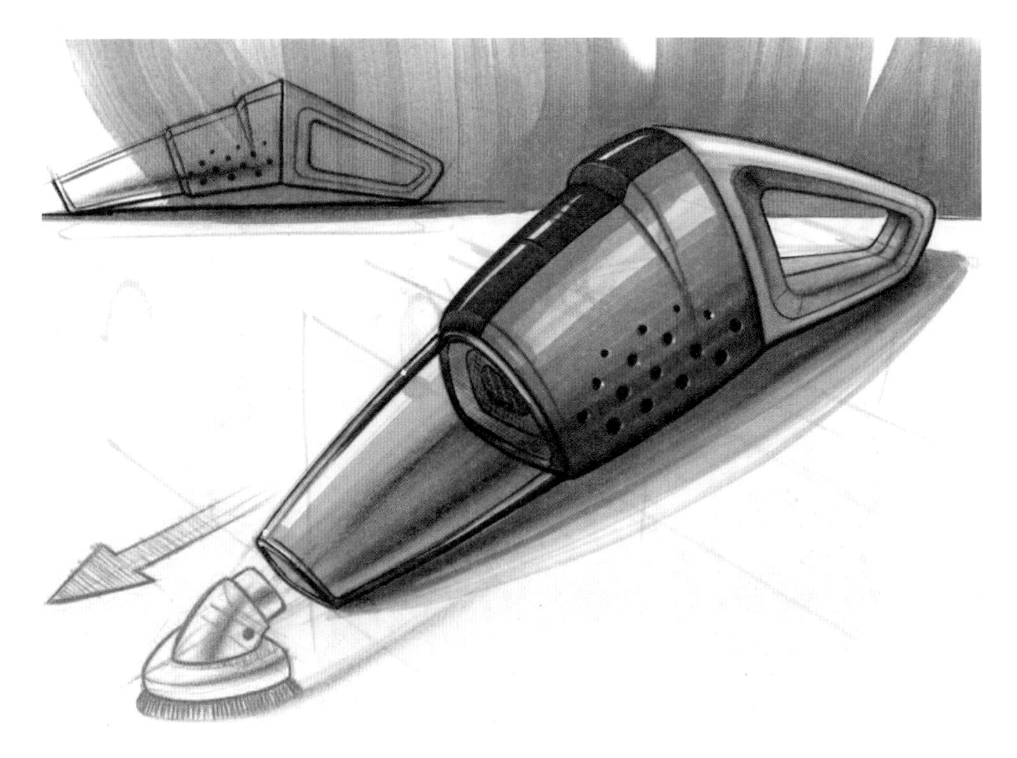

图 8-4　最终效果图（作者：Vic yang）[①]

目前，依据手绘效果图的工具和技法，大致可分为三类：第一类为传统纸笔类（打印纸、硫酸纸、马克笔、彩铅、色粉等）；第二类为借助数位板的纯数字手绘；第三类则是传统纸笔与数字手绘的结合。由于每种工具和材料都有各自的特点，因此在表现技法上都呈现出不同特点，你可以尝试使用各种不同的绘图工具和材料，直到探索出你自己的喜欢的工具和材料及其绘图技巧。对于这三类效果图绘制方法本章都会涉及，但重点讲解数字渲染。

8.1.2　渲染的基础知识

关于渲染需要的基础知识本书前几章均已涉及，主要是光与影、线与形态、色彩与材质等，本节不再赘述，这里只做简要回顾和总结。首先，要保证产品草图线稿的准确，包括正确的透视，以及正确处理线与形态的变化关系；然后，选择合理的光源类型（点光源，平行光源）及其位置；使用马克笔渲染时要保证一定上色速度，注意留白；先浅色后深色，注意形态过渡的处理；最后处理阴影（附着阴影、投射阴影）、高光和背景，如图 8-5 所示。

如果选用硫酸纸绘图，则可双面上色，使用马克笔还会留下晕染效果，如图 8-6 所示。

使用数字手绘软件（SketchBook、Krita）绘制效果图时，要联合利用选区和图层的功用。我们常使用多段线选择工具创建选区，为渲染指定区域；针对图层，常用操作有修改其透明度、上下移动图层、合并图层、切换图层模式、多个图层成组等。例如，使用 SketchBook 渲染，如图 8-7 所示。

① 图片来源：https://huaban.com/pins/3416284359/

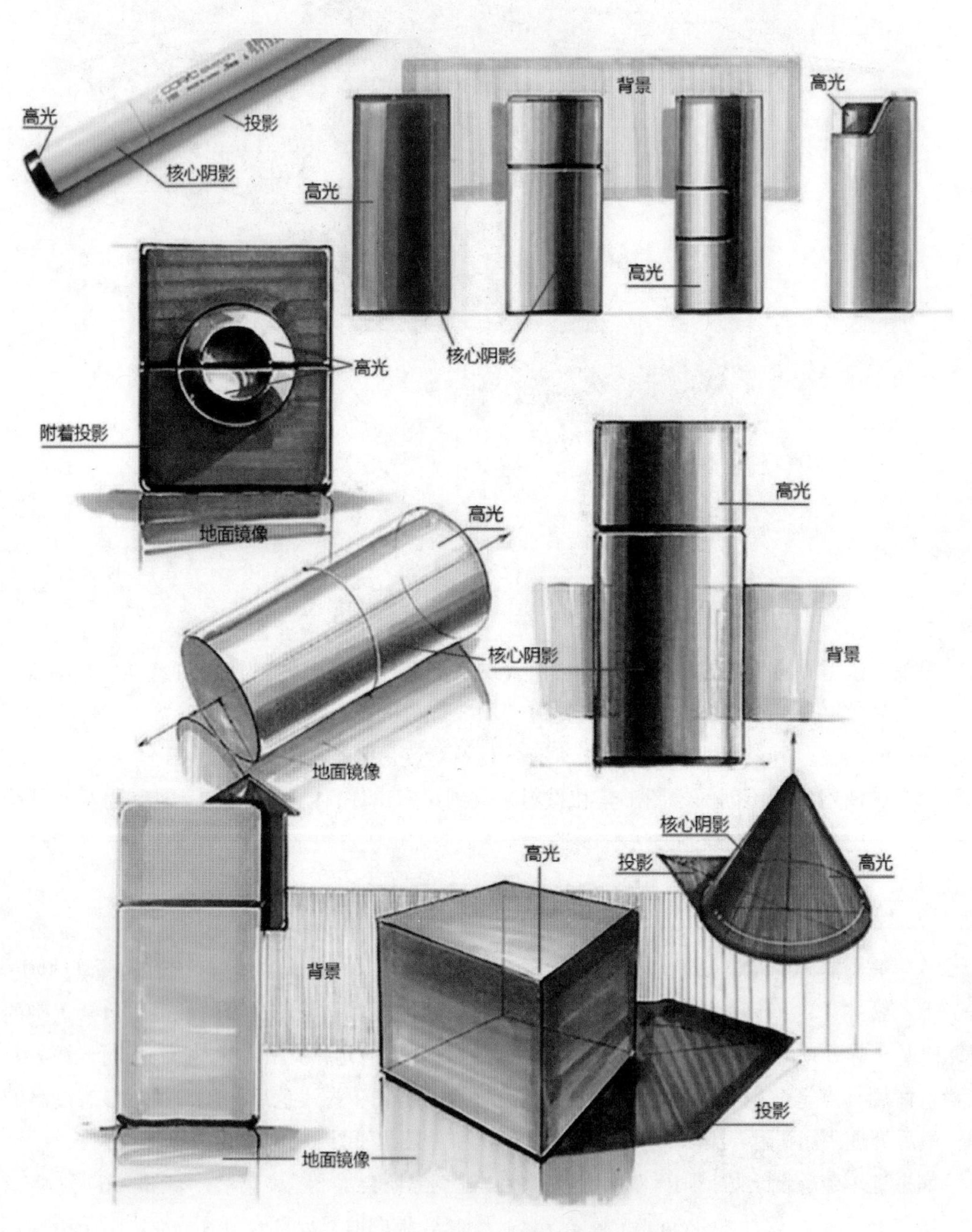

图 8-5　打印纸与马克笔的渲染表现

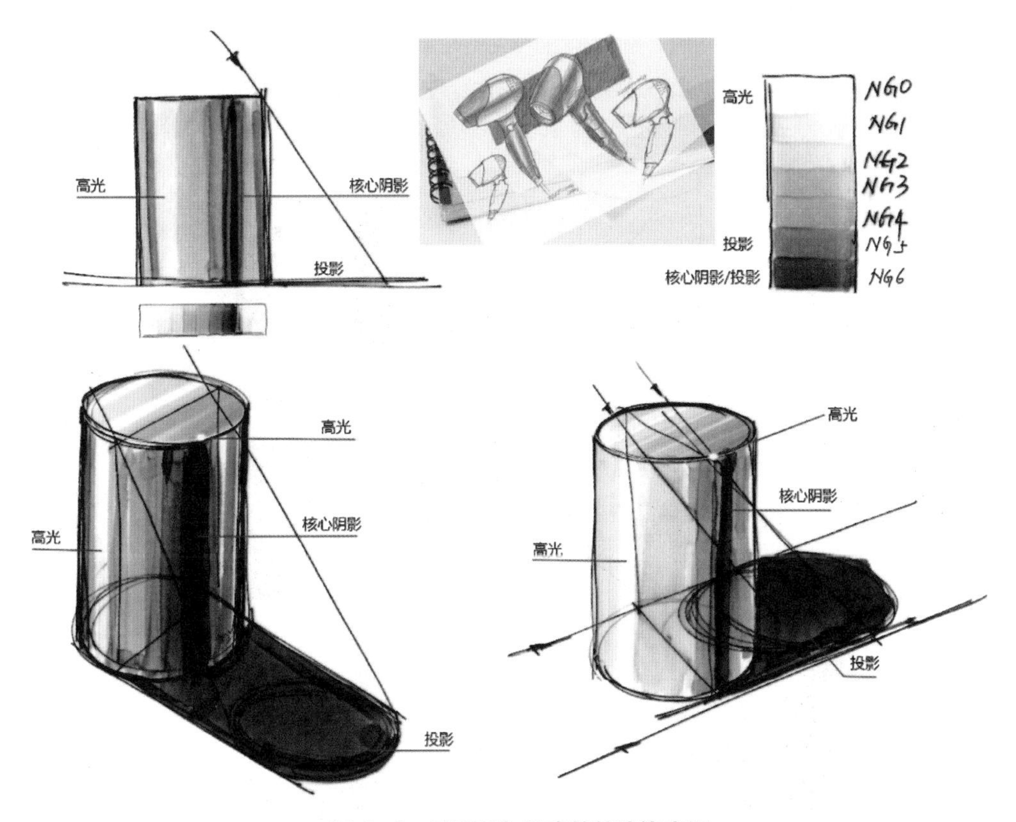

图 8-6　硫酸纸与马克笔的渲染表现

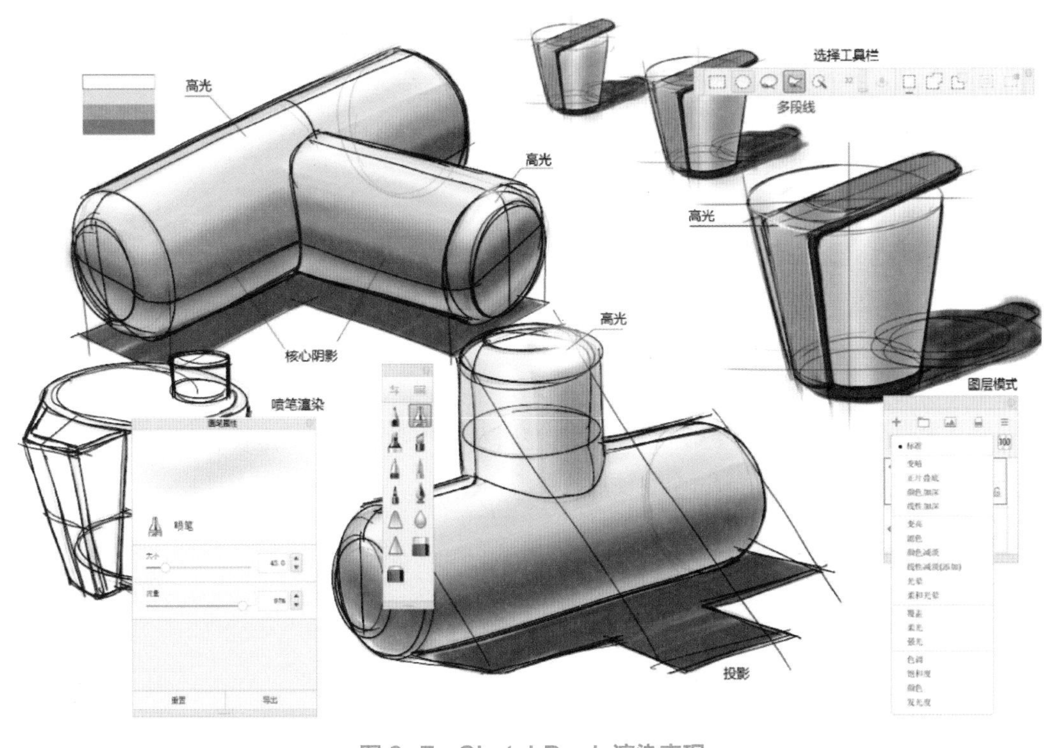

图 8-7　SketchBook 渲染表现

使用 Krita 或 SketchBook 渲染时，喷枪笔和马克笔是最重要的渲染工具，二者既可以独立完成渲染，也可混合使用，这需要根据形态本身及材质属性合理选择。如使用 Krita 渲染，如图 8-8 所示。

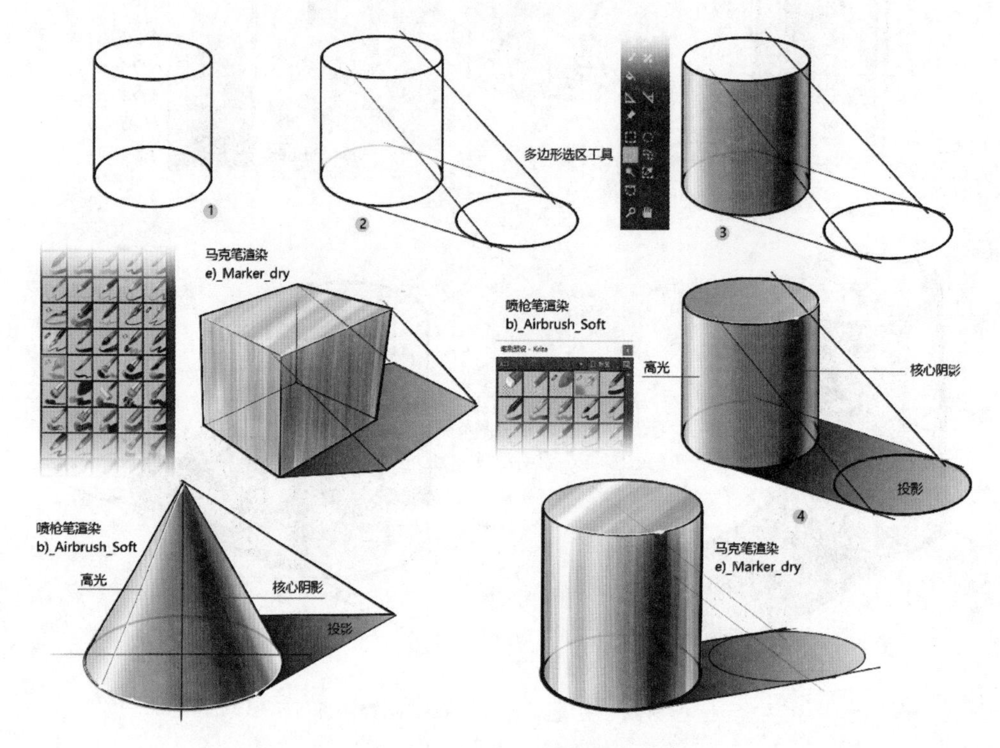

图 8-8　Krita 渲染表现

无论采用什么类型绘图工具绘制效果图，通常使用六至八个步骤即可完成。大致可分为：

（1）选择合适的视角绘制起稿线；

（2）调整形态并加粗线条；

（3）分零部件大面快速上色；

（4）强调形态光影关系和色彩对比；

（5）增加并调整一些细节；

（6）添加高光并绘制背景等。

这里给出的只是一个大致的通用步骤，切不可生搬硬套，还要根据具体产品灵活应对。特别是在产品形态细节的处理上更需要遵循设计逻辑和设计要求，而不是技法和步骤。切忌将草图辅助设计构思与表现规范化为一个生硬的技法流程。

8.2 彩色铅笔技法

8.2.1 彩色铅笔技法概述

使用彩色铅笔绘图有诸多好处，如使用方便，技法易于掌握，较容易控制画面的整体效果，绘制速度快，空间关系表现丰富，色彩细腻，纹理感强，如图 8-9 所示。

纯彩色铅笔绘图，通常为使画面层次清晰，可首先使用草图笔或黑色彩铅绘制产品形态结构线，然后使用有色彩色铅笔上色，最后再使用相关深色彩色铅笔强调产品的形态变化（即改变明度值），并补充基本的光影关系，如图 8-10 和 8-11 所绘制的效果图。

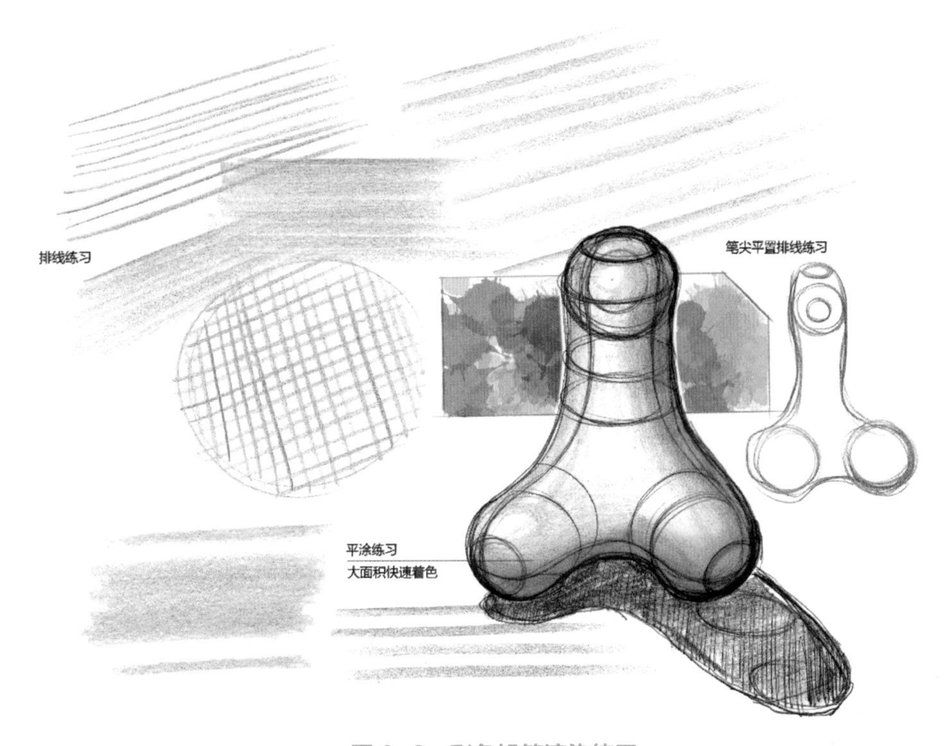

图 8-9　彩色铅笔渲染练习

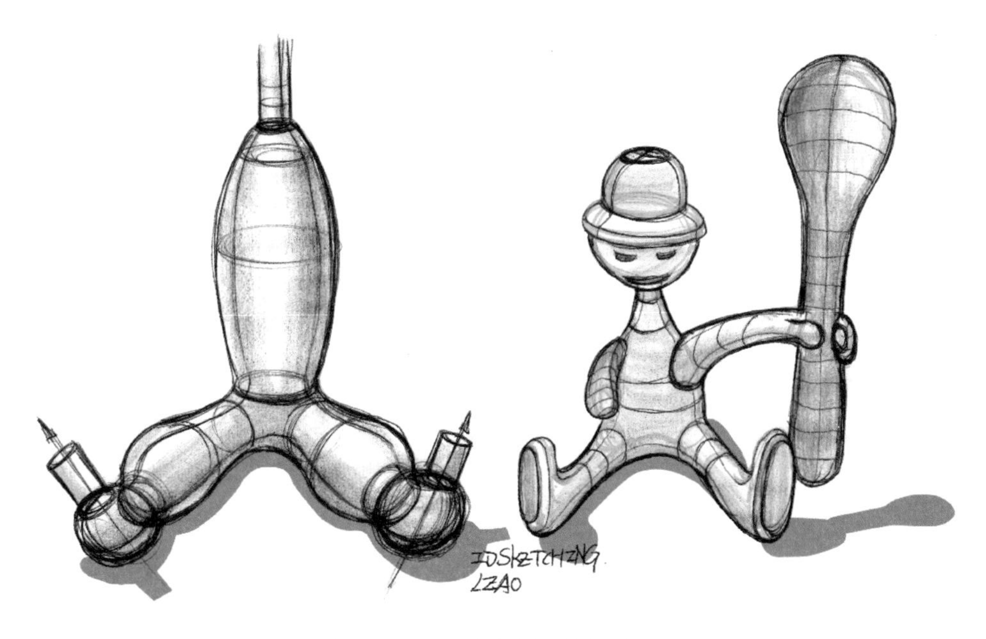

图 8-10　彩色铅笔渲染图（1）

图 8-11　彩色铅笔渲染图（2）

8.2.2　彩色铅笔技法案例

木材、布艺类材质相对具有亲和力，比较适合用彩色铅笔绘制，本节以布艺单人座椅为例进行彩色铅笔效果图绘制过程示范。

第 1 步，选择合适的视角，用黑色彩铅绘制主要基础结构线，如图 8-12 所示。特别注意对透视的把握，以椅面支撑板为主要对象展开绘图。

第 2 步，以坐面为参考基础绘制出扶手、靠背和椅子腿轮廓，如图 8-13 所示。注意使用形态等高线解释椅子的形态。

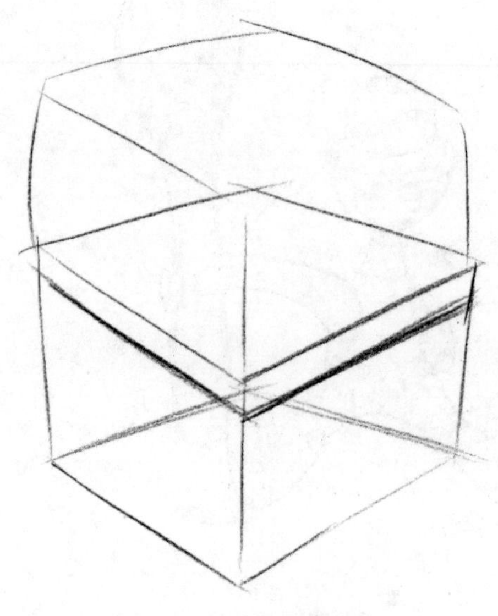

图 8-12　椅子效果图第 1 步

图 8-13　椅子效果图第 2 步

第 3 步，设定光源位于椅子的右上方，用铅笔平涂为椅子绘制一些细节，并简化处理投影，如图 8–14 所示。注意木纹材质的表达。

第 4 步，进一步细化形态和光影关系，绘制出椅子坐面上的附着投影，进一步细化木质纹理，如图 8–15 所示。

图 8–14　椅子效果图第 3 步

图 8–15　椅子效果图第 4 步

第 5 步，添加高光和背景，深化细节，加深轮廓，增强对比，如图 8–16 所示。注意别忘了椅子腿上的附着阴影。

第 6 步，最后如果需要修改色彩方案，将图稿扫描至计算机用 Photoshop 中的色相 / 饱和度工具（【Ctrl + U】）修改色彩方案，并进一步调整光影关系，如图 8–17 所示。照此方法，调配出其他四种椅子的配色设计方案，如图 8–18 所示。

图 8–16　椅子效果图第 5 步

图 8–17　椅子效果图第 6 步

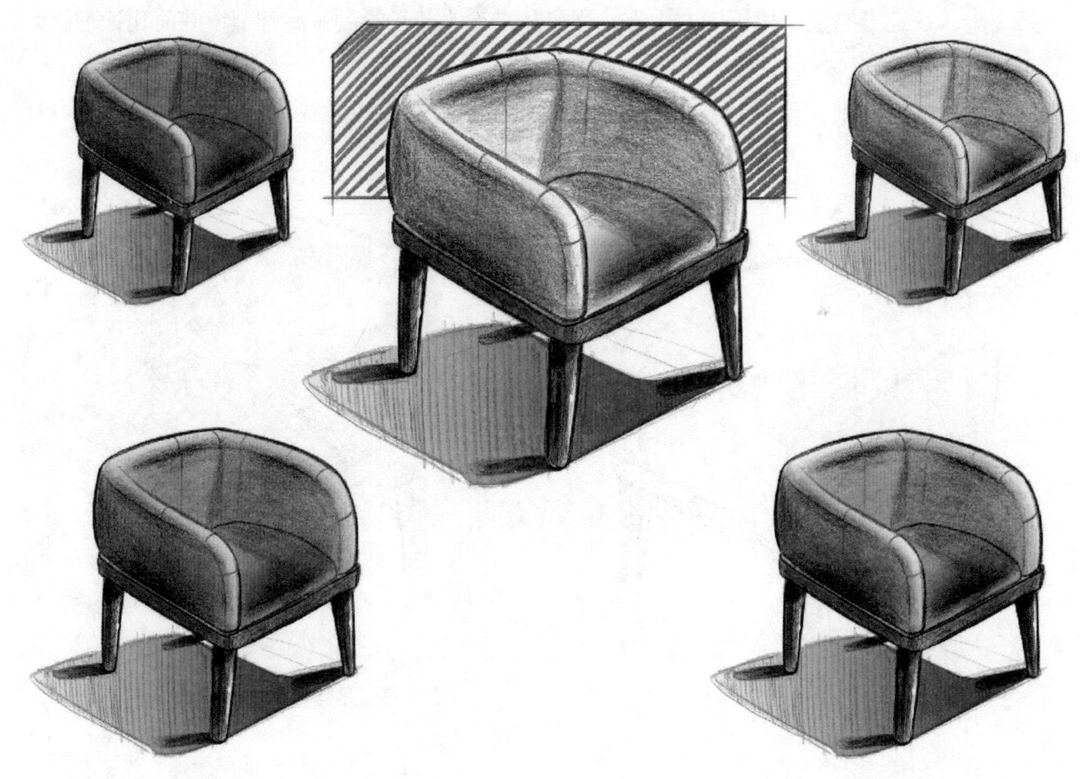

图 8-18　椅子设计配色设计方案

由于彩色铅笔的笔触纹理感强，很适合表现布料、橡胶、皮革等材质，胶底运动鞋兼有布料、橡胶和皮革等材质，因此彩色铅笔常用于绘制胶底运动鞋效果图，如图 8-19 所示。

图 8-19　彩色铅笔绘制运动鞋效果图

我们也可以尝试彩色铅笔与数字彩铅笔的混合绘制，如图 8-20 所示。用彩色铅笔在打印纸上绘制初稿，扫描到计算机后使用 SketchBook 中的数字彩色铅笔修改并作快速渲染。

一些儿童玩具的材质是柔软的布艺材质或橡胶，也适合用彩色铅笔绘制。如芬兰设计家艾洛·阿尼奥的滑稽、童心十足的“小马”椅子，如图 8-21 所示。

图 8-20　彩色铅笔运动鞋渲染图

图 8-21　彩色铅绘制的“小马”椅子

8.3 马克笔技法

8.3.1　马克笔技法概述

马克笔是目前工业产品设计手绘效果图的主要工具之一。因其色彩丰富、使用便捷和良好的快干性在效果图表现中广泛使用。对于初学者，不需要过多关注用什么牌子的马克笔，价格适中即可，将主要精力放在用法和色彩搭配上。马克笔斜切头的平涂练习必不可少，如图 8-22 所示。

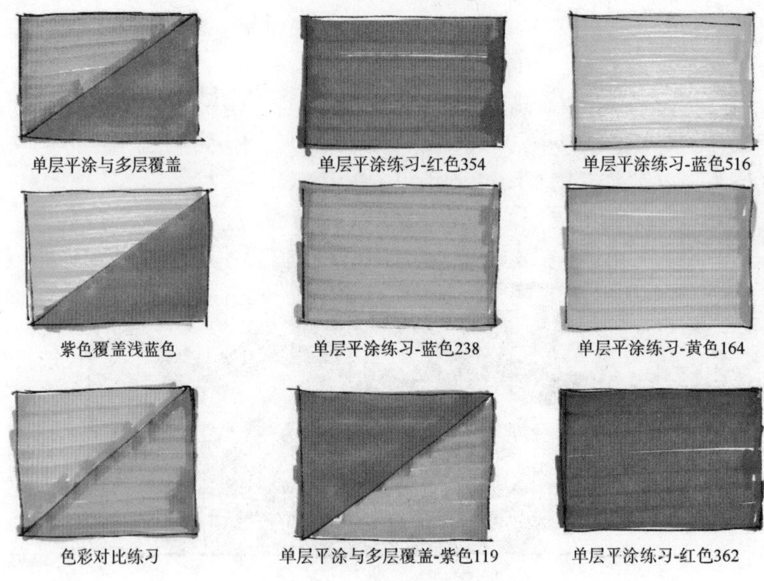

图 8-22　马克笔平行画法

马克笔集细头和斜切头于一身，细头用来绘制结构细节和轮廓边缘，斜切头用来大面积快速上色。使用马克笔的关键是对笔触的掌握和对绘图速度的把控。

马克笔主要分灰色系列和彩色系列，一般开始学习时多用灰色系列，灰色系列还分冷灰和暖灰，读者可根据自己的喜好去选择。

马克笔技法：马克笔有油性和水性两种，颜色和品种丰富齐全，着色方便，笔触叠加后色彩变化丰富，马克笔在使用时用笔比较奔放、随意，画面效果十分洒脱，色彩明快，如图 8-23 和图 8-24 所示。

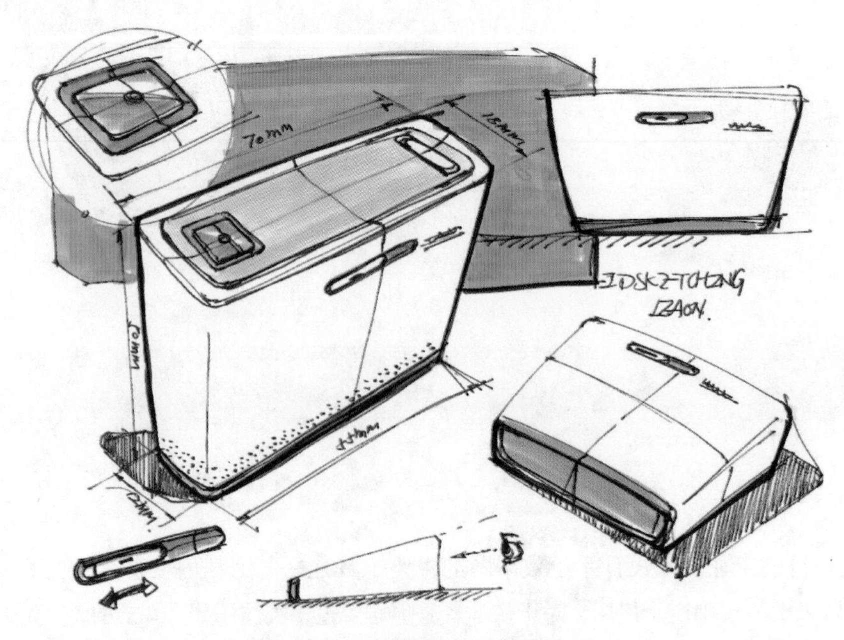

图 8-23　马克笔渲染（临摹练习）

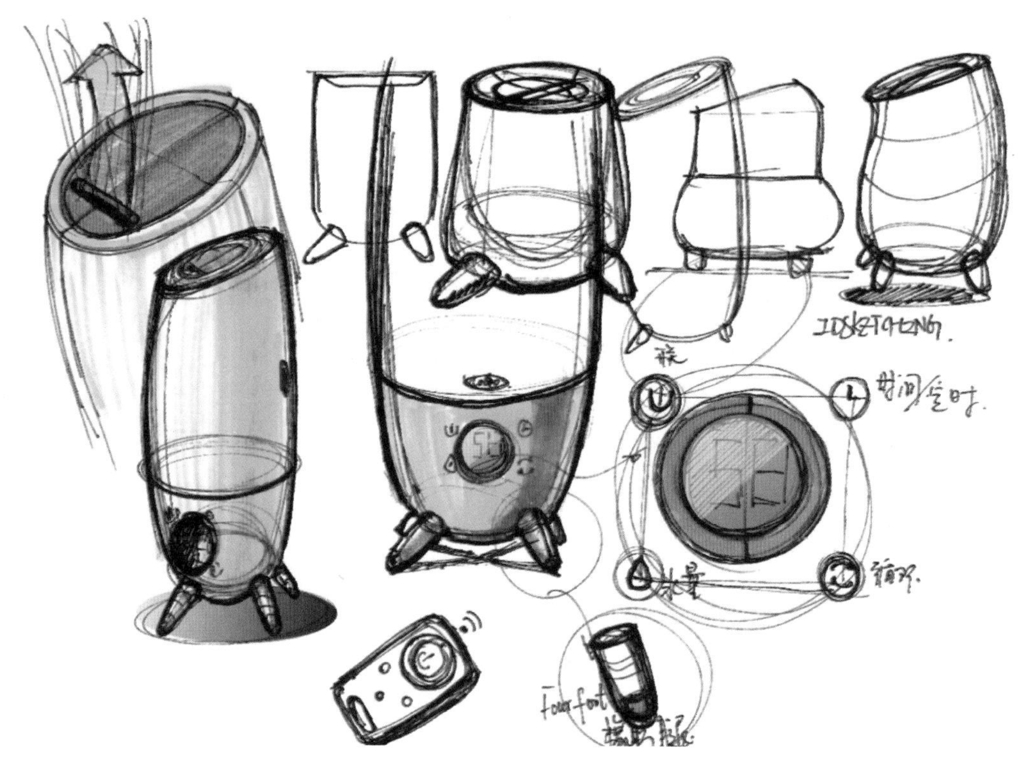

图 8-24　马克笔快速渲染练习

8.3.2　马克笔技法案例

背包示范案例

第 1 步，首先绘制起稿线，画笔可以选择钢笔、中性笔或铅笔等，本案例选用铅笔绘制起稿线，选择一个合适的视角绘制出大致的轮廓线，如图 8–25 所示。另外使用细头浅灰色的马克笔绘制起稿线也是不错的选择。

第 2 步，选用黑色彩铅进一步调整形态，并加重线条的粗细来肯定关键形态，如图 8–26 所示。另外，也可选择使用针管笔加重描粗形态轮廓线。

第 3 步，使用马克笔上色，光源设定为左上方，选用不同的颜色上色以区分产品的功能部件和装饰部件，如图 8–27 所示。对于背包体，选择浅灰色进行快速大面平涂，并注意留白，背光面使用较深的灰上色。功能部件和装饰部件均选择橙色以起到显明的对比关系。并且对背包侧面的水瓶上色，选用淡蓝色即可。

第 4 步，使用更深一点的灰色对阴影一侧的形体继续上色，进一步增加明暗对比，如图 8–28 所示。另外，使用深灰强调背包的阴影，更显立体感。

第 5 步，继续增加一些细节，并调整局部形态，如图 8–29 所示。如果需要也可增加一些形态等高线用于强调形态的变化。

第 6 步，用黑色彩铅为背包绘制出一个背景方框，并在框内排上整齐的线条，靠近背光的部分应加重线条，如图 8–30 所示。

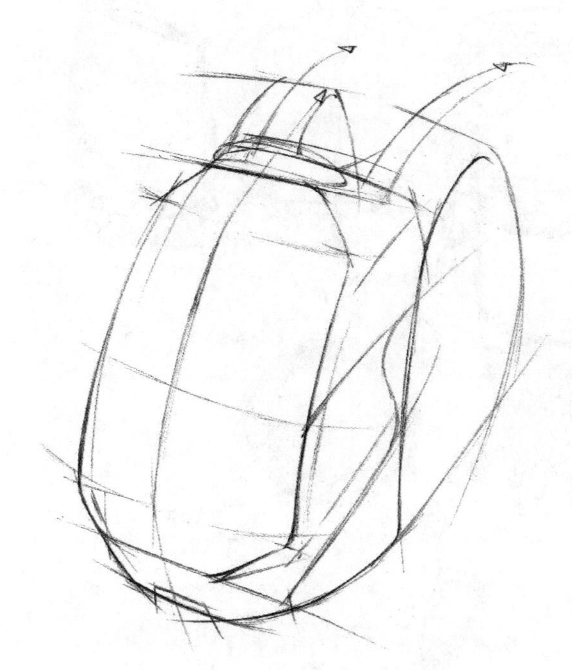

图 8-25 背包效果图第 1 步

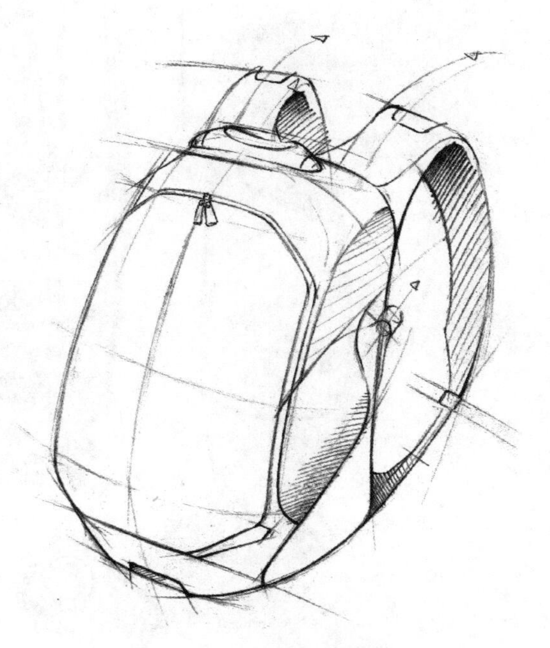

图 8-26 背包效果图第 2 步

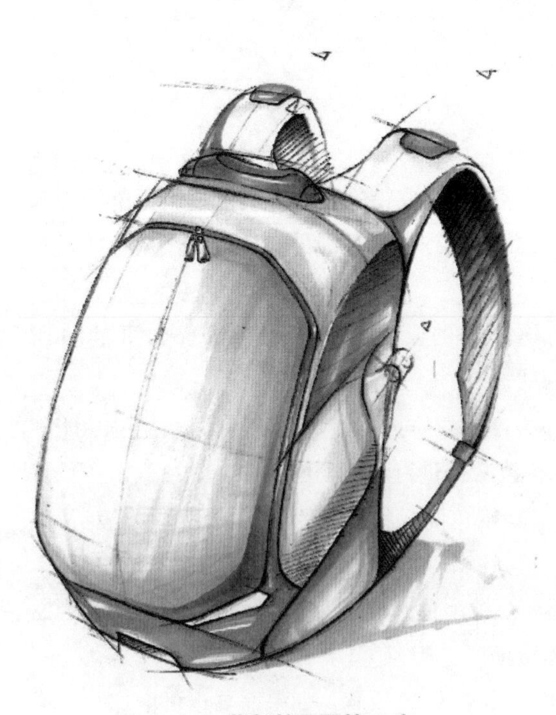

图 8-27 背包效果图第 3 步

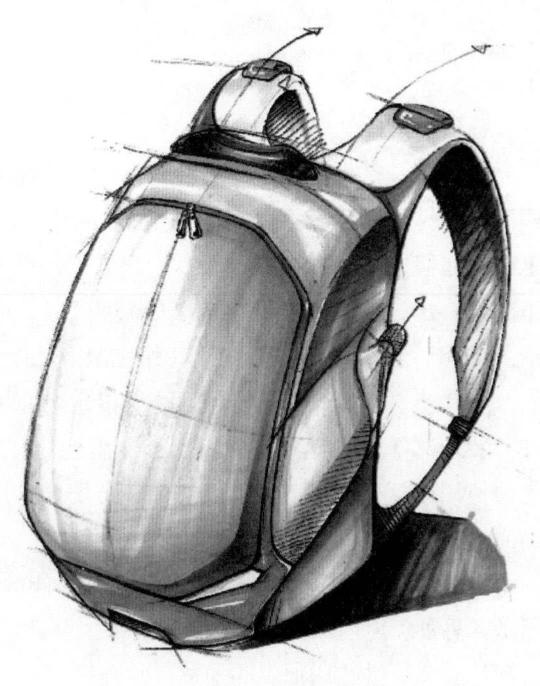

图 8-28 背包效果图第 4 步

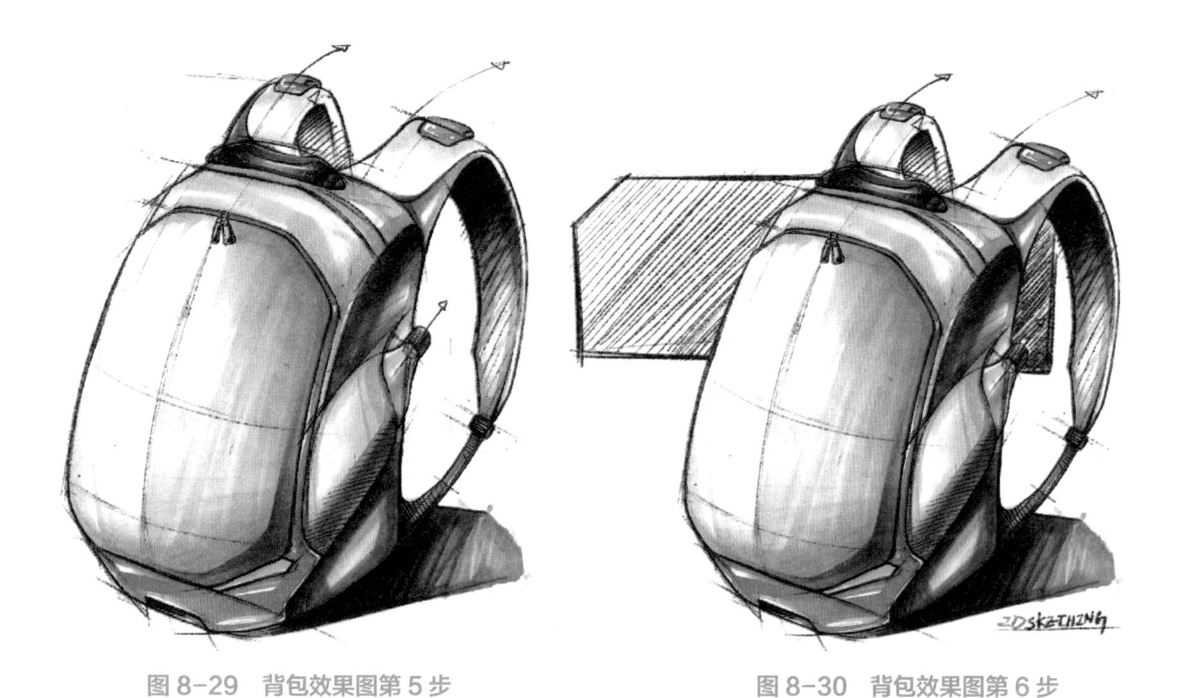

图 8-29　背包效果图第 5 步　　图 8-30　背包效果图第 6 步

使用钢笔或针管笔绘制效果图时，画的线条为单色，画风比较严谨，细部刻画和面的转折都能做到精细准确，具有较强的层次感。如 8-31 所绘制的多士炉效果图，图 8-32 机油瓶设计效果图。

图 8-31　多士炉效果图（打印纸 + 钢笔 + 马克笔）

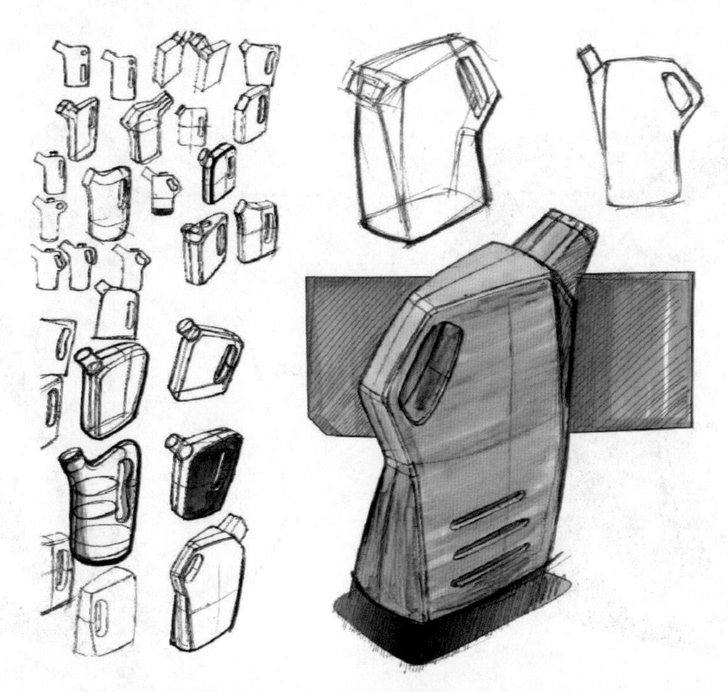

图 8-32　机油瓶设计效果图（硫酸纸 + 草图笔 + 马克笔）

8.4 数字效果图技法

本书第 6 章中已经对数字手绘进行了系统的介绍，并专门对数字手绘软件 SketchBook 和 Krita 的使用进行了讲解。本节就分别使用这两款好用的数字手绘软件绘制产品数字效果图，每款软件分别给出两个完整的示范案例。

8.4.1　使用 SketchBook 渲染

1. 吹风机案例示范

本案例综合应用马克笔和喷笔工具渲染吹风机，示范效果如图 8-33 所示。

第 1 步，使用铅笔工具绘制吹风机线稿，如图 8-34 所示。建议，线稿的绘制过程不要一蹴而就，充分利用 SketchBook 的图层功能，将各个外观部件绘制在不同的图层。

第 2 步，用马克笔为出风口和机身部件平涂上色，如图 8-35 所示。通常，我们选择从内而外的上色步骤，即从内部零部件开始上色，如出风口部件。

第 3 步，继续使用马克笔为其他部件上色，上壳体用浅褐色，下壳体和手柄均使用浅灰色加深，注意留白，如图 8-36 所示。多余的部分可用硬橡皮擦除。

第 4 步，联合使用多段线选择工具和喷枪笔为各部件塑造立体感，如图 8-37 所示。

第 5 步，在新建的图层中用马克笔绘制透明的出风口外壳体，并在部件连接处添加细节，如图 8-38 所示。注意，渲染时对透明材质高光效果的体现。另外，此步骤可将多余的吹风机线稿图擦除。

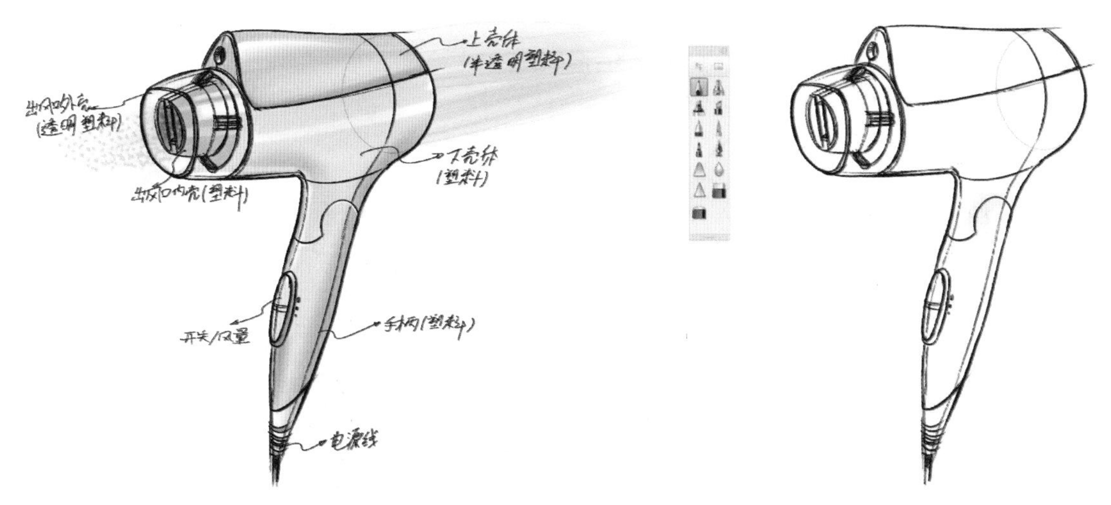

图 8-33　吹风机设计效果图

图 8-34　绘制线稿图

图 8-35　平涂上色机身和把手

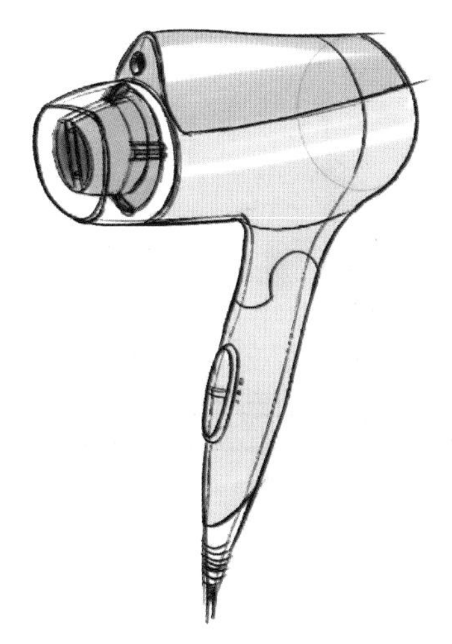

图 8-36　平涂着色上壳体

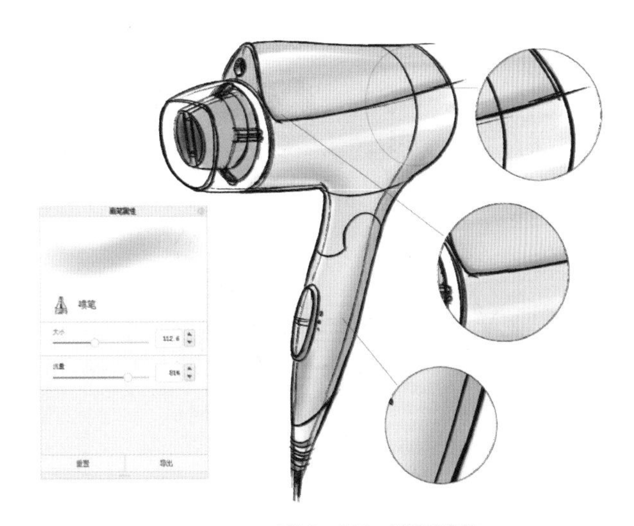

图 8-37　喷笔渲染

第6步，为表现吹风机工作状态，可添加一些吹风的效果，最后为吹风机绘制一个背景，选择与产品色彩对比明显的黄色，如图8-39所示。

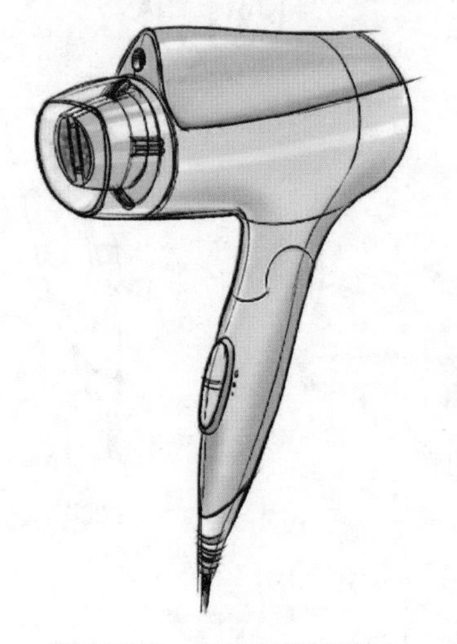

图8-38　添加细节和高光

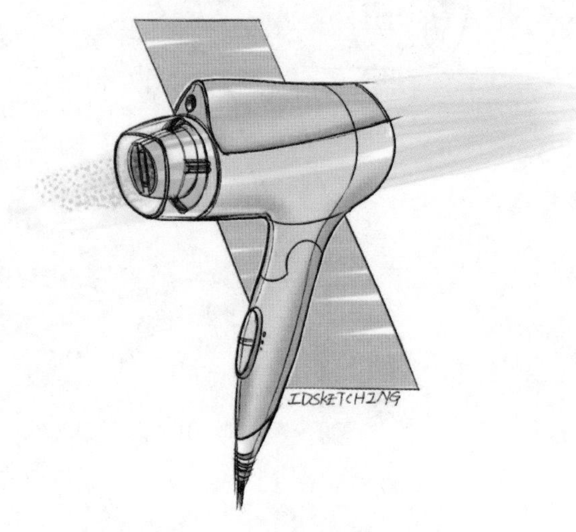

图8-39　添加工作状态效果

2. 电动车案例示范

相比案例1中的吹风机，电动车算是比较复杂的工业产品，但其效果的制作过程并没有什么特别之处。掌握三个核心技巧，便可事半功倍。首先，分图层绘制电动车线稿；其次是分图层填色外观零部件；第三是光影渲染，如图8-40所示。

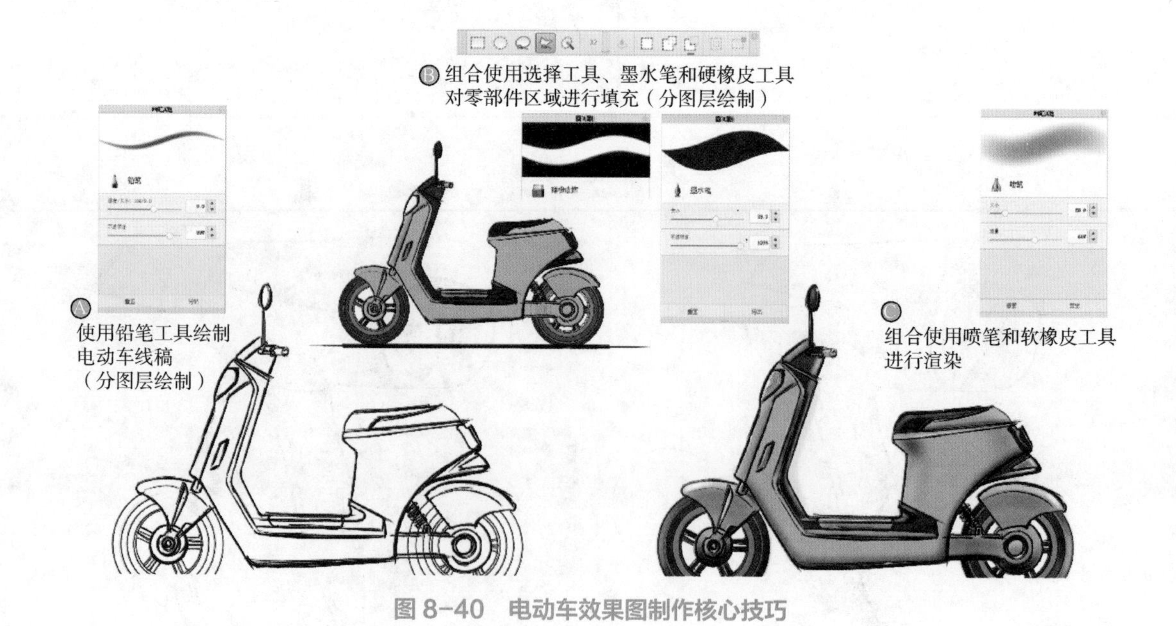

图8-40　电动车效果图制作核心技巧

第1步，首先绘制电动车线稿，如图8-41所示。注意，绘制草图时要将不同的部件放置到不同的图层，方便后续修改和渲染。

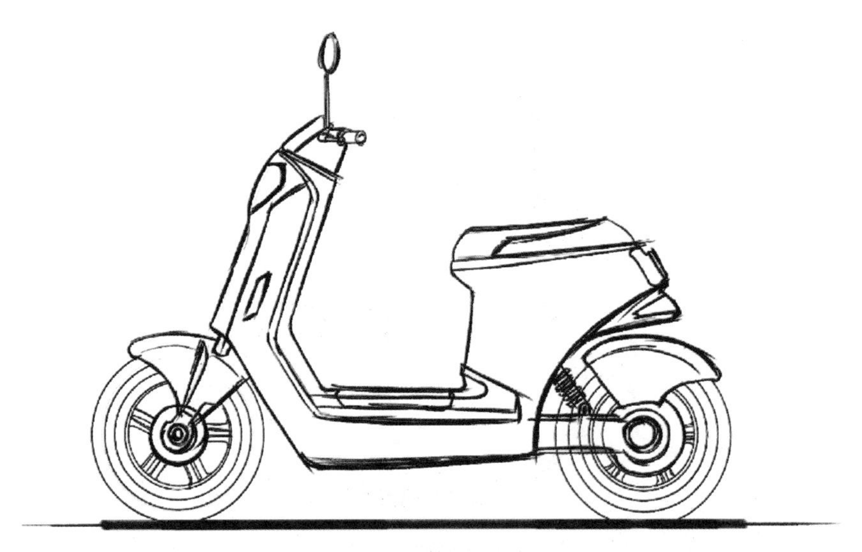

图 8-41　绘制电动车线稿

第 2 步，填色车架、绿色附件和座椅，如图 3-42 所示。为方便后续渲染和修改，注意要将车架和绿色附件绘制在不同的图层。特别提醒，让电动车线稿始终处于可见状态，通常有两种方法，其一是将填色用的图层置于线稿图层的下方，其二是将图层模式设置为正片叠底。

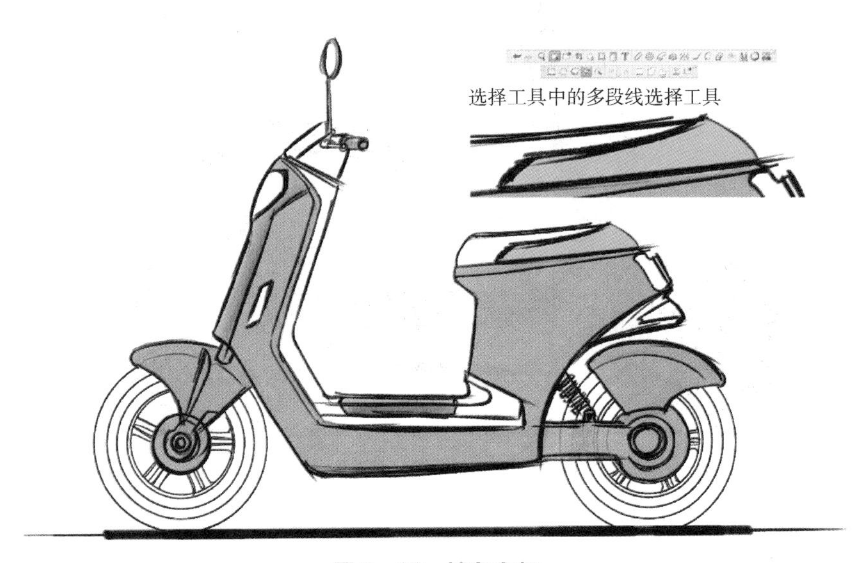

图 8-42　填色车架

第 3 步，填充轮胎和剩余零部件，如图 8-43 所示。轮胎可借助椭圆辅助工具快速着色。注意将车身部件、轮胎和座椅的填色都要绘制在不同的图层，以便后续使用喷枪笔渲染。

第 4 步，使用喷枪笔塑造车身主体形态的三维感，如图 8-44 所示。设定光源来自上方，在新图层上使用喷枪笔改变车身主体和车座的明度值，从而创造立体感。渲染时，注意随时改变喷笔的颜色和大小。

图 8-43　填充轮胎和剩余部件

图 8-44　使用喷枪笔渲染

第 5 步，继续使用喷枪笔渲染轮胎和减震弹簧，并调整细节，如图 8-45 所示。渲染轮胎时可借助椭圆工具辅助，注意光影变化等。

第 6 步，此步骤我们分两步进行，即编辑修图和绘制背景。擦除多余的草图线稿，调整细节，添加高光，如图 8-46 所示。此时良好的图层管理习惯就体现出来了，有助于快速编辑、修改设计方案，以及进一步添加和修改细节。为增强设计提案效果，用马克笔为电动车制作一个横向彩条背景，可为设计画面增添一些动感，注意调整图层的不透明度，适中即可，如图 8-47 所示。

图 8-45　渲染轮胎

图 8-46　修补细节、添加高光

图 8-47　绘制彩色背景

最后，配色方案在 Photoshop 中完成，将文件从 SketchBook 移入 Photoshop，只需将文件保存为 PSD 格式即可，SketchBook 中创建的所有图层都被完好保存。此时，使用 Photoshop 中的色相 / 饱和度工具（【Ctrl + U】），通过改变色相、饱和度和明度为电动车配色，如图 8–48 所示。注意选择相关零部件所在图层将它们合并操作后，再进行统一配色处理。最终为电动车配置了四种色彩设计方案，如图 8–49 所示。

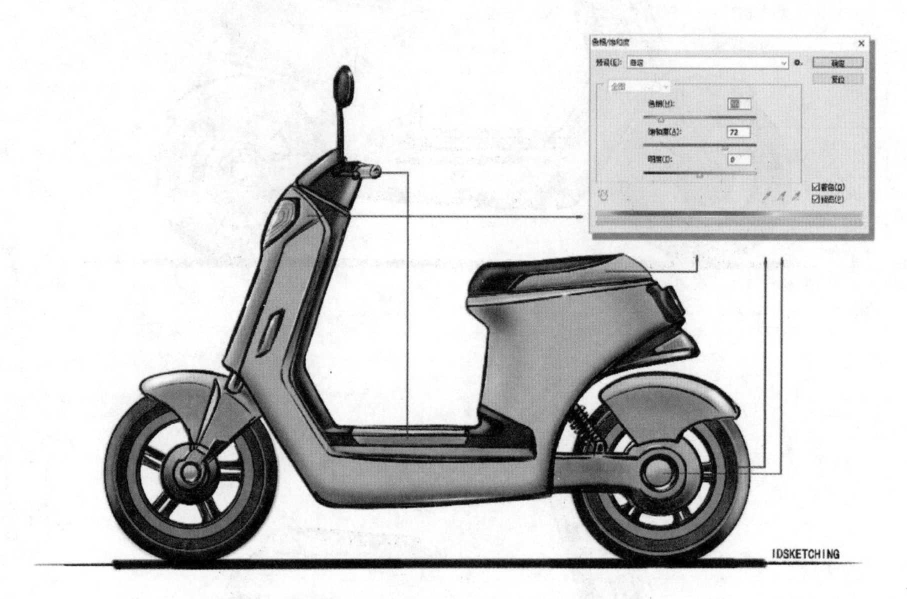

图 8–48 修改电动车附件颜色

图 8–49 电动车配色设计方案

其他渲染设计方案，例如，用数字彩色铅笔绘制的手持吸尘器效果图（见图 8–50），用数字马克笔和喷笔绘制的空气净化器效果图（见图 8–51）。

图 8-50　手持吸尘器效果图

图 8-51　空气进化器效果图

8.4.2　使用 Krita 渲染

1. 电熨斗案例示范

在概念形态不明确之前绘制一些草图是必不可少的步骤，如图 8-52 所示。

第 1 步，在概念探索的基础上，选则其中一个相对完整的概念绘制准确的线稿，注意视角的选择。此步骤可分为两小步进行，初步线稿和确定线稿。绘制过程，充分利用 Krita 图层的不透明度功能，不断覆盖绘制调整形态直至基本准确，如图 8-53 所示。

接着，新建一个图层，并增加画笔尺寸（Shift+ 移动数位笔尖），对确定的形态重新描绘一遍，保证关键形态线的流畅，建议保留形态等高线，如图 8-54 所示。

图 8-52　电熨斗概念探索设计草图

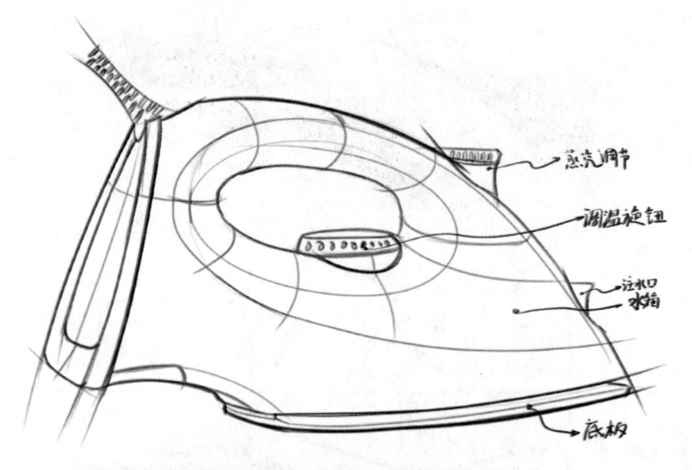

图 8-53　初步线稿

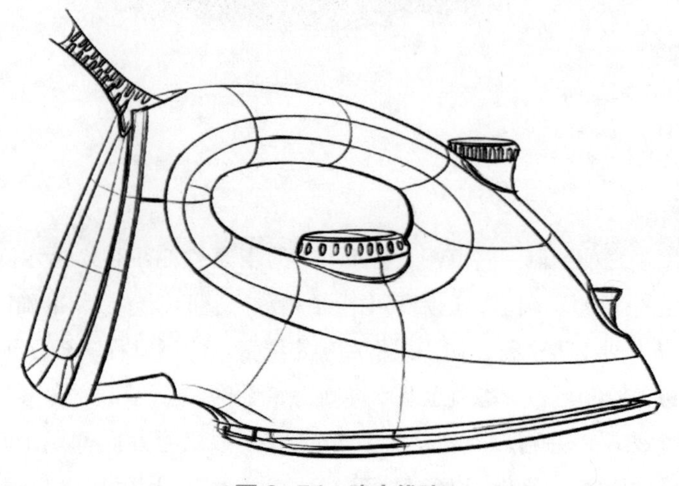

图 8-54　确定线稿

第 2 步，在线稿下方新建一个图层，使用软喷枪笔【b）_Airbrush_Soft】为电熨斗主体部件上色，如图 8–55 所示。根据形态大小可随时调整喷枪笔的大小，注意在绘制细节部分应缩小喷枪笔尺寸再进行渲染。多余的颜色使用硬橡皮工具擦除即可。建议在渲染时多建几个图层，逐层叠加渲染，最后将其合并即可。

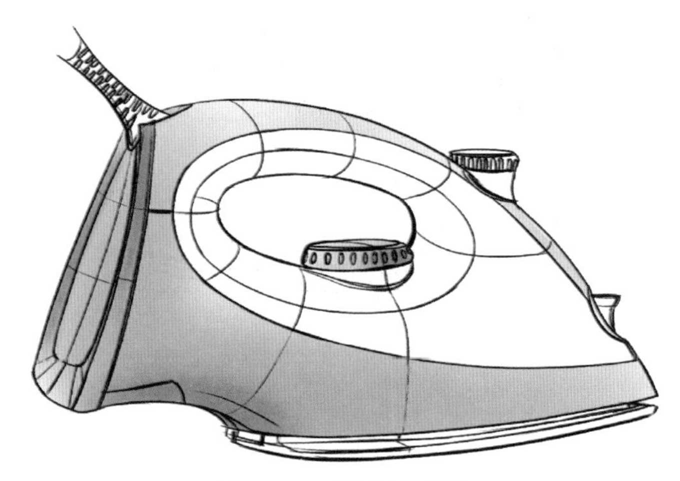

图 8–55　逐层渲染机体

第 3 步，在一个新图层上用干马克笔【e）_Marker_Dry】渲染电熨斗底部的金属板，然后再新建一个图层，用软喷枪笔【b）_Airbrush_Soft】为熨斗绘制一个简化的投影，如图 8–56 所示。注意擦除多余的色块。

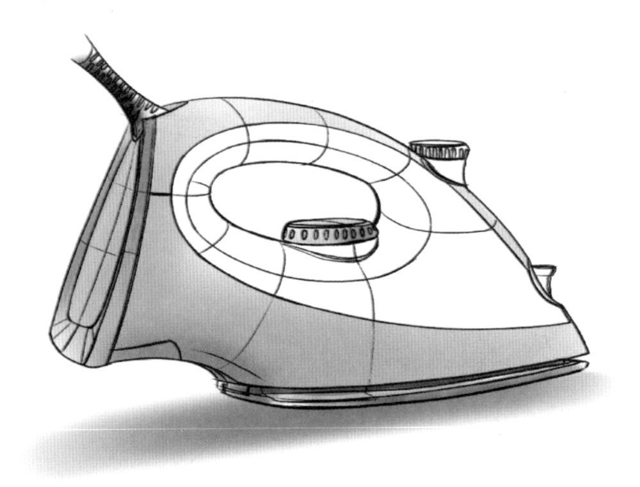

图 8–56　渲染金属板、简画投影

第 4 步，新建一个图层，联合使用多边形选区工具和软喷笔【b）_Airbrush_Soft】渲染中间的水箱，如图 8–57 所示。

第 5 步，继续新建一个图层，渲染其他外观零部件，并调整一些形态细节，如旋钮、注水口等，如图 8–58 所示。对于形态细节可使用马克笔进行细微调整，如底部金属板，旋钮等。

第 6 步，最后进行细节刻画，这里需要新建一个图层，在分体处和转折处绘制白线，以及对旋钮形态的刻画。最后为电熨斗添加一个背景，再新建一个图层，保证该图层位于最下层，设置一个选区并使用干马克笔【e）_Marker_Dry】绘制一个双色背景，如图 8-59 所示。

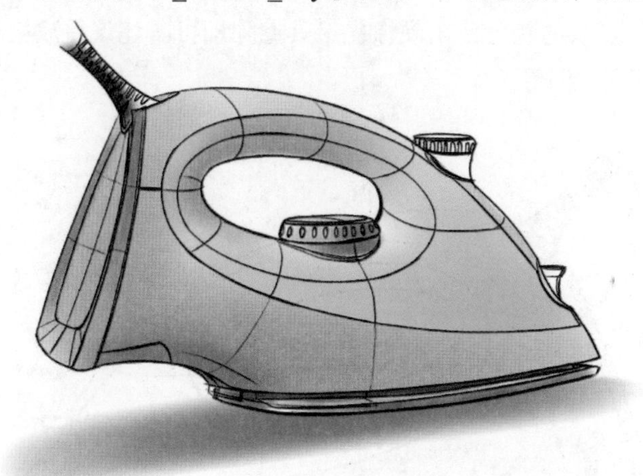

图 8-57 渲染水箱

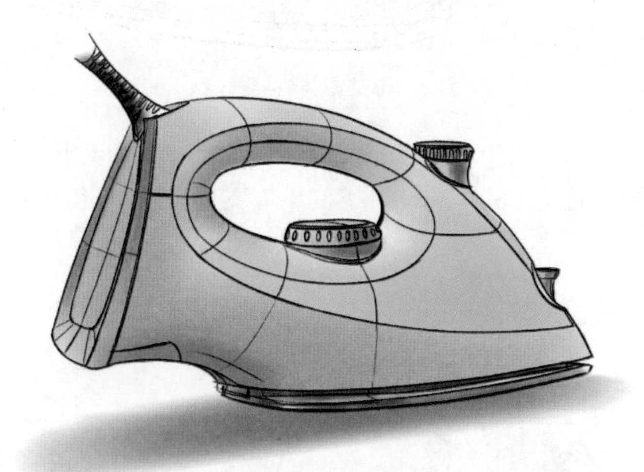

图 8-58 调整细节

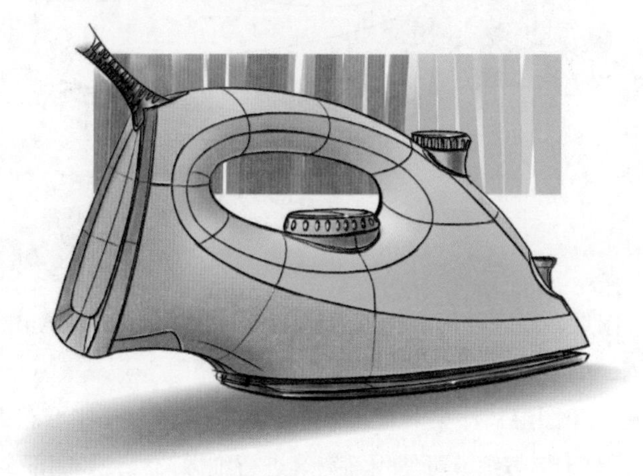

图 8-59 绘制双色背景

2. 婴儿车案例示范

第 1 步，找一款婴儿车图片作为参考图片导入图层，在新建的图层中绘制线稿，并通过不断地调整确定最终的线稿，如图 8-60 所示。注意保留形态等高线。

第 2 步，渲染轮子、接头件和推把，如图 8-61 所示。注意每个零部件的渲染可使用多个图层，使用多边形选取工具建立选取后，综合使用喷枪笔和马克笔依次对三个轮子、接头件和推把进行渲染。

图 8-60　婴儿车渲染第 1 步　　图 8-61　婴儿车渲染第 2 步

第 3 步，上色支架和附件，如图 8-62 所示。使用多边形选取工具建立选取后，先使用墨水笔【b）_basic-1】平涂，然后喷枪笔对形态转折处细节进行处理，使得形态自然过渡。

第 4 步，上色座位和底部置物篮，如图 8-63 所示。选择橙色，方法同第 3 步。建立选区后，先大面积平涂，然后使用喷枪笔渲染。注意渲染时要及时调整画笔尺寸。

第 5 步，上色遮阳板，如图 8-64 所示。选择黄色，方法同第 3 步，注意附着投影的绘制。另外，别忘了为轮毂添加黄色的装饰环。

第 6 步，添加高光和投影，投影简化处理即可，选择一个简单的笔触绘制一个蓝色背景，如图 8-65 所示。

最后，我们使用 Krita 的滤镜：HSV/HSL 调整工具为婴儿车快速配色，注意合并相关零部件图层，如图 8-66 所示。如果使用 Photoshop 配色，则需将 Krita 文件另存为 *.psd 格式，用 Photoshop 打开后合并相关零部件层，使用色相 / 饱和度工具，同时勾选着色和预览选项，调节色相、饱和度、明度值即可获得配色方案。最终为婴儿车配置了三种色彩设计方案，如图 8-67 所示。

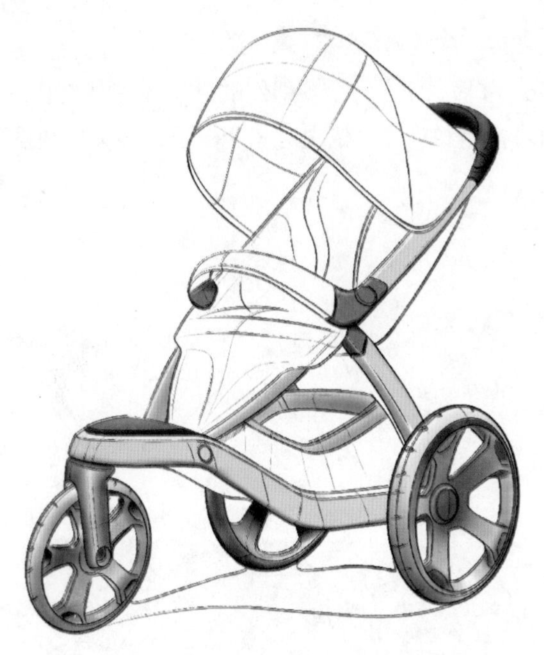

图 8-62　婴儿车渲染第 3 步

图 8-63　婴儿车渲染第 4 步

图 8-64　婴儿车渲染第 5 步

图 8-65　婴儿车渲染第 6 步

图 8-66　Krita 配色设计方案

图 8-67　婴儿车配色设计方案

8.5 混合绘制技法

混合技法，不同的工具有不同的特性和表达效果，同时也有各自的局限性。为了达到表现效果的内涵，单一的技法略显不足，这就需要多种技法的综合应用。其实混合绘制技法才是最有效的工作方式。黑色彩铅笔和马克笔是最常见的混合绘图技法，如图 8–68 所示。

图 8–68　混合绘图技法（打印纸 + 黑色彩铅 + 马克笔）

黑色彩铅笔主要用于绘制运动鞋线稿，以及控制光影变化（改变形态），而马克笔则主要用于上色。马克笔在普通打印纸上只能单面上色，然而在硫酸纸上则可双面上色，如图 8–69 所示。

图 8–69　混合绘制技法（硫酸纸 + 黑色彩铅 + 马克笔）

然而，目前传统手绘与数字手绘结合的效果图绘制方法比较流行，本书之前章节有所涉及，本节给出两个完整的传统与数字结合的效果绘制案例。

1. 单人沙发椅（传统手绘 +SketchBook 渲染）案例示范

第 1 步，用黑色圆珠笔绘制一个单人沙发，并用黄色马克笔为其绘制一个简单的背景，光源设定为右上方，如图 8-70 所示。注意绘制形态等高线，有助于准确解释形态的变化。

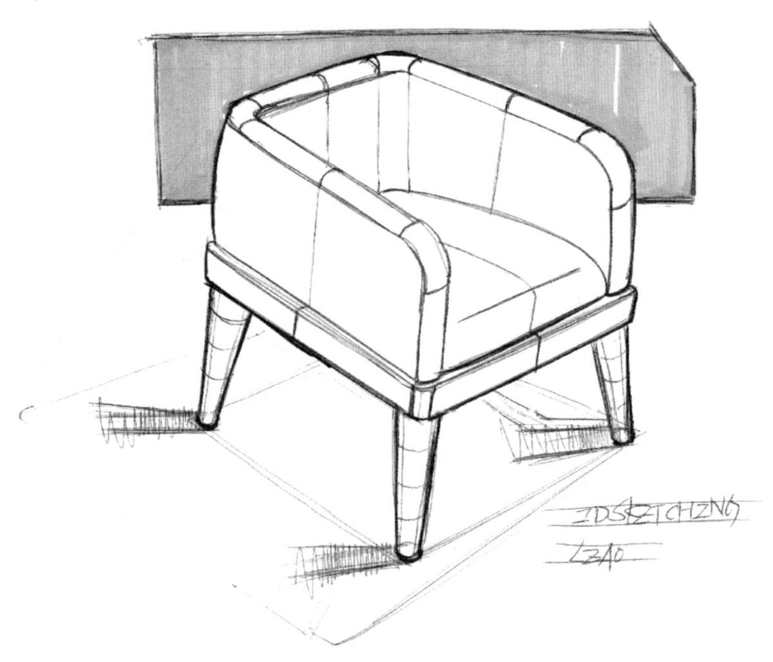

图 8-70　椅子混合渲染第 1 步

第 2 步，先将设计图扫描至计算机（保存成 jpg、300 dpi），直接用 SketchBook 打开文件；然后在一个新图层上用喷枪笔和圆珠笔渲染可见的三条沙发椅腿，当然还可以从网上找一张木纹材质图片快速贴图，如图 8-71 所示。

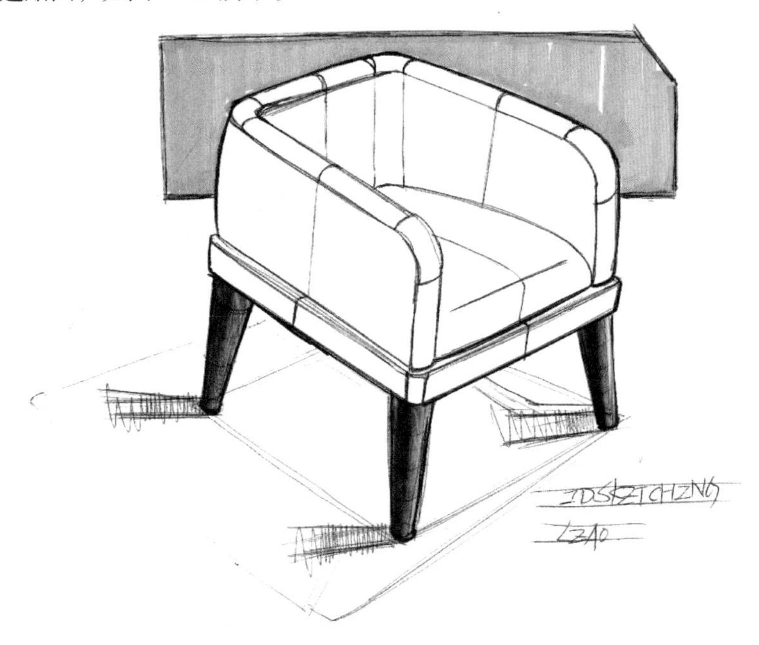

图 8-71　椅子混合渲染第 2 步

第 3 步，继续用马克笔和喷枪笔渲染沙发椅中间支撑板，颜色选用深褐色，如图 8–72 所示。

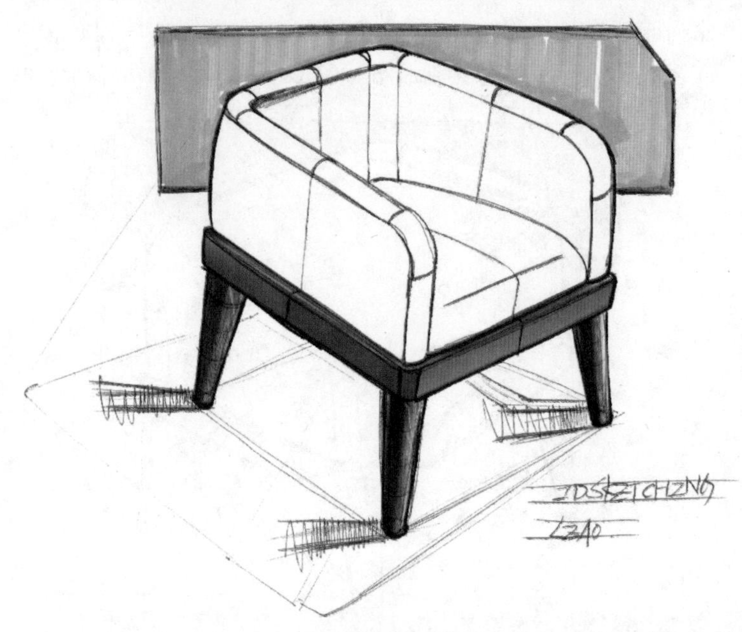

图 8–72　椅子混合渲染第 3 步

第 4 步，新建一个图层，用多段线选择工具沿着扶手和靠背轮廓建立选区，在调色板上设置颜色为红褐色，用大尺寸喷笔大面积渲染，然后再用软橡皮（调整合适的擦除量）将扶手和靠背部位擦亮，如图 8–73 所示。

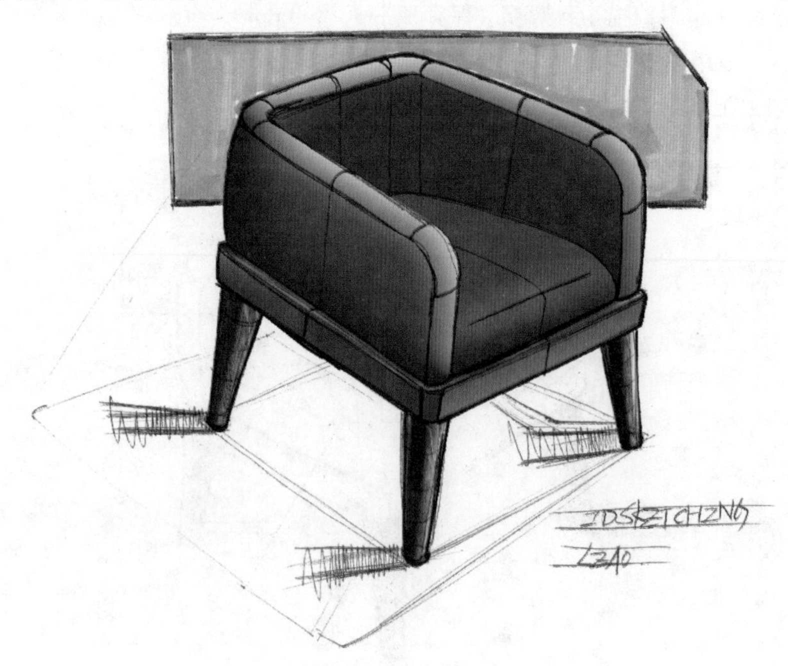

图 8–73　椅子混合渲染第 4 步

第 5 步，在一个新的图层上，使用多段线选择工具沿投影轮廓线建立一个选区后，用线性填充工具绘制椅子的投影，如图 8–74 所示。注意渐变的方向性。

图 8-74　椅子混合渲染第 5 步

第 6 步，用喷枪笔绘制沙发椅的附着投影，包括沙发椅面和沙发腿，如图 8-75 所示。注意附着投影随形态的变化，如此可提高效果图的真实感。

图 8-75　椅子混合渲染第 6 步

最后，使用 Photoshop 为沙发椅快速进行色彩方案设计，本案例提供了四种配色设计，如图 8-76 所示。将 SketchBook 文件另存为 *.psd 格式，用 Photoshop 打开后，合并与扶手、靠背和座面相关的图层为配色设计层，使用色相 / 饱和度工具，同时勾选着色和预览选项，调节色相、饱和度即可快速进行配色设计。特别提醒，不要将沙发座面上的附着投影图层合并到配色设计层。

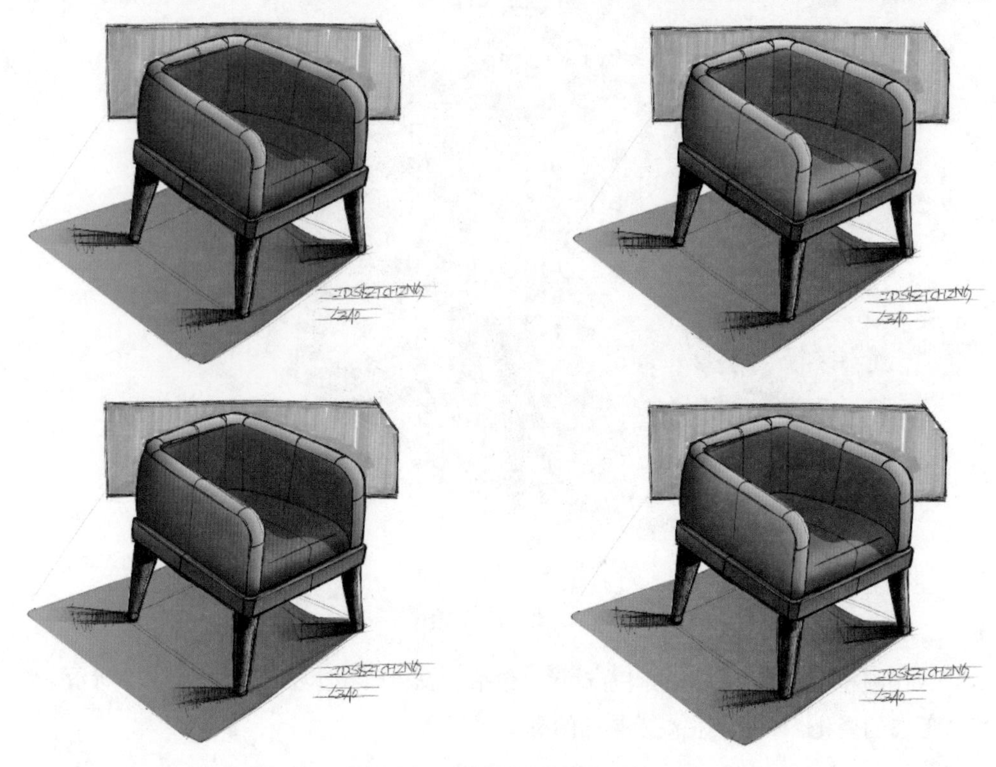

图 8-76　椅子混合渲染配色方案

2. 自行车头盔（传统手绘 +Krita 渲染）案例示范

在概念形态不明确之前，先绘制一些探索性的概念设计草图也是一种良好的设计习惯，对于一些有趣的方案可以简单着色，如图 8-77 所示。

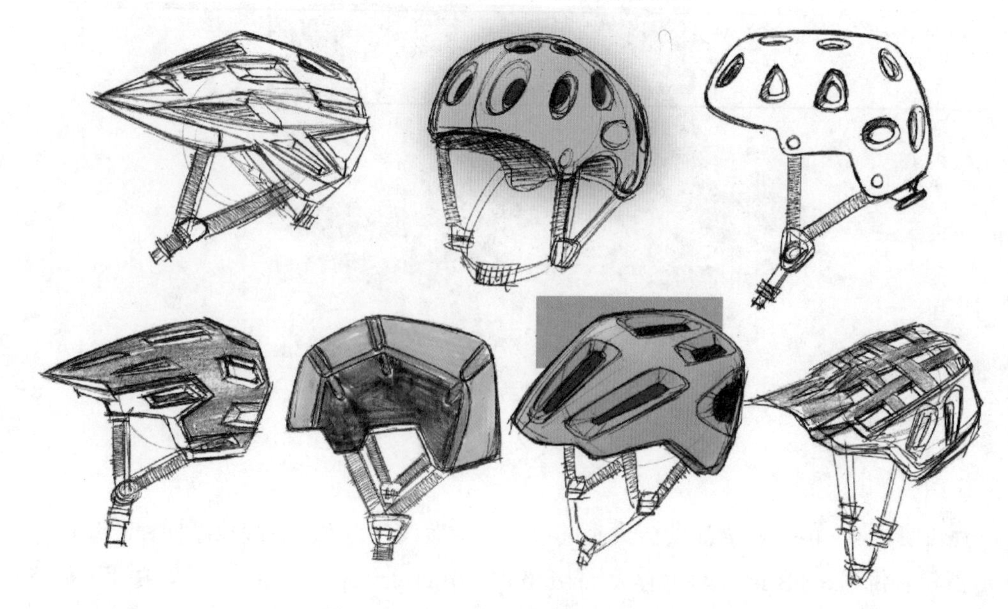

图 8-77　自行车头盔概念探索草图

第 1 步，首先使用马克笔（细头）绘制自行车头盔起稿线，然后用草图笔描绘线稿，最后用钢笔加粗轮廓，如图 8–78 所示。

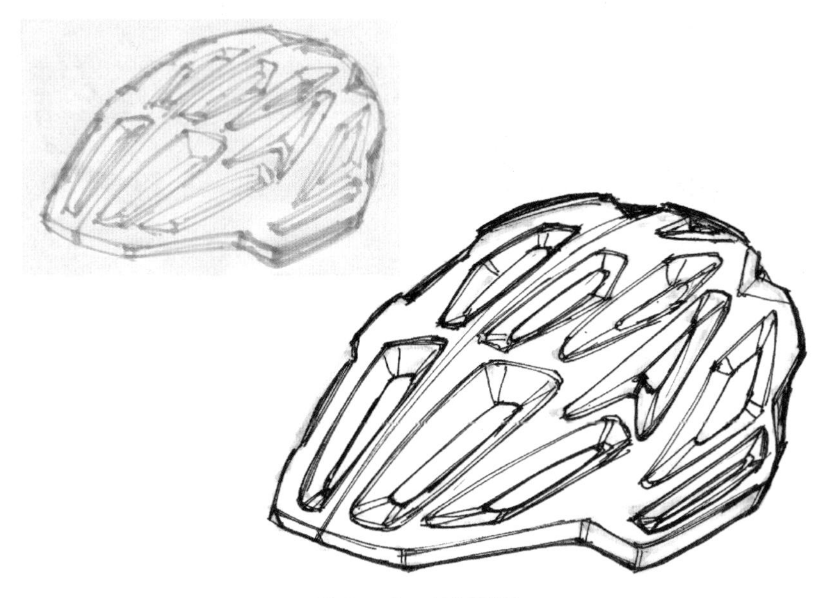

图 8–78　绘制线稿

第 2 步，把头盔草图扫描到计算机（保存成 jpg 格式），接着用 Krita 打开后便可进行渲染。在一个新图层上用马克笔【e）_Marker_Dry】快速上色，并用墨蓝色绘制头盔骨架（俗称内胆），如图 8–79 所示。

第 3 步，设定光源位于左上方。首先新建一个图层（模式为正片叠底），使用多边形选区工具沿头盔外轮廓建立选区，然后用软喷枪笔【b）_Airbrush_Soft】大胆上色，注意调大画笔的尺寸，如图 8–80 所示。

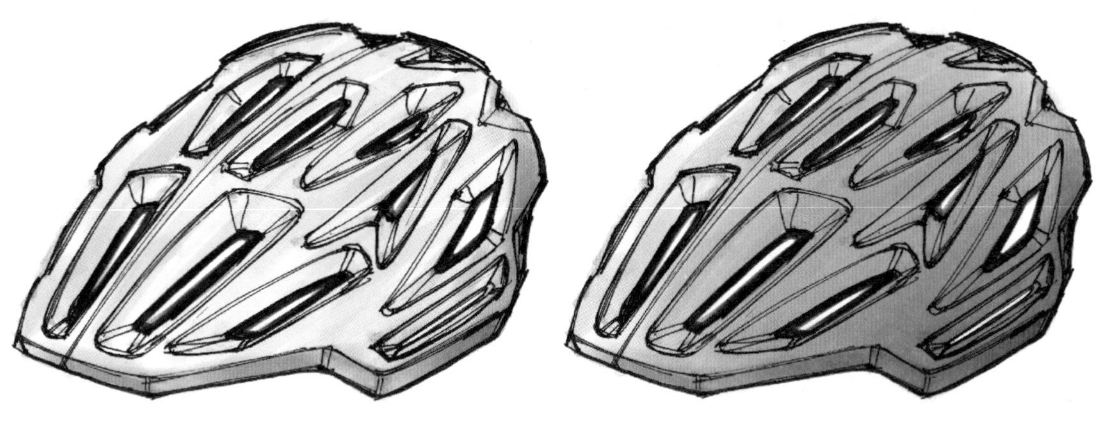

图 8–79　数字马克笔平涂上底色　　图 8–80　软喷笔大面积渲染

第 4 步，继续新建一个图层，模式设为正片叠底，用更深的蓝色马克笔【e）_Marker_Dry】加重背光面，如图 8–81 所示。渲染时注意调整马克笔的尺寸。

图 8-81 调整形态细节

图 8-82 添加高光和投影

第 5 步，首先使用硬橡皮工具擦除多余的线，保持整洁的画面。然后添加一些高光，并为头盔绘制一个投影，注意投影与光源的位置关系，如图 8-82 所示。

第 6 步，最后为头盔绘制一个经典背景，如图 8-83 所示。在一个新图层上使用渐变填充工具填充一个渐变，而后用软喷笔【b）_Airbrush_Soft】在头盔的左后方添加一个背景光，使得整个画面具有氛围感。

图 8-83 绘制经典背景

本章案例

电动车概念设计

设计师：李智鹏。

本案例来自一线设计师的手稿。由于车轮是标准选配件，设计师几乎将全部精力放到了车身造型的探索上。从设计之初，设计师便使用传统手绘与数位绘图相结合的方式探索电动车的新形态。设计师首先在纸上绘制带有光影效果的电动车线稿，然后扫描并导入 SketchBook 进行快速渲染工作，草图及效果图如图 8-84~ 图 8-88 所示。这种工作方式不仅高效，而且有助于激发设计师的创作激情。

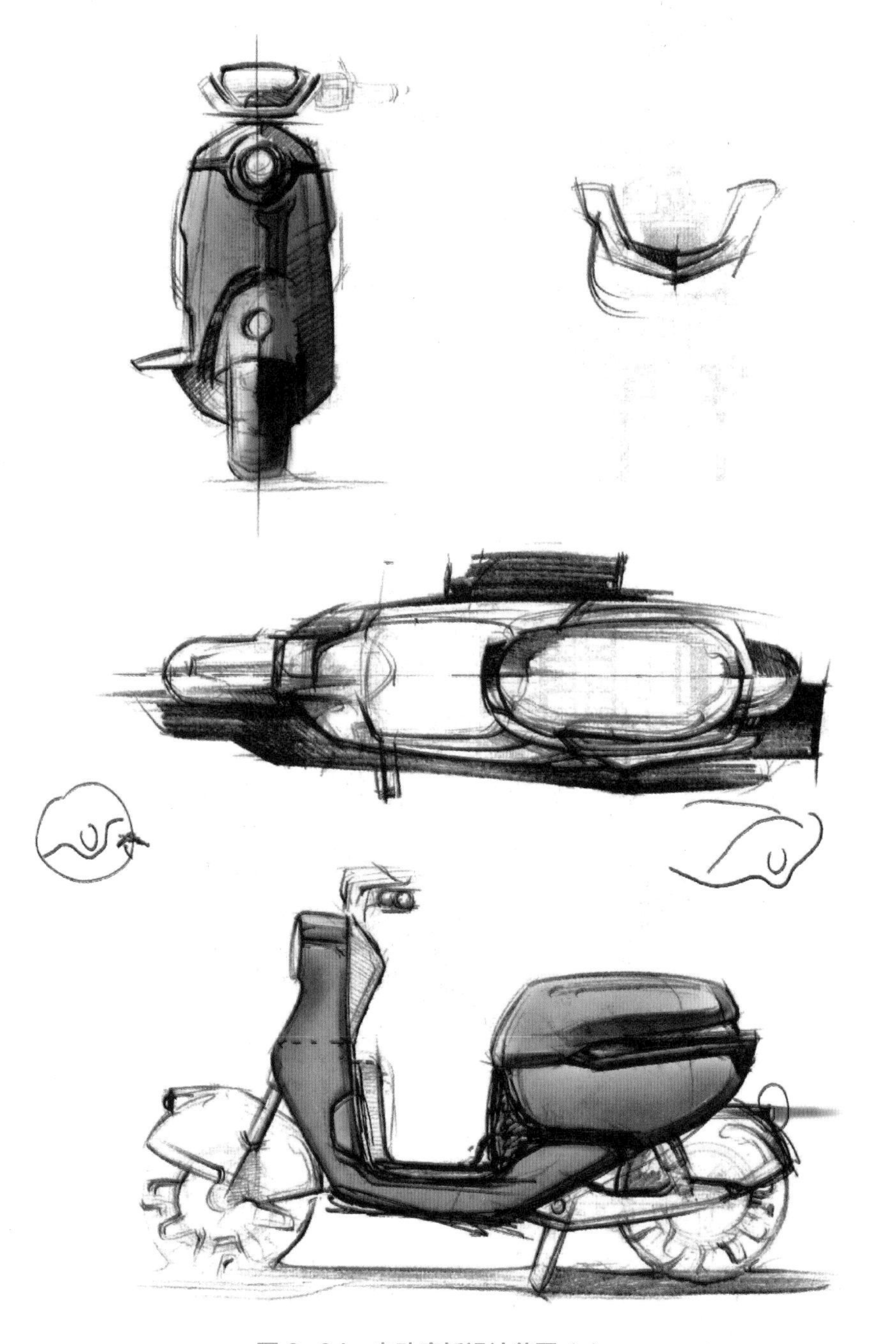

图 8-84　电动摩托设计草图（1）

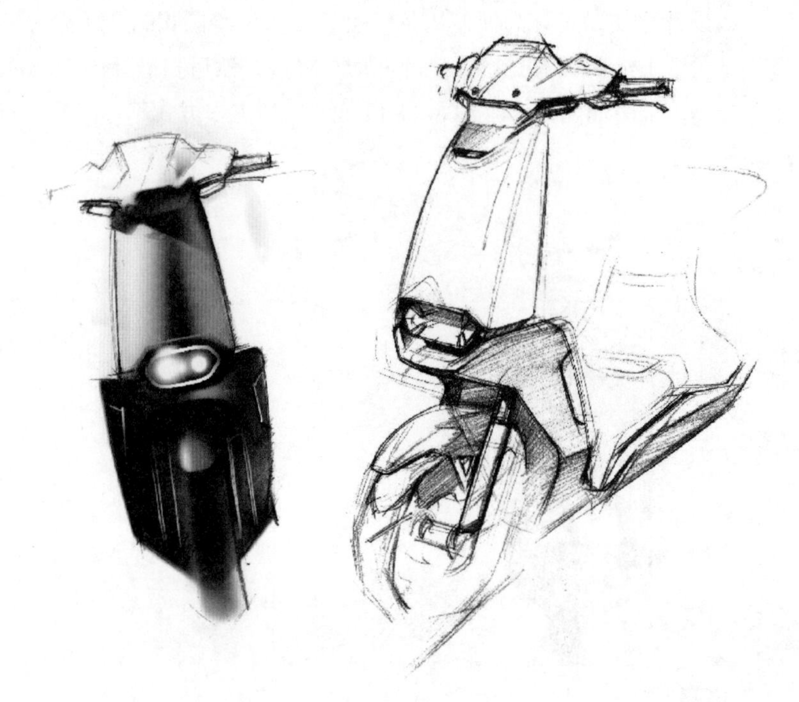

图 8-85　电动摩托设计草图（2）

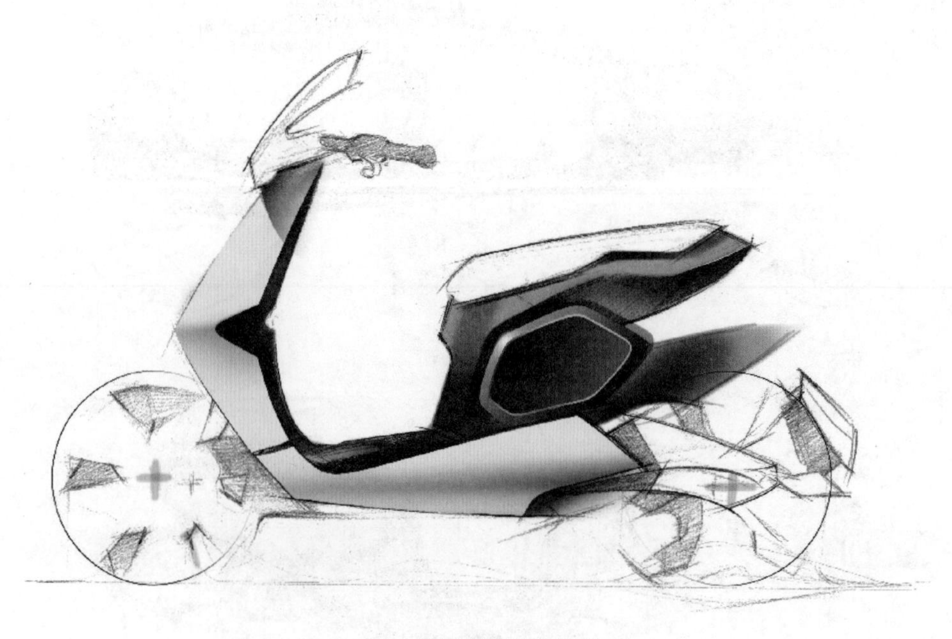

图 8-86　电动摩托设计草图（3）

图 8-87　电动摩托设计方案效果图（1）

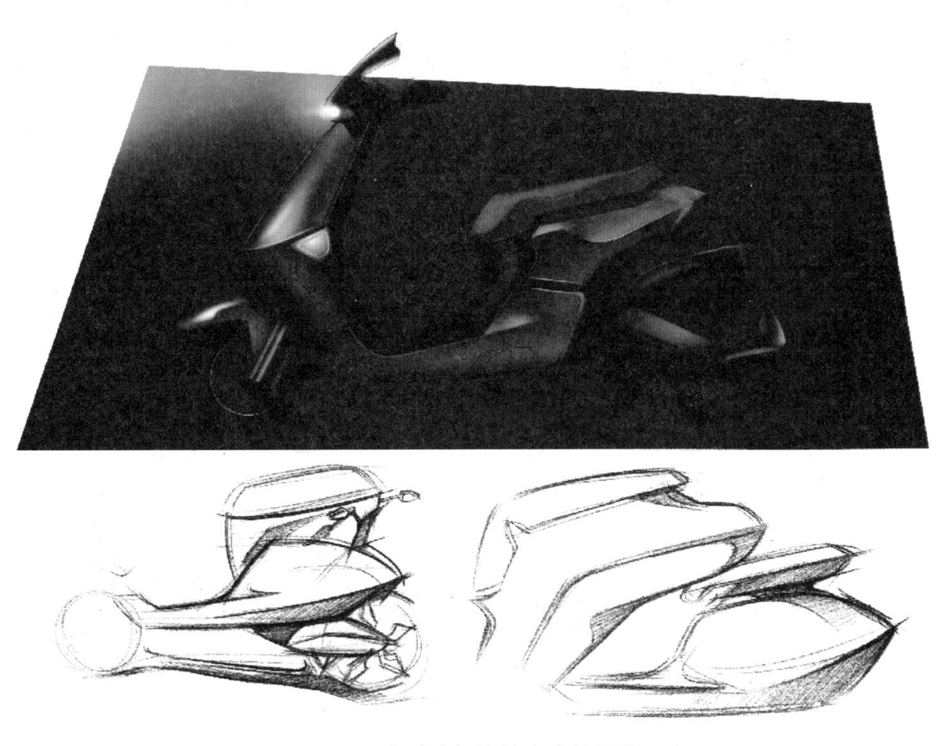

图 8-88　电动摩托设计方案效果图（2）

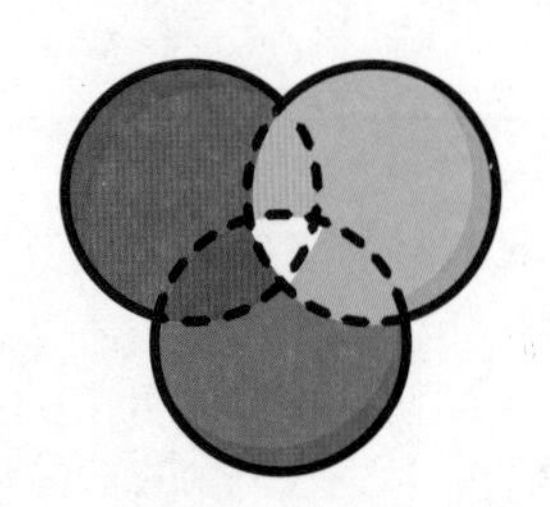

第 9 章 产品说明图

设计物所处的环境和位置，与设计物图样本身一样重要。

——摘自（西）费尔南多·胡利安等编著的《产品手绘》

产品说明图主要是为了进一步解释和说明设计方案，并有阐述设计内涵的作用，有助于观者的理解，如图 9-0 所示。

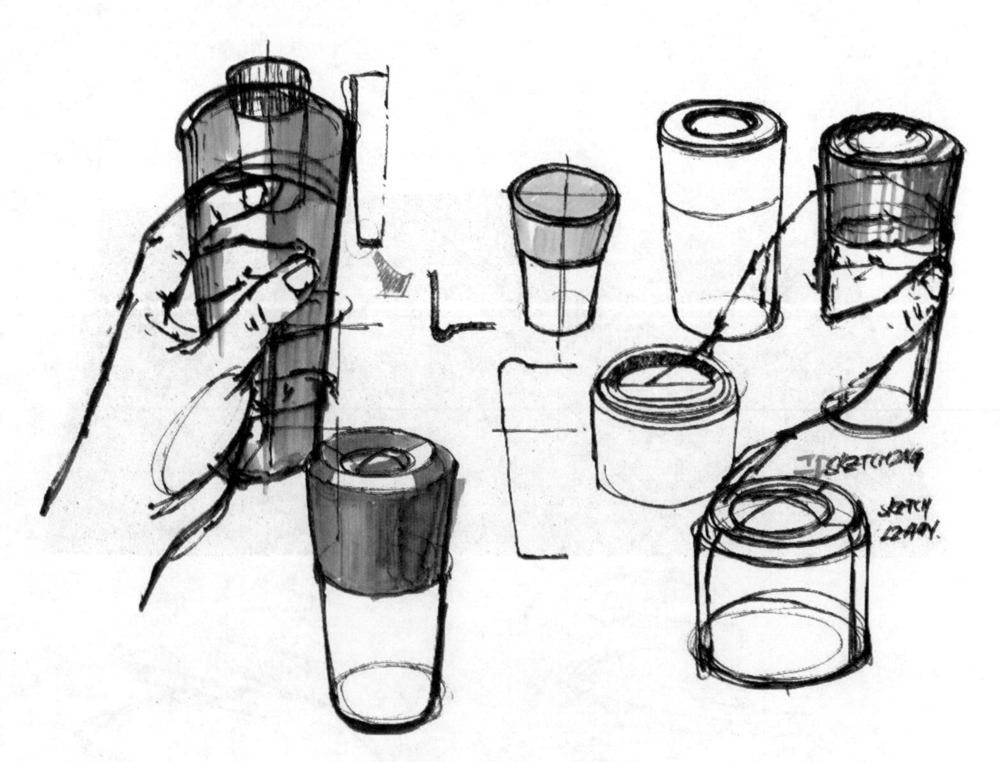

图 9-0　水杯设计草图

本章主要介绍几种在产品设计手绘表达中经常使用的说明图。例如，说明装配关系的爆炸图、表现内部机构的立体剖视图、快速解释产品功用的背景图、阐述产品与周边环境的场景图。当然必要的文字说明会起到解释说明的作用，但文字说明不在本章的讨论范围内。

9.1 产品爆炸图

爆炸图（Exploded Views）可展示一个产品的所有零部件组成关系，即按照一定的先后装配顺序，在一个假定的三维空间呈现产品的空间结构和装配关系，方便人们直接读图理解。如摩托车爆炸图，如图 9–1 所示。特别在产品设计开发的后期，爆炸图是工业设计师与结构工程师的有效沟通工具之一。

图 9–1　摩托车爆炸图[①]

爆炸图和剖视图都是文艺复兴时期发明的绘图技术。爆炸图最早可追溯到十五世纪的 Marino Taccola（马里诺 · 雅各布）在笔记本上绘制的草图，后来在弗朗西斯科 · 迪 · 乔治（Francesco di Giorgio）和达 · 芬奇的努力下得到完善。如图 9–2 所示是达 · 芬奇绘制的爆炸图。

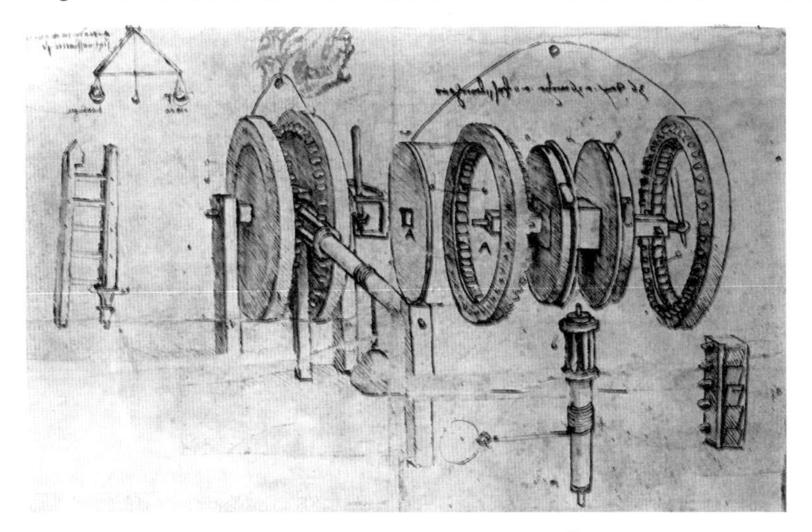

图 9–2　达 · 芬奇绘制的爆炸图[②]

① https：//picturecorrect–wpengine.netdna–ssl.com/wp–content/uploads/2012/07/exploded–view–photo.jpg

② https：//en.wikipedia.org/wiki/Exploded–view_drawing#cite_note–4

产品爆炸图，不仅可以清晰地表现出产品的结构组成、装配关系、外观与内部结构等，而且还给人一种强大的视觉冲击力。爆炸图可以说是当今的三维 CAD、CAM 软件中的一项重要功能，如工程设计软件 SolidWorks、Creo（Pro/Engineering）、UG NX 等都具有制作爆炸图的功能。图 9-3 的齿轮泵爆炸图和图 9-4 的插线板爆炸图均由 SolidWorks 制作。

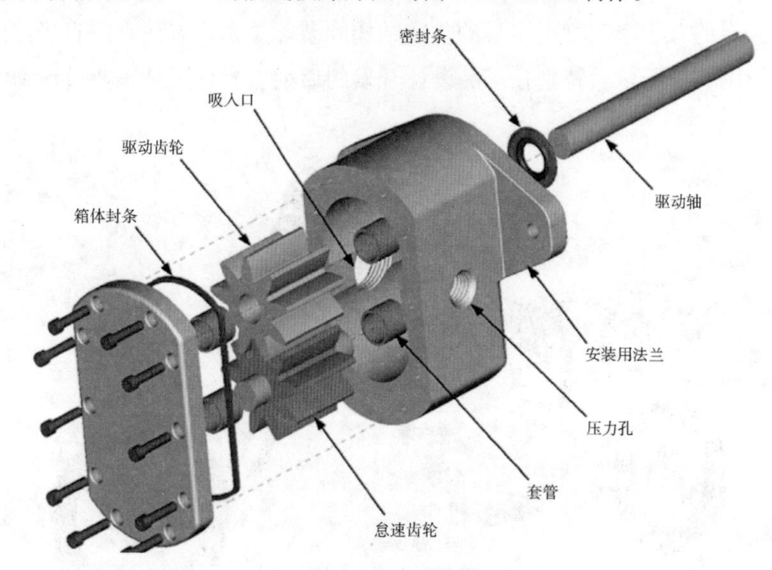

图 9-3　齿轮泵爆炸图[1]

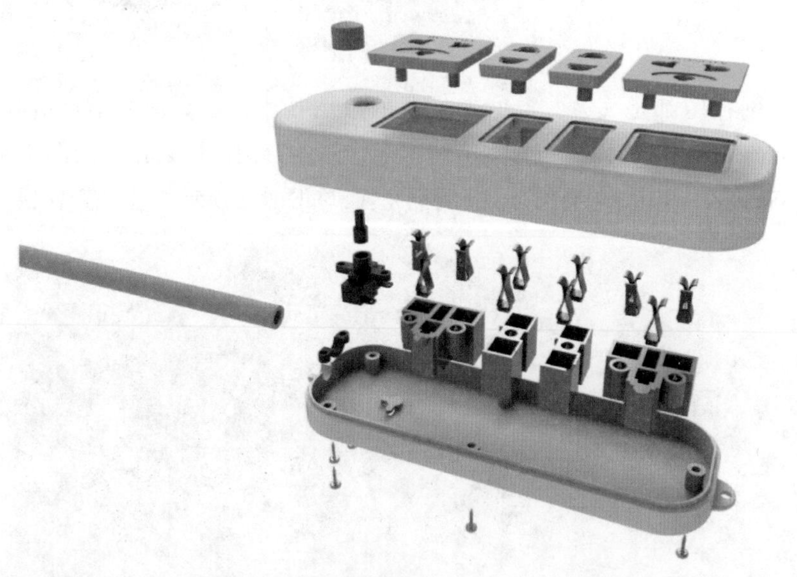

图 9-4　插线板爆炸图（作者：张志鹏）

另外，练习手绘爆炸图，对于理解产品各零部件的结构以及装配关系会起到很好的帮助作用。透视参考线在其中所起的引导作用不容忽视，手绘爆炸图的关键是对装配关系的把控，应从整体考虑逐步过渡到各零部件上。为避免透视过于强烈引起部分组件变形扭曲，应当选择合理的视角和较微弱的透视关系，尽可能全面地展示产品零部件之间的装配关系，如图 9-5 所示的手机爆炸图。

① https：//upload.wikimedia.org/wikipedia/commons/2/23/Gear_pump_exploded.png

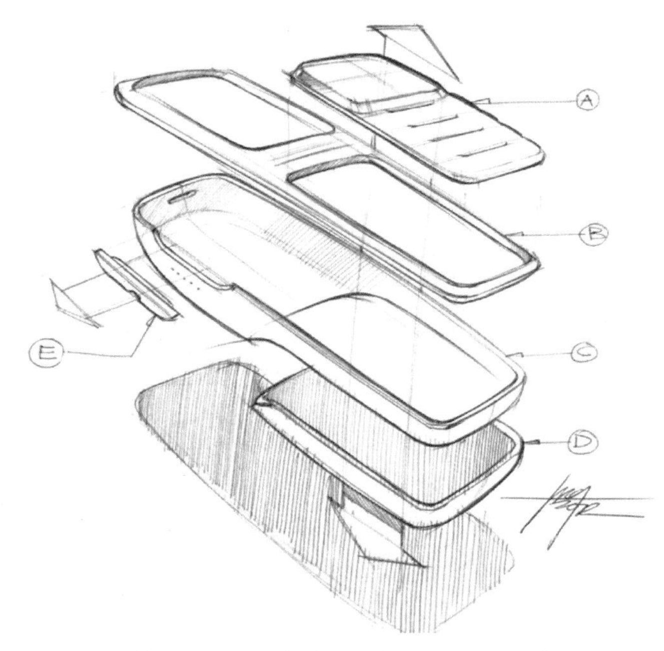

图 9-5　手机爆炸图（作者：Spencer）①

绘制产品爆炸图的步骤：首先，绘制辅助透视参考线，但需要根据产品的装配次序确定爆炸主方向绘制参考线；然后，根据参考线绘制所有零部件中最重要的零件，画出重要的轮廓和少许细节；其次，以最重要的零件为基础，按照爆炸的主要方向画出其他零件的大轮廓，通常以长方体代替；最后，为每个零件添加细节。整个过程其实有点像在 CAD 软件中做装配和零件爆炸图。自行车灯罩爆炸图，如图 9-6 所示。

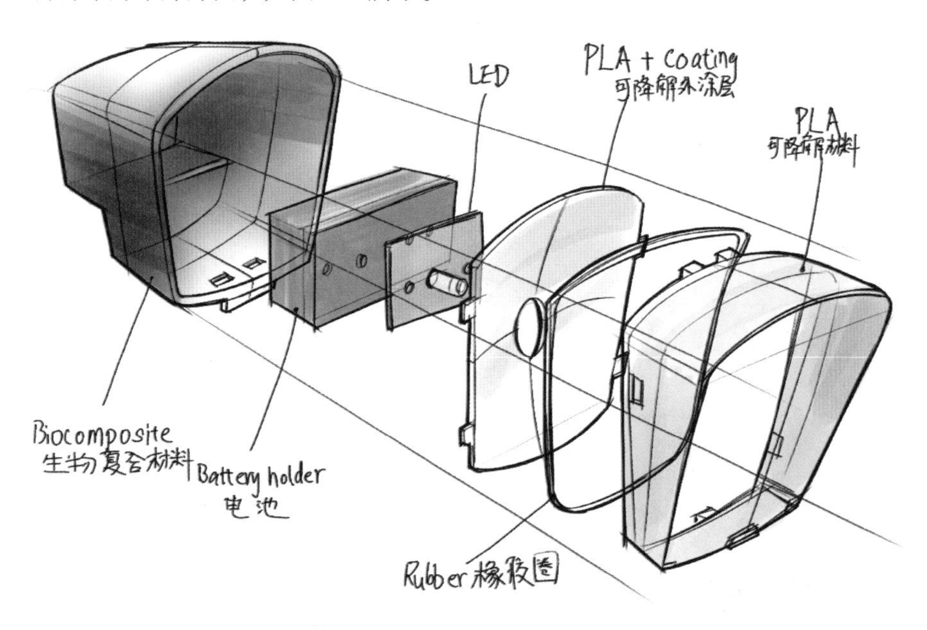

图 9-6　自行车灯罩爆炸图

① https：//www.sketch-a-day.com

产品爆炸的主方向多以横向或纵向为主，这需要依据产品的主装配方向定夺。凡事并非绝对，有些产品的爆炸主方向横向和纵向均可，如图 9-7 所示的包装盒爆炸图。

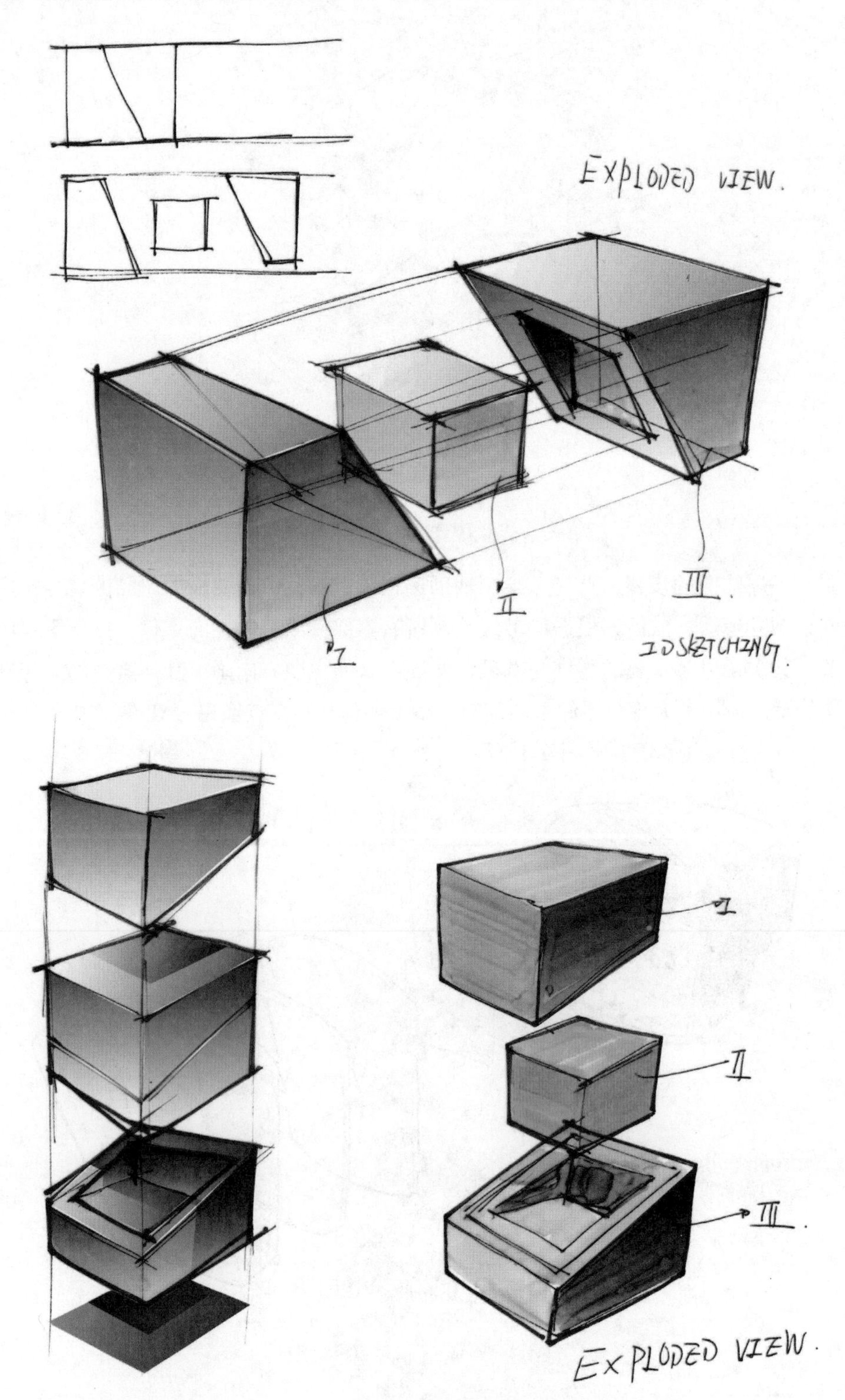

图 9-7　包装盒爆炸图

然而，有些产品的爆炸则没有主方向，零部件在横向和纵向都有，如图 9–8 所示的床头柜爆炸图。即使再复杂的产品，例如汽车，也可按照上述步骤和方法绘制，如图 9–9 所示。

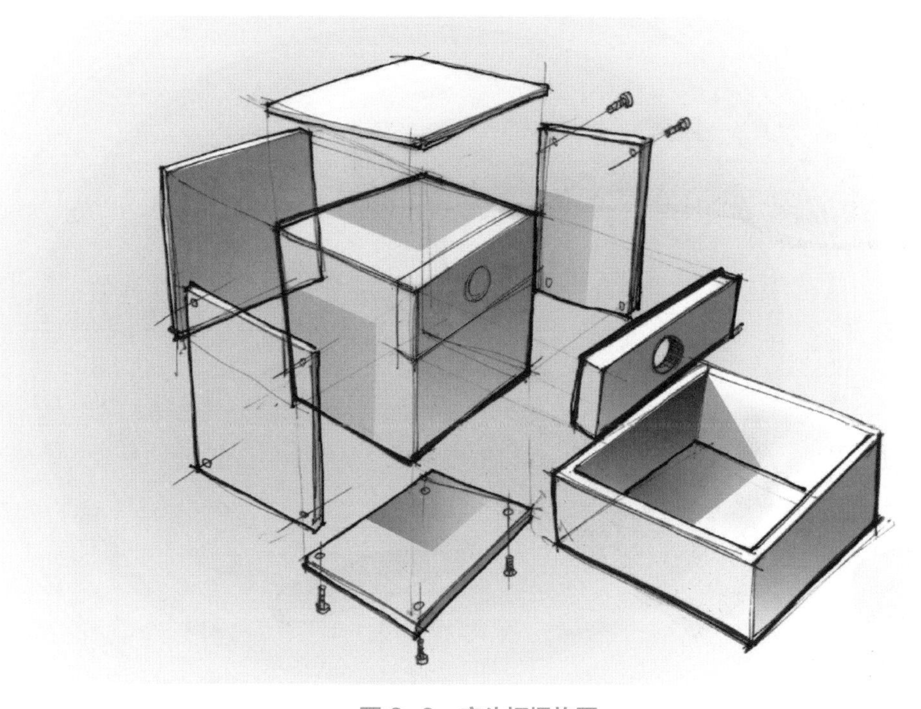

图 9–8　床头柜爆炸图

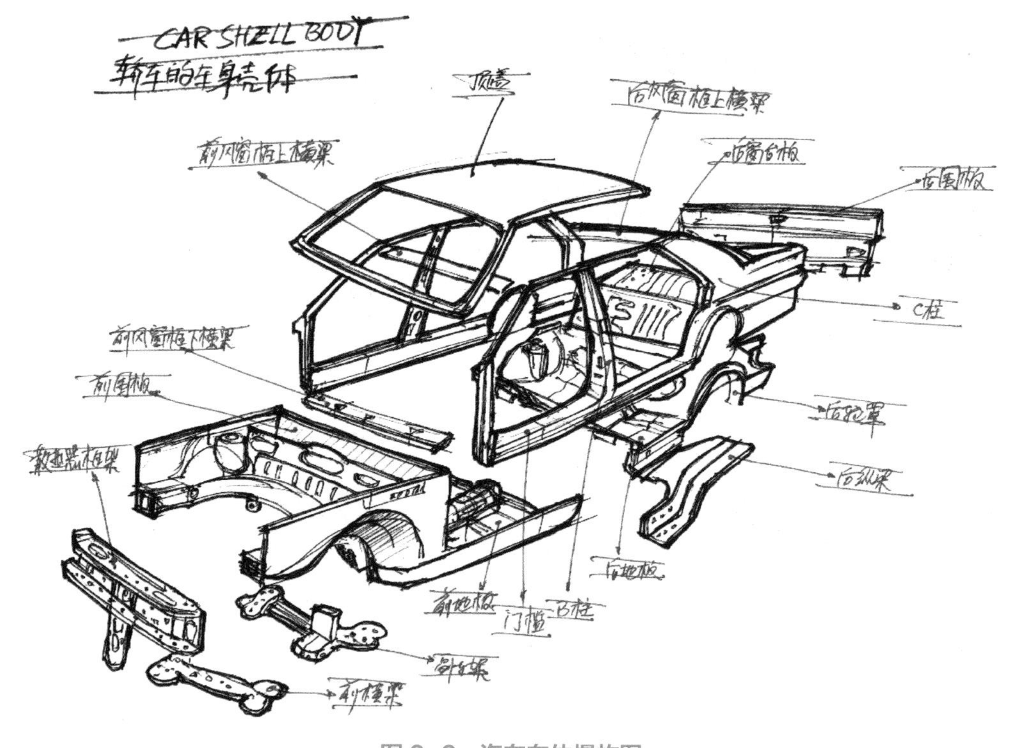

图 9–9　汽车车体爆炸图

工业产品设计必须充分考虑产品各个零部件的装配关系，产品的装配决定了材料、制造工艺、后期物流和维护等。有些产品为便于日常使用，要求设计得容易拆卸，如图 9–10 所示的手电筒爆炸图；有些为了安全则相反，必须由专业人员拆卸，例如汽车、变压器、电冰箱、洗衣机等，如图 9–9 所示的汽车。

图 9–10　手电筒爆炸图

产品爆炸后有不同的方向，有横向的，有纵向的，复杂产品各个方向都有，但在绘图时，还应该选择一个主要方向，抓住主要外观零件，对于内部零部件的结构无须细节描绘，重点展示装配关系，而不是内部结构细节，如图 9–11 中的耳机爆炸图。

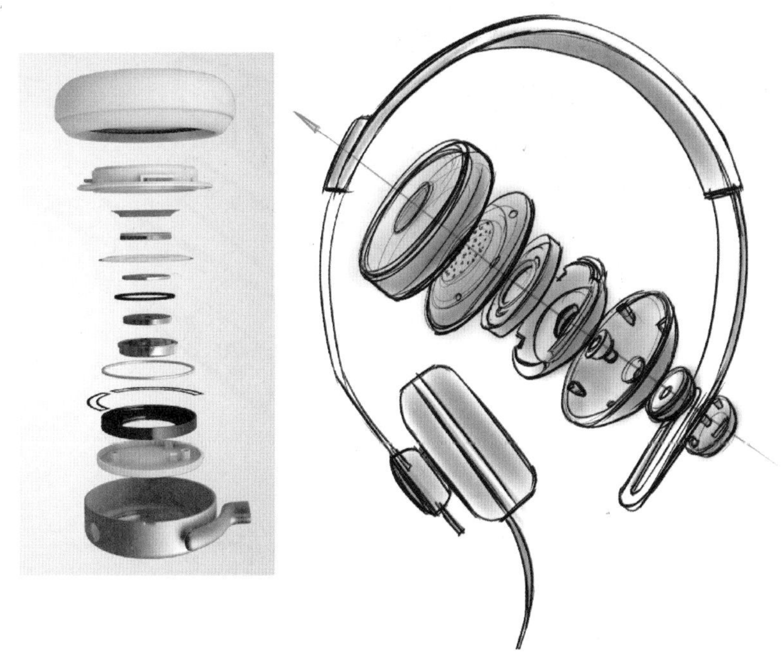

图 9–11　耳机爆炸图

练习绘制爆炸图时，可以动手拆解某些结构不太复杂的产品，理解内部结构和零部件的装配关系，大脑中想象其爆炸后的图像，便可动手绘制其爆炸图。我们经常用的鼠标就是一个不错的选择，图 9–12 展示了一个鼠标从整体到零部件拆解过程的爆炸图。有些产品在设计之初就考虑为不同功能模块的组装，如图 9–13 所示的教学电子笔爆炸图。

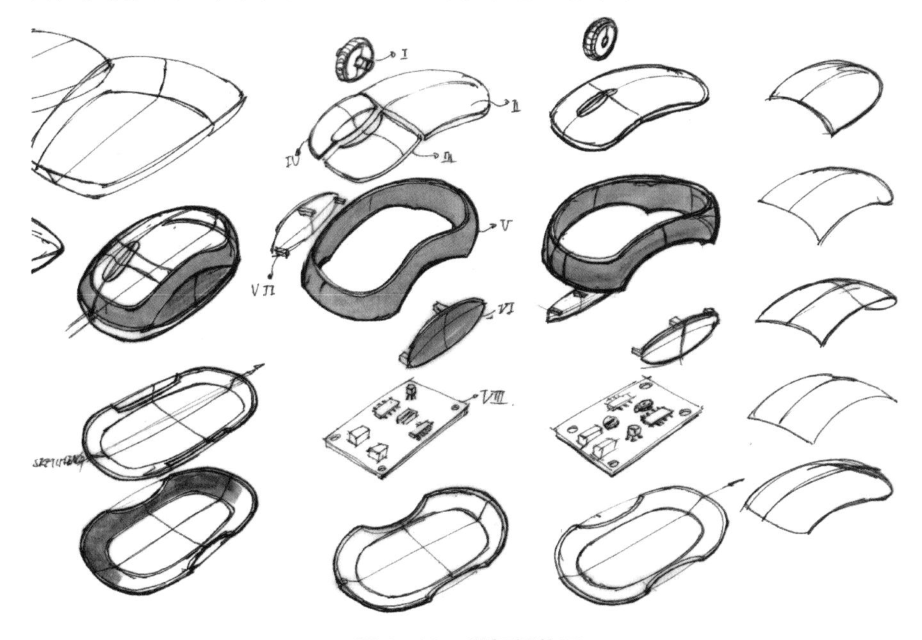

图 9–12　鼠标爆炸图

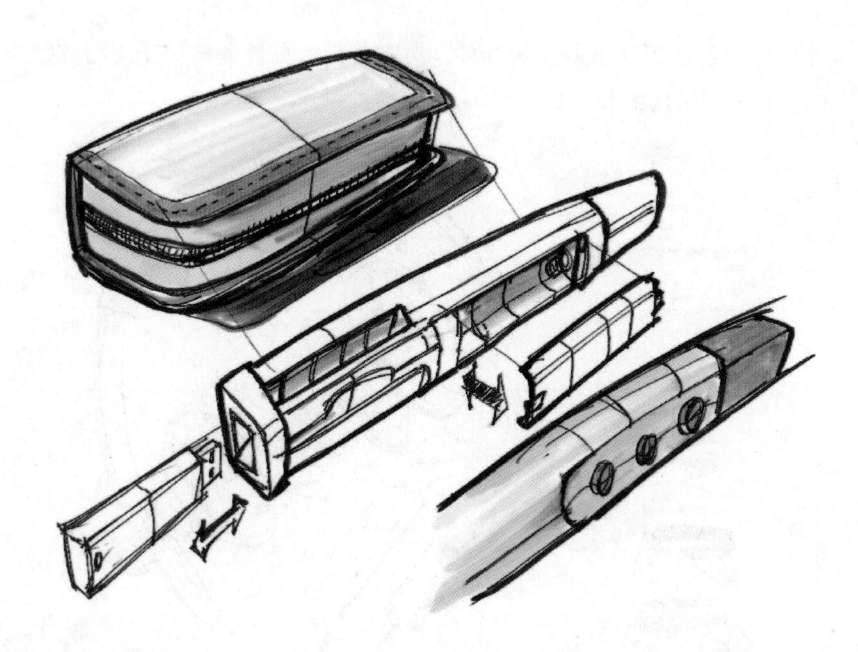

图 9-13　教学电子笔爆炸图

9.2 立体剖视图

机械制图中经常为了表达零件内部结构采用剖视图（Cutaway View）来表达。如前一节所述的剖视图同样也是文艺复兴时期的发明，最早出现在马里诺·雅各布（1382—1453 年）的草图笔记本上[①]。

机械制图中剖视图的种类有全剖视图、半剖视图和局部剖视图，根据设计说明需要可在设计草图表达中灵活选用。然而，立体剖视图则是一种更为直观的表达方式，如图 9-14 所示的零件立体剖视图。

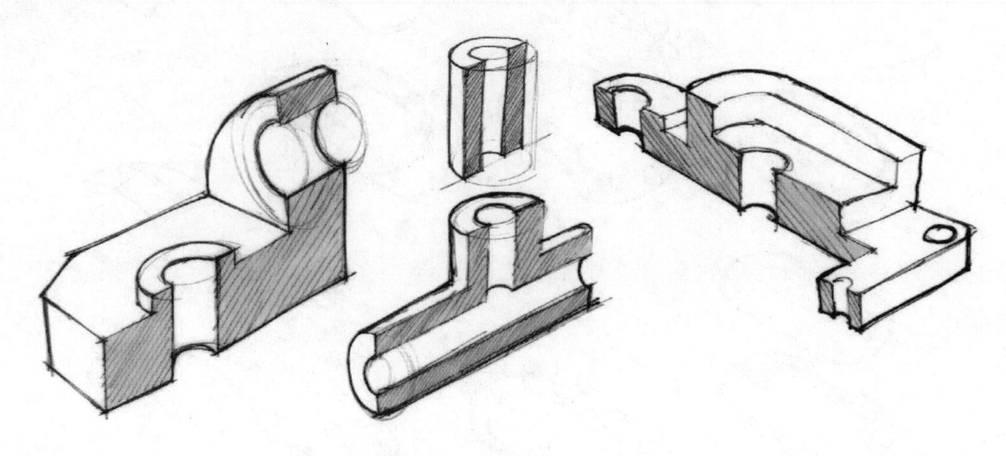

图 9-14　零件立体剖视图

① https：//en.wikipedia.org/wiki/Taccola

有时候为探索产品零部件的最佳连接关系，常常直接绘制全剖视图或局部剖视图，如图 9-15 所示。

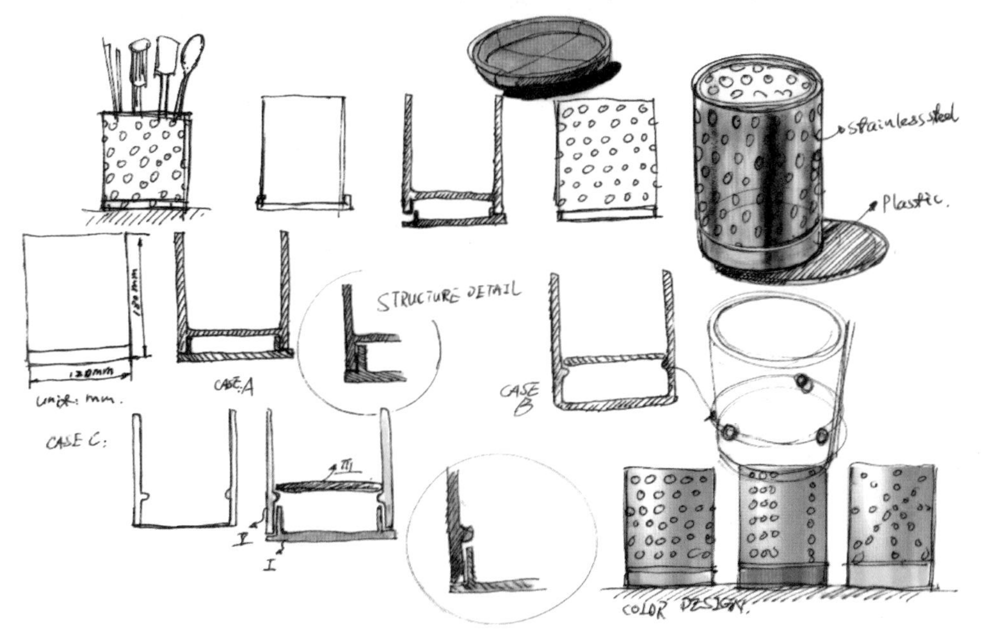

图 9-15　厨具架剖视图

制作剖视图是三维 CAD 软件中的一项重要功能，例如工程设计软件 SolidWorks、Creo Parametric（即 Pro/Engineering）、UG NX、Inventor 等都具有动态立体剖视图和半透视图的功能，在设计过程中即时查看装配体及单个零件的结构设计是否合理，如图 9-16 和图 9-17 所示。

图 9-16　SolidWorks 三维剖视图

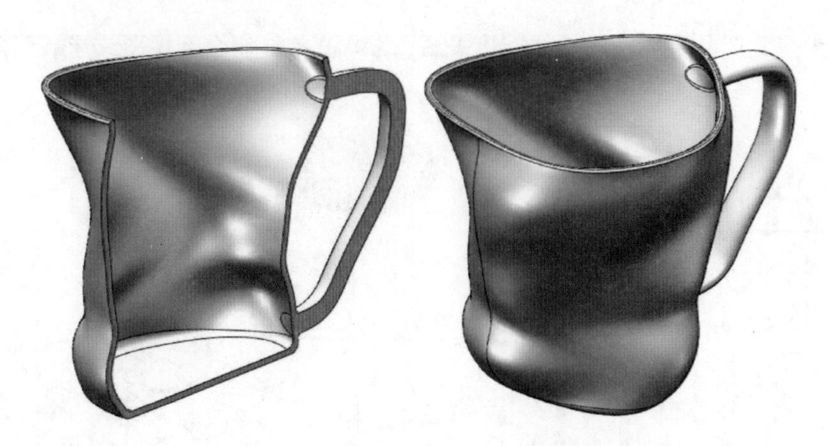

图 9-17　自由形态水杯立体剖视图

绘制产品立体剖视图的一般步骤：

（1）通常根据产品的装配次序和方向绘制辅助透视参考线；

（2）依据透视参考线绘制产品整体形态；

（3）在结构形态上确定剖视面的大致位置，对称体则只需绘制中剖视面即可；

（4）在产品内部添加结构细节，形态外部添加外观细节。

注意，必要的辅助线无须擦除，有助于理解形态结构，如图 9-18 和图 9-19 所示。

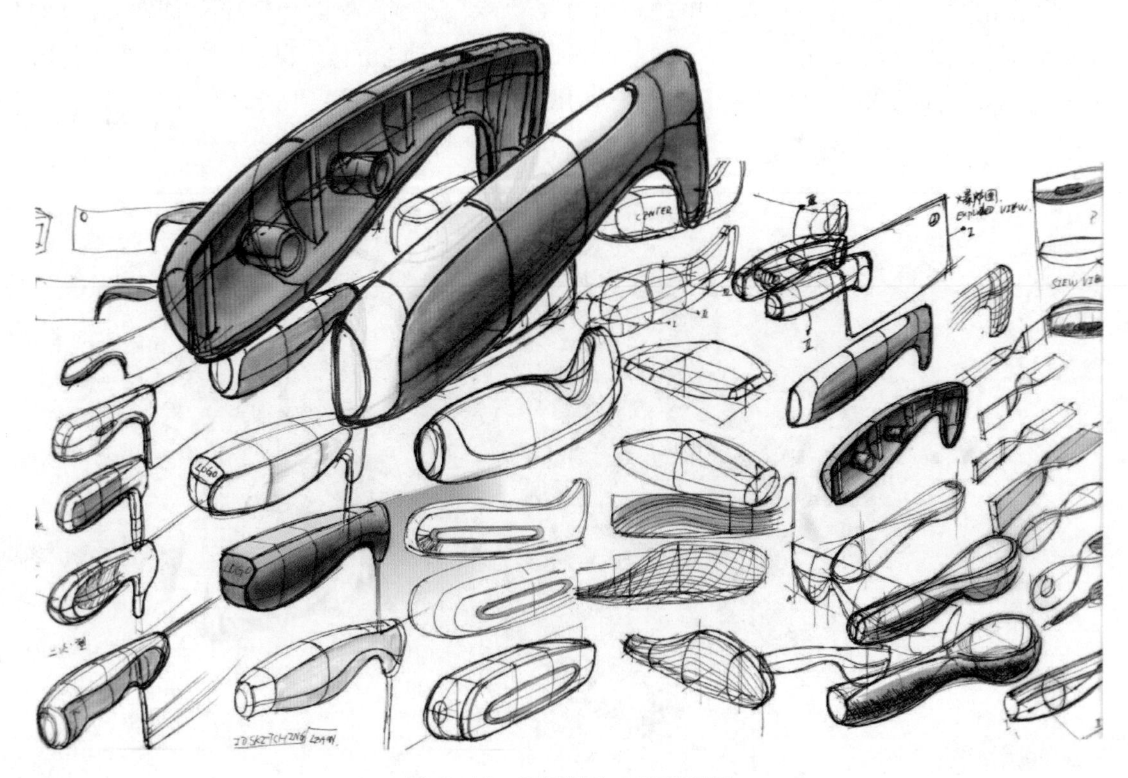

图 9-18　刀柄结构立体剖视图

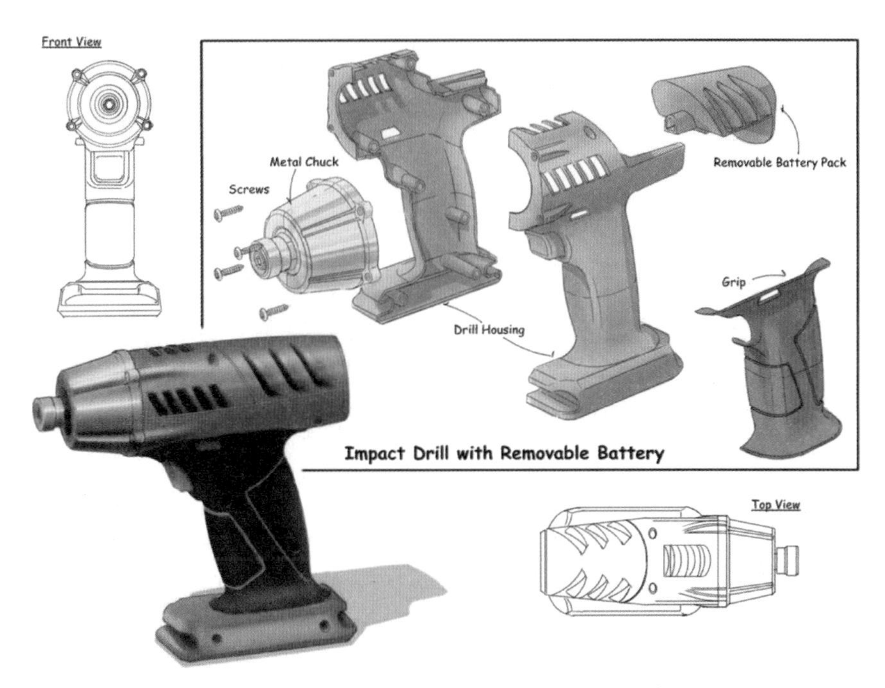

图 9-19　手持电钻外壳结构立体剖视图[①]

9.3 背景图片

背景图片有两个重要作用，其一为设计图提供一个真实的环境，用于承托产品的功能或使用环境。有时候背景图不需要太清楚，可以做模糊处理，以便突出设计图中的产品。如图 9-20 所示的烤面包机。

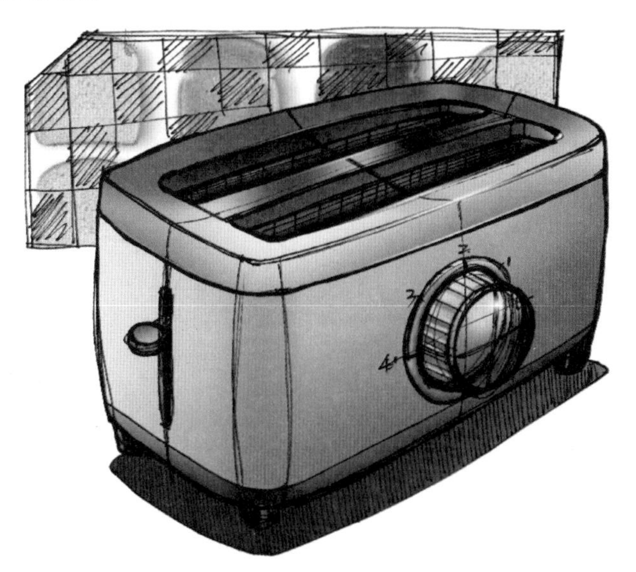

图 9-20　烤面包机设计效果图

① http：//designsketchskill.com

对比图 9–21 和图 9–22，说明性的效果是明显的。第二张草图中的背景图是对设计方案的辅助说明，无须太多文字，设计沟通中很容易增加参与者的视觉解读——户外登山运动鞋。图 9–23 中的背景图片具有同样作用，还对背景图片做了虚化处理。

图 9–21　登山鞋设计草图（无背景）

图 9–22　登山鞋设计草图（有背景）

图 9–23　割草机设计方案

对于一些特殊用途的产品，由于日常生活很难接触到，因此可以放一张产品使用场景的背景图片，不仅有助于理解产品的功能，还可以感受到产品本身的重要性，如图 9–24 所示的生命支持类产品设计方案。

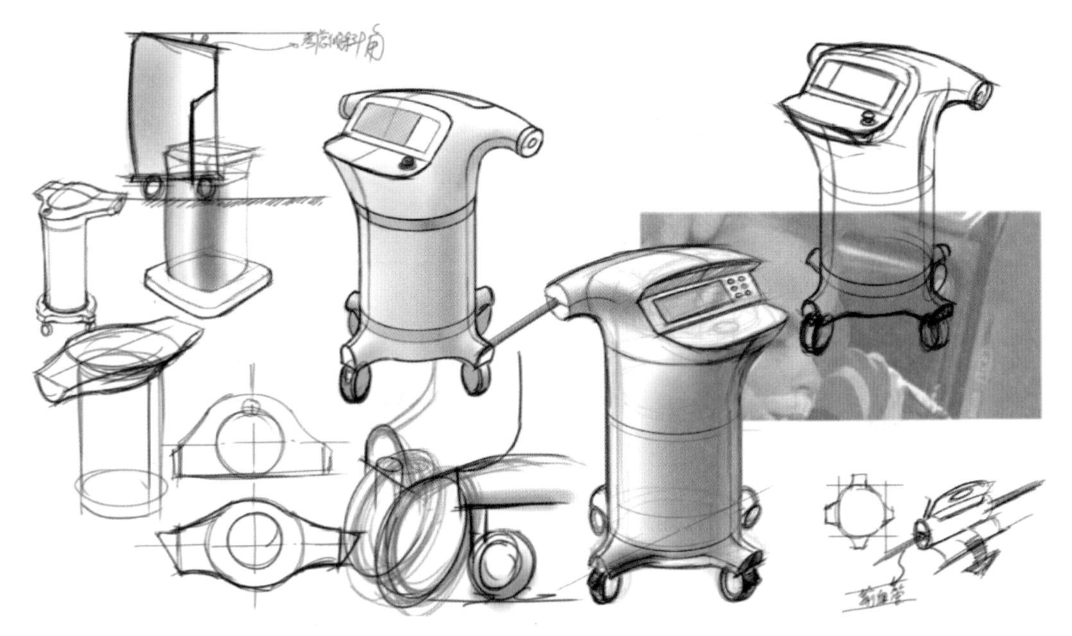

图 9-24　生命支持类产品设计方案

为潜水镜设计方案添加潜水的背景图片，可起到烘托产品的作用，具有联想性解释作用。使用 Photoshop 处理背景图片时，改变潜水图片的透明度，并让图片若隐若现透过镜片，提高产品设计方案的视觉效果，如图 9-25 所示。

图 9-25　潜水镜设计方案与背景图片

背景图片仅仅是作为背景使用，通过联想、色彩来实现表达情感和氛围烘托的需要，从而改变设计图的视觉效果，如图 9-26 所示。

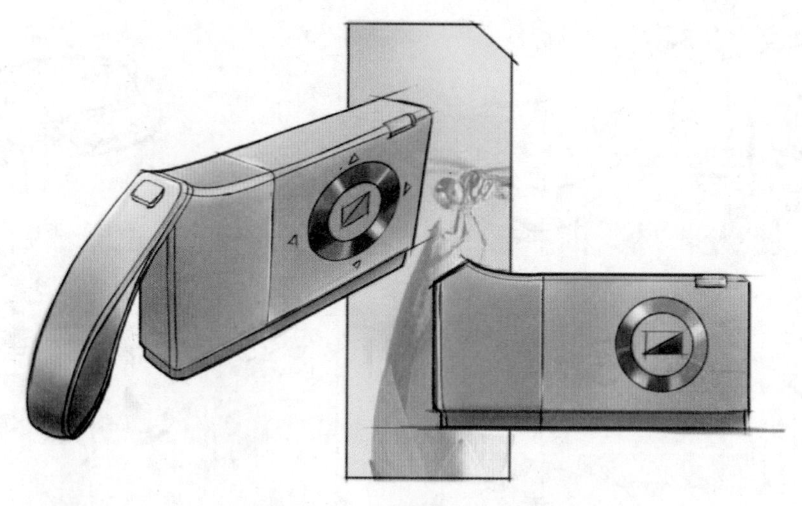

图 9-26　照相机与背景图

9.4 箭头

箭头在日常中被频繁使用，以至于我们很容易忽略它。箭头是指示运动和方向的有效符号之一。当你进入地铁或是大型地下停车场，导向箭头会指引你顺利找到出口。在草图设计中，箭头的应用不容忽视，它可以有效标识部件移动的方向、产品的开合方向、部件转动方向、投影的方向等，如图 9-27 所示。有时候，箭头本身就是产品设计的一个关键细节，如遥控器后盖上的指示箭头，方便用户更换电池。

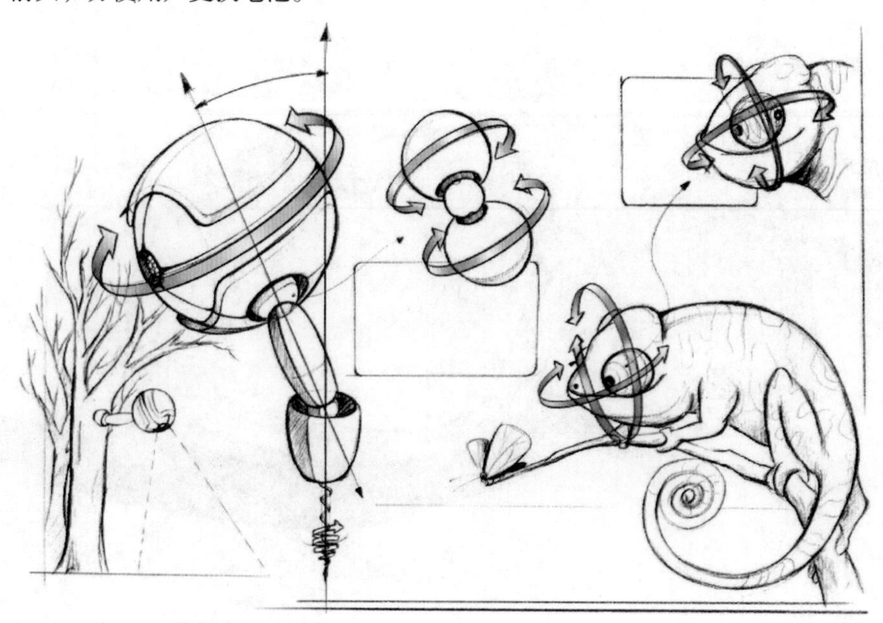

图 9-27　监控摄像头设计草图（作者：赵凌霄）

在说明解释性的草图中，箭头的使用更为频繁。例如，图 9-28 所示的购物车设计草图，图 9-29 中的螺丝刀创意设计草图。

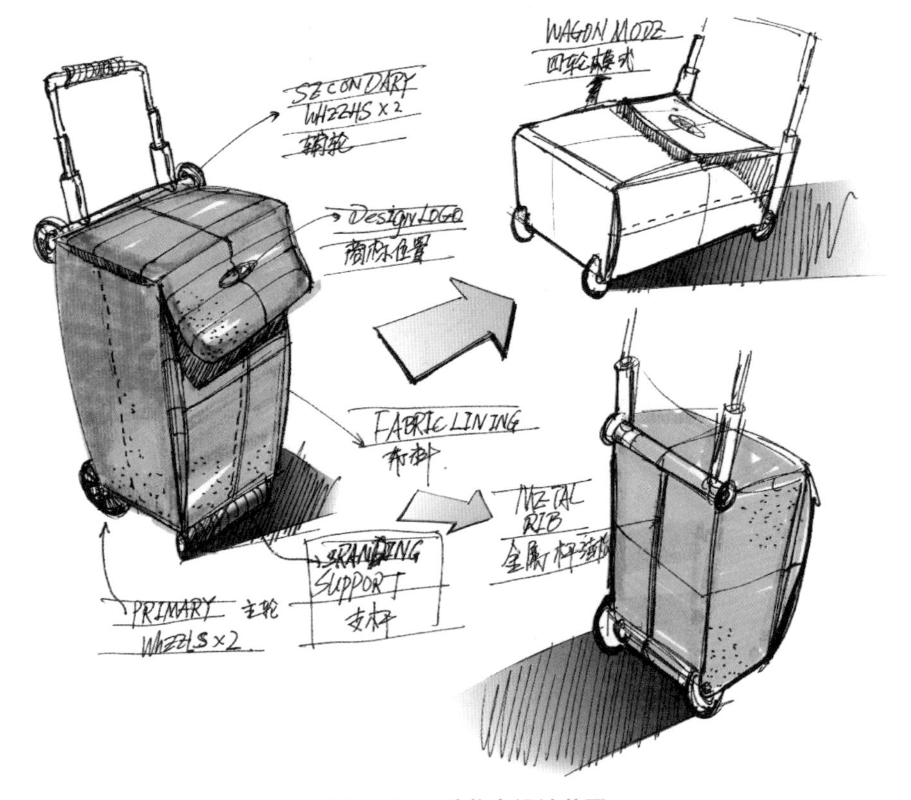

图 9-28　购物车设计草图

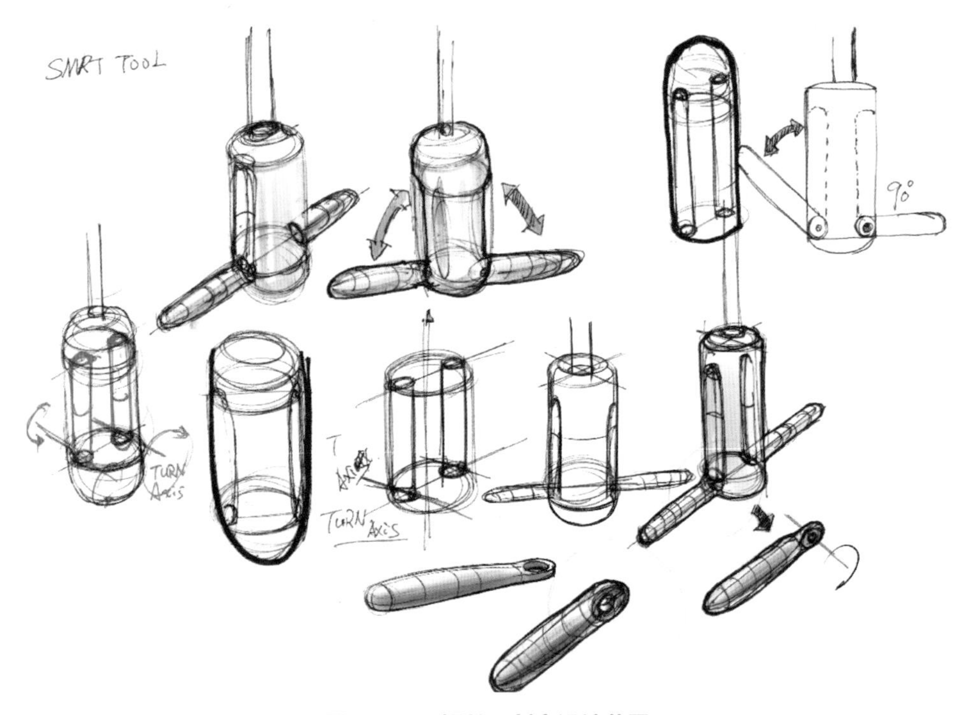

图 9-29　螺丝刀创意设计草图

平时需要多多练习各种类型的箭头，在绘制草图时才得心应手，如图 9-30 所示。

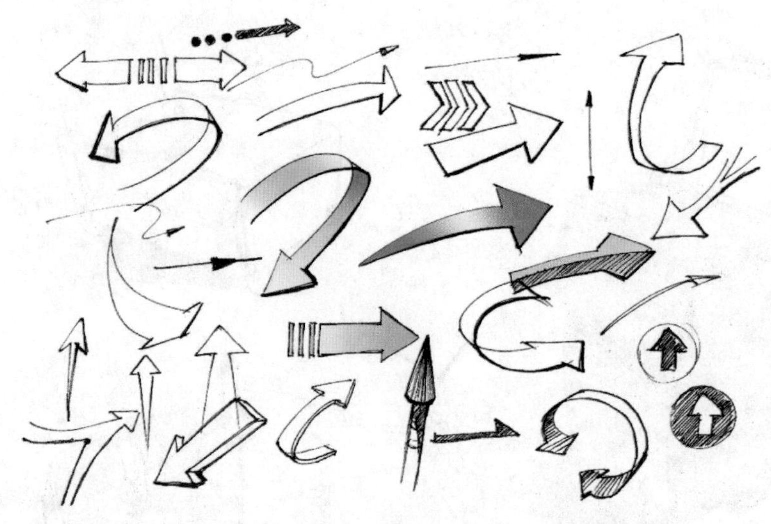

图 9-30　各种箭头练习

9.5 描摹人体造型

描摹人体造型主要是为了说明人与产品之间的关系，帮助客户更好的理解设计理念。这种图可以很快拉近人与产品之间的关系，特别是对于一些造型令人陌生的产品。这种图可以解释产品的使用方式、产品与人的比例关系等。通常，人物形象仅作参考，无须大量叙述，最重要的是正确的比例。本节先从手的绘制开始，逐步过渡到整个人体。更详细的有关人体结构的绘图在第 10 章详细论述。

9.5.1　手的绘制

观察是首要的。平时留意人的动作行为特点，自己的手、别人的手，如图 9-31 所示。

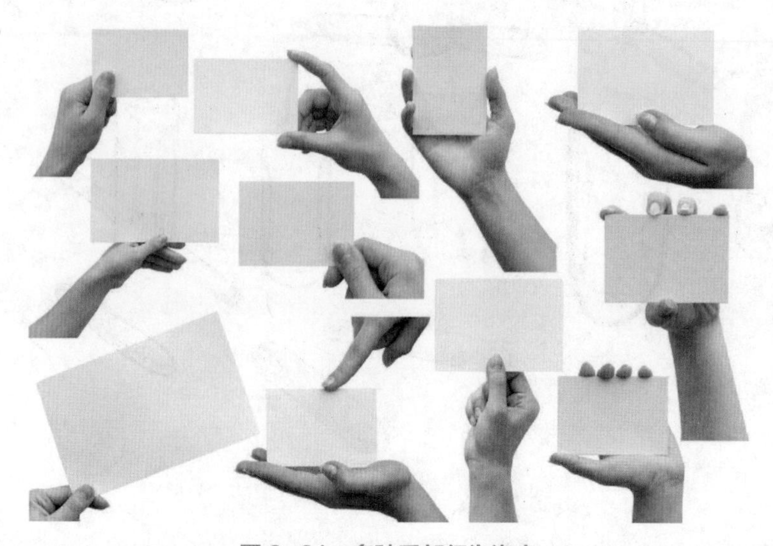

图 9-31　多种手部行为姿态

手部的大致结构包括手腕、手掌、手指三部分，如图 9–32 所示。腕部连接手与前臂，腕部骨骼与手的其他骨骼连接在一起，组成一个整体，腕和手一起活动。

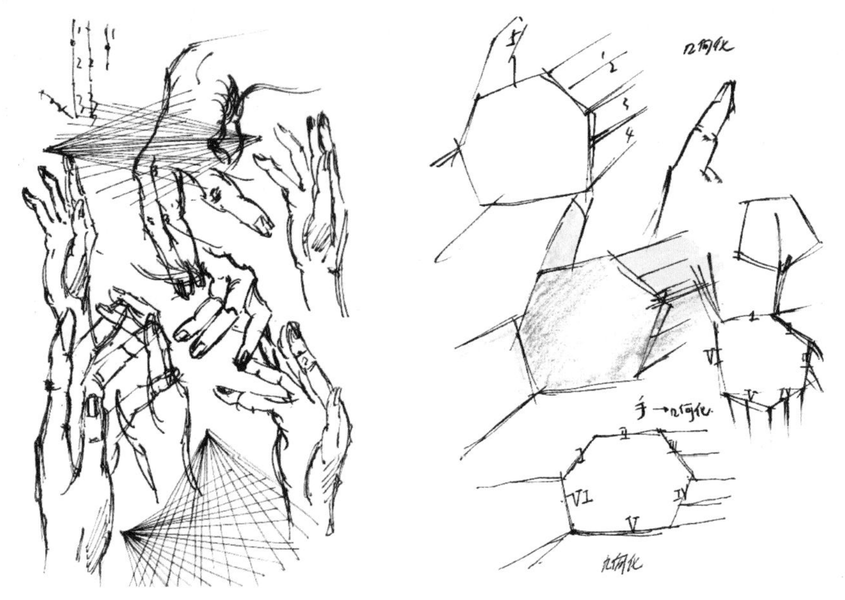

图 9–32　几何化手部形态

手的绘制，重点在于产品与手的行为动作关系，通过手部动作的描摹，反映产品的使用方式，特别是人机工学问题，以及产品与手的比例关系。绘图时自然是从整体到局部，从手的整体形态开始，注意腕、掌、指的比例，手指部分与手掌部分各占 1/2，如图 9–33 所示。

绘图时可找一些照片作为底图进行参考，便于快速分析手的行为特征以及手与产品的比例关系，更重要的是关注手部的受力情况，如图 9–34 所示。既然是绘制手的形态和行为，那么关注画图时的握笔行为动作自然必不可少，如图 9–35 所示。

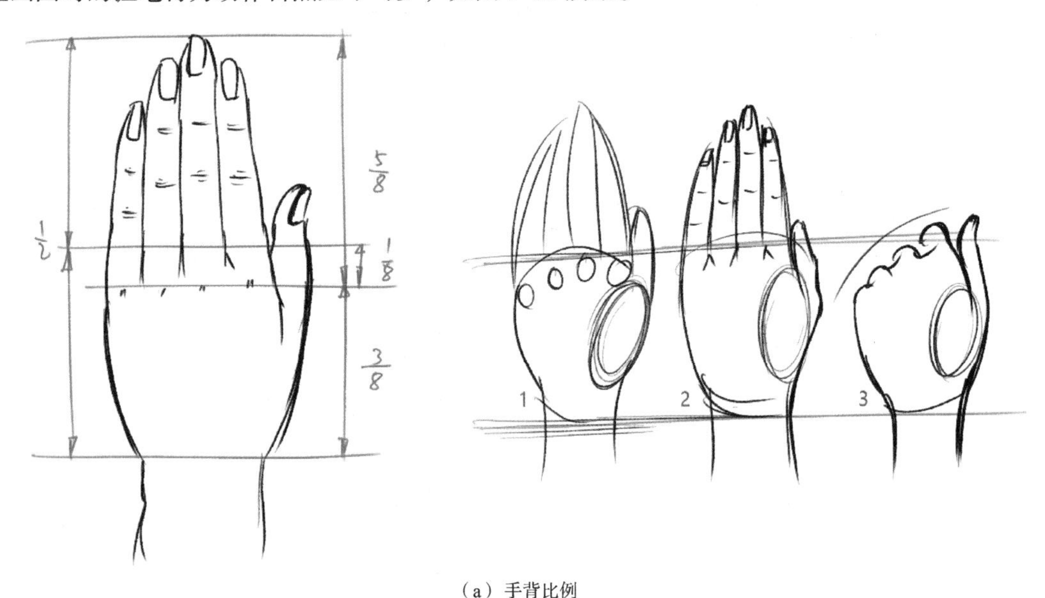

（a）手背比例

图 9–33　手部形态比例分析

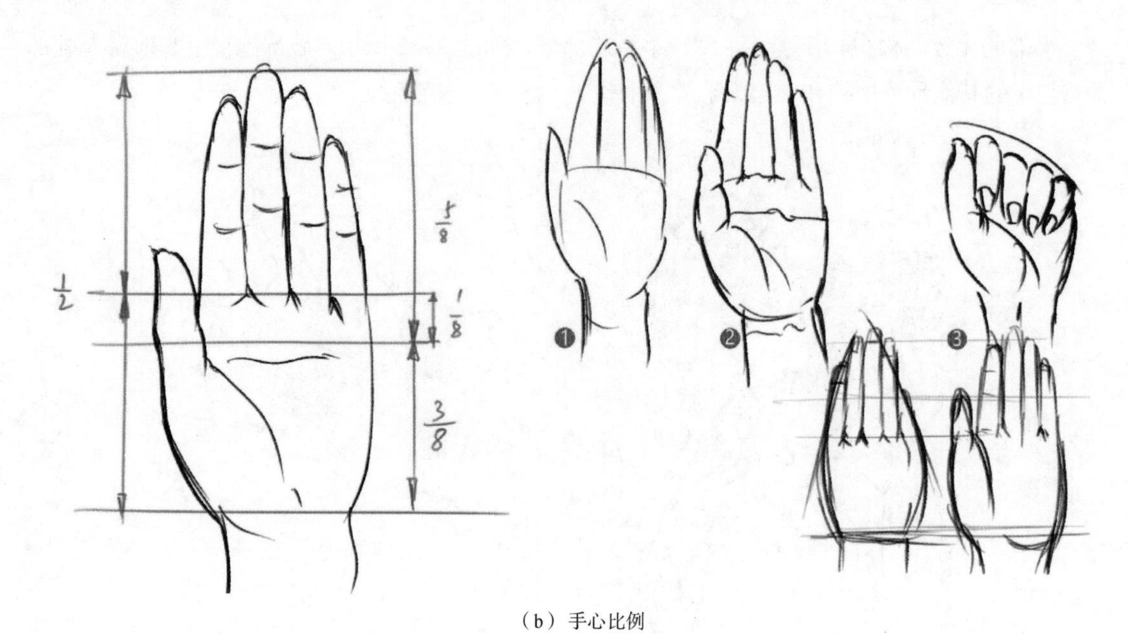

（b）手心比例

图 9–33　手部形态比例分析（续）

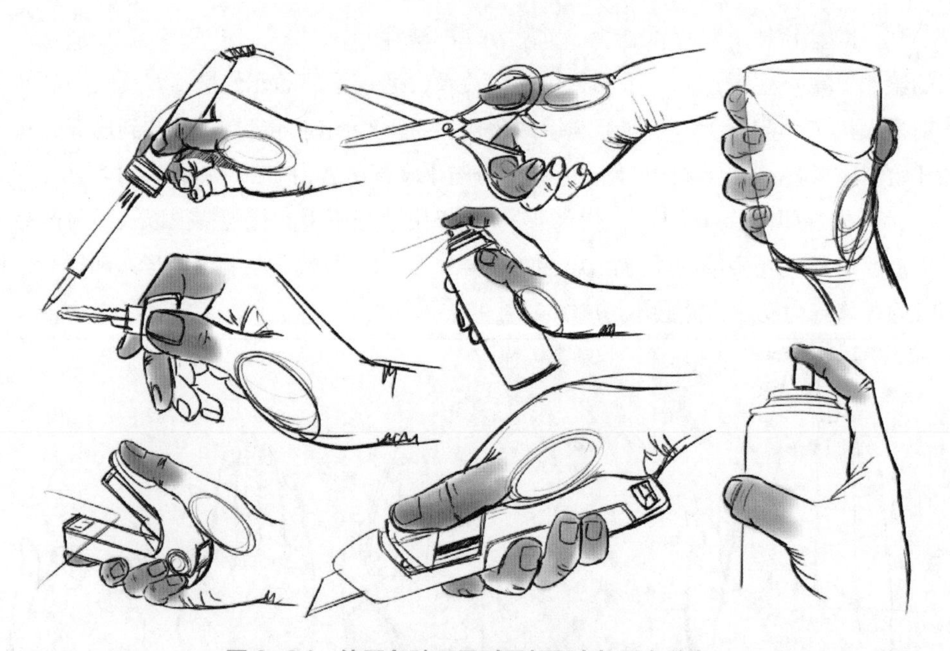

图 9–34　使用各种工具时手部形态与受力分布

使用不同的产品，手的姿势是不尽相同的，除了使用底图做参考外，平时应多注意观察手的行为动作，并尽可能做绘图记录，如图 9–36~ 图 9–40 所示。

如果有兴趣，熟练之后就可以尝试着不使用底图，先把手几何化，找准比例并理解手的形态结构，然后即可练习手的各种行为动作，例如各种拿笔的行为动作，敲键盘的动作等。有时候为了放松，可以练习用左手画右手，或者用右手画左手。

图 9-35　绘图时的手部动作

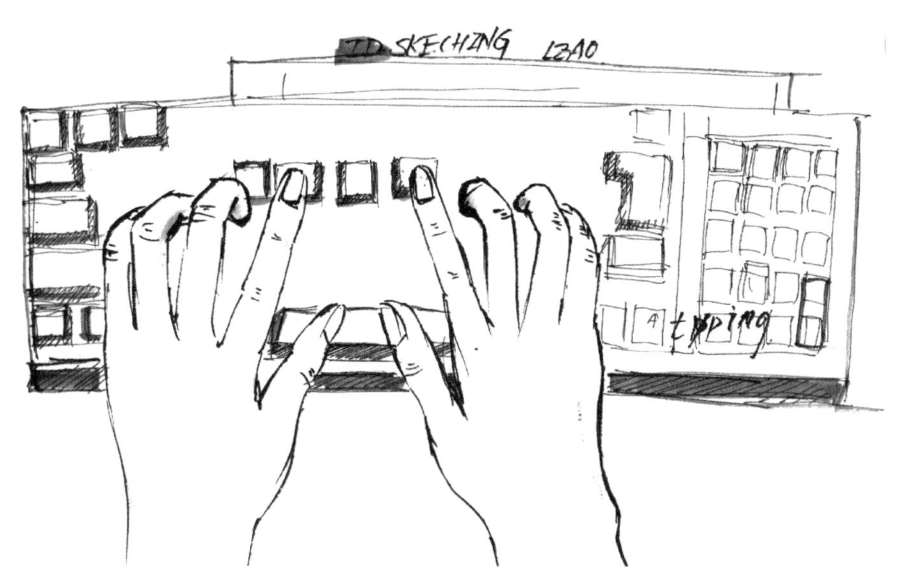

图 9-36　敲击键盘时的手部姿态

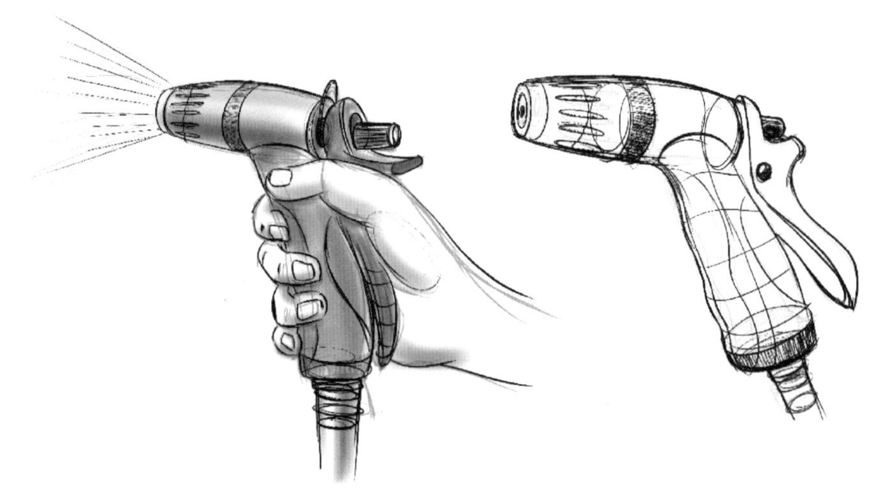

图 9-37　手持喷水枪时的手部姿态

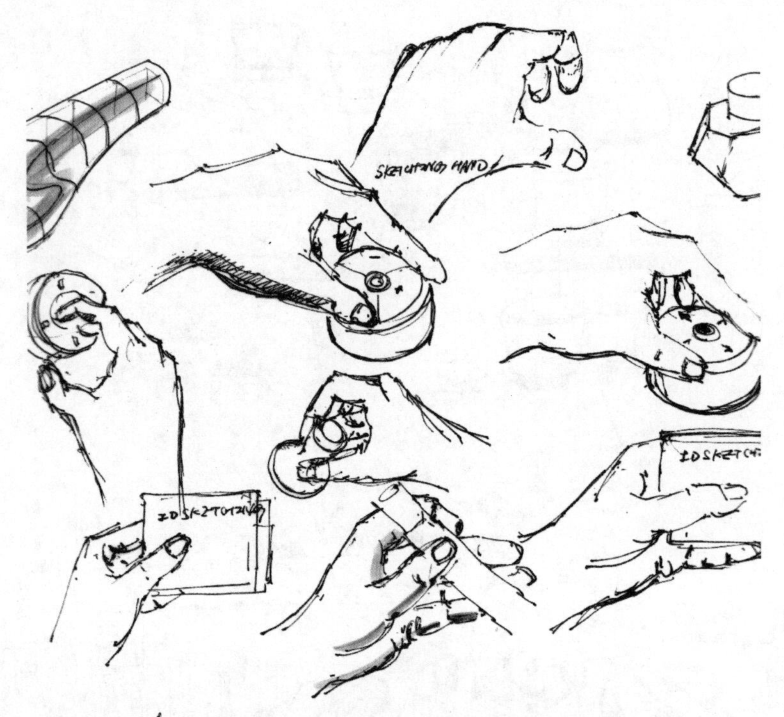

图 9-38　旋转按钮时的手部姿态

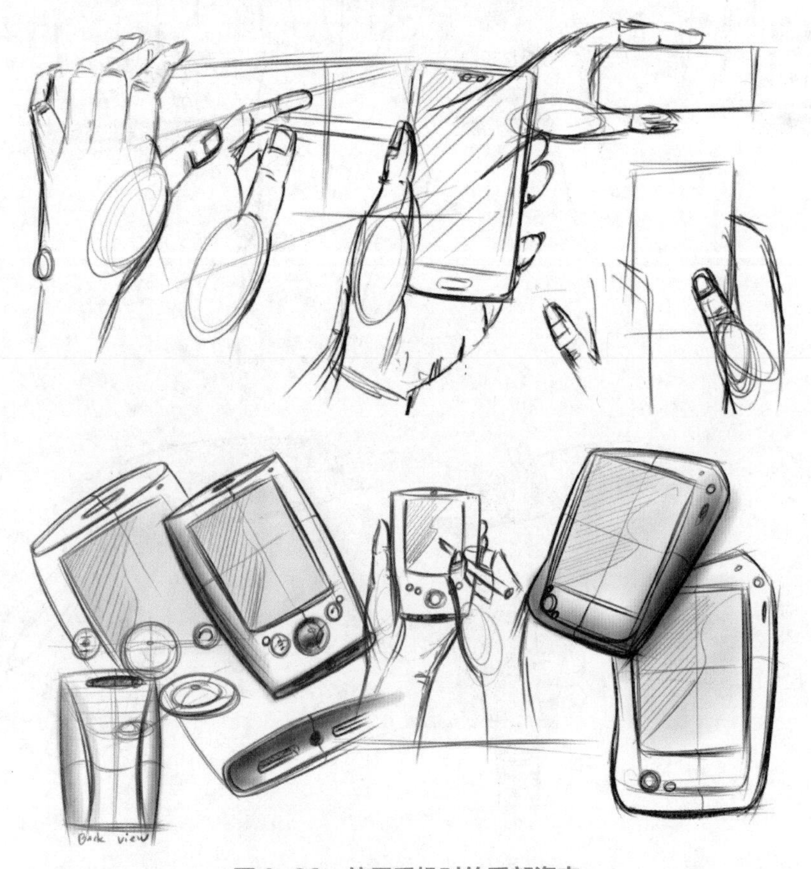

图 9-39　使用手机时的手部姿态

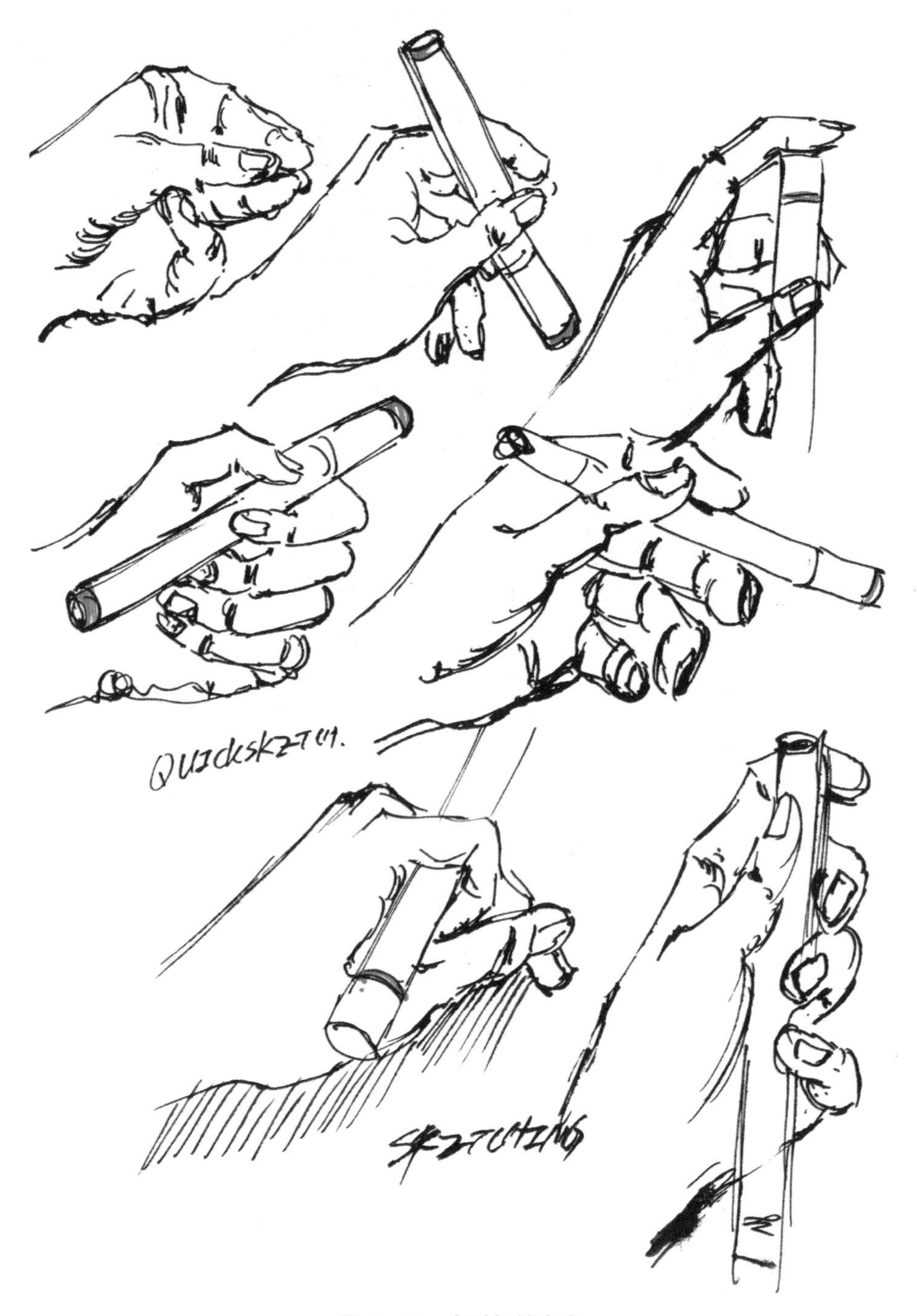

图 9-40　各种握笔姿态

不断地切换绘图视角，分析手握产品的行为姿态，不仅有助于提高空间想象力和草图技巧，而且有利于发掘人们的行为习惯，分析产品存在的问题，寻找痛点，诱发对设计缺陷的思考。这种草图构思过程具有启发性，有助于引导出更多的设计方案，如图 9-41 所示。

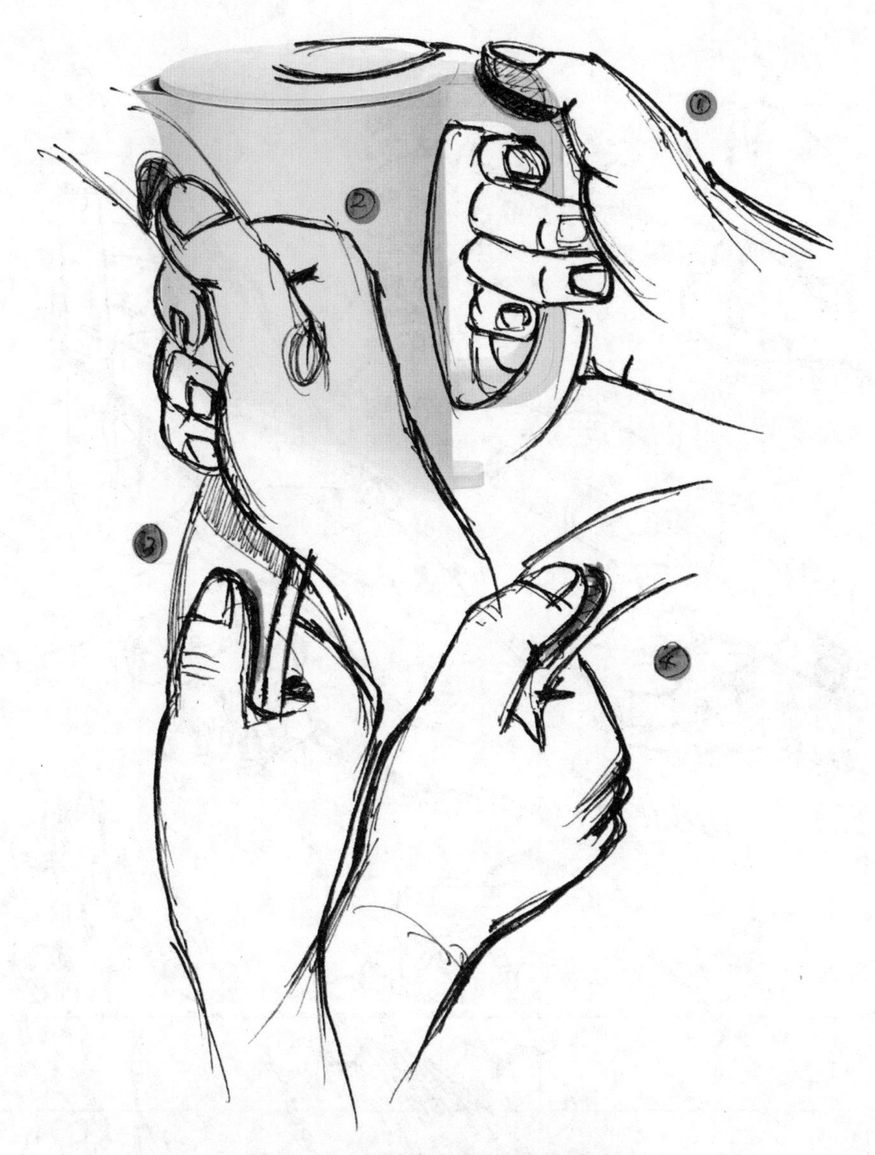

图 9-41　手持电水壶时的手部姿态

9.5.2　绘制人体

产品设计中绘制的人体大多是不需要太多细节的，面部表情通常是可大胆省略的，绘制人体造型的重要目的是说明产品的使用方式、使用情境、使用状态等。因此，绘制人体造型时选择的视角应简单实用，表达说明问题即可，如图 9-42 所示。

在描摹人体造型时，通常根据设计意图的需要可选择合适的照片作为底图，如果人体的动作有特别的要求，可以选择自己拍摄照片作为底图，然后将透明的硫酸纸（拷贝纸）拓画照片。使用透明硫酸纸的好处显而易见，一方面不需要丰富的人体绘画经验，就可以快速、准确地完成人体形态的绘制；更重要的是透明硫酸纸让设计师更关注设计方案，通过多次使用硫酸纸，逐步探索产品与人体的关系。

图 9–42　参数化凳几设计方案

图 9–43 和图 9–44 是一组关于婴儿车使用时的状态图，绘制这些人体造型的目的是体现不同婴儿车产品的使用方式和使用状态。图中完全没有追求产品的细节，更没有追求人体造型的细节，也不需要追求，仅仅从人体与产品交互的角度绘制说明产品与人之间的关系。

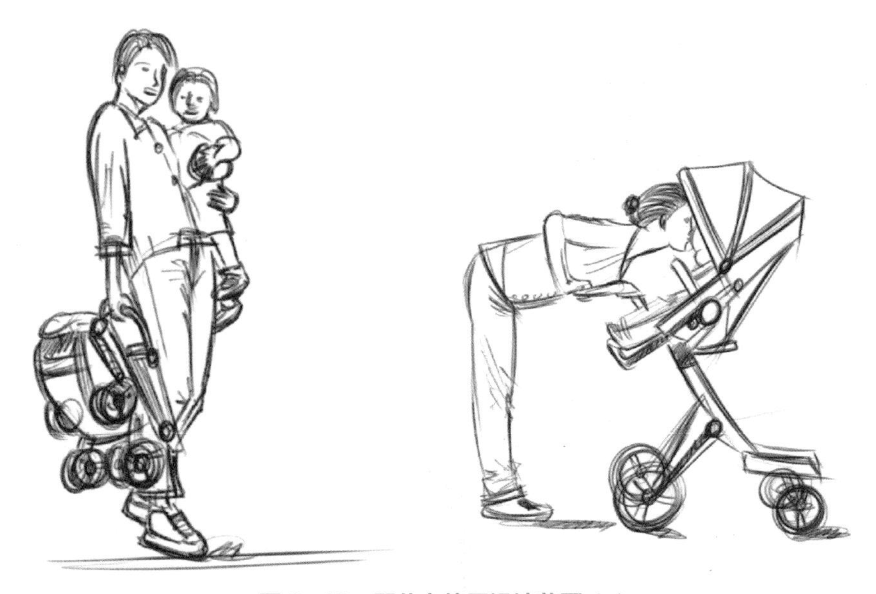

图 9–43　婴儿车使用设计草图（1）

另外也可以使用手绘软件，这样更方便修改，将照片置于一个透明度适中的图层，在新图层上描摹人体造型。注意，绘图层应置于照片图层的上方。SketchBook、Krita、Photoshop 等数字绘图软件都可以很好地完成这项工作。

图 9-44　婴儿车使用设计草图（2）

无论使用硫酸纸描摹，还是使用手绘软件，都不需要关注人物的表情，重点是人体的行为动作与产品的关系。这种关系包括不同使用方式的描摹，也可以是人体与产品的比例关系，还可以是产品使用的场景等。有的时候，甚至需要描摹一个人体的轮廓，不需要详细画出着衣的褶皱等内容，重点表现人的行为动作，如图 9-45 和图 9-46 所示。

图 9-45　拉杆箱使用设计草图：手提状态

图 9-46　拉杆箱使用设计草图：拉行状态

从图 9–47 中，我们很容易看出该设计方案是为设计师而设计的背包，主要用于装笔记本电脑、手绘板等工具。草图中包含了背包的造型、使用状态、内部结构以及如何使用等信息。这个例子中绘制的人体和背包（图中左上角）都没有太多的细节，整个画面中人体只占很小的比例，仅仅是为了表现使用者背着包的状态而已，人体造型并不是重点。

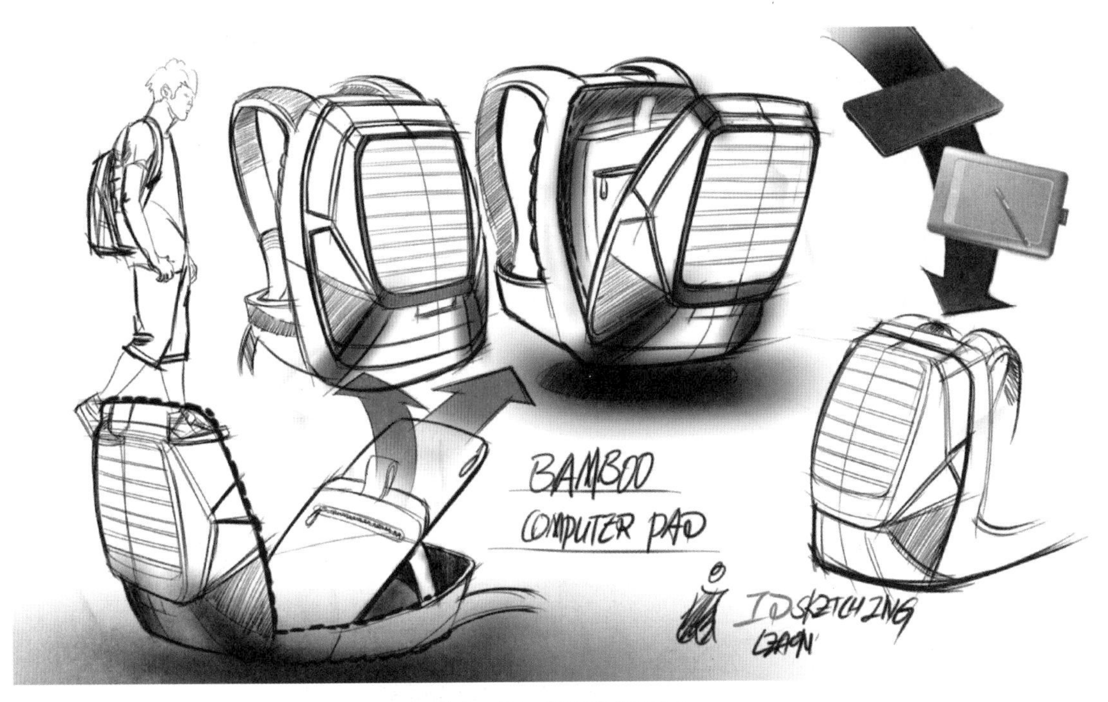

图 9–47　背包使用展示

9.6 使用流程板

图对产品使用流程的解读能力是显而易见的，如图 9–48 所示。当用户或消费者拿到产品时，希望快速学会使用产品，但并不喜欢烦琐的文字说明，而是下意识地寻找图示说明。因此，设计人员常需要绘制清晰明确的产品使用流程板，以便用户高效学会使用产品。产品与人的交互性展示是产品使用流程板的核心内容，因此，绘制时可忽略不必要的细节，强调步骤性和交互细节，在某些关键步骤中可放大视图。

图 9–49 清晰地展示了家用小型物化机使用流程。选择关键的操作示意图是完成正确传达产品使用的要点，再配以简要的文字便可清楚地展示该产品的使用流程。

流程板不仅仅适用于操作流程，也适合可视化分析设计问题。目前商场、写字楼、车站、机场、公共卫生间等少有为人们提供置物架，设计者用简笔绘图的方式分析并可视化公共卫生间普遍存在的问题，并给出解决方案，如图 9–50 所示。

2019 年 12 月新型冠状病毒（“2019–nCoV”）突发。由于新型冠状病毒存在人传人的事实，戴口罩成为一个非常严肃的问题，正确戴口罩成为人们日常防护病毒的重要内容之一，如图 9-51 所示。

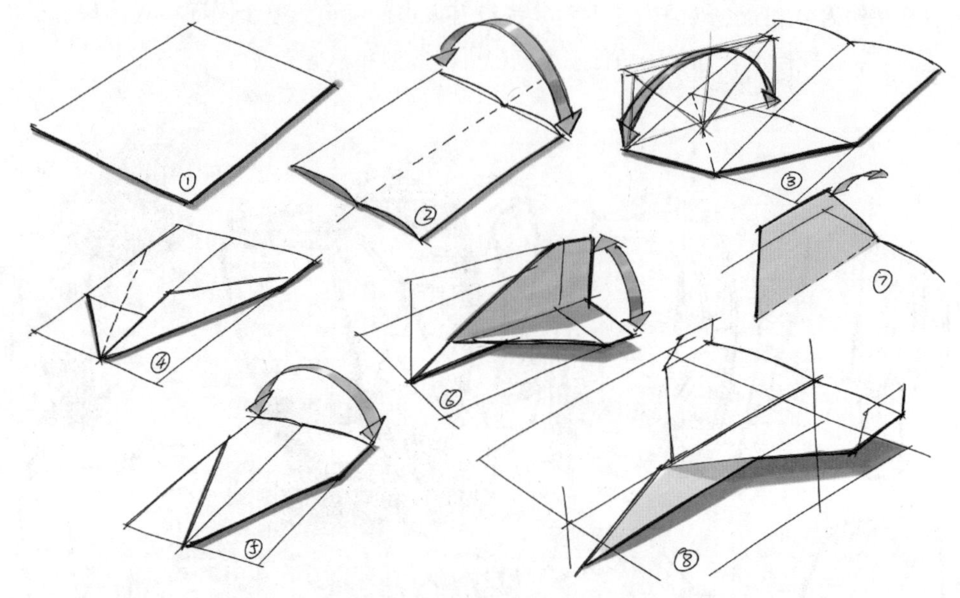

图 9-48　折叠纸飞机的流程板

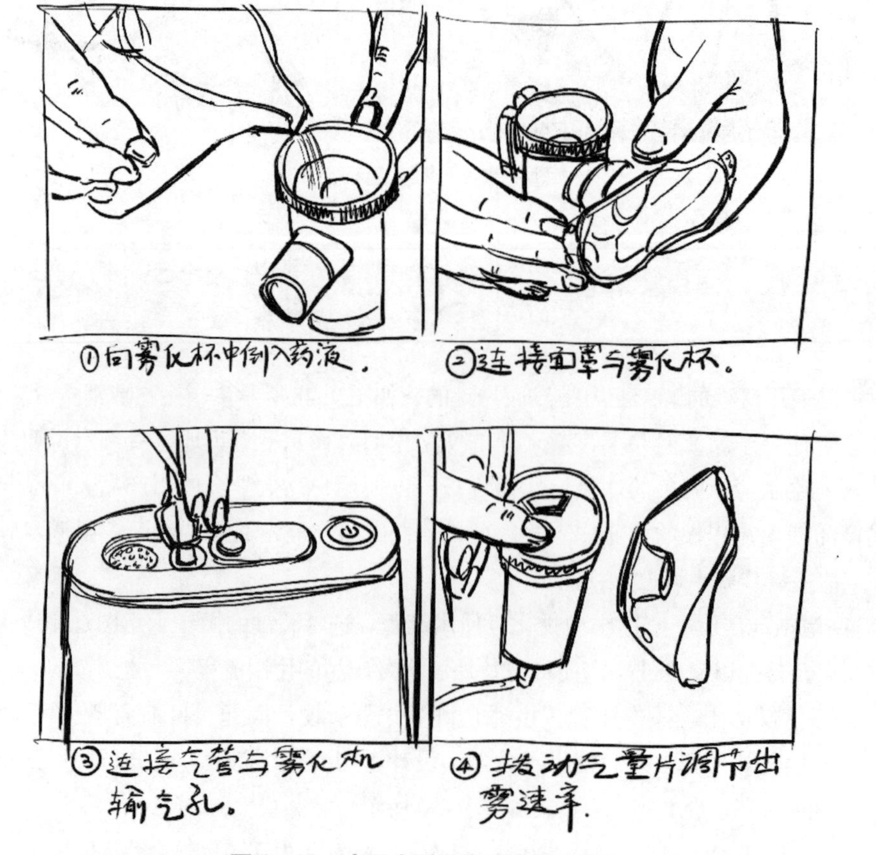

图 9-49　家用小型雾化器使用流程板

随身携带的物品

1.　2.

目前现状

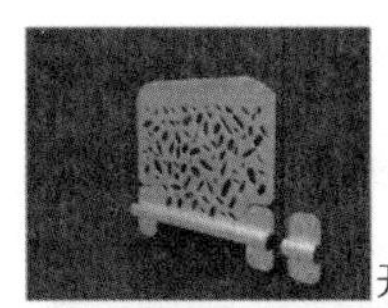

开门状态

锁门状态

放下置物架锁门→放置物品（钥匙、小包等）→拿起物品→收起置物架开门

图 9-50　公共卫生间功能性门锁设计（作者：李晓晓）

平展口罩

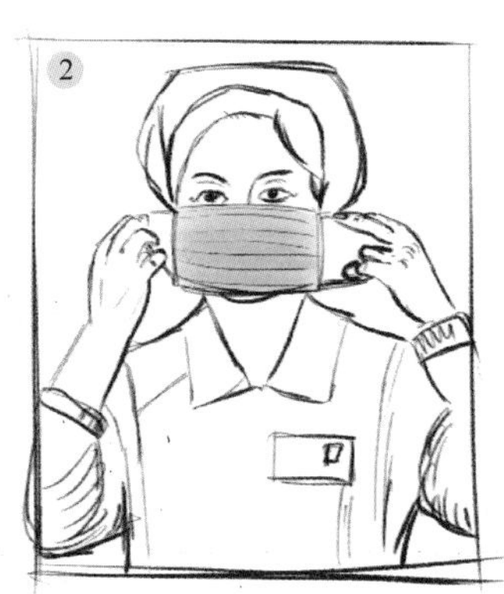

双手平拉横向面部

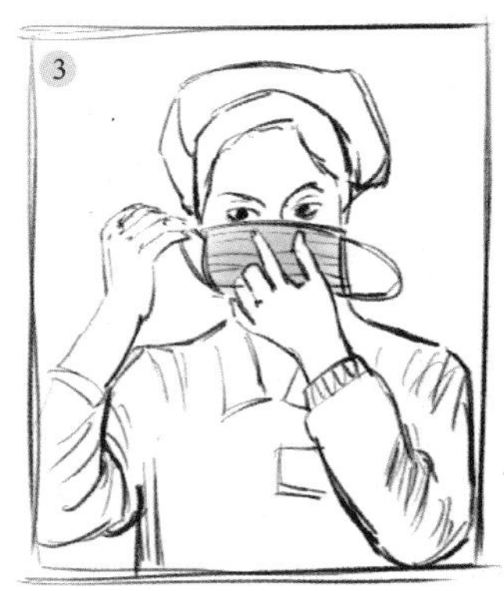

左手握住口罩，右手将护绳绕在耳根部

右手握住口罩，左手将护绳绕向耳根部

双手上下拉口罩边沿

图 9-51　正确戴口罩的流程

9.7 场景图

场景图更多地使用在戏剧、电影场面设计中，如图 9-52 所示。人们设计的产品不是孤立存在的，总是与周边的其他产品发生关系。因此，使用场景图可为新产品设置新的使用环境以及预测与新环境的匹配度。这不仅有助于表达产品的真实尺寸，还有助于解读产品与周边物的关系。

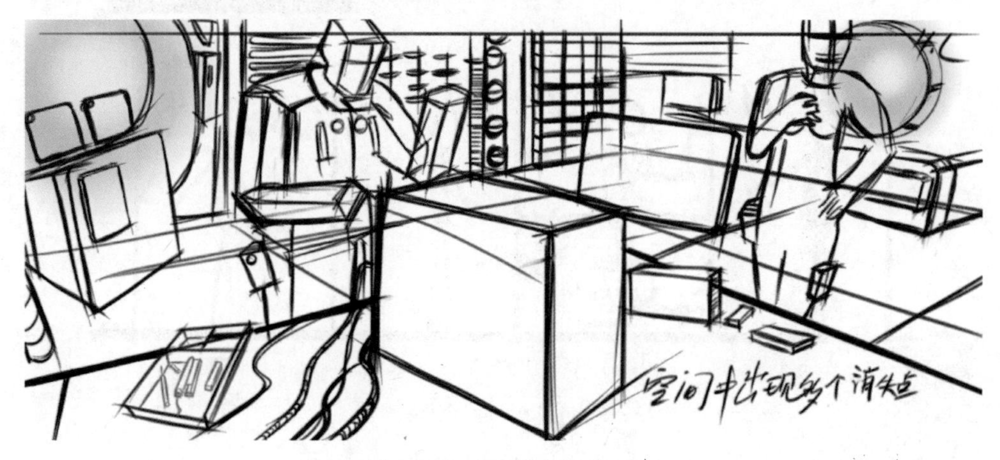

图 9-52　电影场景图设计

设计对象所处的环境、空间和位置，与产品草图本身一样重要。在草图中为产品画上阴影和背景，不仅表现了产品的空间位置，也有助于读者的理解。关于这一点，通过本书第 3、5、6 章的学与练，读者已经有深刻的体会。然而，为了更好地阐述设计理念和表现产品与周围环境的关系，场景图是再好不过的选择了。场景图的重点自然是考虑产品的使用环境、工作状态、工作流程，以及与其他产品的对比等。但是，这并不意味着要完全忽略所绘产品的细节，必要的细节只会为画面添彩，如图 9-53 所示。

图 9-53　空气净化器使用场景图设计

图 9-54 是设计者构思设计了一款台灯。设计者为产品草图绘制了一个小小的场景图，不仅呈现了这款家用台灯的具体使用环境，同时准确传递出与周边物体的比例关系。为了强调产品本身，在场景图中还为产品简单着色，忽略周边物体的颜色。

图 9-54　台灯场景图设计（作者：赵凌霄）

场景图为产品设计方案服务，大多数时候场景图在画面中的比例不易过大，只需说明问题即可，重点依然是产品本身。图 9-55 展示了极限运动头盔设计方案，设计者还绘制了运动时的场景。图 9-56 是清洁用具设计方案，画面中展示了多个使用场景。场景图有助于拉近观众与产品的距离，引发共鸣感，进而表达设计理念。

图 9-55　极限运动头盔设计（作者：赵凌霄）

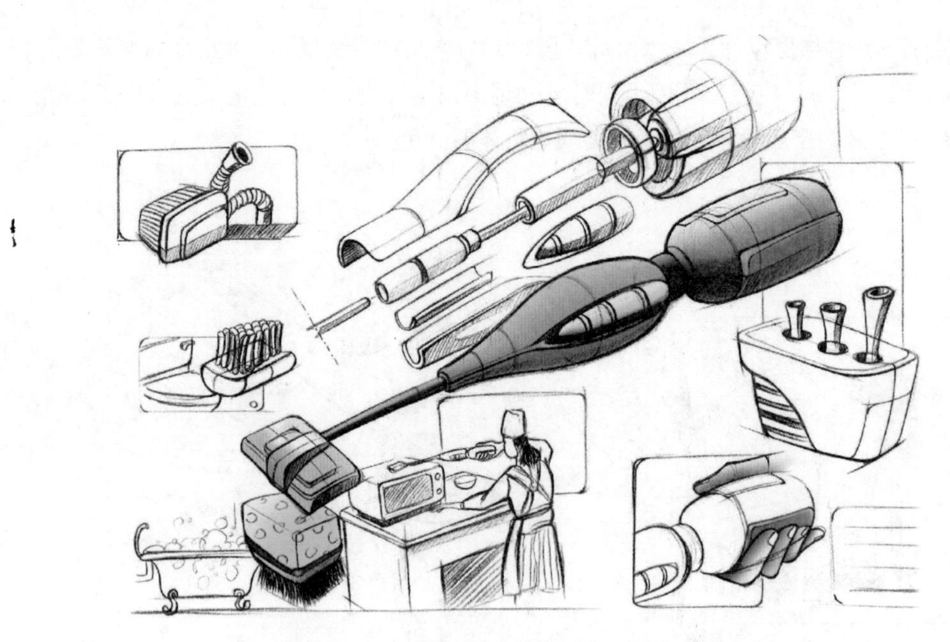

图 9-56　多功能清洁用具设计（作者：赵凌霄）

将多个连续的场景图组合在一起描述一个相对完整的故事就构成了故事板。在产品设计的初期，中期评估，以及展示阶段都可使用故事板来呈现设计问题、设计评估和设计展示。例如设计师用故事板的形式展现了手机在人们生活中扮演了重要的角色，如图 9-57 所示。

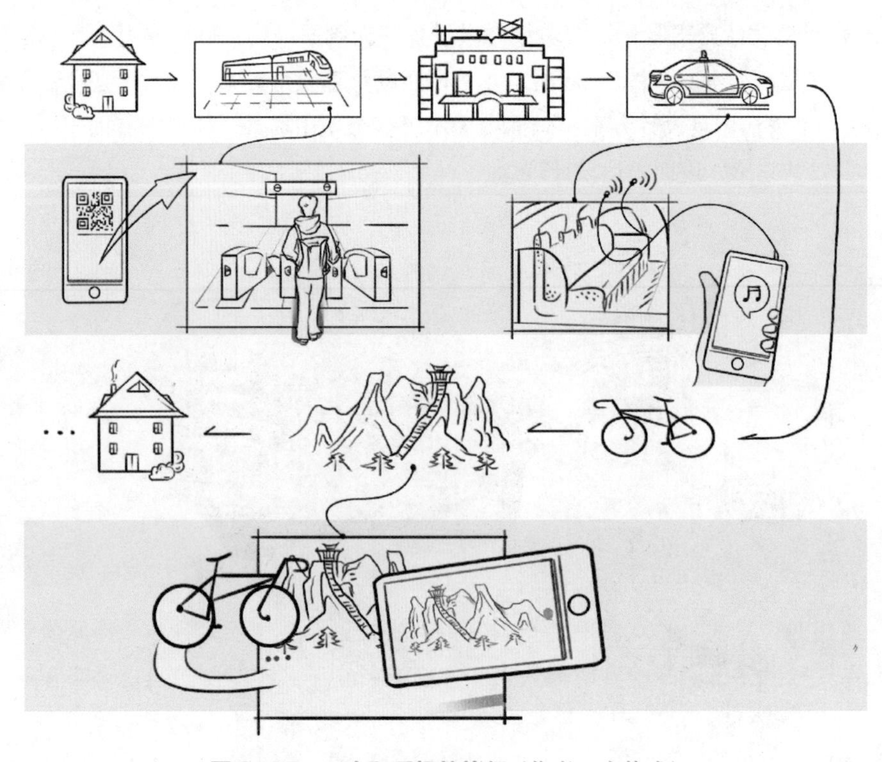

图 9-57　一次和手机的旅行（作者：宋修成）

本章案例

VINCI 智能耳机

本案例选自武汉良匠设计工作室[①]。该设计机构希望可以通过贴心的设计、严谨的制造和创新的材料解决标准产品无法满足用户需求的问题。

设计师：宁洲、黄锐、朱德康。

案例网址：http：//www.liang.studio/product/vinci.html。

良匠设计为 VINCI 设计了两种类型的智能耳机。第一种为运动型智能耳机，轻盈便捷，符合人体工学，如图 9-58 和图 9-59 所示。

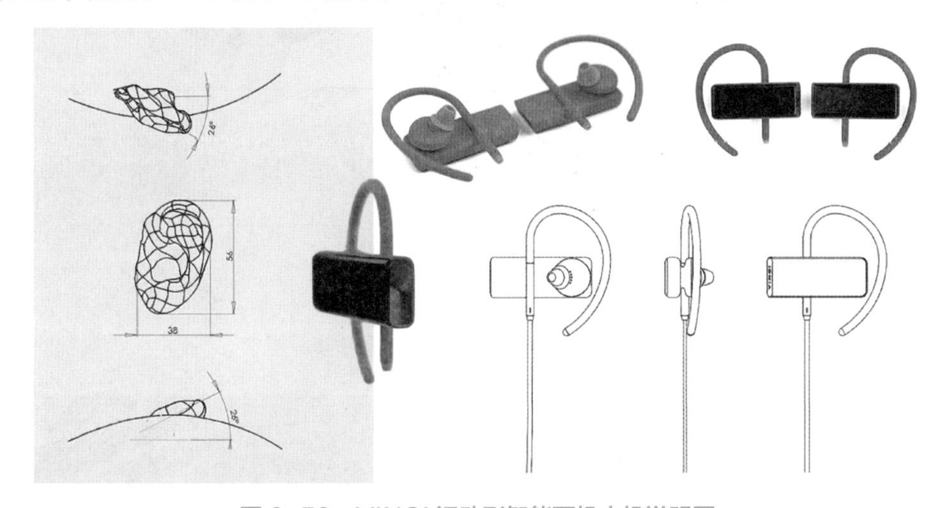

图 9-58　VINCI 运动形智能耳机人机说明图

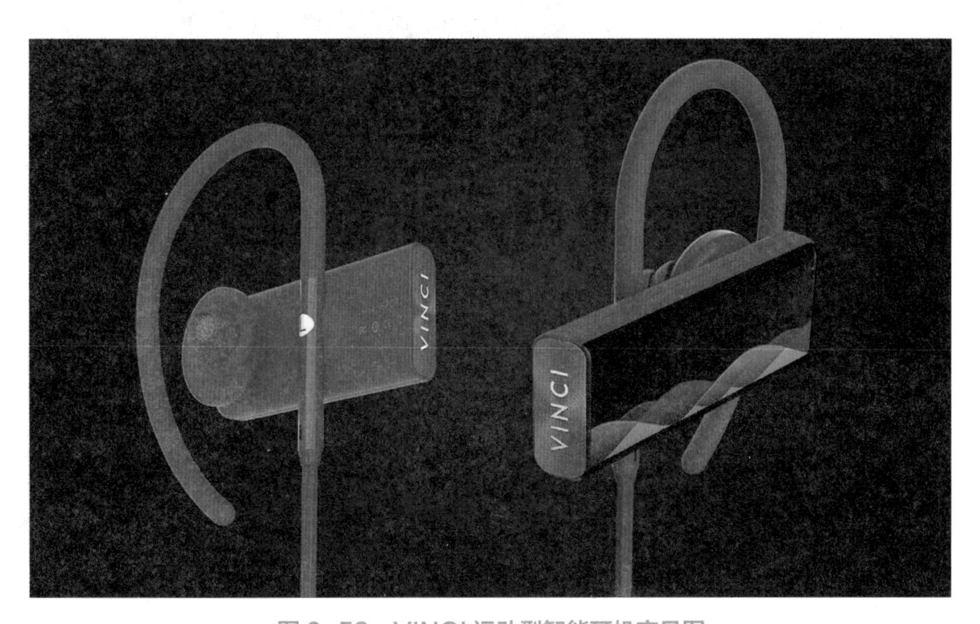

图 9-59　VINCI 运动型智能耳机产品图

① 良匠设计工作室网址：http：//www.liang.studio

第二种为一款无线智能头机[①]，整体外观几何主义美学特征明显，机体两侧的外附件是触摸板和触摸屏。无线束缚，海量音乐资源。该设计还获得日本 G-Mark 设计奖（Good Design Award）[②]，如图 9-60 和图 9-61 所示。

图 9-60　VINCI 智能头机产品图

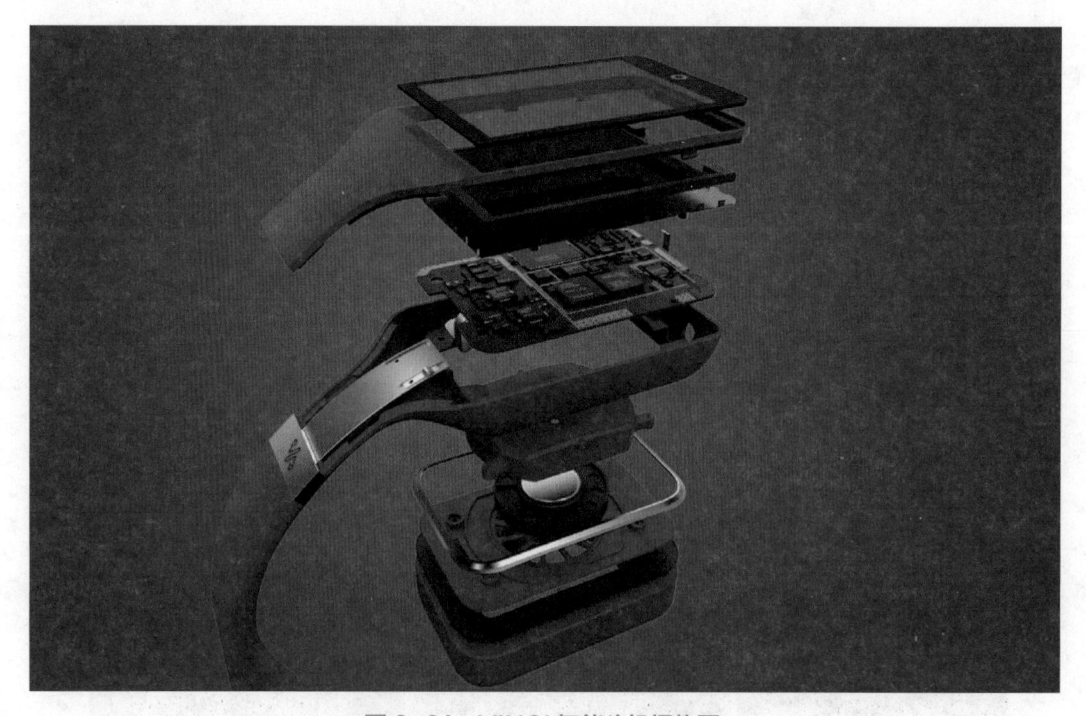

图 9-61　VINCI 智能头机爆炸图

① https：//baike.baidu.com/item/VINCI%E6%99%BA%E8%83%BD%E5%A4%B4%E6%9C%BA/19200123

② https：//www.g-mark.org/

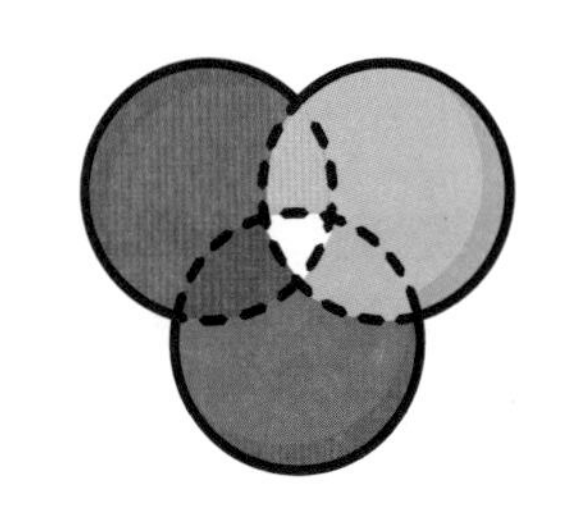

第 10 章 人体结构与产品设计

面对人们对产品的科学性与舒适度的进一步要求，侧重功能设计的传统产品已然不能满足要求。为了解决这个问题，设计师们逐渐将目光转向人体工学，以设计出既实用、又人性化的产品。

——摘自 SendPionts 出版的《产品设计中的人体工学》

在自然形态中，最富于情感意蕴、最具有亲和力的便是人体了[①]。人们设计的很多产品都是为人服务的，并依据人的尺度进行考量。基于以上两点考虑，设计人员有必要学习和了解基本的人体构造，如图 10-0 所示。

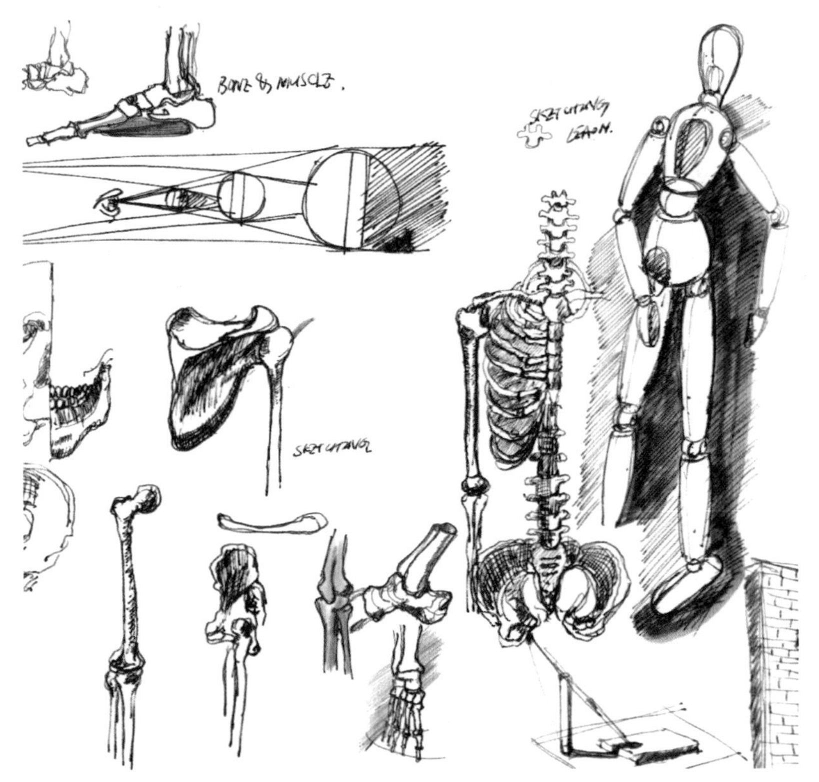

图 10-0 人体结构草图

① 徐恒醇 . 设计美学［M］. 北京：清华大学出版社，2006.，11.

人们使用的很多产品都与人体本身有着直接的关系，如座椅、鼠标、骑行头盔、运动鞋……，因此对人体结构的了解和熟知是优秀设计人员的必修课。本章从设计的角度出发，主要讲述人体骨骼、肌肉的分析与描绘，从而启发思考产品与人体的关系，并以足骨结构和足肌群分析为基础展开运动鞋草图设计。

10.1 引言

达·芬奇认为人体是世间最神秘、最美的绝唱。人们设计的绝大多数产品都是为人服务，产品设计应符合基本的人体尺度，使其符合人体工学（Ergonomics）。而人体解剖知识是人体工学在产品设计应用中的基础。本章便是基于这样的目的而设置，通过描摹人体解剖来了解人体基本结构，对于学习工业设计是一举两得的工作：不仅可以练习手绘，便于绘制人体工学解说图和草图；同时也能了解并熟悉人体基本结构、功能和形态，也为进一步学习人体工学打下基础。图 10–1 为人体骨骼练习草图。

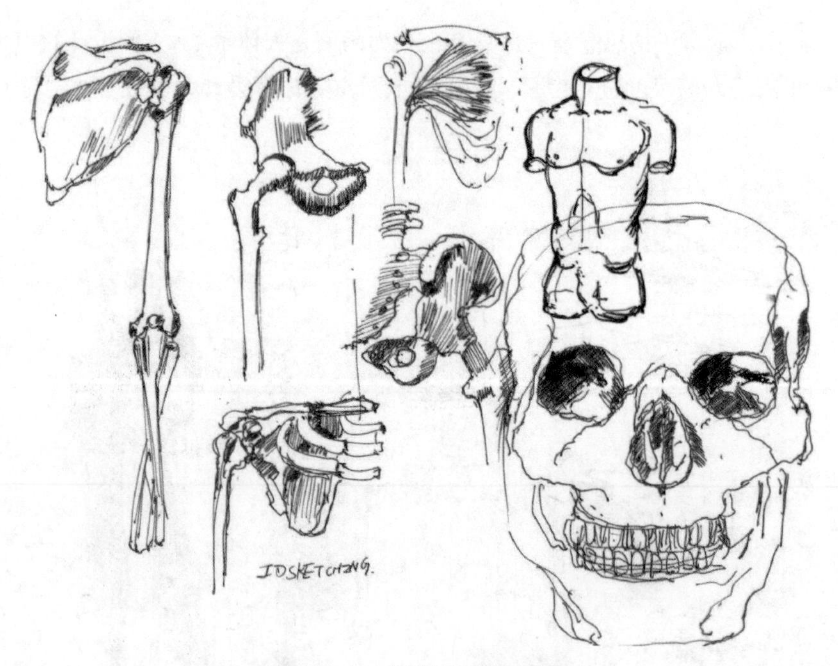

图 10–1　人体骨骼练习草图

了解人体结构除了书籍、视频以外，谷歌的人体浏览器 Zygote Body[①] 也是一个非常不错的选择，谷歌人体浏览器是谷歌一个开源项目，通过浏览即可查看人体各器官。访问人体浏览器的主页时，便会看到一个人体模型，可对皮肤、肌肉、组织和骨骼系统等多个视图层进行调节，如图 10–2 所示。还有一些专业的人体 App，也是很好的学习资源，如 Bio Digital human[②]（免费）、

① Zygote Body：https：//zygotebody.com

② https：//www.biodigital.com

Visible body[1]（付费）。此外，数学软件 Mathematica[2] 提供强大的人体数字模型和数据，同样是重要的学习资源，可为设计实践和设计研究提供强有力的帮助。

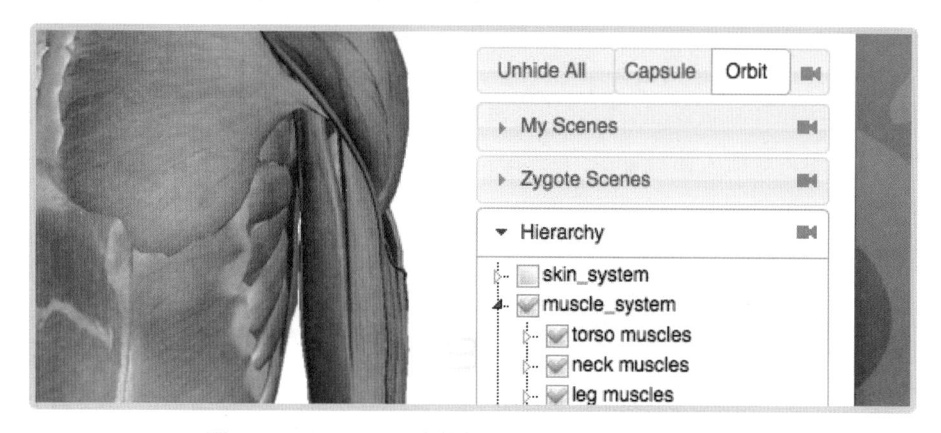

图 10-2　Google 人体解剖浏览器 Zygote Body

刚开始绘制人体结构时自然有难度。因此，选择合适的理解对象入门是关键，几何化的吉特达木人可作为首选，如图 10-3 所示。一方面由于其关节灵活可以摆出各种造型，很容易了解人体简化结构。另外，从不同的学科切入人体解剖都会是一门复杂的学问，这也是本章忽略了很多专业领域的问题，只讨论直接与产品相关的基本人体结构，骨骼与肌肉的原因。

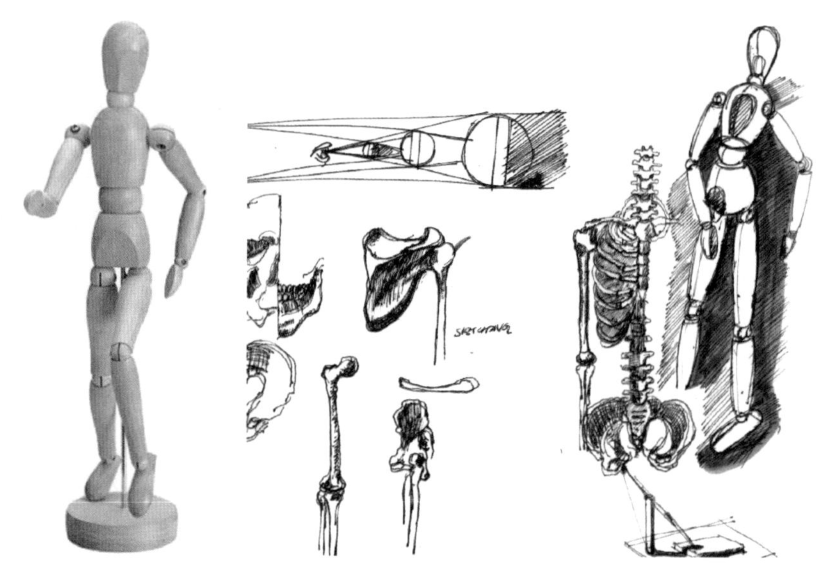

图 10-3　吉特达木人草图

本章首先对人体骨骼、肌肉做简要描述，重在留心观察、触摸，并通过动手绘制了解并熟悉人体结构；然后深入分析足的解剖学结构及运动鞋基本结构和比例，并练习绘制胶底运动鞋概念设计草图；从而在前面工作的基础上思考人体结构与产品的关系。

① https：//www.visiblebody.com
② https：//www.wolfram.com

10.2 人体骨骼

骨骼（Skeleton）是人体的内部框架，由骨（Bone）和软骨（Cartilage）组成。人体的运动系统由骨、骨连结和骨骼肌三部分组成。骨与骨之间通过骨连结（Joint）构成骨骼，形成人体的支架。骨骼虽约占健康人体重量的 1/5，却构筑了一个能够灵活运动的内部框架，图 10-4 所示为人体骨骼结构概略草图。这种灵活的内部框架支持着人体的所有其他部分和组织，如果没有骨骼的支撑，很难想象，人体将会怎样。

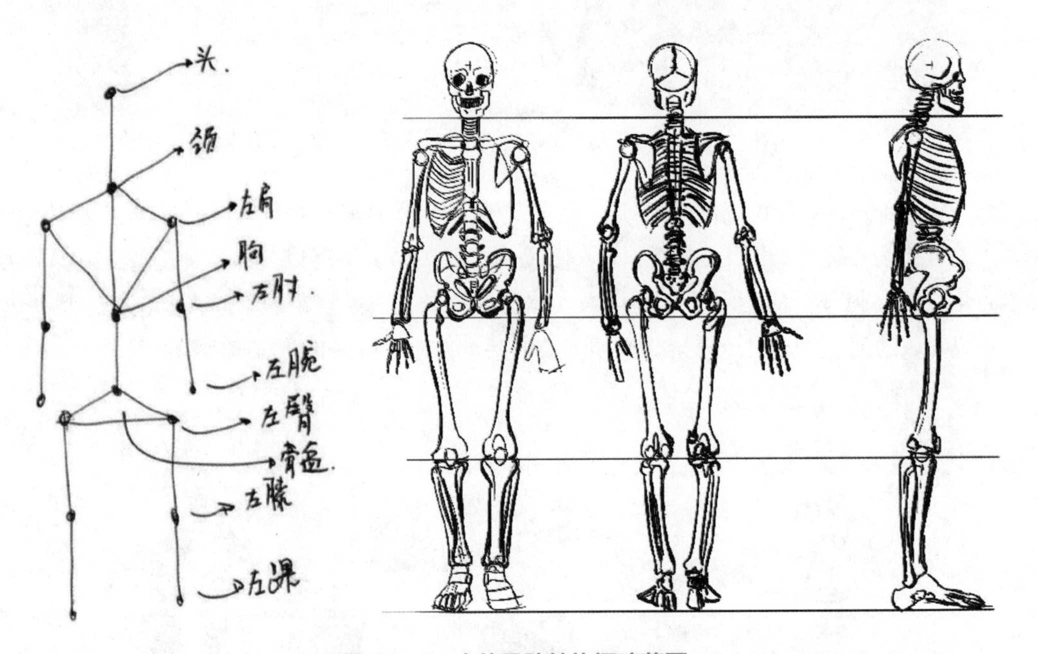

图 10-4　人体骨骼结构概略草图

骨骼由骨细胞、胶原纤维和骨基质构成，内含有血管、神经，具有固定的形态和功能，因此每块骨便是一个器官。骨具有新陈代谢和生长发育的功能。按骨发生时的骨化中心（骨发育过程中，首先骨化的部位称为骨化中心）计算，人出生时约有 370 块左右，随着人体不断的发育、生长，几个骨化中心融合成一块骨，成年后的人体骨骼稳定在 206 块骨，如图 10-5 所示。例如，成年人的肱骨是一根长骨，刚出生婴儿的肱骨处于松散、细长的状态，并且未与肩胛骨相关节，儿童时期肱骨分为几段，大约到了 20 岁才长成一根长骨。

绘制过程可以采用化繁为简的方法，从整体把握人体关键的节点及组织关系。当然，如果有兴趣，购买一个由 PVC 材料制作的人体骨骼模型再好不过了，认真研习。绘制整个人体骨骼很困难，那就先不要绘制整体骨骼，先从绘制某一支骨开始，比如绘制一支锁骨，由此绘制与锁骨相关联的肩胛骨、胸骨，逐渐步入到整体。研习整体时，可忽略细节，把控整体结构比例即可；研习局部时，关注细节结构，淡化整体结构，如图 10-6 所示。

头骨分为脑颅和面颅。脑颅位于头部上方，由额骨、顶骨、蝶骨、枕骨等 8 块骨构成颅腔，容纳并保护着大脑。面颅位于头的前下方，由鼻骨、颧骨、泪骨、上颌骨和下颌骨等 15 块骨构成口腔，并与脑颅共同构成鼻腔和眼眶，如图 10-7 和图 10-8 所示。

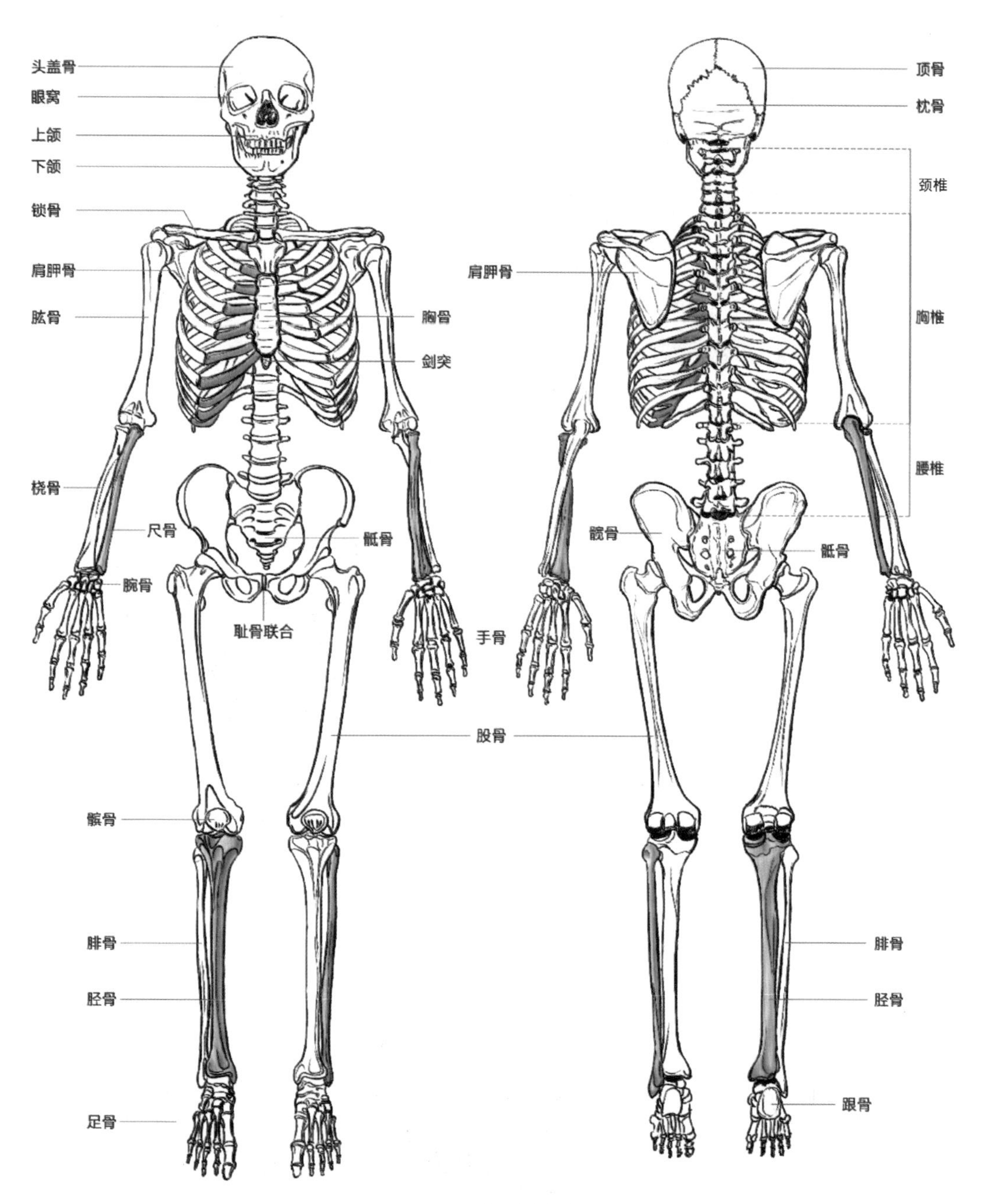

图 10-5 人体骨骼详细草图

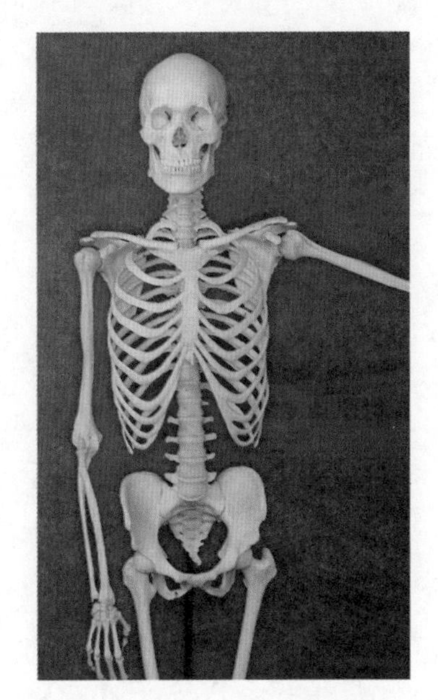

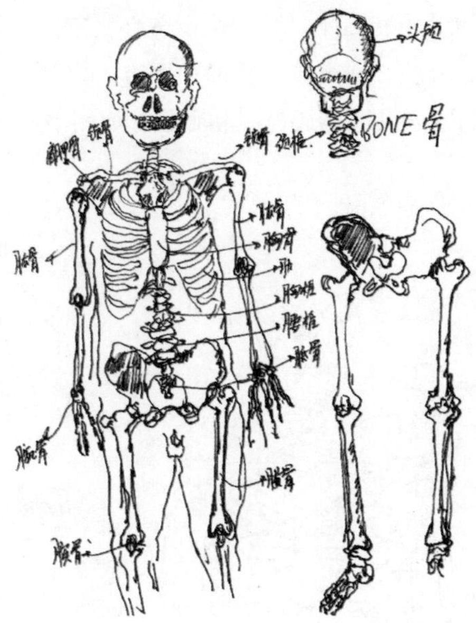

图 10-6　人体骨骼初步研习草图

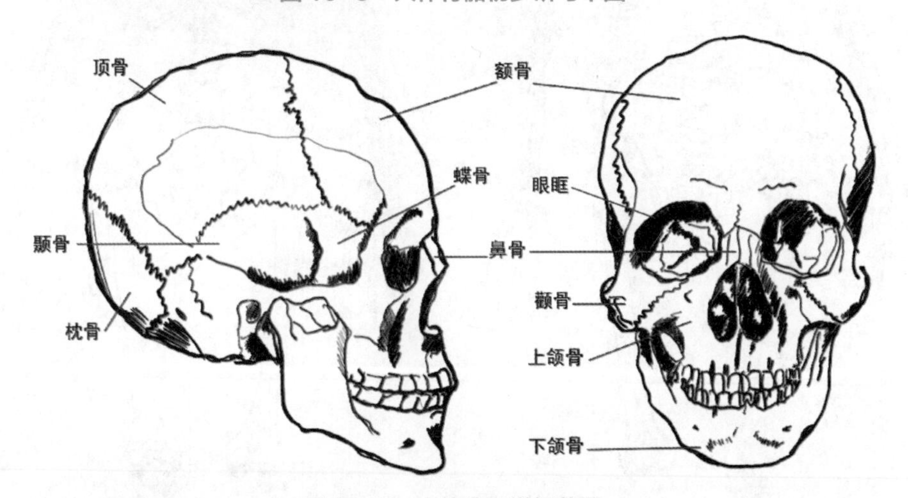

图 10-7　人体头骨详细草图

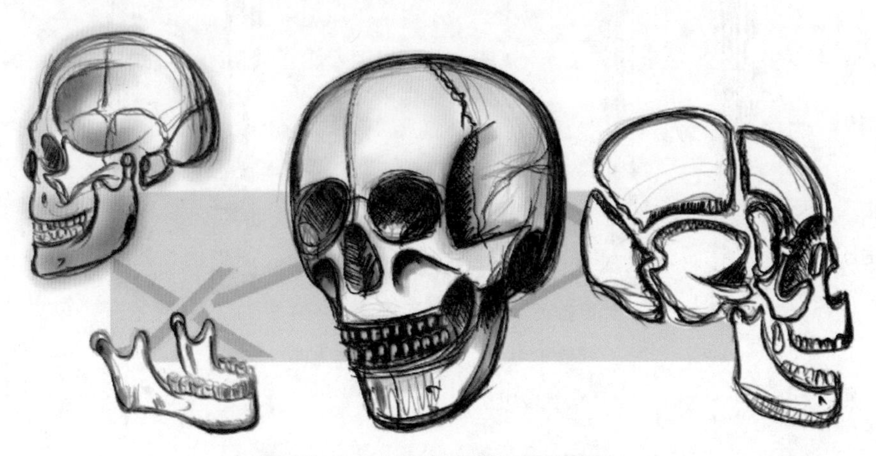

图 10-8　人体头骨结构研习草图

随着 VR 技术的进步，各种头戴设备的设计开发已成为一个设计热点，这里很重要的一点就是人体工学。那么对头部结构特征的研究是开发舒适产品的重要步骤。例如，图 10–9 所示的骑行头盔和 VR 眼睛构思草图。

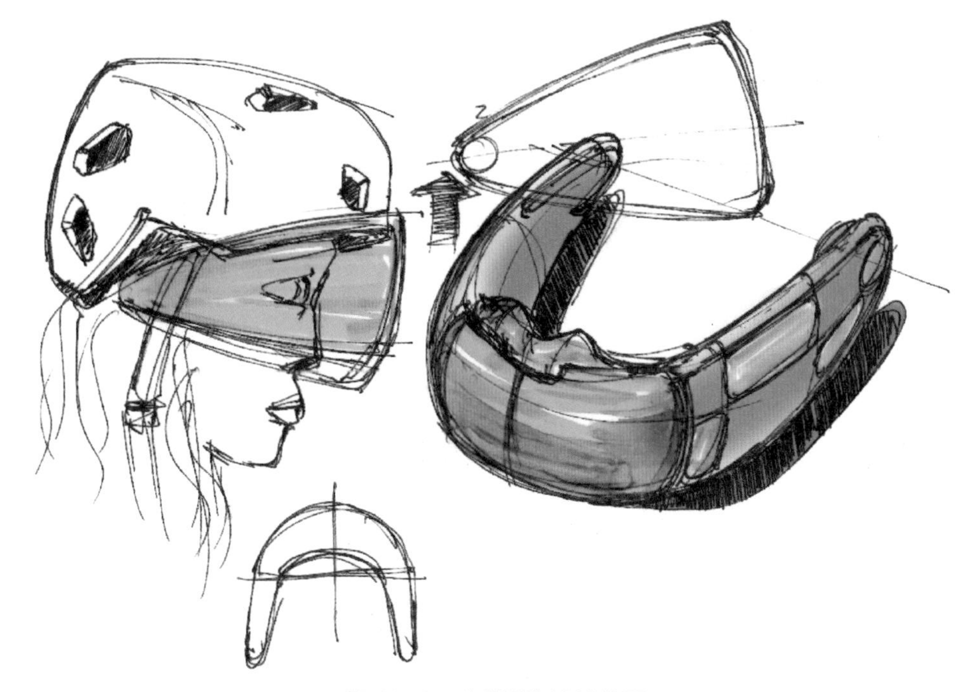

图 10–9　头戴设备设计草图

胸廓（Rib Cage）由 12 对肋骨及其肋软骨、胸骨和胸椎组成，左右完全对称。它是一个半坚硬的腔体，整体形态呈钟形或倒置的桶状，如图 10–10 所示。

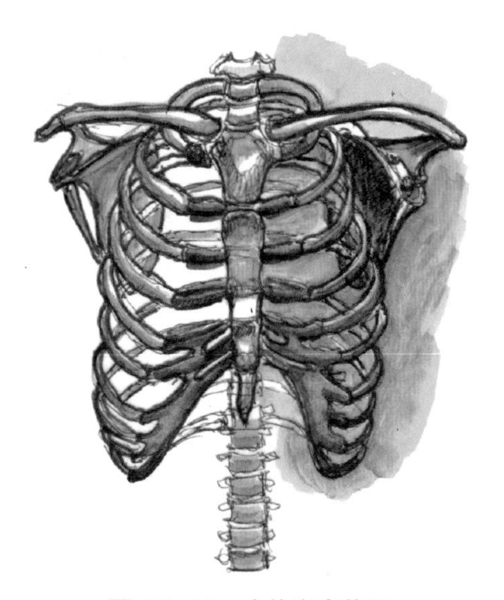

图 10–10　人体胸廓草图

肩胛骨（Scapula）是一块三角形的扁骨，背面有一道骨嵴，或称肩胛岗（Spine of Scapula）。肩胛骨有一个微凹，贴附于胸廓上部的背面，可在胸廓的圆形表面上滑动，位于第 2 到第 7 肋骨之间。草图练习，如图 10–11~ 图 10–13 所示。

肋是由肋骨和肋软骨构成，共有 12 对，24 支。第 1~7 对肋骨的前端直接与胸骨相连，也称为真肋骨；第 8~10 对肋骨不直接与胸骨相连，其前端通过肋软骨与胸骨间接相连，此所谓假肋骨。第 11、12 对肋骨的前端游离，可称为浮肋，所有肋骨与脊柱相连，如图 10–12 所示。

肋骨为扁骨且窄，形态呈弓形；肋软骨由透明软骨构成；肋骨与对应的肋软骨之间的连接称为肋软骨关节，是人体中比较特殊的关节。

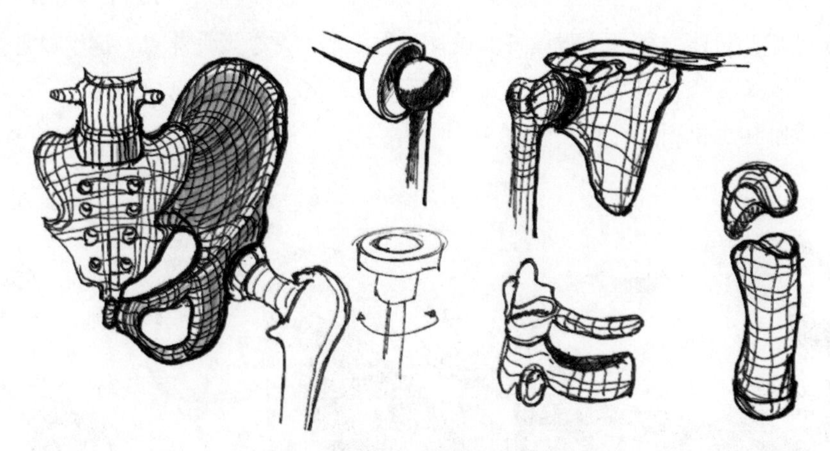

图 10-11　肩胛骨和盆骨草图

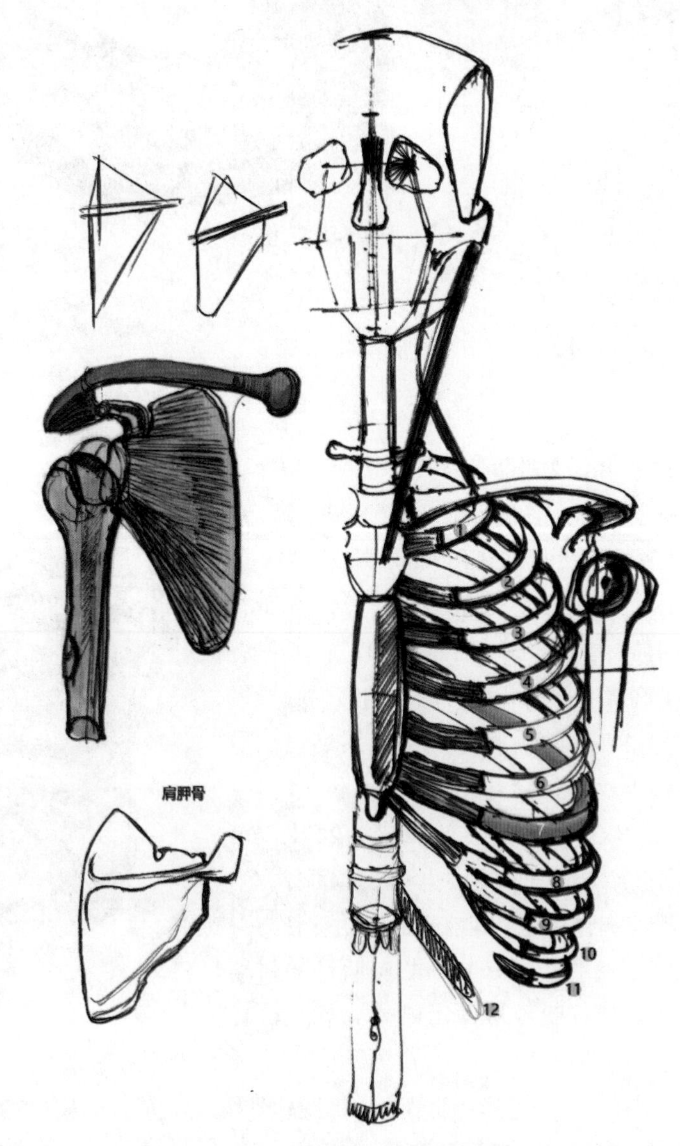

图 10-12　人体肋骨、肩胛骨草图

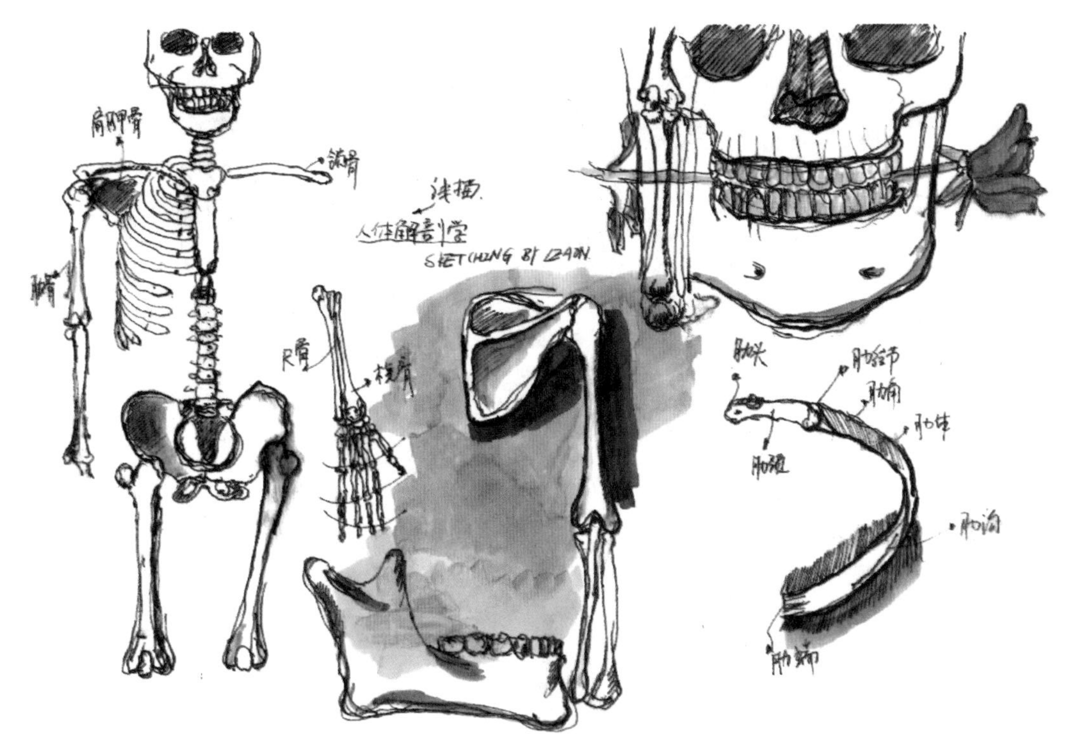

图 10–13　绘制人体骨骼

锁骨（Clavicle），或称琵琶骨，从顶视图看，锁骨呈 S 形弯曲态。由于锁骨的特殊位置，很容易触摸到，关联着胸骨与肩胛骨，其内侧头与胸骨柄相关节，外侧头与肩胛骨相关节。草图练习，如图 10–14 所示。

骨是活动的组织，尽管骨骼约 22% 是由水组成，但它的结构极其强壮又轻巧灵活，如图 10–15 所示。目前一个与之相似的高科技复合材料制成的结构，在重量、强度及耐久性上都不能与骨骼相比。

骨骼约占健康人体体重的 1/5。骨骼可以分成两大部分：中轴骨骼和附肢骨骼。中轴骨骼由颅骨、脊柱、肋骨和胸骨等构成。附肢骨有肩、臂、腕骨和手骨，以及髋骨、小腿、踝骨（Anklebone）和足骨等。在 206 块骨中，中轴骨有 80 块，上肢骨骼 64 块，下肢骨骼 62 块。

掌骨（Metacarpus），也称手骨，如图 10–16 所示。从解剖学细分的话，一只手骨（Skeleton of the Hand）由 8 块腕骨、5 根掌骨、14 根指骨组成。腕骨由 8 块不规则状的小骨组成，分为远、近两列，每列 4 块。掌骨共有 5 块，每根手指各一块，拇指上的掌骨为第一掌骨，其余依次排序。与掌骨连接的是尺骨与桡骨，如图 10–17 所示。

分析研究发现，传统鼠标造成使用者前臂骨骼交错扭曲，垂直鼠标消除了使用普通鼠标造成的前臂扭曲，如图 10–18 所示。设计师考虑人体前臂尺骨和桡骨在自然状态下解剖学结构，从而设计出垂直鼠标，更符合人体工学特征，避免尺骨和桡骨发生扭曲现象。多彩垂直鼠标便是优秀的案例，右侧面将一只普通 2D 鼠标翻转了 75° ，相当于普通鼠标左键的一号按键恰好与自然放在鼠标上的食指贴合，符合大多数操作者的使用习惯。

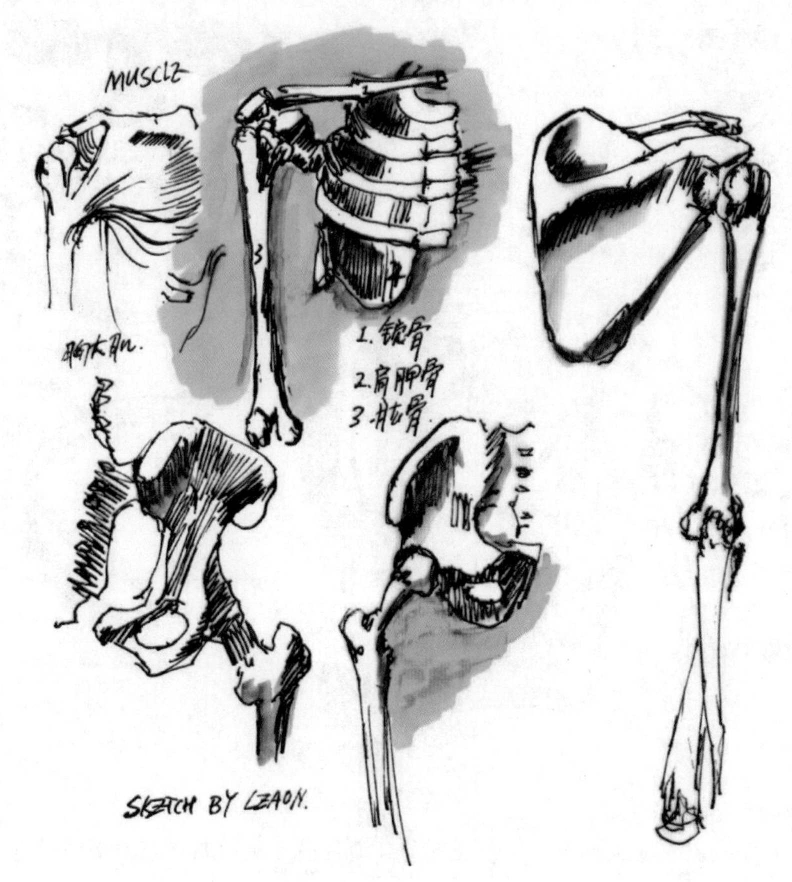

图 10–14　绘制锁骨、肩胛骨和肱骨

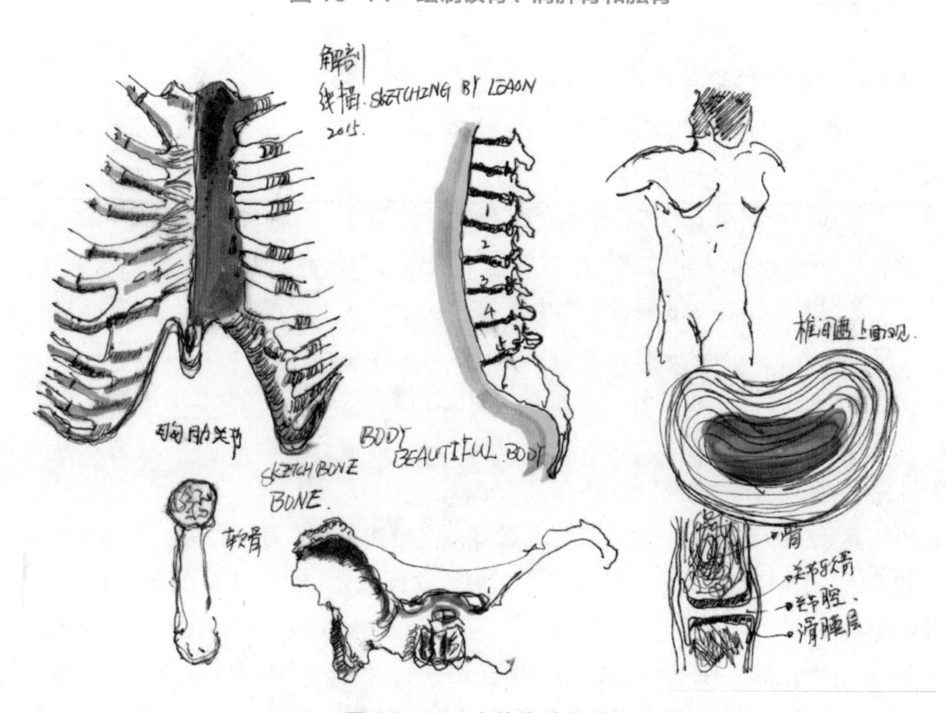

图 10–15　人体胸肋关节

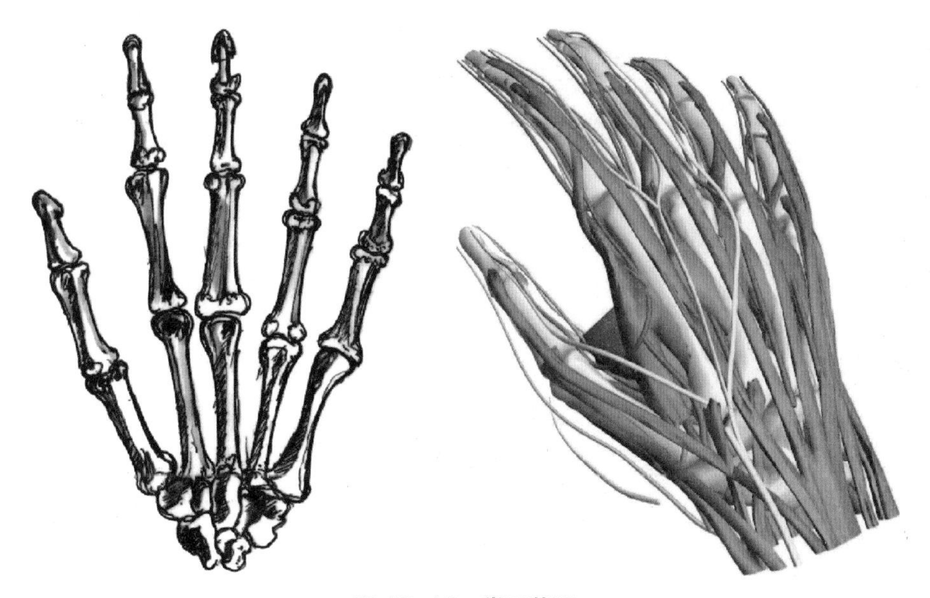

图 10-16　掌骨草图

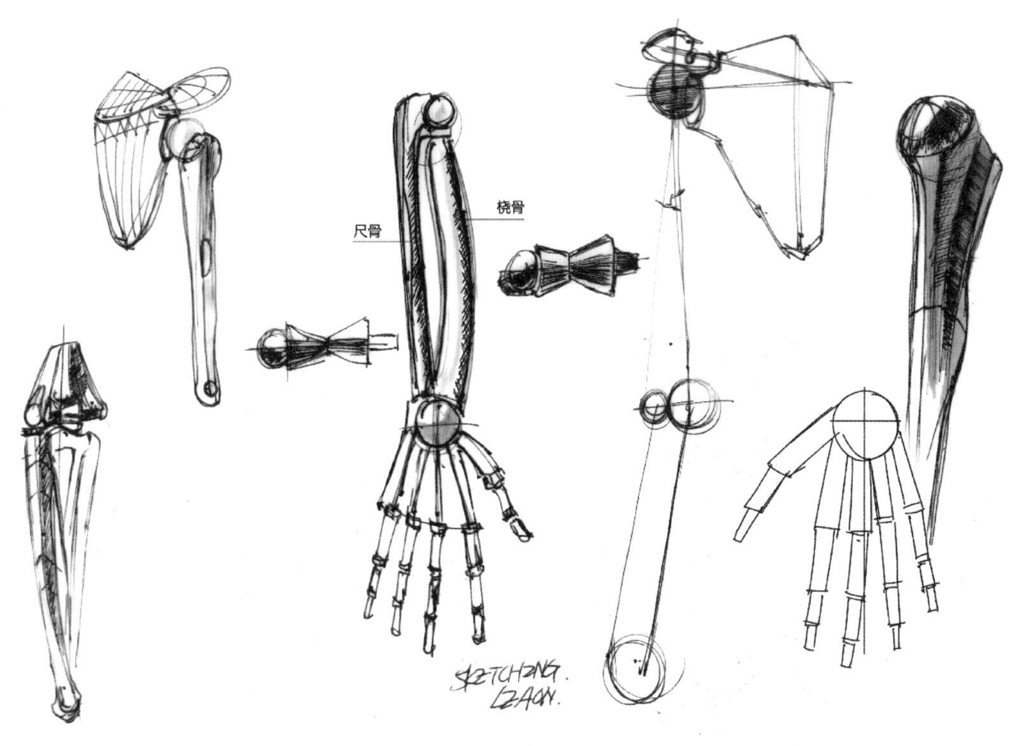

图 10-17　几何化分析尺骨和桡骨草图

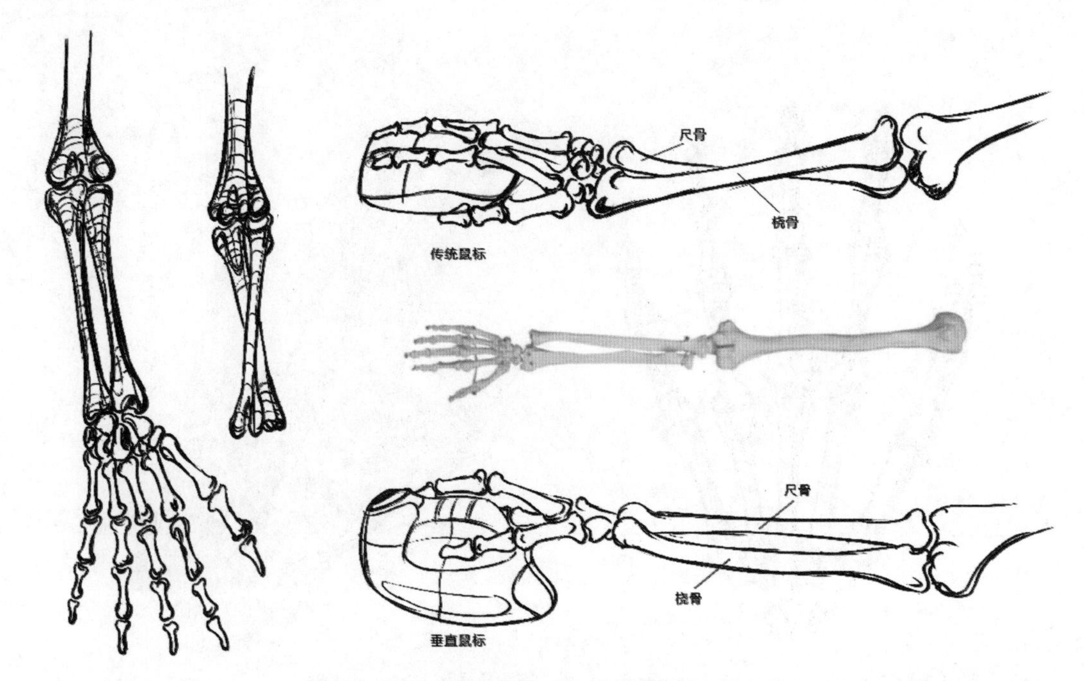

图 10-18　分析手持鼠标时的尺骨与桡骨状态

盆骨（Pelvis）由髋骨、骶骨和尾骨组成，这三部分共同构成一个坚固的骨环，如图 10-19 所示。与盆骨髋臼连接的是股骨（Femur），俗称大腿骨（Thighbone），是人体中最长的骨，如图 10-19 所示。髌骨（Patella），又称膝盖骨，是人体中最大的籽骨。胫骨（Tibia）是小腿内侧的称重骨，粗壮有力，将身体的重量传递到足上。胫骨位于皮下，手可直接触摸到，这也是足球运动员为什么必须佩戴护腿板的根本原因。相比胫骨，腓骨（Fibula）长直且纤细，大部分都深埋肌肉之中。足骨通过足弓承受整个人体，如图 10-20 所示。

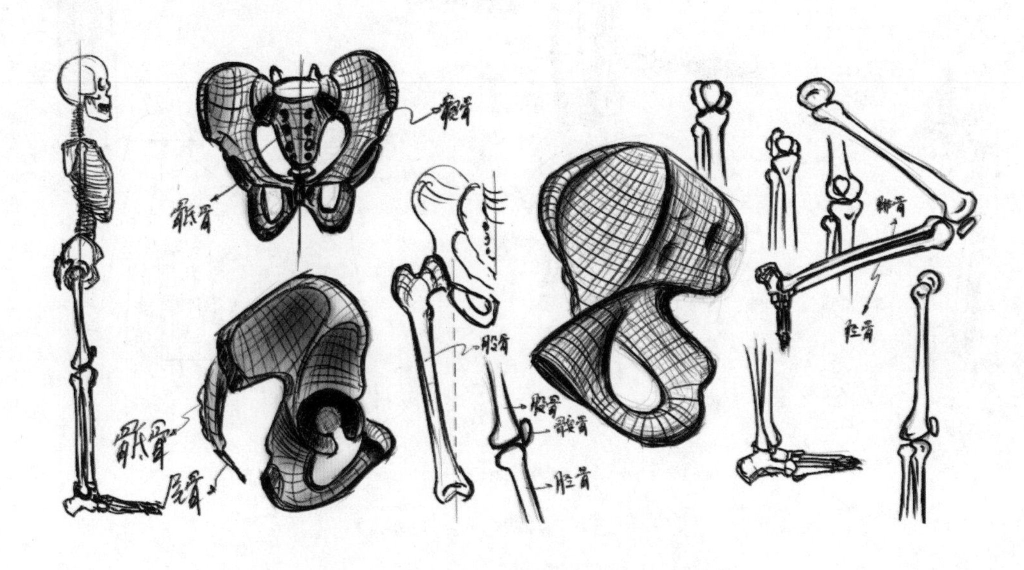

图 10-19　盆骨及下肢骨形态分析草图

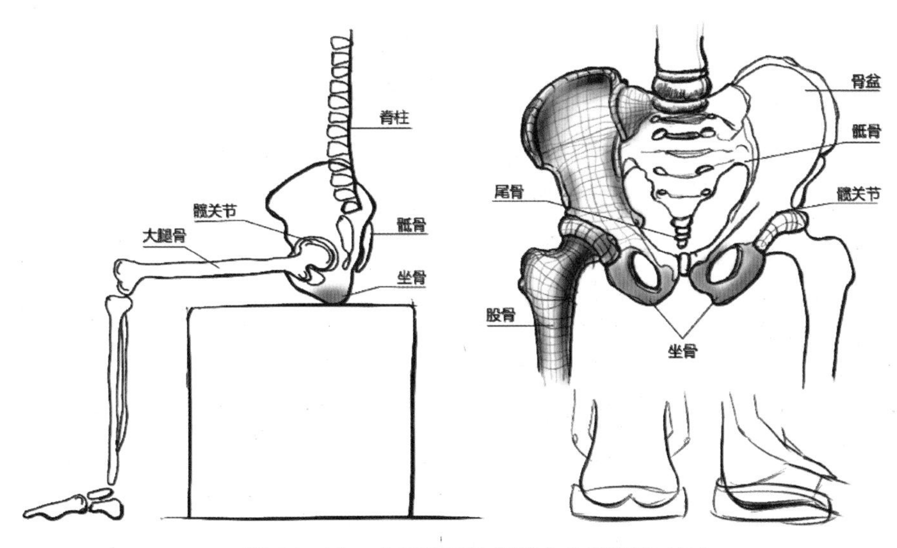

图 10-19　盆骨及下肢骨形态分析草图（续）

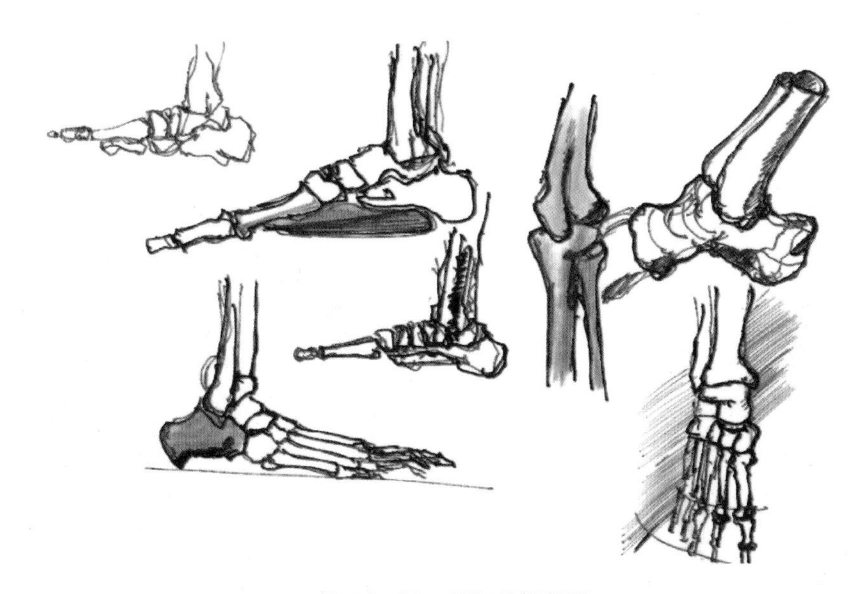

图 10-20　足骨分析草图

10.3 人体肌肉

人体肌肉包括骨骼肌、平滑肌和心肌三种，前者因受意识支配而运动称为随意肌，后两者为不随意肌，如图 10-21 所示。骨骼肌因其附属于骨而得名，其肌纤维在形态上具有明暗相间的横纹，又称为横纹肌。骨骼肌是人体运动系统的源动力，每块骨骼肌通过起点和止点附着在骨骼上。研究肌肉主要从结构、功能、形态三方面进行。

每块肌肉都有一定的形态、结构及辅助装置，分布有血管和淋巴管，并受神经支配执行一定的功能，所以每块肌肉都可视为一个器官。图 10-22 为人体肌肉表面形态。

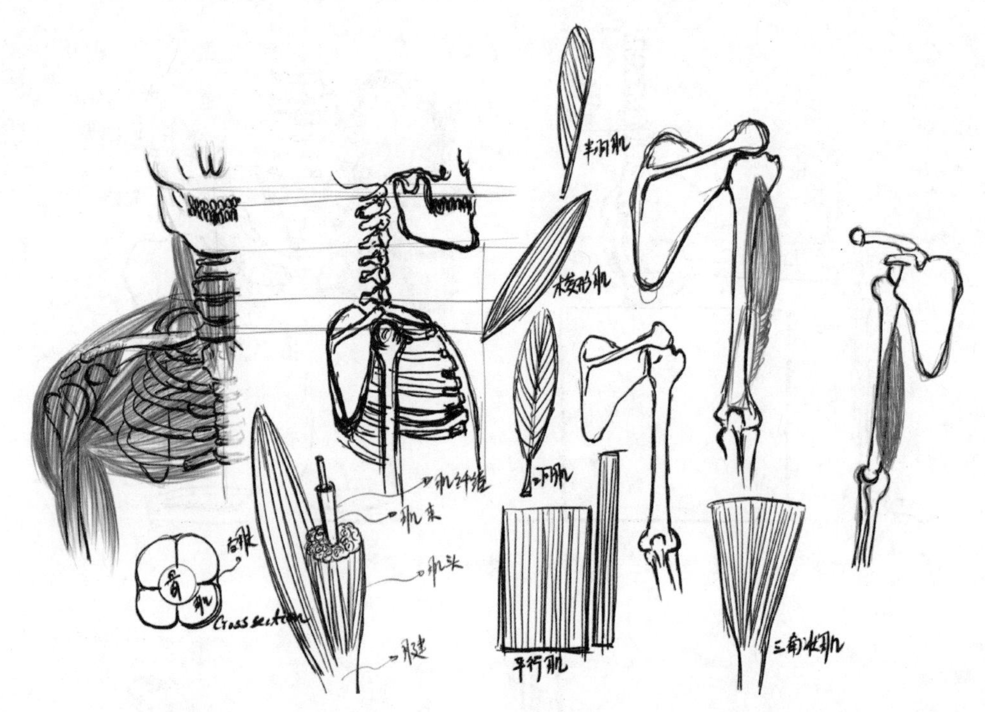

图 10-21　人体的肌肉形态

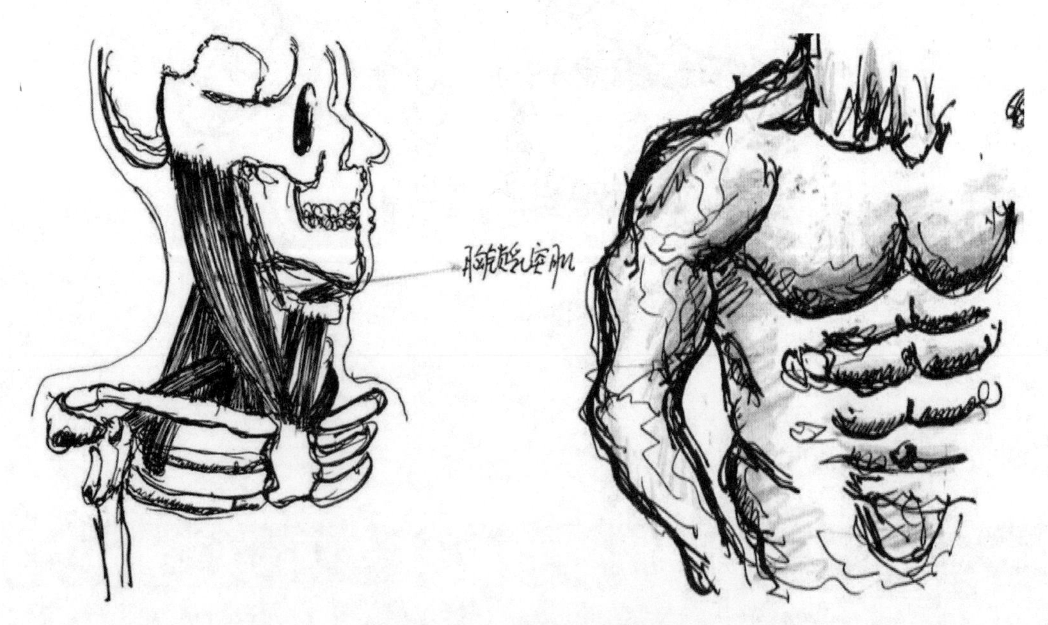

图 10-22　人体肌肉表面形态

人体骨骼肌有 600 余块，布于全身各处，约占人体总重的 40%，尤其以四肢肌分布最多。总结起来肌有四个方面的功能：肌张力的存在对维持人体的直立和姿势的稳定具有重要作用；肌的收缩功能可牵动骨、关节做各种运动；呼吸肌可使人体保持正常的呼吸运动的功能；手肌、喉肌、舌肌和面肌等高度分化的肌可使人体区别于动物，具有制造和使用工具、语言交流，以及各种情感活动等特殊功能。图 10-23 为人体躯干肌肉分布。

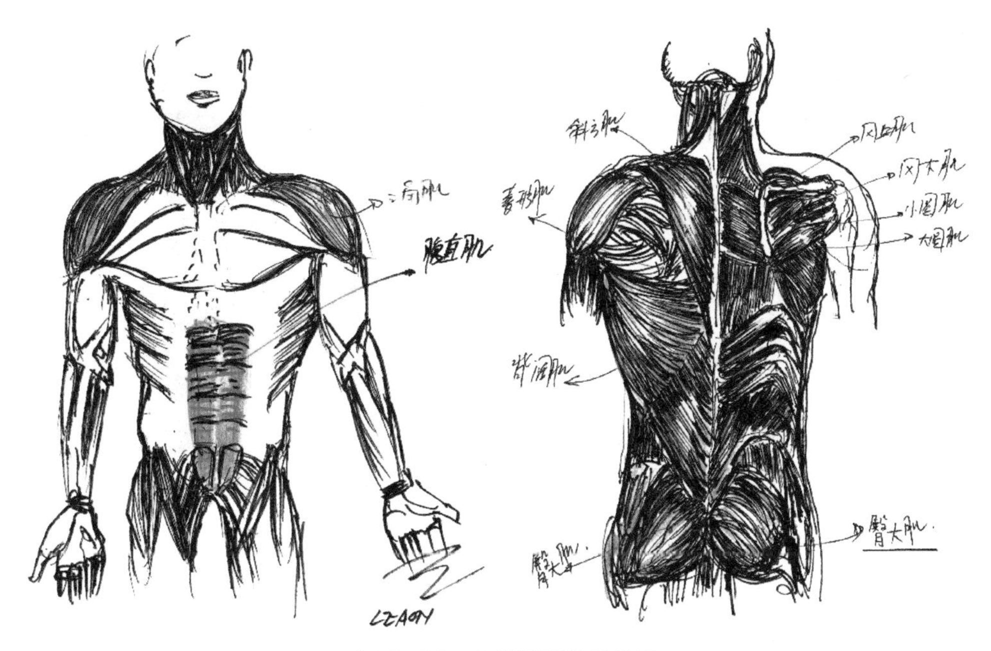

图 10–23　人体躯干肌肉分布

躯干肌肉包括背部肌、颈肌、胸肌，膈肌、腹肌和会阴肌。图 10–24 是人体背部肌肉群。

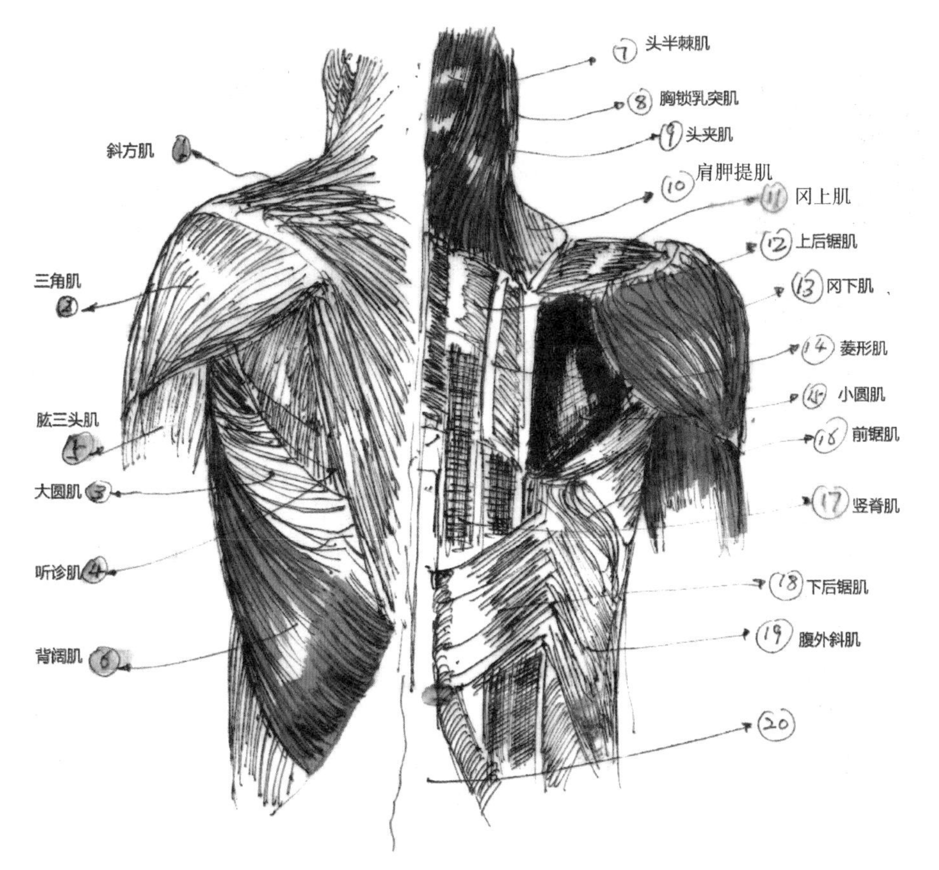

图 10–24　人体背部肌肉分布

上肢肌主要以长肌为主，数量较多，运动灵活且幅度大，特别是手肌运动更加灵活，是人类上百万年进化的结果，如图 10–25 和图 10–26 所示。上肢肌由四大肌群构成：上肢带肌、上臂肌、前臂肌和手肌。上肢带肌，也称肩肌，主要有肩部的三角肌、岗上肌、岗下肌、小圆肌、大圆肌和肩胛下肌；上臂肌，位于臂膀部，包围着肱骨，包括前群和后群，前群有肱二头肌、喙肱肌和肱肌，后群有肱三头肌，位于臂膀后部；前臂肌包裹在尺骨和桡骨周围，肌群多而复杂，同样分为前群和后群；手肌大多分布在掌面上，数量多且短小精细，共有 59 条肌肉和发达的神经、血管系统，正所谓十指连心。

手是人体很重要的部位之一，是除了脑以外最灵活的结构。手在神经支配下，肌肉带动手骨能够完成极为复杂、多样的动作，这主要取决于手的肌肉多而精细，如图 10–27 所示。手极其灵巧，只要坚持训练，相信它可以带你进入草图设计的世界，如图 10–28 所示。

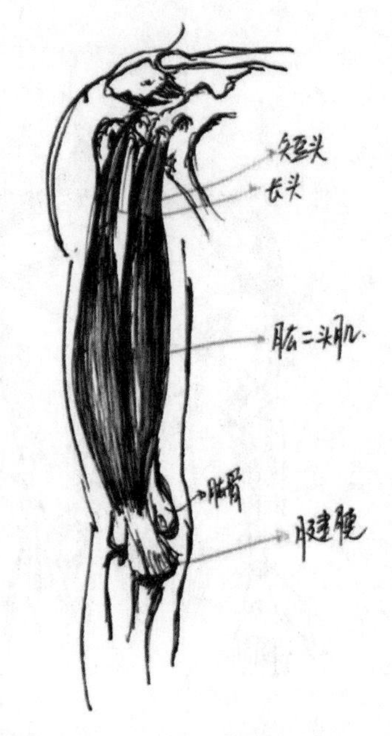

图 10–25　人体上肢肌肉分布（1）

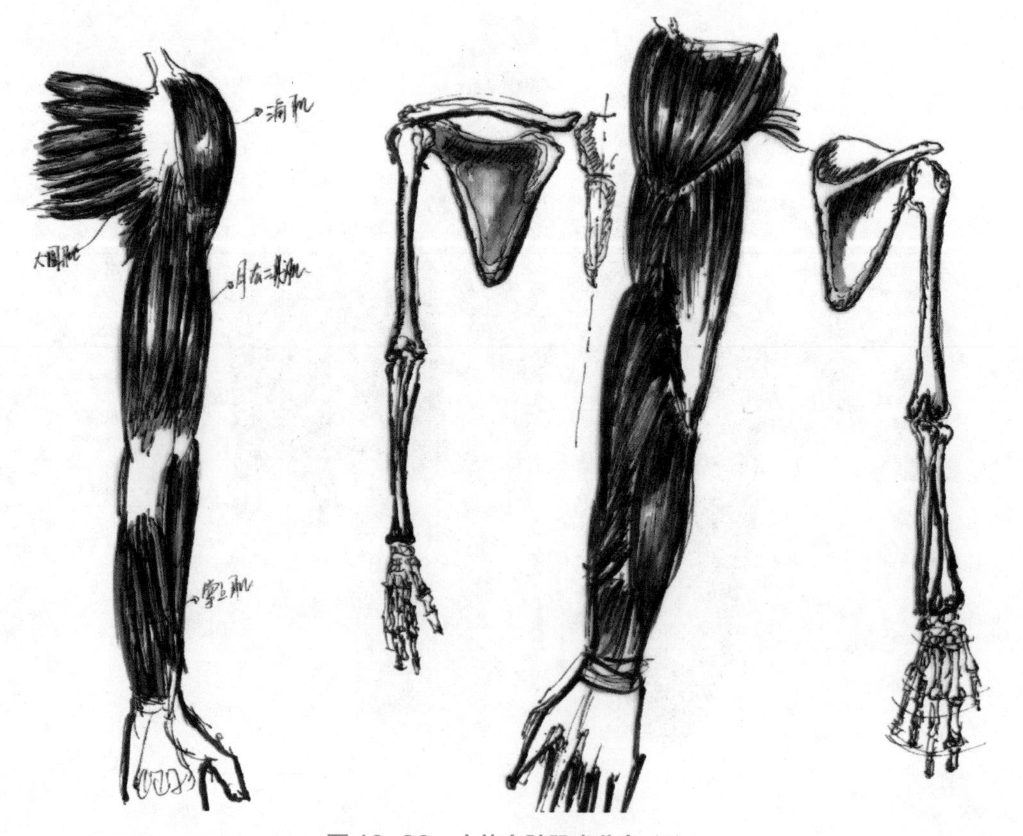

图 10–26　人体上肢肌肉分布（2）

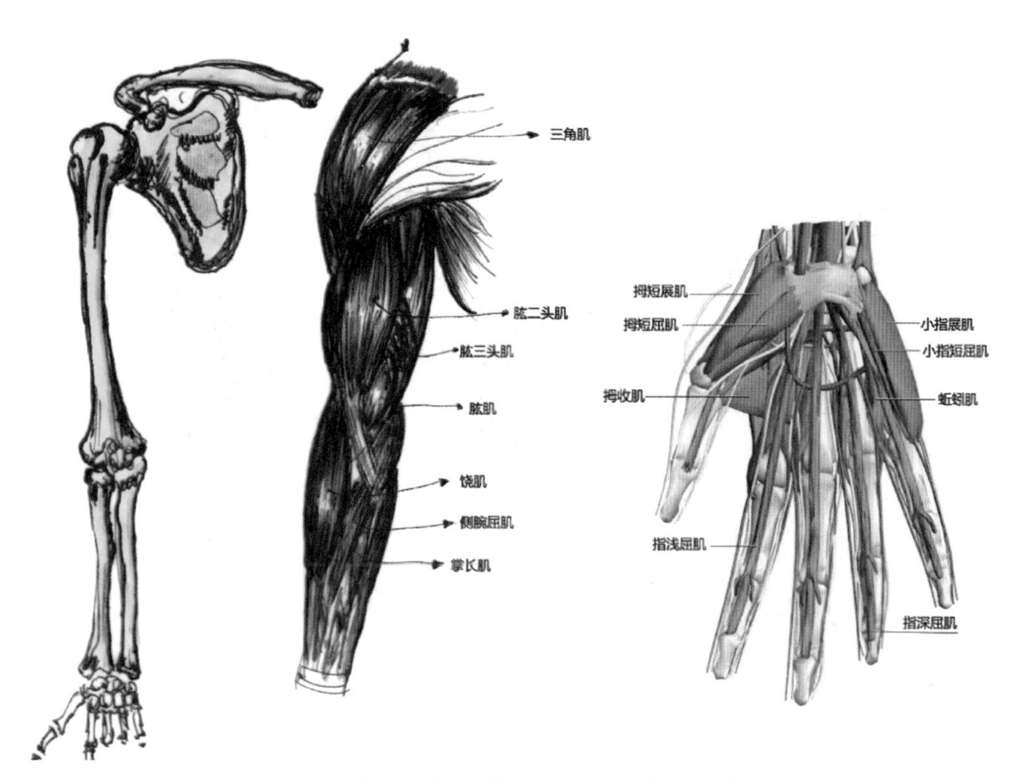

图 10-27　人体上肢肌肉分布与手部肌肉群

图 10-28　灵活的手部

图 10–29 和图 10–30 为人体上肢肌肉形态。

图 10–29　人体上肢肌肉形态（1）

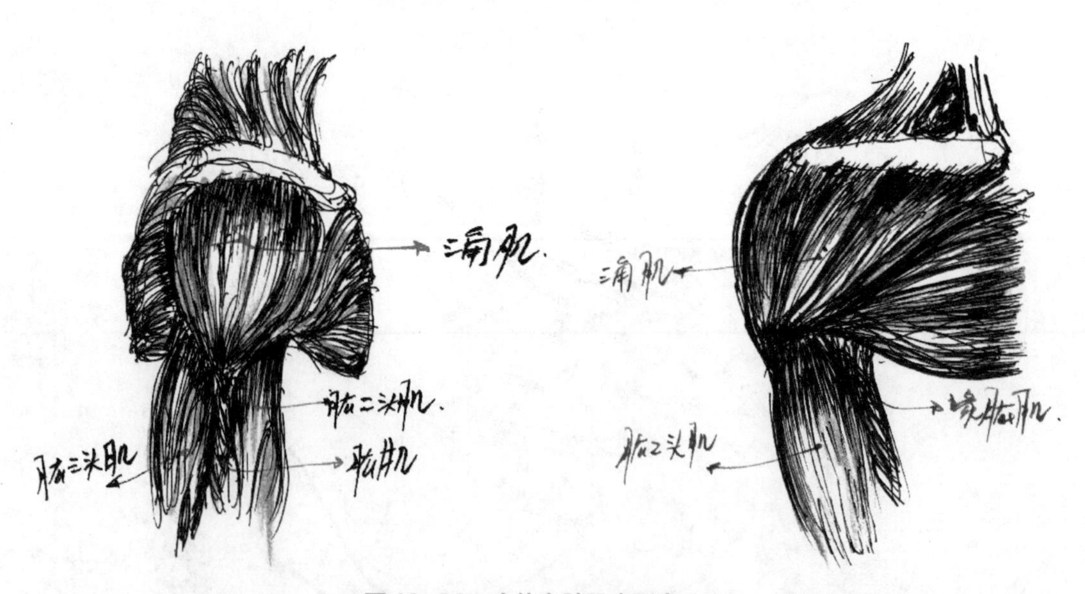

图 10–30　人体上肢肌肉形态（2）

胸肌附着于胸廓的外面。按肌群分布位置，可分为胸上肢肌群和胸部固有肌群，其最主要的作用为呼吸助力。

胸上肢肌群由胸大肌、胸小肌和前锯肌构成。胸大肌位于胸前皮下，附着于胸骨和第 1~6 肋软骨上，作用是提肋助吸气；胸小肌附着于第 3~5 肋骨上；前锯肌位于胸廓的侧壁，如图 10–31 和图 10–32 所示。

胸部固有肌群填充在肋间隙之中，与肋骨联合构筑胸壁，保护内脏器。根据其附着在肋间的深浅可分为肋间内肌和肋间外肌，肋间内肌具有降肋助呼气作用，肋间外肌提肋助吸气。

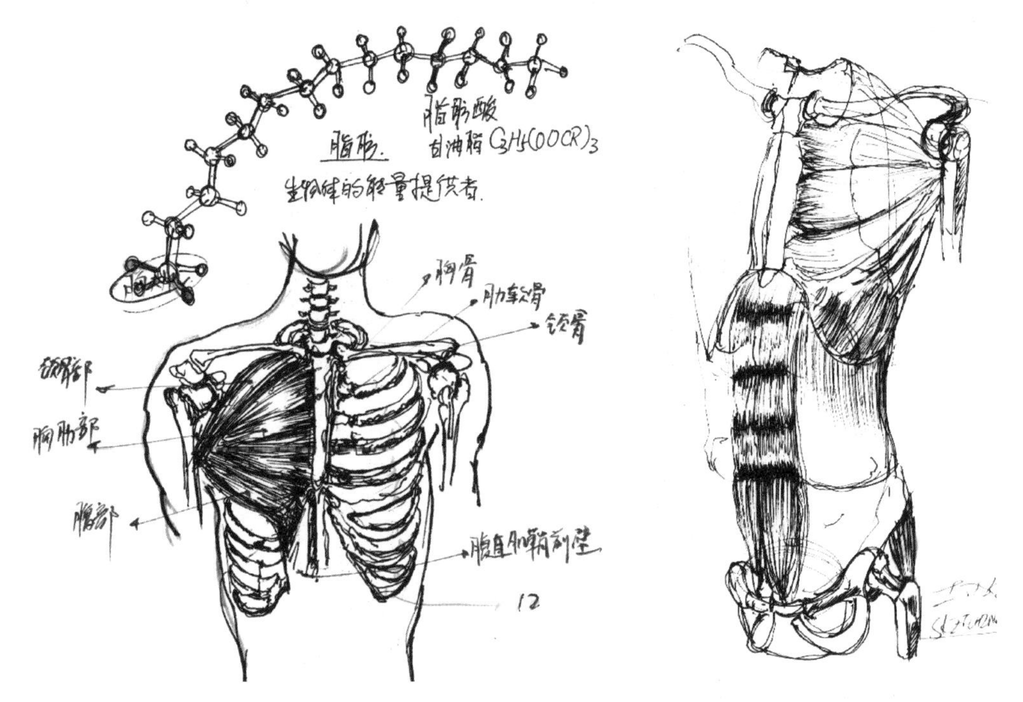

图 10–31　人体胸肌（1）

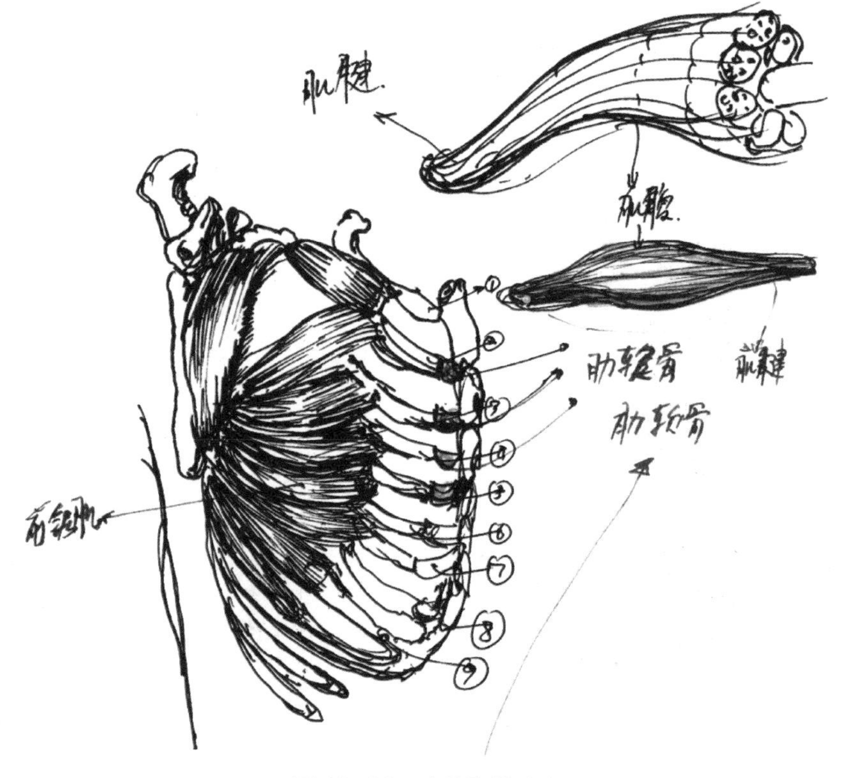

图 10–32　人体胸肌（2）

下肢肌主要以支撑人体站立和进行移位运动为主，其特点是肌腹粗大有力，数量少于上肢肌。下肢肌包括髋肌、大腿肌、小腿肌和足肌。除足肌之外，下肢肌均可分为前群、侧群和后群，如图 10–33~ 图 10–36 所示。例如，著名的臀大肌肉就是髋肌中后群的一部分。

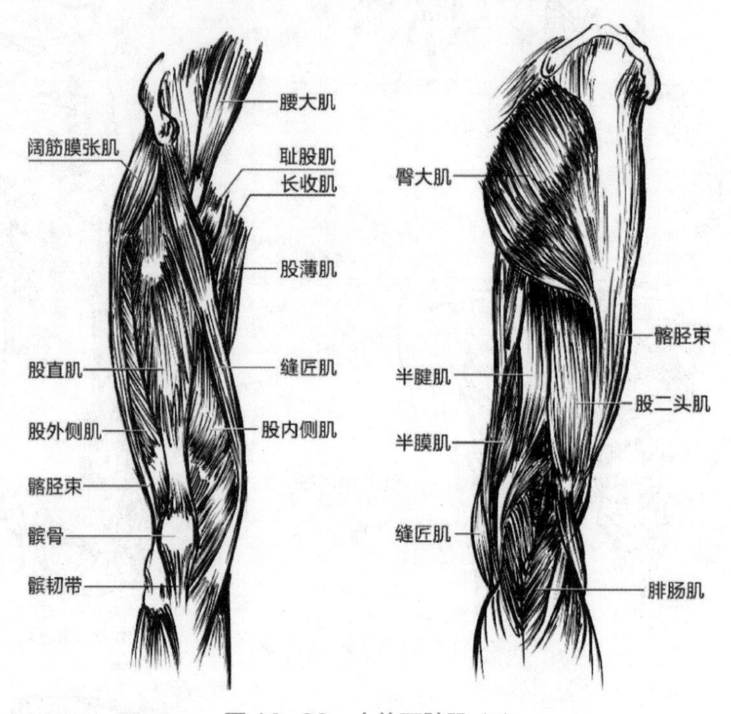

图 10–33　人体下肢肌（1）

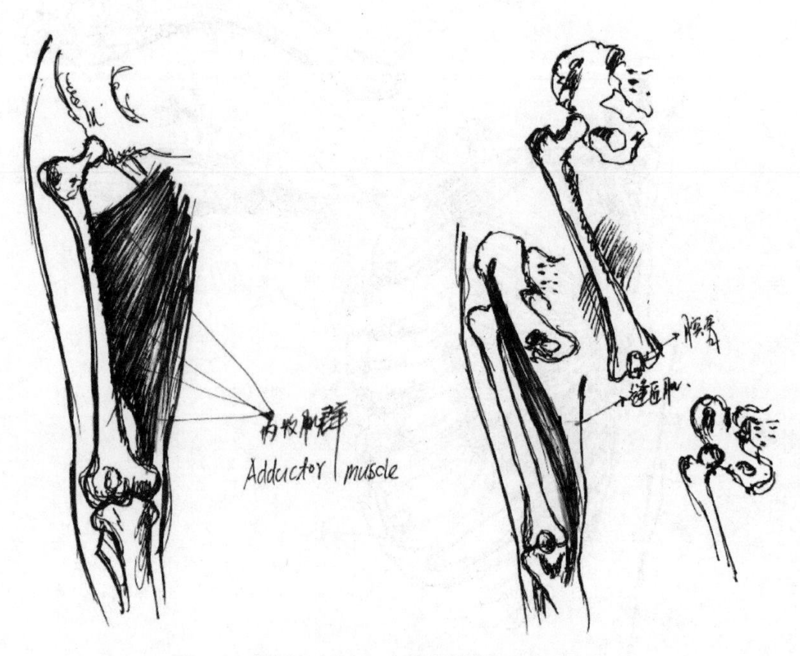

图 10–34　人体下肢肌（2）

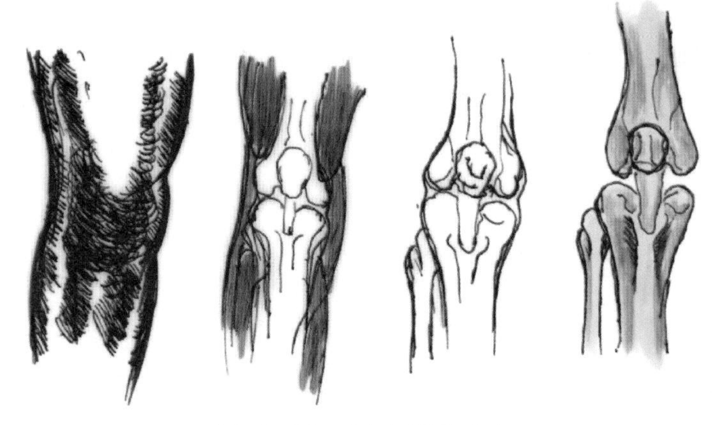

图 10-35　人体下肢肌（3）

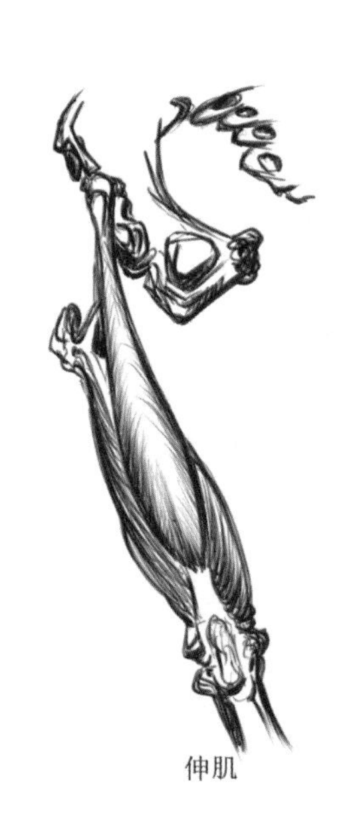

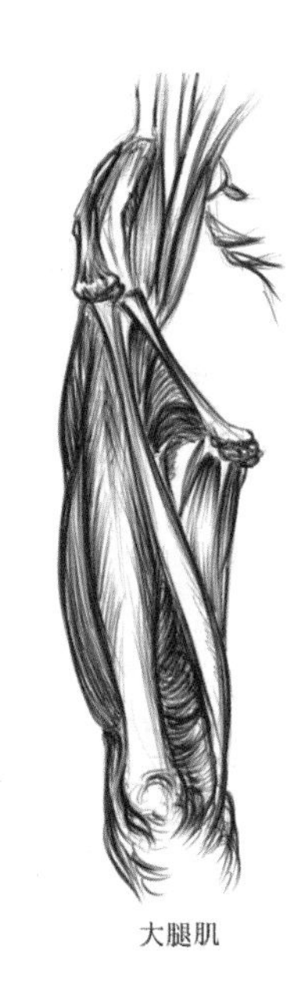

图 10-36　人体下肢肌（4）

10.4 运动鞋草图设计

在快节奏的现代生活、工作、学习中，除了 8 个小时的睡眠与床有关，剩余的 16 小时，与人体接触最密切的是当属我们的座椅和鞋，其中鞋的密切程度更是不可想象，但常常被忽略。鞋虽是一种装饰和时尚，但鞋的根本作用是保护我们的双脚，同时获得舒适感。然而批量生产的运动鞋是一种工业产品，由工业流水作业生产活动所创造，符合原定生产计划满足运动需求的生产成果，所以运动鞋的设计是工业设计的一种，并非绝对的时尚设计。

小时候，母亲做布鞋时总会比照家人的脚，用纸、铅笔和剪刀先裁剪出合适的鞋底和鞋面纸样，方才下料制鞋，现在看来这是再直接不过的经验性人体工学的应用。

本节以胶底运动鞋的设计（Sneaker Design）为例，结合人体解剖知识，总结鞋子设计比例与结构，从而自如地绘制鞋子设计草图。首先，从了解研究人体脚的解剖学结构开始，关注足部的骨骼结构特点和肌肉分布规律；接着，依据解剖结构分析鞋子设计中的比例与结构；最后，以设计草图的方式呈现鞋子设计方案。

10.4.1 足的解剖学结构

脚即足，先从足骨说起，足的构造大致可分为三部分，即：前足、中足和后足部。三部分的构造各有特点，其机能各异。足骨共有 26 块，包括趾骨 14 块，跖骨 5 块，跗骨 7 块，分别对应前足、中足和后足部。5 块跖骨将整个足骨结构分成明显的三部分，如图 10-37 所示。

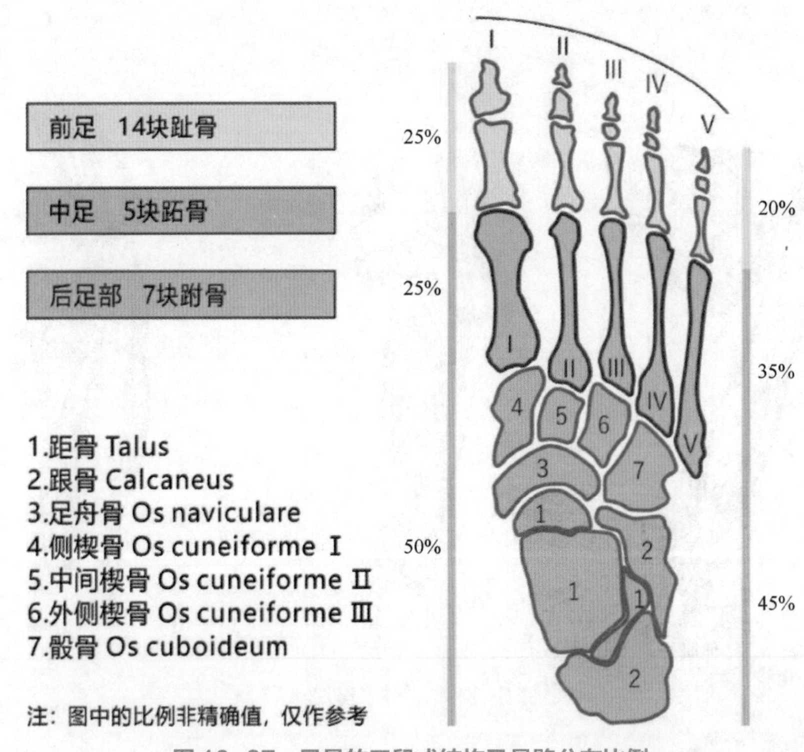

图 10-37 足骨的三段式结构及骨骼分布比例

另外，通过 X 光片能够很快了解足的骨结构，如图 10-38（a）所示。足部形态可简单视为一个不规则的三角体，其背面由坚硬的骨和肌腱构成；足底内侧呈现弧面，底部呈扁平状，其上附有纤维脂肪。

无论对运动员还是普通运动爱好者，第五跖骨疲劳性骨折或许是足底最可怕的伤，第五跖骨位于左右脚的中足最外侧，如图 10-38（b）所示。许多著名运动员足部受伤多是第五跖骨骨折，乔丹、姚明等都发生过类似的情况。骨折多见于第五跖骨的三个位置：跖骨骨干中部（骨干骨折，Mid-shaft Fracture）、基底部（基底部骨折，又名琼斯骨折，Jones Fracture）、跖骨后端部（撕脱性骨折，Avulsion Fracture）。

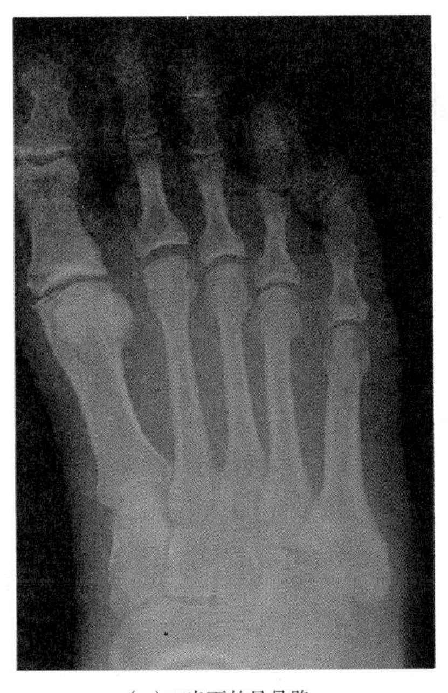

（a）X光下的足骨骼

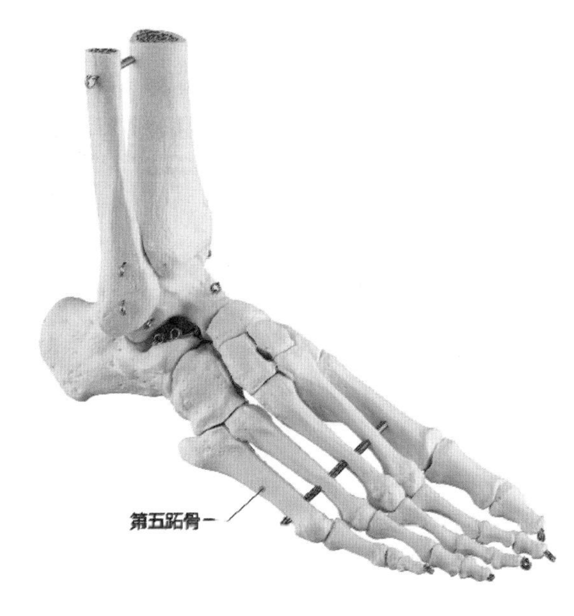

（b）足骨模型

图 10-38　X 光下的足骨骼和足骨模型比较

人体足骨具有非对称的完美力学结构及比例，如图 10-39 所示。

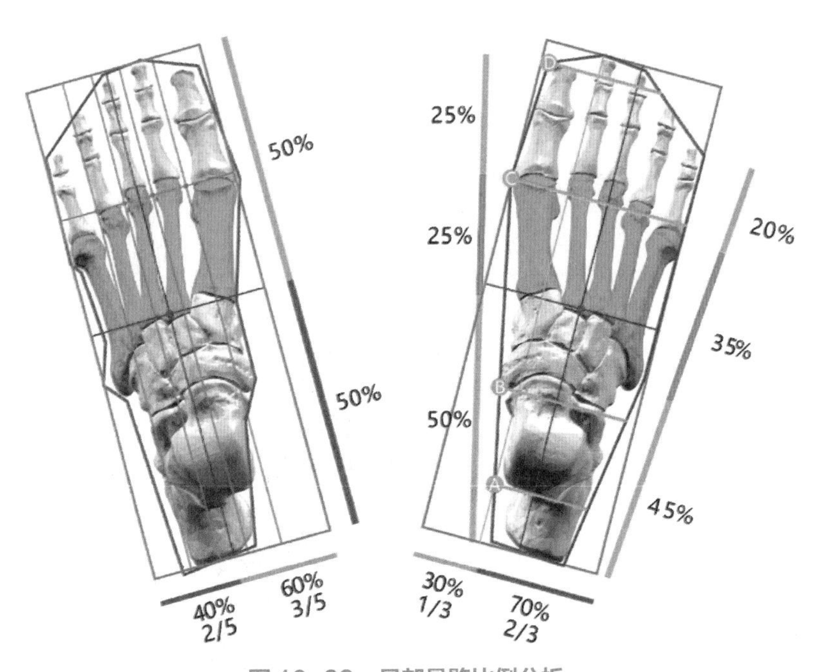

图 10-39　足部骨骼比例分析

脚的另外一个结构特点是弓形结构，或者称为拱桥形结构，即足弓（Arches of the foot），如图 10-40 所示。足弓，由跖骨和跖骨组成，再由韧带和肌腱强化，足以让脚能够支撑起身体的重量，即保持直立姿势的重量。

图 10-40　足弓

这种结构不仅承受了人体的全身重量，更重要的是运动。人类的运动始于穿鞋之前，最早是为了躲避野兽的伤害而奔跑，而后又是为获取食物而追逐野兽。足的弓形结构就是为运动而生，分散了来自整个人体的重力。同时，脚尖自然微翘更有利于走路和奔跑，这便是运动鞋鞋底前掌微翘的原因，这符合人体工学。

了解完足部的骨骼特点，我们再来研究足部肌肉的分布情况，以左脚为例展开叙述。足部肌肉主要分布在足北部和足底部，因此称为足背肌和足底肉。足背肌由三只趾短伸肌和一只踇短伸肌组成，如图 10-41 所示。趾短伸肌分别附在第 2~4 趾上，起于跟骨的上表面及外侧，止于第 2~4 趾近节趾骨底。踇短伸肌起点与趾短伸肌相同，止点位于踇趾近节趾骨底。值得注意的是，第五趾上并没有附肌肉，这或许是造成其容易受伤的原因。

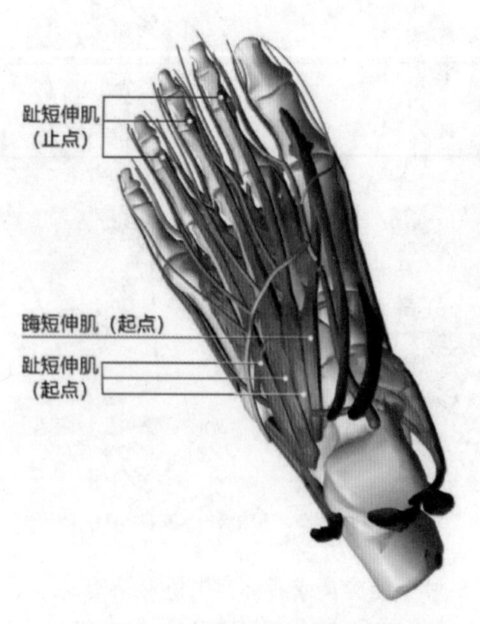

图 10-41　足背部肌肉分布图

足底肌可分为三个肌肉群：外侧肌群、中间肌群和内侧肌群。外侧肌群由小趾展肌、小趾短屈肌构成；中间肌群由趾短肌、骨间肌和蚯蚓肌组成；内侧肌群包括踇展肌和踇收肌。如图 10–42 所示。

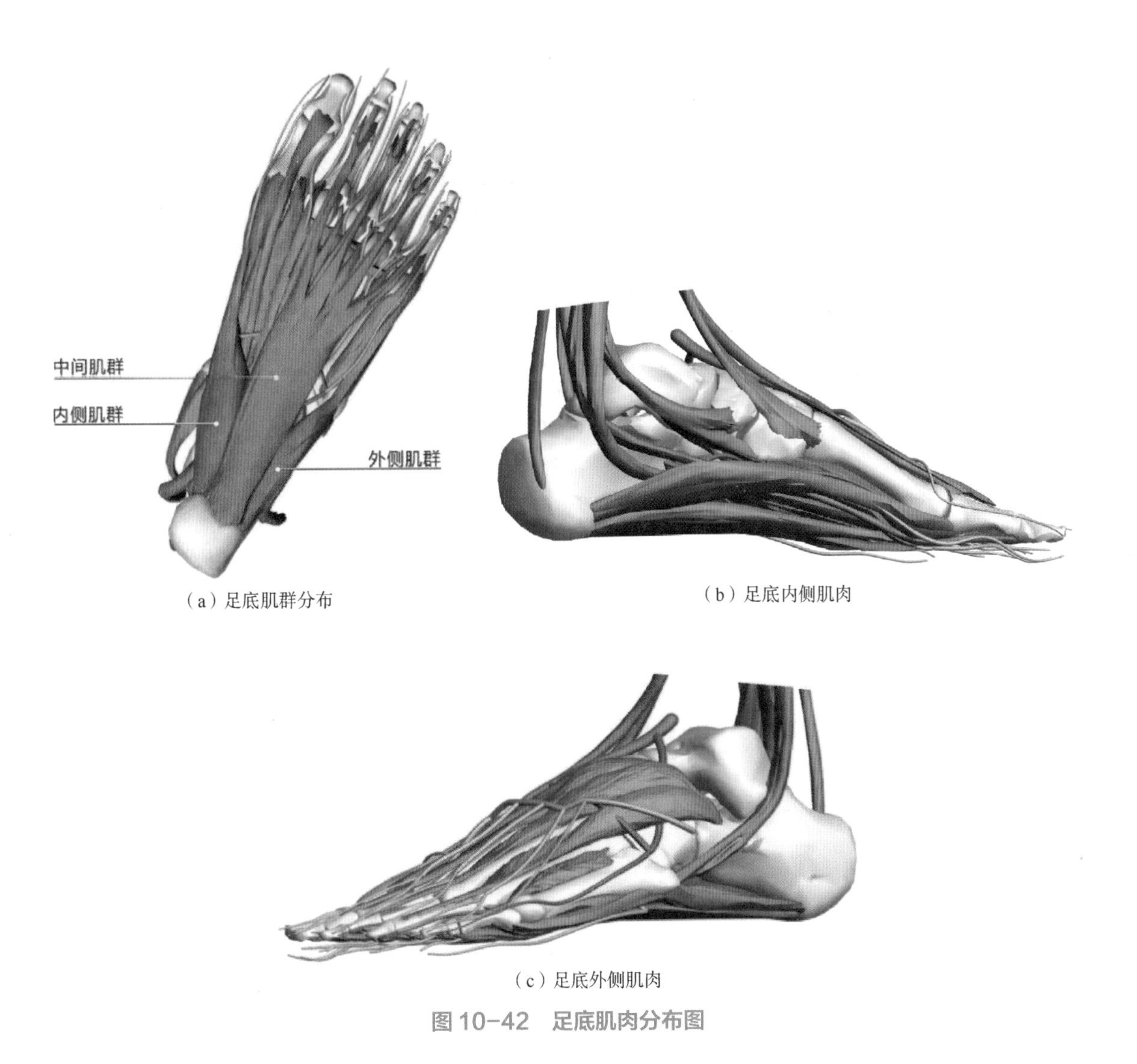

（a）足底肌群分布

（b）足底内侧肌肉

（c）足底外侧肌肉

图 10–42　足底肌肉分布图

10.4.2　鞋的结构与比例

本节讨论的对象以 Sneaker 为主，即胶底运动鞋。Sneakers 虽然种类繁多，但大致有相同的基本结构，可以分为五大部件。按照零部件拆解，从上至下依次为鞋带（Shoelace）、鞋面（Upper）、鞋垫（Insole）、中底（Midsole）、外底（Outsole），如图 10–43 所示。各大部件再由更小的零件组成。五大部件之间的连接关系中，鞋带与鞋面的结合一目了然，关键是鞋面帮底部件间的关系，存在两个结合关系。其一是鞋面与中底的连接，属于基础连接关系；其二为鞋面帮底与外底之间的结合，属于结构连接关系。

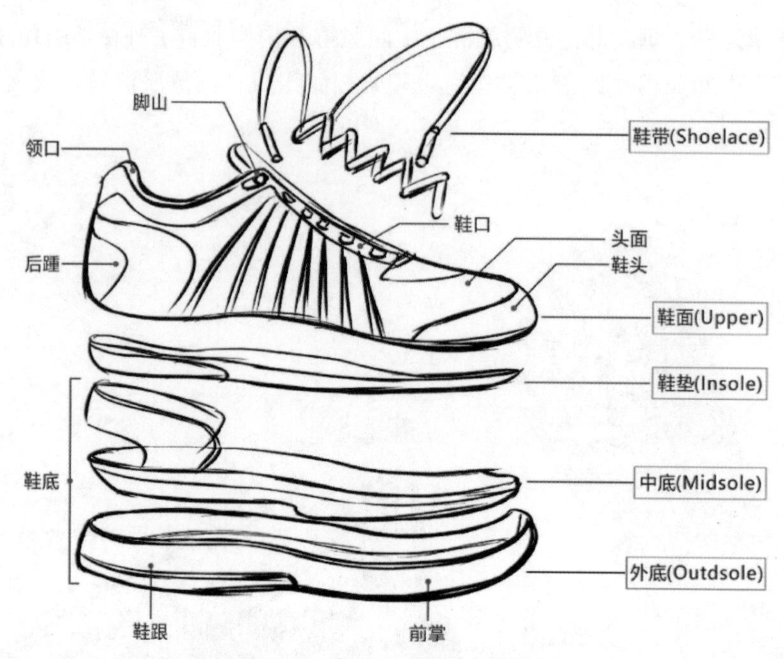

图 10-43　普通胶底运动鞋的基本结构

另外值得注意的是，由于 3D 打印技术的快速发展，运动鞋的结构已经发生很大的变化，例如全身 3D 打印的运动鞋，不再由普通意义的五大部件组成。有关运动鞋结构方面的书，建议阅读高士刚编著的《运动鞋结构设计》[①]。

人们常说“鞋是否合适，脚知道答案”，脚的结构特征决定了鞋的结构。有了前面的基础，分析胶底运动鞋的比例与结构便可由内而外进行分析。为了揭示鞋与足的多种比例关系，可采用矩阵网格分析法，矩阵网格大小依据鞋的类型而定，如图 10-44 所示。以低腰慢跑鞋为例，分别使用 2×3、3×4、3×5 矩阵网格分析其比例特征。

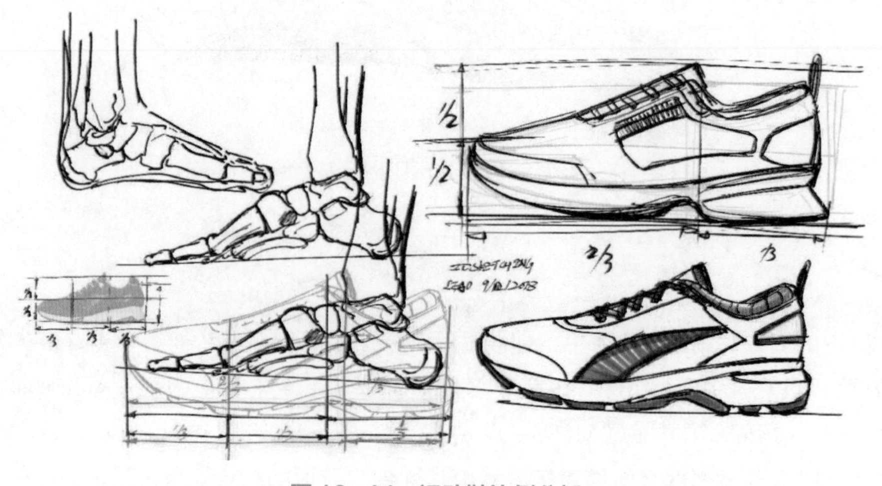

图 10-44　运动鞋比例分析

① 高士刚．运动鞋结构设计［M］．北京：中国纺织出版社，2011，9.

为寻找运动鞋和足的协调性比例特征，借用 2×3 的矩阵网格进行分析，如图 10–45 所示。鞋跟大约是鞋全长的 1/3，鞋头约占 1/3，鞋身中段约占 1/3，体现出三段式的足骨结构：1/3 前足、1/3 中足、1/3 后足。在后续的运动鞋草图设计中，可巧妙利用此种比例结构。

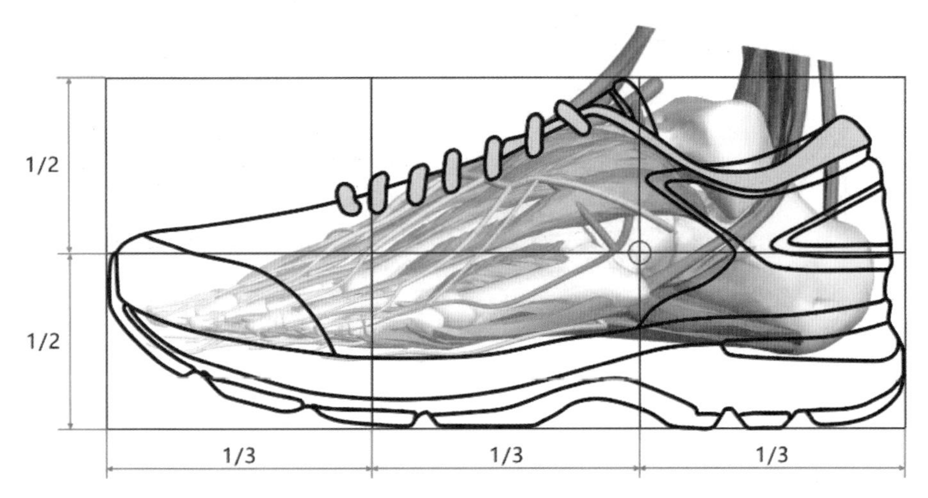

图 10–45　2×3 矩阵网格分析运动鞋与足的协调性

用 3×4 的矩阵网格分析，如图 10–46 所示。人体静立时足的重心大约在距鞋底 1/3 和距离鞋后跟 1/3 的交汇区域。如果你稍稍留心，当你光顾运动鞋店时，看到满墙面的运动鞋外侧面（Side View of Sneakers）时，再想想足骨结构，你会体验到它的存在。

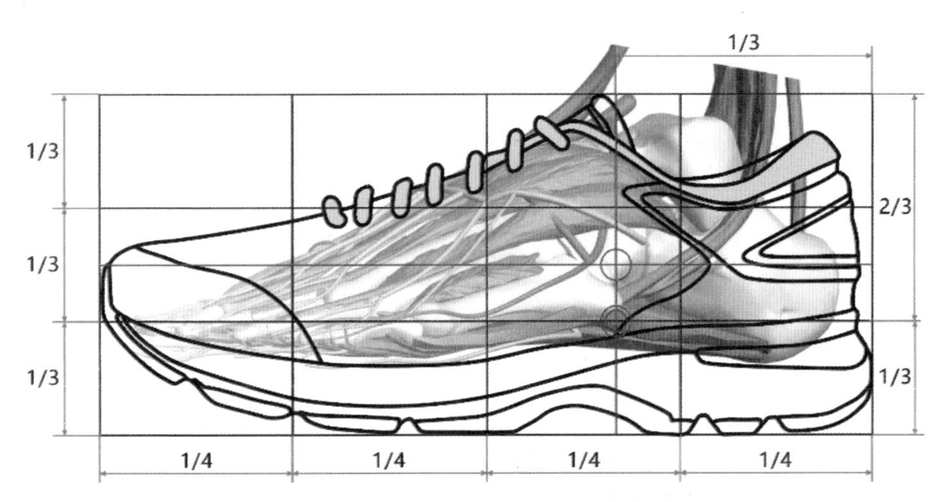

图 10–46　3×4 矩阵网格分析运动鞋的比例，侧面视觉中心与足部重心

采用 3×5 矩阵网格分析有助于更深入地把握运动鞋的更多细节和结构比例，有助于设计人员提高设计构思的合理性和草图设计表现的准确性，如图 10–47 所示。但无论采用何种尺度的矩形网格，运动鞋和组的比例中心保持不变，位于距后跟 1/3 和高 1/2 的交汇处，也可称为鞋的黄金中心。

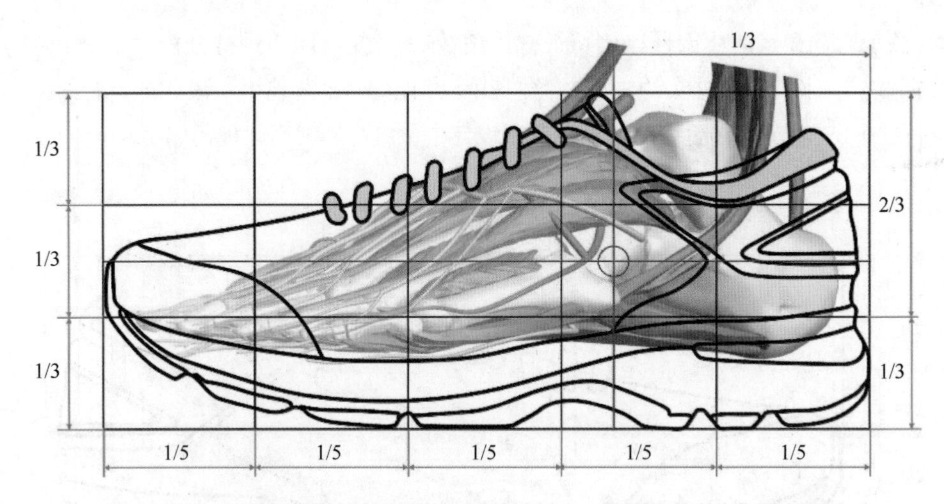

图 10-47　3×5 矩阵网格分析运动鞋的比例，侧面视觉中心与足部重心

10.4.3　运动鞋草图设计

初步草图设计时，可先忽略透视的准确度、线条的质量、光影关系等，把更多精力集中到运动鞋的形态比例和结构。假设有一双脚就在你眼前，或者从网上找一张脚的图片并打印到 A4 纸上，垫在半透明的硫酸纸下面绘图会更容易把握鞋子的比例和结构。待熟练之后再将焦点转移到线条质量、透视准确、色彩协调等方面。由于鞋类是典型的 2.5 维产品，起步绘图时最好从侧视图开始，但要注意绘制的鞋的内侧还是外侧视图，如图 10-48 所示。

图 10-48　运动鞋起稿草图设计

因为足是非对称体，运动鞋的内外侧面也不尽相同。从保护脚的本能需求出发设计胶底运动鞋，切不要把装饰放到第一位，主要考虑透气性、保暖性、轻量化等。

胶底运动鞋依据运动类型大致分为慢跑鞋、网球鞋、滑板鞋、篮球鞋、足球鞋、登山鞋、休闲运动鞋等。运动类型不同，所选用的材料也有所不同。有关运动鞋的材料和工艺的更多细节参见魏伟等编著的《运动鞋造型设计》[①]，或者杜少勋主编的《运动鞋设计》[②]。

体现脚的三段式结构设计方案，以左脚外侧为例，可同时表现在鞋面和鞋底上，如图 10–49 和图 10–50 所示。三段式的结构比例可以明显地表达，如图 10–49 中的设计方案①；也可隐含地表达，如图 10–49 中的设计方案②③④，在滑板鞋的鞋底设计上则更为隐含，往往只在鞋面上呈现三段式比例结构。

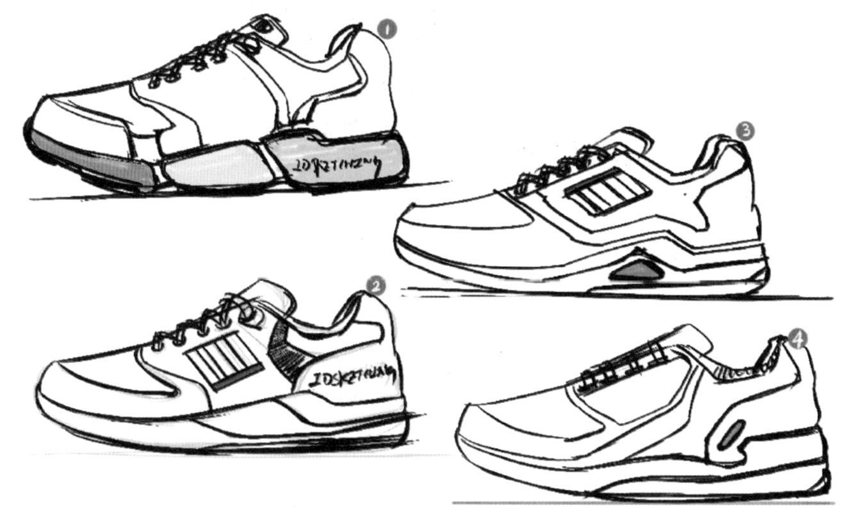

图 10–49　三段式运动鞋设计草图（1）

图 10–50　三段式运动鞋设计草图（2）

图 10–51 中的篮球运动鞋设计方案，同样采用三段式的比例结构，同时给予向中段集中收缩的视觉张力感受，隐喻地表达出设计方案对脚部有很强的保护性。

① 魏伟，吴新星．运动鞋造型设计［M］．北京：中国纺织出版社，2012，9.

② 杜少勋．运动鞋设计［M］．北京：中国轻工业出版社，2007.

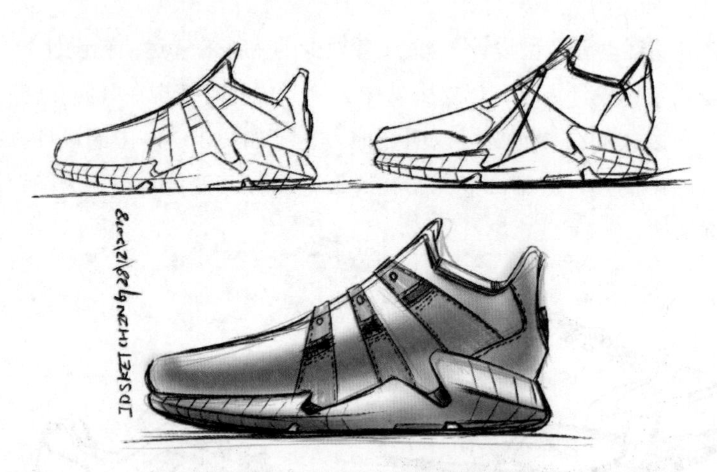

图 10-51　三段式运动鞋设计草图（3）

绘图关键步骤讲解

第 1-1 步，估画一个鞋底轮廓线（Footprint），如图 10-52 所示。选择合适透视的角度，先绘制一根透视线（鞋底中心线），鞋跟部位用一个透视圆代替，然后完成整个鞋底轮廓线。需要提醒的是，这里是一只左脚的鞋底轮廓线。

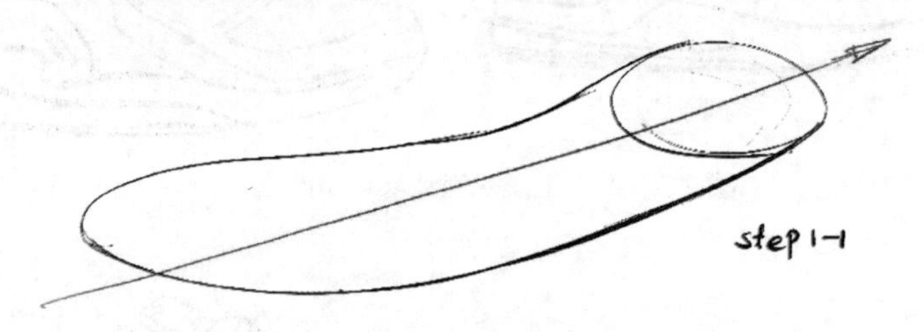

图 10-52　休闲运动鞋草图第 1-1 步

第 1-2 步，在上一步的基础上绘制休闲鞋的主要形态特征线和结构线，绘制一根红色的鞋面中心线辅助透视并控制整个鞋的形态比例，三段式的结构体现到鞋面上，同时也可帮助控制比例，如图 10-53 所示。

第 2 步，此时，可以添加一些结构细节，例如鞋底与鞋帮间的形态过渡，鞋口上鞋带孔的位置、领口上的结构线等，如图 10-54 所示。

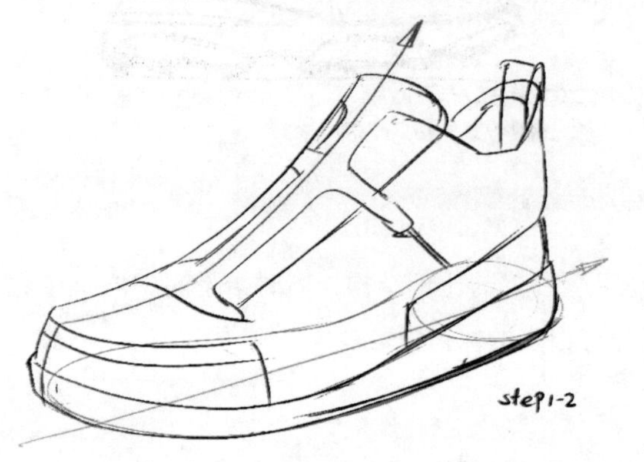

图 10-53　休闲运动鞋草图设计第 1-2 步

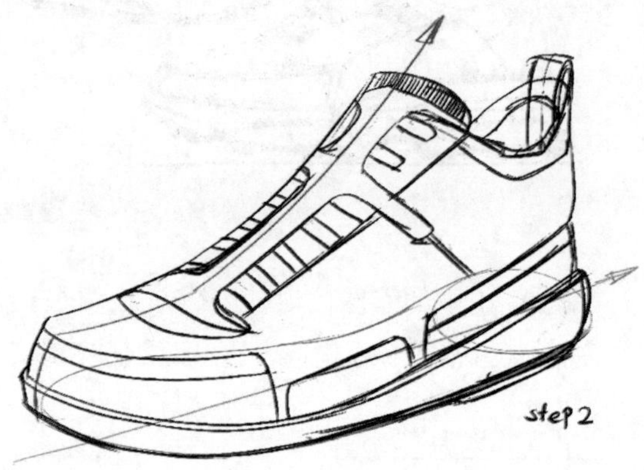

图 10-54　休闲运动鞋草图设计第 2 步

第 3 步，绘制鞋带和鞋底上的细节，注意这一步如果需要还可再次调整形态和透视，修改形态细节和比例，如图 10–55 所示。在绘图过程中修改是不可避免的，请不要为此担心。

第 4 步，有了上面的基础，这一步可以大胆添加细节，例如鞋面上的缝合线、装饰线等。另外为了表达真实感，别忘了绘制出飘动的鞋带，增加画面的活跃感，如图 10–56 所示。

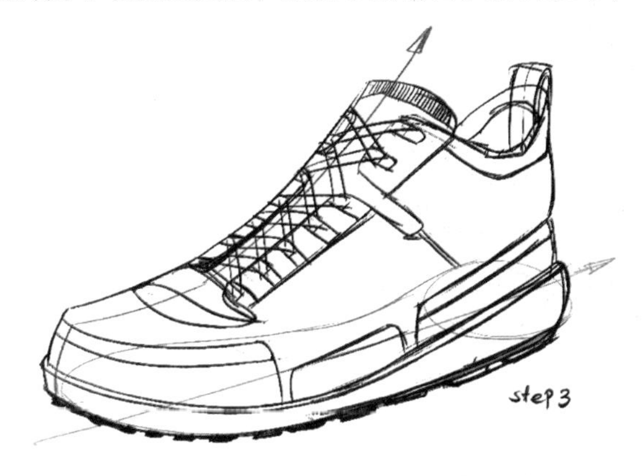

图 10–55　休闲运动鞋草图设计第 3 步

图 10–56　休闲运动鞋草图设计第 4 步

第 5 步，给运动鞋着色，通常选择来自左上角的光源。上色时注意从鞋底开始，鞋底选择了浅灰与深灰，表现出鞋底形态的变化。然后给鞋头、后跟和鞋帮中段添加了淡蓝色，为了表现形态的变化，先浅色后深色，如图 10–57 所示。

第 6–1 步，有了上一步的渲染着色经验，这一步就可以大胆尝试了，注意在鞋面上绘制一些附着投影细节，但不需要太多，如图 10–58 所示。红色的中心线可以一直保留着，对理解产品形态是有好处的。

图 10–57　休闲运动鞋草图设计第 5 步

图 10–58　休闲运动鞋草图设计第 6–1 步

第 6–2 步，这一步为运动鞋绘制投射投影，设定光源来自左上方，投影用 70%~80% 的黑，但不是纯黑，也不要太实，那样并不真实，此时画面的立体感立刻增加，如图 10–59 所示。

简单地说，足球运动是一种主要依靠脚控制球的运动。因此足球鞋形态修长，鞋面干净利落，鞋舌可外翻，鞋底较薄且有鞋钉，这些特征是为了提高控球触感和长时间奔跑而设计，如图 10–60 所示。

图 10-59　休闲运动鞋草图设计第 6-2 步

图 10-60　足球鞋设计草图

依据足骨比例，也可将运动鞋设计成两段式，前脚掌段和后足跟段。前脚掌与后足跟比例大约为 2∶1，如图 10-61 和图 10-62 所示的两段式运动鞋概念草图。

大多数运动鞋的鞋后跟与前掌存在落差，即跟掌差（Heel-Toe Drop），掌跟差影响运动学特征，而不是后跟高度，如图 10-63 所示。为什么鞋跟厚度高于前掌，而不是保持水平呢？有几个方面的原因。

（1）足的解剖结构。后足部由跟骨、距骨和舟骨组成，其中跟骨体积最大，连接跟骨与小腿骨的是跟腱。有落差能够减轻跟腱的压力，提供后跟缓冲和向前的推动力，关键在于落差的尺寸的合理性。

（2）运动鞋的核心是中底，中底材料性能的不断变革是减震的关键。

（3）运动鞋科技的发展，如 NIKE 的气垫技术、匡威的 React 避震系统、Adidas 的智能科技鞋 Adidas-1 等。

（4）运动理念的变化，赤足跑的兴起，导致零落差运动鞋出现，如 Saucony Hattori、New Balance Minimus 等。

图 10-61　两段式运动鞋设计草图（1）

图 10-62　两段式运动鞋设计草图（2）

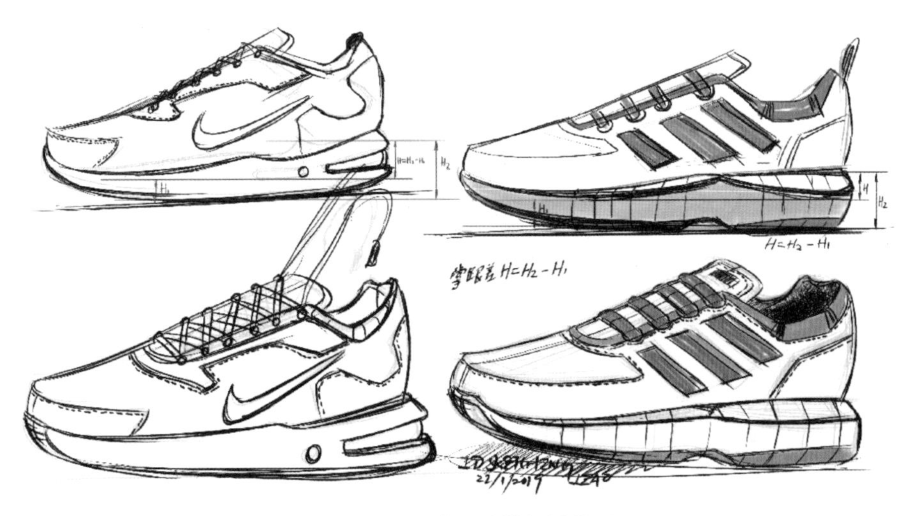

图 10-63　两段式运动鞋设计草图（3）

传统上，鞋子是由皮革、木材或帆布制成。但 2000 年之后，特别是 2010 年之后，制鞋材料主要由橡胶、塑料和其他石油化工原料制成[①]。虽然人类的脚可适应不同的地形和气候条件，但还是容易受到外界危险环境的影响，因此，保护脚和舒适依然是鞋的最重要功能。例如，登山鞋就是避免尖锐的岩石对脚的伤害。另外，还有一种介于专用登山鞋和普通运动鞋之间的一种户外运动鞋，在设计中并不需要过多的设计保护功能和元素，适当即可，如图 10–64 和图 10–65 所示。

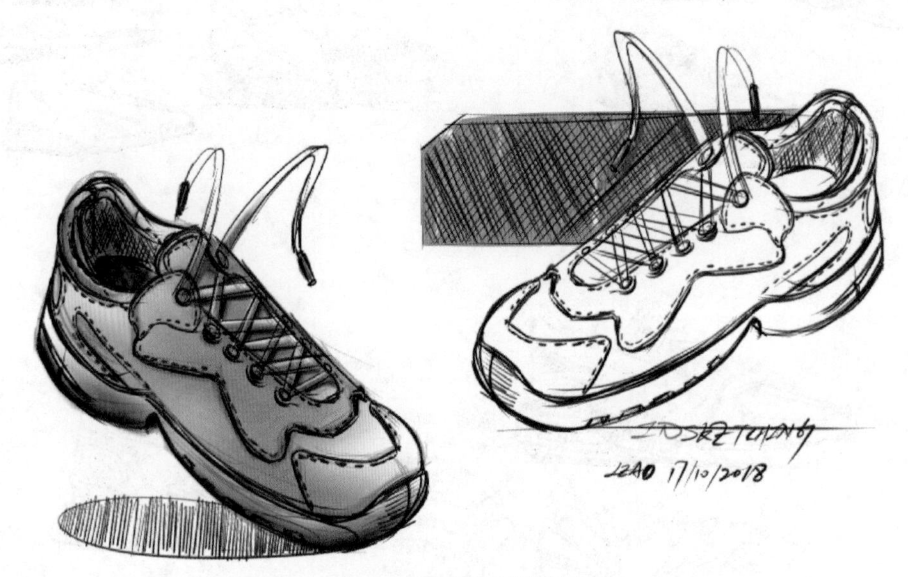

（a）女士户外运动鞋设计草图

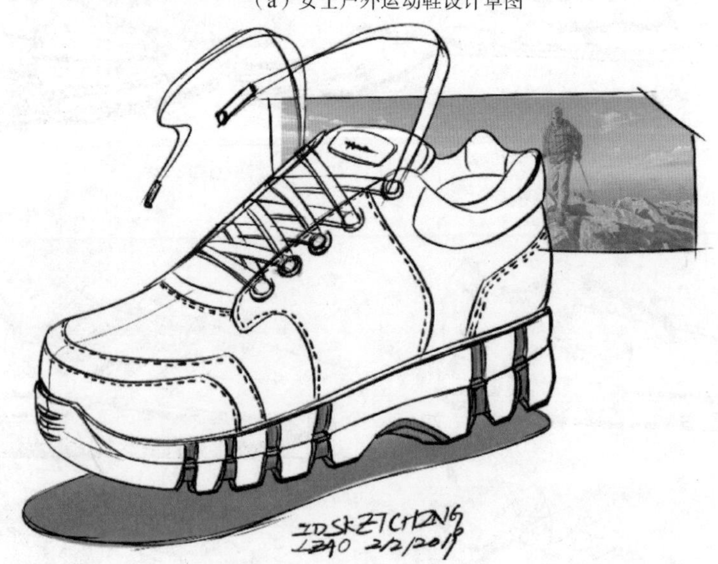

（b）男士户外运动鞋设计草图

图 10–64　户外运动鞋设计草图（1）

① https：//en.wikipedia.org/wiki/Sneakers

（c）男士户外运动鞋设计效果图

图 10-64 户外运动鞋设计草图（1）（续）

图 10-65 户外运动鞋设计草图（2）

维基百科（英文）将鞋子的发展史大致分为四个阶段：古代、中世纪和近代早期、工业时代、文化和民俗时期[①]。现阶段就处于民俗时期，鞋类设计注重装饰和时尚，但对运动鞋而言，装饰并不是重点，知名运动品牌在其运动鞋的科技研发投入是巨大的，世界首个气垫运动鞋就是由 NIKE 研发。

当侧视图熟练后，便可逐步带着思考过渡到透视图。在侧视图与透视图之间不断切换，思考形态的结构和特征。有时候在图中绘制一些脚的骨骼结构，帮助理解。足后跟几乎全部是骨

① https：//en.wikipedia.org/wiki/Shoe

头，因此在绘图练习时，重点在于思考采用何种各种包裹的形态或样式来保护它，功能不同形态不同，如图 10-66 所示。

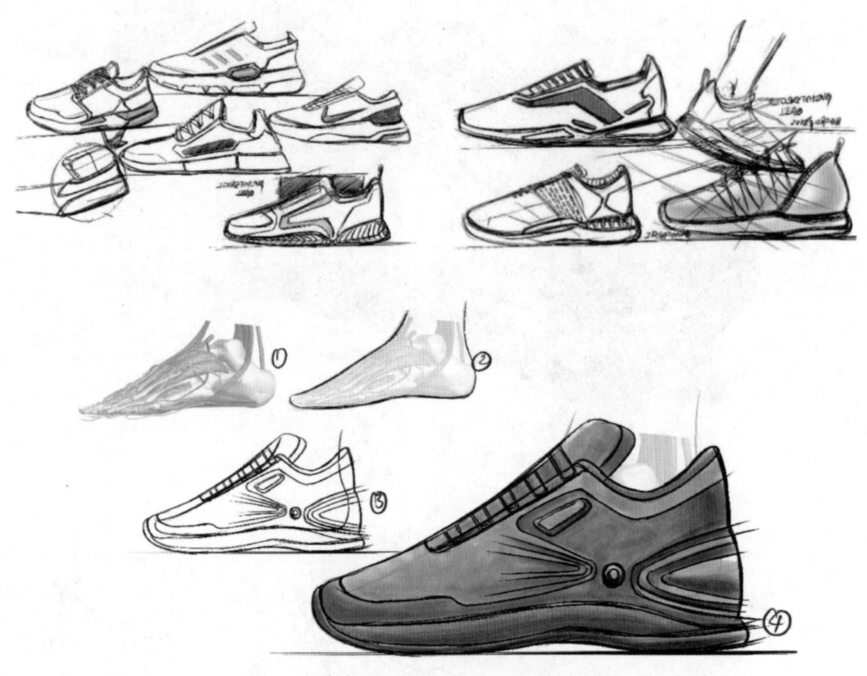

图 10-66　保护脚踝运动鞋设计草图

为了进一步说明运动鞋的结构，常常需要绘制一些爆炸图，爆炸图的绘制不可一蹴而就，如图 10-67 所示。爆炸图要符合运动鞋的基本装配关系。根据运动鞋的主要结构从上到下依次装配：鞋面、鞋垫、中底、外底，以及附件等。初稿先控制基本装配关系、比例和透视，忽略细节；接着在不违反装配关系的基础上进一步调整线与形态；然后细化每个零部件；最后根据需要着色渲染。另外，在绘制运动鞋爆炸图时，鞋垫可以省略不画。

图 10-67　运动鞋结构爆炸图

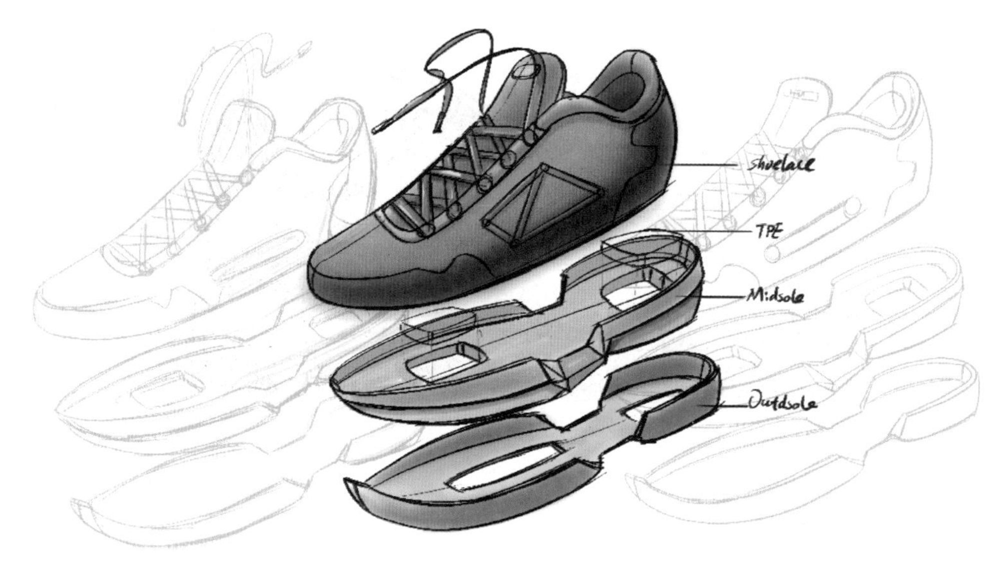

图 10-67　运动鞋结构爆炸图（续）

对于休闲运动鞋，考虑穿戴方便和脚面的舒适性，鞋口不采用鞋带的形式，而采用松紧带、魔术贴等方式，如图 10-68 所示。

篮球鞋侧视图绘制步骤

第 1 步，根据 2×3 矩阵网格绘制篮球鞋侧视图中心轮廓线，比例网格可用于控制外底、中底和鞋面的整理比例，如图 10-69 所示。

（a）鞋口构思草图

图 10-68　鞋口构思草图与效果图

（b）效果图（1）

（c）效果图（2）

图 10-68　鞋口构思草图与效果图（续）

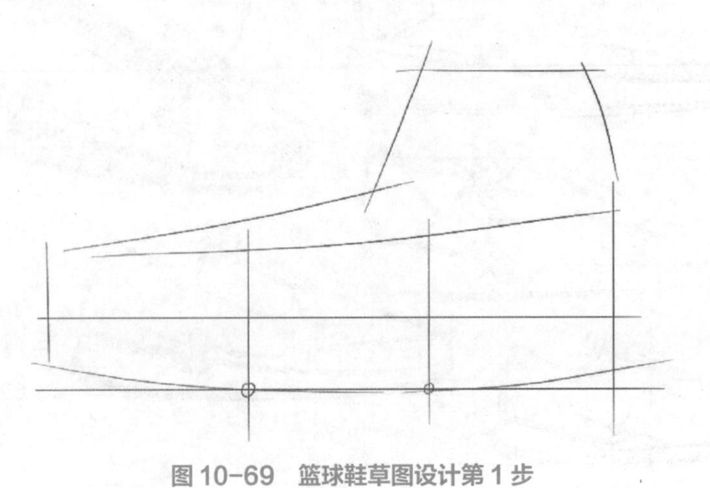

图 10-69　篮球鞋草图设计第 1 步

第 2 步，用轻松自由的线条绘制出运动鞋的关键轮廓线，特别注意鞋底与鞋面的比例，并确定鞋底形态的变化，如图 10-70 所示。

图 10-70　篮球鞋草图设计第 2 步

第 3 步，依据比例网格在鞋面上添加一些细节，如鞋头、鞋口、鞋带孔、中底与外底的分界线等，如图 10-71 所示。

图 10-71　篮球鞋草图设计第 3 步

第 4 步，开始深入细节，鞋面上的结构细节，鞋面材料的纹理线和透气孔，并绘制出具有交错叠加感的鞋带。根据设计需要进一步丰富细节，对鞋面添加细节，并对鞋底做一些修正，如图 10-72 所示。

图 10-72　篮球鞋草图设计第 4 步

第5步，完成鞋面的颜色填充，即纯色填充。选用两种颜色给篮球鞋着色，中底、鞋带和鞋面装饰选用黄色，其他用灰色，如图10–73所示。

图10–73 篮球鞋草图设计第5步

第6步，基于简单光影原理，采用深色丰富各部件视觉形态，即改变着色明度等于改变形态，如图10–74所示。

图10–74 篮球鞋草图设计第6步

为全面展示设计方案，可绘制不同的视图，综合展现，如图10–75所示。如底视图表现鞋底，后视图表现鞋后跟，侧视图辅助思考的同时整体表现结构与比例，透视图表现整体形态变化。

平时多练习绘制一些概略效果图和结构爆炸图可有效提高我们的草图设计能力。运动鞋概略效果图不必追求过高的线条质量，有时可以用颜色来弥补线条质量的不足，如图10–76所示。

图 10-75　多视角运动鞋设计草图

图 10-76　运动鞋概略效果图（1）

图 10-76　运动鞋概略效果图（1）（续）

在绘制运动鞋草图时，鞋底设计也是需要考虑的，如图 10-77 和图 10-78 所示。

图 10-77　篮球鞋概略效果图（2）

绘制结构爆炸图时熟练使用改变色彩明度变化来修改形态，以及使用投影控制形态间的空间位置关系，如图 10-79 所示。

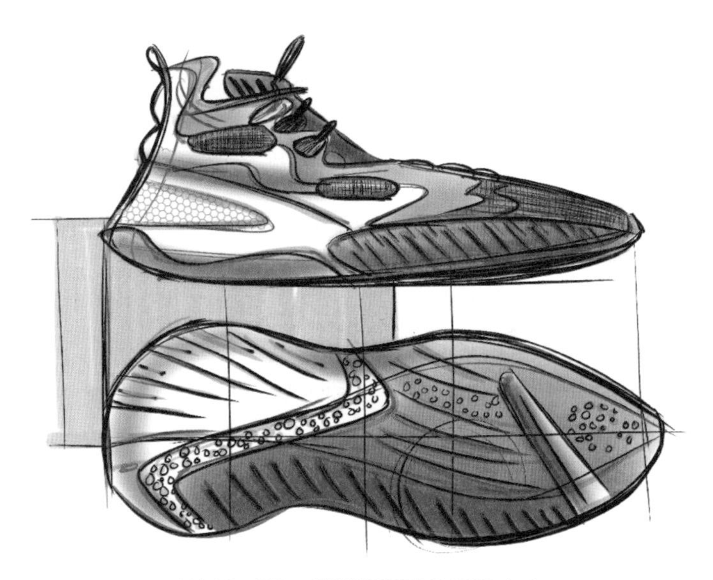

图 10–78　篮球鞋概略效果图（3）

图 10–79　户外运动鞋爆炸效果图

本章案例

刀柄创新设计

设计团队：刘胜利，高晨晖，李雄。

案例网址：http：//slashddesign.com/。

通过对人们使用刀具的行为过程（切菜、切肉、切水果等）的观察、分析，我们发现人们在切肉、切菜等精细操作时，操作手会下意识地向前移动，握刀时用大拇指和食指夹住刀面，其他手指握住刀柄，而中指仅靠在刀身的后臂（见图 10-80）。使用时间稍微一长手指和手腕都会产生酸疼感，食指在与刀后臂相互挤压后出现一道压槽。

要点 1：

用户的握刀手势用大拇指和食指夹住刀面，其他手指握住刀柄。由于刀较重，所以使用时间过长手指和手腕都会产生酸疼感。

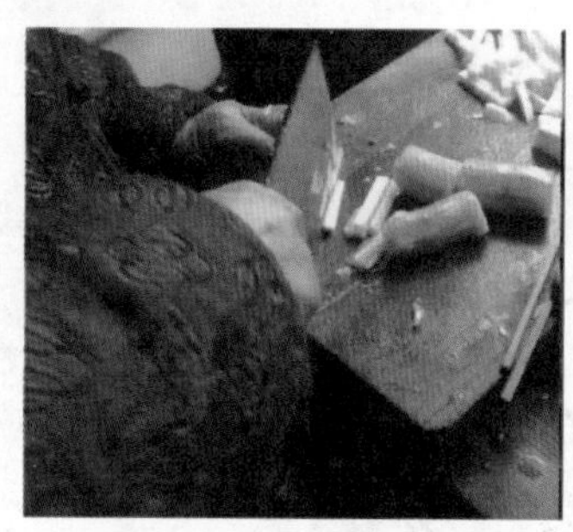

图 10-80 切菜动作

要点 2：

用切菜刀切肉，用户反映，刀片的前端较后端较薄，可以将食物切得较薄（见图 10-81）。

图 10-81 切菜刀切肉

对厨房作业做了行为分析，就刀具我们探索了三个设计方向，其中一个方向从人体工学出发探索刀柄设计，重点在于研究用户作业行为和手部结构，而不是造型本身。

项目在前期调研的基础上，尝试一些不同的设计方向，项目推进过程中设计草图一直伴随其中（见图 10-82~ 图 10-85）。

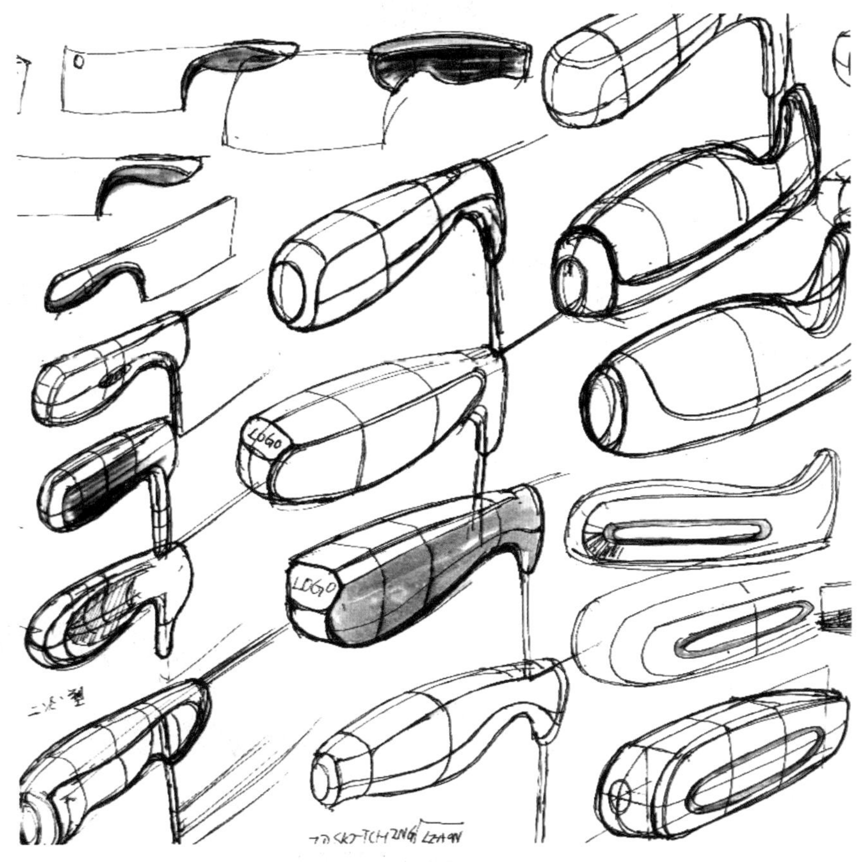

图 10-82　刀柄设计方案前期概念草图

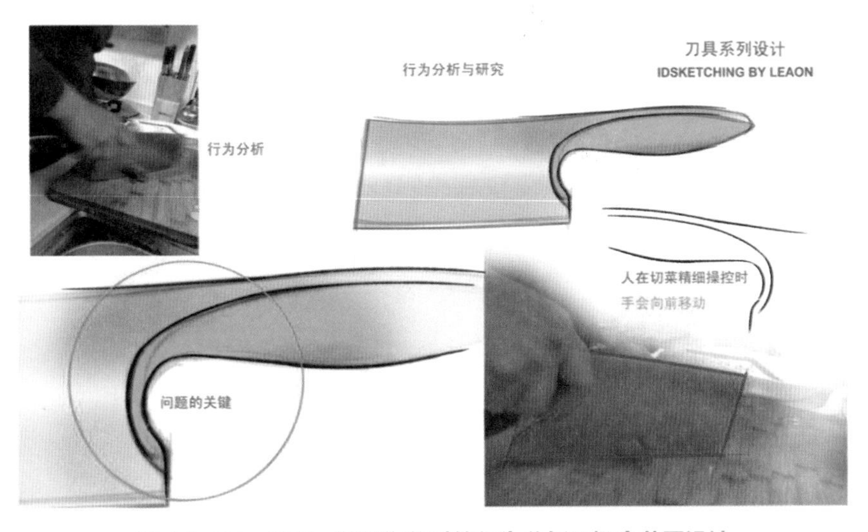

图 10-83　切肉、切菜作业时的行为分析和概念草图设计

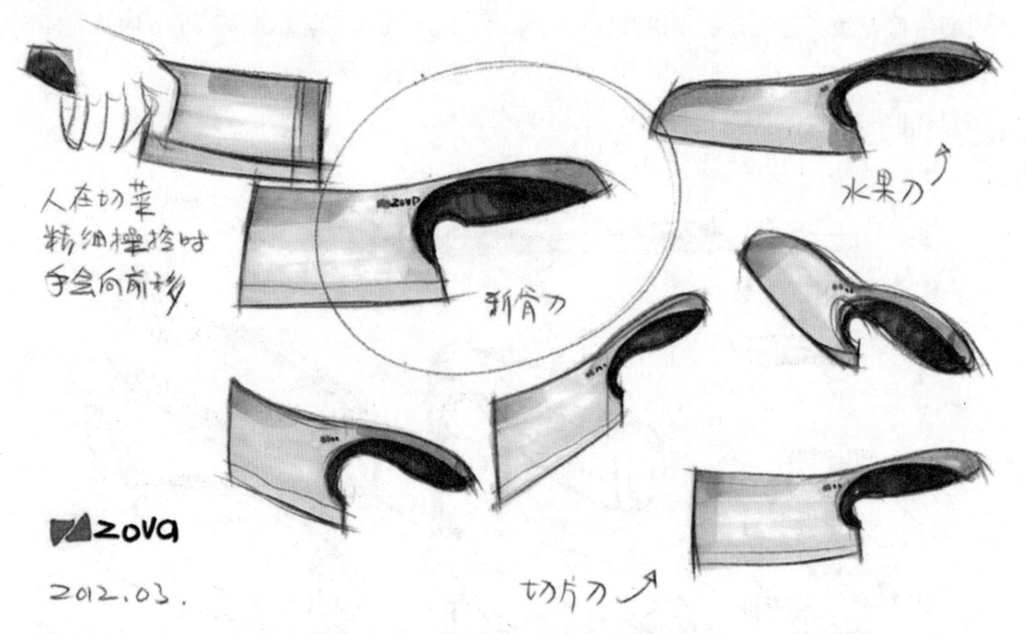

图 10-84　刀具系列概念设计草图

图 10-85　刀具方案效果图

参考文献

[1] 克雷 . 设计之美 [M] . 尹弢，译 . 济南：山东画报出版社，2010.

[2] SELF J. Communication through design sketches：implications for stakeholder interpretation during concept design [J] .Design Studies，2019：1-36.

[3] LAWSON B. What Designers Know [M] .Oxford：Architectural Press，2004.

[4] 王晓丹，孟宪志，张正峰，等 . 草图思维 [M] . 北京：电子工业出版社，2014.

[5] 柳冠中 . 事理学方法论：一本讲述设计方法论、设计思维的书 [M] . 上海：上海美术出版社，2019.

[6] 康瑛石，吴冬俊，侯冠华 . 电器产品设计 [M] . 北京：机械工业出版社，2012.

[7] 叶丹 . 用眼睛思考：视觉思维训练 [M] . 北京：中国建筑工业出版社，2011.

[8] 李笑缘，董术杰 . 工业设计创意解锁 [M] . 北京：清华大学出版社，2015.

[9] 帕克 . 人体（第 2 版）[M] . 左焕琛，译 . 上海：上海科学技术出版社，2014.

[10] 毛晓波，陈铁军 . 仿生型机器视觉研究 [J] . 计算机应用研究，2008，25（10）：2903-2905.

[11] 李铭 . 视觉原理：影视影像创作与欣赏规律的探究 [M] . 北京：世界图书出版公司北京公司，2012.

[12] 张顺燕 . 数学的美与理 [M] .2 版 . 北京：北京大学出版社，2012.

[13] 田敬，韩风元 . 设计素描 [M] . 石家庄：河北美术出版社，2002.

[14] 韩风元 . 设计素描 [M] .2 版 . 北京：建筑工业出版社，2009.

[15] 刘荣珍，赵军 . 机械制图 [M] .2 版 . 北京：科学出版社，2012.

[16] 金英姬，李跃武 . 画法几何之父：蒙日 [J] . 数学通报，2008，47（3）：56-58.

[17] 伊拉姆 . 设计几何学：关于比例与构成的研究 [M] . 李乐山，译 . 北京：知识产权出版社，2003.

[18] 克利 . 克利和他的教学笔记 [M] . 周丹鲤，译 . 重庆：重庆大学出版社，2011.

[19] 达·芬奇 . 达·芬奇笔记 [M] . 杜莉，译 . 北京：金城出版社，2011.

[20] 约特 . 视觉艺术用光：在艺术与设计中理解与运用光线 [M] . 薛非寒，译 . 杭州：浙江摄影出版社，2012.

[21] 阿恩海姆 . 艺术与视知觉 [M] . 孟沛欣，译 . 长沙：湖南美术出版社，2008.

[22] 贡布里希 . 图像与眼睛：图画再现心理学的再研究 [M] . 范景中，杨思梁，徐一维，等，译 . 南宁：广西美术出版社，2016.

[23] 安德森 . 认知心理学及其启示（第 7 版）[M] . 秦裕林，周海燕，徐玥，译 . 北京：人民邮电出版社，2012.

[24] ROBERTSON，BERELING. How to Draw：Drawing and Sketching Objects and Environments from Your Imagination [M] .Los Angeles：Design Studio Press，2013.

[25] 梁军，罗剑，张帅 . 借笔建模：寻找产品设计手绘的截拳道 [M] . 沈阳：辽宁美术出版社，2013.
[26] 汉娜 . 设计元素 [M] . 李乐山，译 . 北京：知识产权出版社；中国水利出版社，2011.8.
[27] 克罗斯 . 设计思考：设计师如何思考和工作 [M] . 程文婷，译 . 济南：山东画报出版社，2013.
[28] HENRY. Drawing for Product Designers [M] .London：Laurence King Publishing Ltd，2012.
[29] 王受之 . 王受之插画：动物篇 [M] . 北京：中国青年出版社，2013.
[30] 康定斯基 . 点线面 [M] . 余敏玲，译 . 重庆：重庆大学出版社，2011.
[31] 王蕊 . 自然的灵感 [J] . 艺术与设计，2016（8）：70-77.
[32] 海克尔 . 自然界的艺术形态 [M] . 陈智威，李文爱，译 . 北京：北京大学出版社，2016.
[33] 诺曼 . 设计心理学 3：情感设计 [M] . 何笑梅，欧秋杏，译 . 北京：中信出版社，2012.
[34] 朱毅 . 造型设计的复杂性问题与设计计算 [D] . 长沙：湖南大学，2015.
[35] 何晓佑 . 设计“感觉力”的养成 [J] . 林业工程学报，2009，23（5）：130-134.
[36] 索托伊 . 天才与算法：人脑与 AI 的数学思维 [M] . 王晓燕，陈浩，程国建，译 . 北京：机械工业出版社，2020.
[37] 刘传凯 . 产品创意设计 2 [M] . 北京：中国青年出版社，2007.
[38] 刘松，王雷 . 我是设计师 [M] . 北京：人民邮电出版社，2012.
[39] 舍恩赫尔 . 产品数字手绘综合表现技法 [M] . 张博，刘睿琪，王晓宇，等，译 . 北京：中国青年出版社，2018.
[40] 薛志荣 . AI 改变设计：人工智能时代的设计师生存手册 [M] . 北京：清华大学出版社，2019.
[41] 古德费洛，本吉奥，库维尔 . 深度学习 [M] . 赵申剑，黎彧君，符天凡，等，译 . 北京：人民邮电出版社，2017.
[42] 史丹青 . 生成对抗网络入门指南 [M] . 北京：机械工业出版社，2018.
[43] 谭力勤 . 奇点艺术：未来艺术在科技奇点冲击下的蜕变 [M] . 北京：机械工业出版社，2018.
[44] LIU Y，QIN Z，WAN T，et al. Auto-painter：Cartoon image generation from sketch by using conditional Wasserstein generative adversarial networks [J] . Neurocomputing，2018：78-87.
[45] ZHU J，PARK T，ISOLA P，et al. Unpaired Image-to-Image Translation Using Cycle-Consistent Adversarial Networks [C] . International conference on computer vision，2017：2242-2251.
[46] QUAN H，LI S，HU J，et al.Product Innovation Design Based on Deep Learning and Kansei Engineering [J] . Applied Sciences，2018，8（12）：1-17.
[47] 胡洁 . 人工智能驱动的艺术创新 [J] . 装饰，2019（11）：12-17.
[48] 付志勇，周煜瑶 . 人工智能时代的设计变革 [J] . 中国艺术，2017（10）：56-61.
[49] 吴琼 . 人工智能时代的创新设计思维 [J] . 装饰，2019（11）：18-21.
[50] 阿尔伯斯 . 色彩构成 [M] . 李敏敏，译 . 重庆：重庆大学出版社，2012.
[51] 黄茜，陈飞虎 . 四大色彩体系对比分析研究 [J] . 包装工程，2019，40（8）：266-272.
[52] 王受之 . 世界现代设计史 [M] .2 版 . 北京：中国青年出版社，2015.
[53] 沙因伯格 . 跟菲利大叔学手绘：漫步水彩 [M] . 顾文，译 . 上海：上海人民美术出版社，2017.
[54] 艾森，斯特尔 . 产品设计手绘技法 [M] . 陈苏宁，译 . 北京：中国青年出版社，2009.
[55] 清水吉治，酒井和平 . 设计草图·制图·模型 [M] . 张福昌，译 . 北京：清华大学出版社，2007.
[56] 米拉，温为才，周明宇 . 欧洲设计大师之创意草图 [M] .2 版 . 北京：北京理工大学出版社，2015.
[57] 李伟湛，杨先英，夏进军，等 . 工业设计精确表现 [M] . 北京：机械工业出版社，2012.
[58] 胡利安，阿尔瓦拉辛 . 产品手绘 [M] . 朱海辰，译 . 北京：人民美术出版社，2016.

［59］ 伯里曼．伯里曼百手图册［M］．李秋实，肖芳，译．长沙：湖南美术出版社，2010.
［60］ 温为才，陈振益，苏柏霖．产品造型设计的源点与突破［M］．北京：电子工业出版社，2015.
［61］ 善本出版有限公司．产品设计中的人体工学［M］．武汉：华中科技大学出版社，2018.
［62］ 苏建宁，白兴易．人机工程设计［M］．北京：中国水利水电出版社，2014.
［63］ 古德芬格．牛津艺用人体解剖学：经典版［M］．李慧娟，译．上海：上海人民美术出版社，2015.
［64］ 曹承刚．美丽人体解剖学［M］．北京：中国协和医科大学出版社，2017.
［65］ 陈周贤．骨骼知道真相［M］．李阳，译．北京：人民邮电出版社，2019.
［66］ 吴廷玉，李雄．鼠标的人机工学设计分析［J］．科学之友，2012（5）：11-12.
［67］ 杨磊．垂直鼠标设计中的人机工程学应用分析［J］．包装工程，2011，32（8）：56-58.
［68］ 王雁，刘苏．手持产品的人体工学设计［J］．人类工效学，2011，17（2）：52-55.
［69］ 魏伟，吴新星．运动鞋造型设计［M］．北京：中国纺织出版社，2012.
［70］ 武登鑫．基于人体运动学原理的慢跑运动鞋设计研究［D］．杭州：浙江理工大学，2013.
［71］ 杜少勋．运动鞋设计［M］．北京：中国轻工业出版社，2007.
［72］ 李勇，刘远哲．3D 打印技术下的运动鞋设计发展趋势［J］．包装工程，2018，39（24）：152-157.
［73］ 高士刚．运动鞋结构设计［M］．北京：中国纺织出版社，2011.
［74］ 张马森．鞋跟掌差对跑步时身体姿态及下肢负荷影响的研究［D］．北京：北京体育大学，2017.
［75］ 金韵．基于舒适性的慢跑鞋设计实践与研究［D］．杭州：中国美术学院，2014.
［76］ Sun L, Xiang W, Chai C, et al. Designers' Perception During Sketching: An Examination of Creative Segment Theory Using Eye Movements[J]. Design Studies, 2014, 35(6): 593-613.

致　谢

我谨向下列组织和个人表达我最诚挚的感谢：

首先感谢兰州城市学院青年教师项目基金（LZCU-QN2017-28）的支持。感谢兰州城市学院科技处李汶翰老师对该项目在运行方面的指导和建议。感谢兰州城市学院培黎机械工程学院综合实验室主任祁富燕老师对开放性设计手绘实践课在申请和运行方面给予的帮助，感谢兰州城市学院培黎机械工程学院杨敏老师助力该课程的实施，这个实践性的课程是本书的萌芽，同时还要感谢工业设计系2016级本科生9名同学对开放性设计手绘实践课的支持，她（他）们的名字是：陈茜、丁亚兰、董晓晶、何文乐、贾艳霞、蓟文斌、王瑜、赵凌霄、张娅，是你们对设计手绘的兴趣一直激励我坚持写完这本书。

感谢宁波尚凡艺术馆吴桐女士对本书提供的帮助。感谢宁波尚凡艺术馆启蒙班的小朋友，是你们的绘画作品启发我对设计草图有了新的认知。

感谢为本书提供设计草图和说明图的设计师，他们是：李亚雄、李智鹏、李晓晓、刘怡麟、宋修成、石娜娜、张志鹏、张炜、赵凌霄。

感谢武汉良匠设计工作室创始人朱德康先生在知乎上分享的参数化设计知识和创业经历，对我而言有所启发和受益，同时本书第9章的设计案例来自他所创建的工作室。

感谢宁波大学刘胜利老师在我写书过程中给予的鼓励和帮助。感谢我的师兄宁波工程学院高晨晖老师提供的建议和帮助。感谢我的师兄闫慧炯博士，给我分享他最新的、具有研究性的设计成果，这些案例充满挑战，促使我在本书写作过程中融入更多的逻辑思考。特别感谢我的导师兰州理工大学苏建宁教授在设计研究方面的启迪，一些思考和成果已转化到的行文和设计草图当中。

感谢Autodesk公司提供的免费软件SketchBook，使我体验到比传统绘图更多的专注感。感谢Krita开源社区的工作人员，是你们的长期的努力和开源精神才使得今天的Krita如此好用。本书数字草图部分正是使用SketchBook和Krita完成。

尤其感谢我的家人，他们默默的支持是我坚持完成这本书的原动力。感谢父亲特地为本书制印一枚，它像刻在心里的画会一直激励我前行。

写作期间，得到众多同学、好友、同事的帮助，在此无法全部列出，就一并感谢。